“十四五”国家重点出版物出版规划重大工程

量子科学出版工程（第四辑）

国家出版基金项目
NATIONAL PUBLICATION FOUNDATION

Quantum Engineering
Theory and Design of
Quantum Coherent Structures

〔英〕扎戈斯金（A. M. Zagoskin） 著

金贻荣 译

量子科学出版工程
Quantum Science
Publishing Project

量子工程学
量子相干结构的理论和设计

中国科学技术大学出版社

安徽省版权局著作权合同登记号：第 12222125 号

图书在版编目(CIP)数据

量子工程学：量子相干结构的理论和设计/(英)扎戈斯金(A. M. Zagoskin)著；金贻荣译. —合肥：中国科学技术大学出版社，2024.3
(量子科学出版工程. 第四辑)
国家出版基金项目
"十四五"国家重点出版物出版规划重大工程
ISBN 978-7-312-05808-0

Ⅰ. 量⋯　Ⅱ. ①扎⋯ ②金⋯　Ⅲ. 量子论　Ⅳ. O413

中国国家版本馆 CIP 数据核字(2024)第 000789 号

量子工程学：量子相干结构的理论和设计
LIANGZI GONGCHENGXUE：LIANGZI XIANGGAN JIEGOU DE LILUN HE SHEJI

出版	中国科学技术大学出版社
	安徽省合肥市金寨路 96 号,230026
	http://press. ustc. edu. cn
	https://zgkxjsdxcbs. tmall. com
印刷	合肥华苑印刷包装有限公司
发行	中国科学技术大学出版社
开本	787 mm×1092 mm　1/16
印张	19.5
字数	400 千
版次	2024 年 3 月第 1 版
印次	2024 年 3 月第 1 次印刷
定价	120.00 元

内 容 简 介

　　量子工程学——设计和制备量子相干结构——已经成为一个具有重要应用前景的新物理领域.本书给出了量子工程学中理论方法和实验结果的完整展示.

　　本书内容包括电路的量子理论、量子光学在固体电路中的相关理论方法、噪声的量子理论、退相干与测量、量子输运的朗道尔方程、弱超导电性物理,以及半导体异质结中二维电子气相关的物理等.理论与最新的实验数据相结合,从而帮助读者更加清楚地了解理论的应用场景.本书针对物理学研究生,将帮助读者开始自己的研究工作并将理论方法应用到正在开展的实验研究中.

　　扎戈斯金是英国拉夫堡大学的物理学教授,他的研究兴趣涵盖固态器件中的量子信息处理理论、介观超导电性、介观传输、量子统计物理及热力学等方面.

中文版序

    非常高兴能让中国的读者看到我的量子工程学书.在过去的20年里,我目睹了中国在物理学上取得的稳定而惊人的进步,并看到中国正在成长为该领域的全球领导力量之一.在专注于内容,而非空洞的指标和无解的伪问题探寻,且强大、持续、周密的计划支持下,这一切都是那么顺理成章.希望我的书将有助于发展这个迷人的领域,这个基础科学与富有挑战又充满前景的技术邂逅的领域.

    在此,我要感谢这本书的译者,正是他坚持利用业余时间翻译书稿,才让我的书得以与中国读者见面.在得知这本书的中文版翻译完成时,我感到很兴奋,也由此与金贻荣博士建立了友谊.此外,我还要感谢中国科学技术大学出版社参与此书策划与编辑的所有人,本书的中文版得以出版,离不开你们的努力!很遗憾我读不懂中文,但我相信这本书能够帮助到很多有志于从事量子计算技术研究的中国学子,幸甚至哉!

扎戈斯金

2023 年 8 月

It gives me a great pleasure to have my book on quantum engineering made accessible to the Chinese readers. Over the last two decades，I was watching the steady and spectacular progress of physics in China and see it growing into one of the world's leading powers in the field. This is a logical outcome of strong，consistent，and well-planned support focused on the content，not on empty metrics and unsolvable pseudo-problems searching. I hope that my book will help developing this fascinating field，where the fundamental science meets challenging and promising technology.

Here，I would like to thank the translator of this book. It is his perseverance in using his spare time to organize the translation that has allowed my book to meet Chinese readers. When I learned that the Chinese translation of this book was completed，I was very excited and established a friendship with Dr. Jin as a result. In addition，I would like to thank everyone involved in the planning and editing of this book at University of Science and Technology of China Press. Without your efforts，the Chinese version of this book would not have been published! Unfortunately，I cannot read Chinese，but I believe that this book can help many Chinese students who are interested in pursuing research in quantum computing technology. This is indeed fortunate!

A. M. Zagoskin

August 2023

译者序

大约在七年前,我接触到 *Quantum Engineering：Theory and Design of Quantum Coherent Structures* 这本书.彼时我和所在的课题组刚进入超导量子电路领域的研究中,对量子计算的认识尚浅,我们甚至为如何理解"纯态"和"混态"而讨论过一整个上午.当我读到这本书的第 1 章时,我就为书中深刻的见解所吸引,对量子力学和量子信息中的一些基本概念有了更为深刻的认识.当时量子计算受到的关注与日俱增,而我发现尽管已有一些量子信息或量子计算的专业书籍被译成中文,但关于如何从工程上构建量子相干器件的理论或实验专业书籍基本上还是空白,于是萌发了这个计划——将这本书翻译出来,让更多人能更容易地获取其中的知识!

我只能利用空余时间从事翻译,而书中的公式极多,我对公式的编辑又稍欠熟练,以至我一度打算放弃这个项目.后来我找到了一些好用的宏包,稍微熟练之后,断断续续,但总算坚持了下来.历时两年有余,我终于基本完成了书稿的翻译工作.

一次偶然的机会,我认识了母校出版社的一位编辑,我决定鼓起勇气将书稿交给他.这不仅是母校情结,更是出于对中国科学技术大学在量子领域所作出的突出贡献的一种景仰之情.编辑收到书稿后给予了巨大支持,毫不犹豫地帮助我申请出版基金、向外方出版社申请授权、编辑校勘等,推动这本书付梓出版.在此我对中国科学技术大学出版社负责本书策划、编辑的所有人表示衷心的感谢!

全书的翻译工作,本身相当于一次全面的知识整理,令我受益良多.此外,对我而言这也是一次挑战,除了大量专业术语和高深的公式外,有部分内容是在我专业范围以外的,我只能尽最大努力保持翻译的准确性.如果有细心的读者能够发现并指出其中的不妥甚至谬误之处,乃我之幸,我表示衷心的感谢,并尽我所能在后续再版(如有的话)中勘正.

时至今日,量子计算技术持续受到国家和社会各界高度关注,去年底的中央经济工作会议更是将量子计算与新能源、人工智能、生物制造等领域作为前沿技术推广应用的重点提出.作为一名在这一领域深耕多年的科研工作者,我感受到了极大的鼓舞,也生起强烈的使命感.与此同时,我也感到一些忧虑:量子计算技术的推广应用,一方面尚需较长时间,另一方面则需要大量人才,尤其是"量子工程师",以推动量子计算机真正走向实用.我能看到的现实是,目前量子计算方面的科研和工程技术人员极为稀缺,且培养速度慢,很难适应当前及未来的高速发展.因此,对本书的出版,我还有一个小心愿,希望它能够帮助我国量子技术方面的学科建设,让更多高校开设相关专业课程,加速未来量子工程领域人才培养.如此则我志足矣!

最后,在书稿的翻译整理过程中,我得到了宋煜、金慧慧二人的实质性帮助,在此表示感谢!感谢所有支持和帮助我的人,尤其是我的家人和朋友们.同时,我也要感谢这本书的原作者以及中国科学技术大学出版社的编辑和出版团队,没有他们的辛勤工作和支持,这本书也不可能呈现在读者面前.

希望读者们能够享受阅读这本书,并从中获得启发和收获!

金贻荣

2023 年 10 月

前言

　　通过组合已经熟知的并且经过充分检验的概念来描述新事物,总是很冒险的,因为这种组合在未来会被如何使用是无法预测的.在"量子跳跃"被大众广泛使用后,除了物理学家和某些化学家,似乎没人意识到它们非常之小,而量子跳跃在政治、经济、工程和人类进步等方面令人窒息的描述可能实际上提供了一个准确的——如果刻薄一点的话——现实画面.当"思想市场"的概念被学术界所接受后,科学家们没有意识到,在各种事务中,这意味着花费95%的资源到市场上,而不是研究(Chaize,2001;Menand,2010).不过,"量子工程学"看起来是一个合理而必要的名称.对于这一快速扩展的领域而言,尽管它与"纳米科技""量子计算"在范畴、应用和目的等方面有密切关联和共通之处,但又存在着显著的区别.它涵盖了以可控形式维持量子相干性的固态器件结构的理论、设计、制备与应用等方面.概括地说,这是一门关于如何用固态量子比特来构建新型器件,以及如何应用它们的学科.

　　纳米科技背后的大部分推动力来源于电子学设备微缩到一定程度后必须考虑量子效应,在分子生物学、生物化学等领域也需要更好地在分子水平上理解和操控物质(Mansoori,2005,第1章).人们经常使用"介观物理学"这一概念,特别是在讨论固态器件时."介观"是指那些介于完全微观(单个原子或小分子)和完全宏观之间的中间尺度物体.尽管它们有着相对较大的尺度($10^{11}\sim10^{12}$个粒子),但介观系统保持着足够的量子相干性,所以量子效应必须考虑进去(Imry,2002,第1章).这些领域发展的实验技术和理论知识极大地促进了量子工程学的发展.

另一个强大的推动力来源于量子计算.最初的几篇文章(Feynman,1985,1996;Deutsch,1985)指明方向,即指出使用系统的量子特性进行计算的必要性之后,Shor算法(Ekert,Joszu,1996;Shor,1997)和Grover算法(Grover,1997,2001)的发现又为其计算能力带来了质的改变.这一领域很快变成大家关注的焦点、经费的聚集地,同时也产生了一些原理论证水平上的惊人成果(同时,与它相关的量子通信领域,包括量子密钥分发等,现在已经有了商业化的产品).

在物理方面,量子计算的研究受 DiVincenzo 准则(DiVincenzo,Loss,1998;DiVincenzo,2000)的指引:

(1) 一个由良好表征的量子比特构成的可扩展物理系统;

(2) 所有的量子比特可以被初始化到某一基准状态,比如$|000\cdots\rangle$;

(3) 相对较长的退相干时间[①],远长于门操控时间;

(4) 一组通用的量子逻辑门;

(5) 可以对每个量子比特进行独立测量.

可扩展性放在了第一位,其原因是:它是在同时要求系统整体具有足够长退相干时间的情况下最难做到的.从这一角度来讲,固态器件是最自然的候选者,尽管量子比特及其环境都有令人难受的大数量的自由度,而这些自由度会使得系统的退相干时间变得很短甚至没法用.此外,这些大数量的自由度还会使得这些器件变得不可靠,因为它们作为量子比特工作,经常需要制备"薛定谔的猫态"——宏观量子态的叠加态,这是大家公认的艰巨任务,哪怕只做一次(Leggett,1980).超导量子器件和量子点具有良好的可扩展性,同时又可以将量子相干性保持在一个可以承受的阈值以上,并满足 DiVincenzo 准则的其他几条.一系列研究结果(如 Nakamura et al.,

---

① 退相干时间是一个系统失去其特定量子关联对应的特征时间,见第 1.2.2 小节.

1999;Friedman et al.,2000;van der Wal et al.,2000;Martinis et al.,2002;Vion et al.,2002;Hayashi et al.,2003;Elzerman et al.,2004;Hanson et al.,2005)证实了在这些结构中是可以维持一定的量子相干性的,并使得 Leggett(1980)只能想象的实验变成几乎是常规操作.

与此同时,Leggett(2002a)指出通过实现真正宏观的"薛定谔的猫态"来测试量子力学极限的必要性.他给乐观派找到了一些超导量子比特研究领域能取得这一成功的特别原因(Leggett,2002b).在足够大的尺度上操控这些器件,要么给出关于量子力学是否可应用到任意大系统的肯定答案,要么给出否定答案.这是一个非常基础的科学问题.因此,把越来越多的量子比特放到一起,同时保证它们的量子相干性,是一件很值得一试的事情.至于一个能破解密码或做数据库搜索的量子计算机是否会在这个过程中真的被造出来,可能只是这一艰巨任务的一个必然结果.

在本书中,我将集中介绍量子工程学的两个方向:超导量子比特和基于二维电子气(2DEG)的量子比特.原因部分是主观的——因为我对这两个领域比较熟悉,部分则是客观的——这两种量子比特从理论角度来讲已经理解得比较透彻了,而且也被实验物理学家成功制备出来,并且利用固体物理工具做了充分的研究.这使得我可以更多地使用实验数据来阐述理论方法,而不是仅阐述那些没有定量验证的理论预言(这是任何"工程学"所必需的).作为一个理论物理学家,我只能讨论这些工具集的理论部分,这也使得本书的篇幅可以控制得比较合理.量子工程学用到的理论工具需要从很多相差很远的理论物理学科中抽取,而我将本书的内容限制在最有用也用得最广泛的方法上.为读者提供足够的技术信息,使得他们能够阅读最新的文献,开始他们自己在这些领域的实验研究工作,是本书的主要目的.

本书可以作为研究生课程的基础教材,只需要他们提前具备基本的量子力学和固体物理学知识.课程的主题可以是"超导量子比特"(第1,2,4,5章)、"2DEG 量子器件"(第1,3,5章)、"介观量子输运"(第1,4章),当然,也可以是"量子工程学"等.那些包含补充材料的小节和段落标了星号,这些内容并不影响读者理解其他部分内容.当然,书中的参考文献并不是最详尽的,因为这些领域发展得非常快,研究体量也很大,不过我仍然尽自己最大的努力来涵盖所有的关键论文和综述.

我总是很幸运有那么多老师、同事和朋友,本书中绝大多数知识都是他们教给我或者共同学习到的.如果我没有将这些知识正确地传达,那一定是我的错.我非常感激 I. Affleck，M. Amin，S. Ashhab, O. Astafiev, D. Averin, A. Balanov, V. Barzykin，A. Blais，M. Everitt，A. Golubov，M. Grajcar，E. Il'ichev, M. Jonson，I. Kulik, F. Kusmartsev, A. Maassen van den Brink, K. Maruyama, H.-G. Meyer, F. Nori, A. Omelyanchouk, M. Oshikawa, V. Petrashov, Yu. Pashkin, A. Rakhmanov, S. Rashkeev, S. Saveliev, R. Shekhter, I. Shendrik, O. Shendrik, V. Shumeiko, A. Smirnov, P. Stamp, A.-M. Tremblay, A. Tzalenchuk 和 J. Young.我也为 A. Rozhavsky, Z. Ivanov 和 A. Izmalkov 不再与我们同在而深感遗憾.

　　借此机会,我想感谢 S. Capelin 和 G. Hart,是你们使得本书得以成书, J. Webley,你以无限的耐心编辑这本书,以及所有牛津大学出版社编辑人员的帮助.

　　感谢 R. Simmonds，A. Shane 和 M. Znidaric 向我友善地提供他们论文的原始图片,同时也感谢所有慷慨提供书中引用材料的版权许可的作者和出版社.

　　最后但同样重要的是,我非常感谢我的妻子 Irina 和女儿 Ekaterina.感谢你们对我一如既往的支持,特别是在我写这本书期间对我的容忍.还要感谢我们的猫 Tabs,甘愿优雅地待在图 1.1 中.

目录

第 5 章
噪声与退相干 —— 184

第 1 章

量子工程师的量子力学基础

我该不该因为我不完全了解消化的过程而拒绝我的晚餐?

不, 如果我对结果满意我就不会.

——奥利弗·赫维赛德 (O. Heaviside),《电磁学》, 卷 2, 1899

1.1 量子力学基本概念

1.1.1 量子公设

首先, 让我们在 "知其然" 的层面上简要地概述一下量子力学. 根据标准的知识, 任何量子系统的瞬时状态 (即给定时间点上我们所能了解到的一切) 由它的波函数 (态矢量)[①]——某抽象希尔伯特 (Hilbert) 空间中的复矢量——来描述. 所有的可观测量 (即由系统定义、状态决定的物理量, 例如自由粒子的位置和动量, 一个谐振子的能量等) 由同一 Hilbert 空间中的厄米算符决定. 三个元素——Hilbert 空间、态矢量和可观测量集, 构成了描述针对任何物理系统的实验结果的三要素. 我们无法直接观测量子系统的行为, 因此这些实验结果也被称为**测量量**, 它们是采用一些经典仪器设备收集的, 目的是将量子系统的状态转换为经典仪器的状态, 而这些状态能够被实验者所读取. 仪器的经典性 (也就是说, 非量子的) 是必要的, 这个我们将在后续章节中做进一步讨论.

此外, 我们还需要知道系统的状态是如何随时间变化的, 以及系统状态如何决定可观测量的测量值. 所有这些, 可以归结为以下四条 "量子理论基本公设":

(1) 波函数

一个量子系统在 t 时刻的状态由一个 Hilbert 空间 $\mathcal{H}$ 中的归一化[②] 矢量 $|\psi(t)\rangle$ 来描述, 这个矢量对于该量子系统是确定的.

(2) 演化

量子系统状态 (简称量子态) 按照薛定谔方程演化:

$$i\hbar\left|\dot{\psi}(t)\right\rangle = H|\psi(t)\rangle$$

这里的 H 是哈密顿量, 它是与系统能量相关的一个厄米算符.

(3) 波函数塌缩

一个可观测量的测量值总是其对应算符 $\hat{A}$ 的某一个本征值 a_j; 不管系统在测量之前处于什么状态, 测量后系统态矢量将变成其对应的归一化本征矢量 $|a_j\rangle$.

(4) 波恩法则

可观测量 A(将系统状态从 $|\psi\rangle$ 塌缩到 $|a_j\rangle$) 测得某一本征值 a_j 的概率由前者在后者上投影的模平方决定:

$$p_j(t) = |\langle a_j|\psi\rangle|^2$$

在这些公设中, 最令人震惊的特性是: 与其他物理量相比, 时间和能量 (哈密顿量) 所扮演的特殊角色; 以及薛定谔方程的幺正性、线性、可逆性与测量过程的非幺正性、非线性、不可逆性之间的冲突. 薛定谔方程

$$i\hbar\left|\dot{\psi}(t)\right\rangle = H|\psi(t)\rangle \tag{1.1}$$

有以下的形式解 (不含时哈密顿量的一般情况):

$$|\psi(t)\rangle = U(t)|\psi(0)\rangle; \quad U(t) = e^{-\frac{i}{\hbar}Ht} \tag{1.2}$$

---

① 波函数的一个非常重要的推广——密度矩阵 (统计算符), 将在1.2节讨论.

② 严格来讲这不是必需的, 但解释起来更简便, 同时不失一般性.

对于厄米算符 H, 演化算符 $U(t)$ 是幺正的: $U(t)^\dagger U(t) = U(t)U(t)^\dagger = I$(这里 I 是系统 Hilbert 空间的单位算符). 幺正性保证了态矢量在演化过程中保持归一化. 另外一边, 在 t 时刻进行测量之后, 我们发现系统处在 $|a_j\rangle$, 与测量之前的态 $|\psi(t)\rangle$ 不可能通过任何可逆变换联系起来 ($|\psi(t)\rangle$ 瞬间塌缩到了 $|a_j\rangle$). 只要 $|a_j\rangle$ 与 $|\psi(t)\rangle$ 不是正交的, 任何 $|\psi(t)\rangle$ 都有可能产生 $|a_j\rangle$. 公设 (3) 和 (4) 合在一起, 经常被称为投影假定: 即对可观测量 A 进行测量, 将使得态矢量 $|\psi(t)\rangle$ 投影到 A 的某一本征态 $|a_j\rangle$, 投影的模平方给出了系统末态处在该本征态的概率 p_j. 厄米算符 $\hat{A}$ 的本征态可以构造 Hilbert 空间的完备正交基, 因此, 在这组基下, 所有投影的模平方之和, 根据帕塞瓦尔 (Parseval) 等式, 等于 $|\psi(t)\rangle$ 的范数:

$$\||\psi(t)\rangle\|^2 = \langle\psi(t)|\psi(t)\rangle = \sum_j |\langle a_j|\psi(t)\rangle|^2 = \sum_j p_j \tag{1.3}$$

一旦我们对态矢量进行了归一化, 式 (1.3) 确保了获得不同测量值的概率相加等于 1, 而式 (1.2) 给出的幺正演化则确保了概率不会发生 "泄露".

1.1.2 量子–经典界限：薛定谔的猫悖论

上述图像将导致严重的问题. 首先, 与空间坐标相比, 时间坐标非常地不同: 它不是一个可观测量, 而是一个参数, 一个决定了态矢量在 "塌缩" 前后一瞬间的演化方向的参数. 所幸的是, 我们不需要去处理它, 因为我们面临的问题完全是非相对论性的. 更值得关注的问题是 "测量" 和 "塌缩" 的本质, 以及所假定的瞬时性.

测量可以理解为一个量子系统与一个宏观物体 ("仪器") 之间的相互作用, 后者的状态由前者可观测量 A 的测量值 a_j 决定. 仪器的不同状态是可区分和不可变的 (也就是说, 可以无扰地观察到). 这一术语起源于量子力学发展的早期. 显然, 并不需要某人特意去建造这样一台仪器, 任何合适的宏观系统都可以做这件事, 比如说, "测量" 或 "观测" 一个穿行其中的粒子的液体.

与不同的测量结果相对应的仪器的经典状态被称为 "指针态". (相应地, 被测的可观测量的本征态我们也叫作指针态, 这并不会引起混淆.) 在哥本哈根诠释中, 是仪器预先确定了哪些可观测量是可以被测量的 (也称为 "观测手段的互补性"). 理论上, 对于任何经典变量, 我们都可以设计出一个仪器, 它能够测量对应的量子变量, 也就是一个可观测量.

这里的一个问题是, 在 "被测量" 或者说 "被观测" 的微观系统与宏观的 "仪器" 或者说 "观测者" 之间没有一个明确的界限. 哥本哈根诠释只是简单地假定一边是量子行为的, 另一边是经典行为的, 这种假定一定程度上是逻辑自循环. 更为糟糕的是, 它无法也不允许在同一个形式体系下来统一地描述这两个系统, 因而也就无法对测量过程做任何定量的描述了. 这对于处理电子穿过双缝发生衍射等问题不会造成多大的困扰, 毕竟哪个是哪个是很明显的, 并且电子与探测器 (双缝屏) 之间的相互作用时间与其他相关的时间尺度相比可以忽略. 但是, 在处理包含大量基本粒子的量子系统时, 这个问题会变得非常关键. 如果量子系统包含的粒子数与 "仪器" 都相当了, 或者说被连续地测量, 我们该怎么用一个一致的方式来描述这种情况呢?

一个很自然的办法就是直接将量子描述 (作为一种更为基本的形式) 扩展到经典宏观系统. 这个途径的困难在于, 仅有一些非常特殊的态可以被宏观仪器测量, 而在量子层面上, 这些态与其他态并没什么不同. 这种情形在著名的 "薛定谔的猫" 悖论中被显著地提出来. 让我们来还原一下这个精妙的致命装置: 一罐致命的毒气, 与一个电子阀门相连, 而阀门的状态又与一个盖革计数器相连. 这些装置被放入一个密封的容器中, 一起放入其中的还有一只活着的猫和一个放射性原子 (例如 ^{210}Po, 它衰变后变成稳定的 ^{206}Pb, 半衰期 $T \approx 138$ 天), 然后我们静静地等待 (图 1.1). 如果我们只需要处理放射性原子, 那么描述起来就比较简单, 它的波函数可以写成[①]

$$|\psi(t)\rangle = 2^{-t/2T} \left|^{210}\text{Po}\right\rangle + \sqrt{1 - 2^{-t/T}} \left|^{206}\text{Pb} + \alpha 粒子\right\rangle \tag{1.4}$$

图1.1　薛定谔的猫佯谬
我们可以用波函数来描述宏观系统吗? 如果不行, 为什么?

在任何时刻如果我们去测量 (观察) 这个原子, 那么我们将有 $1 - 2^{-t/T}$ 的概率发现铅-206. 不过, 一旦我们想用波函数来描述猫 (以及装置的其他部分), 将这个原子与一

[①] 这一表示只适用于不是太短也不是太长的时间, 见5.5.4小节.

只猫放到一个盒子里, 就会让事情变得怪异起来. 此时, 在观测之前系统的波函数可以写为

$$|\psi(t)\rangle = 2^{-t/2T} |^{210}\text{Po} + \text{活猫}\rangle + \sqrt{1 - 2^{-t/T}} |^{206}\text{Pb} + \alpha\text{粒子} + \text{死猫}\rangle \qquad (1.5)$$

我们丝毫不会怀疑, 当打开这个盒子的时候, 要么看见一只活猫, 要么看见一只死猫, 对应的概率分别是 $2^{-t/T}$ 和 $1 - 2^{-t/T}$. 这个直观清晰的结果绝不是微不足道的. 然而从量子的角度, 我们总能引入另一个由其他可观测量以实系数线性组合而成的新的可观测量——数学形式上并不禁止我们这么做. 举例来说, 我们可以构造一个可观测量, 它有一个本征态是式 (1.5) 给出的态的线性组合. 显然我们无法建造这样一个能够测量这只可怜的小猫的 "僵尸" 态的仪器. 因此, 允许的经典态集一定迫使我们的量子系统有某些择优的基集.

式 (1.5) 描述的微观/宏观复合波函数真的是合理的吗? 此外, 是什么导致了量子的 "死 + 活" 图像向经典的 "死或活" 图像的突然转变? 关于这些问题的回答几乎涵盖了哲学的各个方面, 从多世界解释到观测者的自由意志在塌缩中扮演的关键角色等等. 在跳进这些本体论或者认识论的迷思当中去之前, 我们还是先采取一种务实的态度, 且看看能走多远.

下面我们将不再区分 "测量" (或 "观测") 和量子系统与其宏观环境的相互作用. 事实上, 我们通过 "良心" 来解释 "塌缩" 就如同在恶魔奶爸的帮助下驱除阿斯蒙帝斯 (西方神话中的恶魔之王), 毕竟我们对后者的了解, 即便有也不会比前者多. 我们进一步假设在基本原理层面上, 任何系统都遵循量子力学原理并可由量子力学描述, 经典力学只是它的一个极限情况——这与玻尔的对应原理是完全一致的. "量子" 和 "经典" 的差别 (图 1.2) 必须在数学形式中自然地产生.[①]

图1.2　量子–经典转换的权威视角

---

① 这里我们受到了从点状粒子的时间反演牛顿动力学中涌现出时间反演不对称的玻尔兹曼 (Boltzmann) 方程的启发.

1.2 态密度矩阵

1.2.1 理由和性质

采用态矢量的概念不足以达到我们的目的, 不过它可以推广到态密度矩阵, 或者统计算符——最早由朗道和冯·诺依曼在 1927 年各自独立地提出来. 为了令我们的动机变得更明确, 我们从一个简单的量子体系开始, 它包含两个子系统 A 和 B, 并且我们可以对它们进行独立的测量. 比如说, 我们有两个自旋为 $\hbar/2$ 的粒子, 并且有一个装置能够分别测量两个粒子自旋的 z-分量. 假设系统处在如下状态:

$$|\Psi\rangle_{AB} = \sum_{j,k=\uparrow,\downarrow} C_{jk} |j_A k_B\rangle \tag{1.6}$$

显然, 这个态是这种两粒子波函数的一般形式. 现在我们测量 B, 对应的可观测量是算符 $(\hbar/2)\sigma_z$, $(\hbar/2)\sigma_z|\uparrow\rangle = (\hbar/2)|\uparrow\rangle$, $(\hbar/2)\sigma_z|\downarrow\rangle = (-\hbar/2)|\downarrow\rangle$. 测量结果如下:

$$|\Psi\rangle_{AB} \to \begin{cases} \text{自旋 B} = \hbar/2, |\uparrow_A\rangle, \text{概率为 } |C_{\uparrow\uparrow}|^2 \\ \text{自旋 B} = -\hbar/2, |\uparrow_A\rangle, \text{概率为 } |C_{\downarrow\uparrow}|^2 \\ \text{自旋 B} = \hbar/2, |\downarrow_A\rangle, \text{概率为 } |C_{\uparrow\downarrow}|^2 \\ \text{自旋 B} = -\hbar/2, |\downarrow_A\rangle, \text{概率为 } |C_{\downarrow\downarrow}|^2 \end{cases} \tag{1.7}$$

现在如果我们再去测量粒子 A, 它的平均值应该是

$$\left\langle \frac{\hbar}{2}\sigma_z \right\rangle = \frac{\hbar}{2}\left(|C_{\uparrow\uparrow}|^2 + |C_{\uparrow\downarrow}|^2 - |C_{\downarrow\uparrow}|^2 - |C_{\downarrow\downarrow}|^2\right) \tag{1.8}$$

态矢量的归一化要求 $\||\Psi\rangle_{AB}\|^2 = \sum_{jk} |C_{jk}|^2 = 1$, 确保式 (1.7) 中的概率求和等于 1. 看起来一切都很好, 除了式 (1.7) 本身显得很笨拙, 哪怕是处理这么简单的一个两粒子系统. 想象一下假如我们有三个粒子会怎样?! 如果我们用密度矩阵来代替态矢量, 表述的简洁性就会大幅提升. 我们选择一组归一化但不必正交的 Hilbert 空间状态集 $\{|\Psi_j\rangle\}$, 并构造如下算符:

$$\rho = \sum_j p_j |\Psi_j\rangle\langle\Psi_j| \tag{1.9}$$

这里 $p_j \geqslant 0$, 并且 $\sum_j p_j = 1$. 很明显这是一个厄米算符, 它描述了量子系统的一个统计系综, 其中处在 $|\Psi_j\rangle$ 的概率为 p_j. 这正好就是式 (1.7) 所描述的情形.

当我们想计算可观测量的测量平均值时, 使用这一算符的便利性一下就体现出来了. 根据量子力学的第 (3) 条公设, 一个可观测量 A 的测量值总是 A 的某一个本征值, 而根据第 (4) 条公设, 在量子态 $|\Psi_j\rangle$ 下测到 a_k 的概率是 $|\langle a_k|\Psi_j\rangle|^2$. 因此

$$
\begin{aligned}
\langle A \rangle_{\Psi_j} &= \sum_k |\langle a_k|\Psi_j\rangle|^2 a_k = \sum_k \langle \Psi_j|a_k\rangle a_k \langle a_k|\Psi_j\rangle \\
&= \sum_k \langle \Psi_j|a_k|a_j\rangle\langle a_j|\Psi_j\rangle = \sum_k \langle \Psi_j|(A|a_k\rangle\langle a_k|)|\Psi_j\rangle \\
&= \langle \Psi_j|A|\Psi_j\rangle
\end{aligned} \tag{1.10}
$$

现在, 系统处在 $|\Psi_j\rangle$ 的概率只有 p_j, 我们还需要对这些态再做一次平均:

$$
\langle A \rangle = \sum_j p_j \langle A \rangle_{\Psi_j} = \sum_j p_j \langle \Psi_j|A|\Psi_j\rangle \equiv \mathrm{tr}(\rho A) \tag{1.11}
$$

一个密度矩阵描述的系统, 被称为处于一个混合态, 而不是纯态 (对于纯态只需要一个态矢量就足够了). 当然我们也可以写出纯态的密度矩阵: 它只包含一个分量, $\rho_{\mathrm{pure}} = |\Psi\rangle\langle\Psi|$.

作为一个厄米算符, 密度矩阵有一组标准正交本征态集 $|\rho_j\rangle$, 对应本征值为 ρ_j. 因此, 可以将其写成谱表示:

$$
\rho = \sum_j \rho_j |\rho_j\rangle\langle\rho_j| \tag{1.12}
$$

这里 ρ_j 可以理解为系统处在 $|\rho_j\rangle$ 的概率, 因此所有的 $\rho_j \geqslant 0$, 换句话说, 密度矩阵是半正定的. 密度矩阵可以由任意的 Hilbert 空间基矢来表示, 并且通常既不是式 (1.9) 也不是式 (1.12) 的形式. 因此, 我们在这里列出密度矩阵的一些不变的性质:

(1) $\mathrm{tr}\,\rho = 1$. 这个可以直接从式 (1.9) 的定义式得到.

(2) $\rho^2 = \rho$ 当且仅当系统处于纯态. 事实上, 如果 $\rho = |\Psi\rangle\langle\Psi|$, 那么 $\rho^2 = |\Psi\rangle\langle\Psi|\Psi\rangle\langle\Psi|$ $= |\Psi\rangle\langle\Psi| = \rho$. 反过来, 如果 $\rho^2 = \rho$, 根据式 (1.12) 可以得到 $\rho_j^2 = \rho_j$, 则 ρ_j 只能等于 0 或 1. 又因为 $\mathrm{tr}\,\rho = 1$, 所以只能有一个本征值可以为 1. 也就是说, 密度矩阵中只有一个分量, 因此它是个纯态.

(3) $\mathrm{tr}(\rho^2) \leqslant 1$, 当且仅当系统为纯态时取等号 (因此 $\varsigma = \mathrm{tr}(\rho^2)$ 又被称为态的纯度). 根据定义式 (1.9), 另外根据 $|\langle\Psi_j|\Psi_k\rangle| \leqslant 1$, 得

$$
\mathrm{tr}(\rho^2) = \mathrm{tr}\left(\sum_{jk} p_j p_k |\Psi_j\rangle\langle\Psi_j|\Psi_k\rangle\langle\Psi_k|\right)
$$

$$= \sum_j p_j \sum_k p_k |\langle \Psi_j | \Psi_k \rangle|^2 \leqslant \sum_j p_j = 1$$

反过来, 如果 $\mathrm{tr}(\rho^2) = 1$, 由于 p_j 非负且相加等于 1, 上式中的等号仅当 $p_j = \delta_{jp}(p$ 为某一脚标) 时成立, 因此它表示一个纯态.

上述这些性质为我们提供了一个可靠的检验密度矩阵近似计算的方法, 同时也提供了检验一个系统处于纯态还是混合态的标准.

1.2.2　平均、概率和相干性

现在, 我们再来考虑之前式 (1.6) 中的纯态. 它的密度矩阵如下:

$$\rho_{\mathrm{AB}} = |\Psi\rangle_{\mathrm{AB}} \langle \Psi|_{\mathrm{AB}} = \sum_{j,k,l,m=\uparrow,\downarrow} C_{jk} C_{lm}^* |j_{\mathrm{A}} k_{\mathrm{B}}\rangle \langle l_{\mathrm{A}} m_{\mathrm{B}}|$$

接下来, 我们对粒子 B 的状态求一个部分迹:

$$\rho_{\mathrm{A}} = \mathrm{tr}_{\mathrm{B}}(\rho_{\mathrm{AB}}) = \sum_{q=\uparrow,\downarrow} \langle q_{\mathrm{B}} | \Psi \rangle_{\mathrm{AB}} \langle \Psi|_{\mathrm{AB}} |q_{\mathrm{B}}\rangle$$

$$= \sum_{q,j,k,l,m=\uparrow,\downarrow} C_{jk} C_{lm}^* \delta_{qk} |j_{\mathrm{A}}\rangle \langle l_{\mathrm{A}}| \delta_{qm} = \sum_{q,j,l=\uparrow,\downarrow} C_{jq} C_{lq}^* |j_{\mathrm{A}}\rangle \langle l_{\mathrm{A}}| \tag{1.13}$$

要得到粒子 A 的自旋 z 分量测量值, 我们现在对上式中的约化密度矩阵 ρ_{A} 求自旋算符的迹:

$$\left\langle \frac{\hbar}{2} \sigma_z^{\mathrm{A}} \right\rangle = \frac{\hbar}{2} \mathrm{tr}(\rho_{\mathrm{A}} \sigma_z^{\mathrm{A}}) = \frac{\hbar}{2} \mathrm{tr} \sum_{q,j,l=\uparrow,\downarrow} C_{jq} C_{lq}^* \sigma_z |j_{\mathrm{A}}\rangle \langle l_{\mathrm{A}}|$$

$$= \frac{\hbar}{2} \mathrm{tr} \sum_{q,j=\uparrow,\downarrow} |C_{jq}|^2 \langle j_{\mathrm{A}}| \sigma_z |j_{\mathrm{A}}\rangle \tag{1.14}$$

这个等式给出了与式 (1.7) 和式 (1.8) 相同的结果, 而形式上更为紧凑. 可以看到, 只要我们关心的是系统中某一子系统的测量结果, 那么我们就可以用对完整密度矩阵其他无关自由度求迹后的约化密度矩阵. 这是一个非常重要的处理过程, 特别是对开放量子系统, 也就是那些既不能忽略与外部环境的相互作用, 又不能将其确切地考虑进去的系统的描述, 极为重要. 现在让我们更仔细地看看式 (1.2.2). 这个表达式其实包含了更多的信息, 而不仅仅是求 σ_z 的平均值. 对角元给出了系统自旋向上或向下的概率, 那么非对角元呢?

我们将密度矩阵在可观测量 A 的标准正交基下写出来, 并且使得 A 的本征值是宏观可测的指针态, 比如说电荷、位置或动量: $\rho = \sum_{ij} \rho_{ij} |a_i\rangle \langle a_j|$. 它的对角元给出了系统

量子工程学: 量子相干结构的理论和设计
Quantum Engineering: Theory and Design of Quantum Coherent Structures

在某个本征态的概率. 如果我们只对 A 进行测量, 那这些就是我们所需要的或者可从系统提取的信息, 非对角元可有可无. 然而, 事实上它们非常重要.

我们已经看到一个对角化的密度矩阵描述一个纯态, 当且仅当它的唯一元素为 1(不变性 2). 如果是这种情况, 我们测量 A 将总是得到 a_j, 并将系统状态留在 $|a_j\rangle$.[①] (这被称为量子非破坏 (QND) 测量, 我们将在 5.5.2 小节中继续讨论这种实验的含义.) 如果不是, 那么该密度矩阵描述的一定是一个混合态. 因此, 没有非对角元是一个告知信号. 这些元素 (非对角元) 描述了量子相干性. 如果它们为零, 那么数学上密度矩阵在任一组基下都不可能只包含一个非零对角元; 从物理的角度讲, 该系统处在混合态; 而从测量的角度看, 意味着不存在某个可观测量使得系统处于该可观测量的某一本征态, 而测量结果将以某种概率随机地给出某些本征值. 这就是为什么密度矩阵的非对角元演化 ("相干性") 拥有特殊意义: 它们的消失——不管因为任何原因引起的 "退相干"——意味着系统状态退化到一个混合态, 伴随着特定的量子关联的丢失. 而这一消失的速率称为退相干率 (或消相干率), 其倒数则称为退相干时间.

1.2.3 纠缠

我们已经看到, 当一些不同的系统 (例如猫和 ^{210}Po 原子) 放在同一个量子态下来描述会导致非常反直觉的结论. 设想有个两量子系统 (例如两个自旋 $-1/2$ 的粒子 A 和 B) 处在一个纯态 $|\Psi\rangle_{AB}$, 那么, 一般来说, 它们中的任何一个都不会处于一个确定的量子态. 举例来说, 我们想得到粒子 A 自旋 z 分量的期望值, 式 (1.14):

$$\left\langle \frac{\hbar}{2} \sigma_z^A \right\rangle = \frac{\hbar}{2} \mathrm{tr}(\rho_A \sigma_z^A)$$

只有当整个系统的量子态可以写成如下可分解形式

$$|\Psi\rangle_{AB} = |\psi\rangle_A \otimes |\psi\rangle_B \tag{1.15}$$

时, 约化密度矩阵 $\rho_A = \mathrm{tr}_B[|\Psi\rangle_{AB}\langle\Psi|_{AB}]$ 才能写成 $|\psi\rangle_A\langle\psi|_A$ 的形式, 对应粒子 A 处于纯态 $|\psi\rangle_A$. 否则, 尽管包含 A 和 B 的总系统处于纯态并且 A 和 B 之间无任何相互作用, 粒子 A 自身却处于一个混合态. 这种多粒子系统的不可分解态称为纠缠态, 它表明系统各部分之间存在特殊的量子关联. 本质上, 它意味着这样一个量子系统的性质不可能分解成其各组成部分的性质之和.

对于一个包含任意多子系统的系统纯态 $|\Psi\rangle_{ABC\cdots}$, 检验其纠缠性很直接: 如果所有的约化密度矩阵都对应一个纯态, 那么 $|\Psi\rangle_{ABC\cdots}$ 可以写成 $|\psi\rangle_A \otimes |\psi\rangle_B \otimes |\psi\rangle_C \cdots$, 表明

---

① 在这里, 我们无须为算符 A 的简并本征态或连续能谱的情况而困扰.

系统无纠缠. 但是纠缠不仅限于纯态: 哪怕量子系统本身由一个密度矩阵描述 (非纯态), 也可能存在某种量子关联. 对于一个给定的密度矩阵, 我们可以找出不同的纠缠度量 (这些度量对于可分解态都等于零, 详见 Horodecki et al., 2009).

1.2.4 刘维尔–冯·诺依曼 (Liouville-von Neumann) 方程

作为态矢量的一般化形式, 密度矩阵包含了系统可获得的所有信息. 它是经典的密度函数 $f(X_a, P_a, t)$——描述一个任意的经典系统——在相空间中的对应. 在哈密顿动力学下, $f(X_a, P_a, t)$ 的动力学方程称为刘维尔方程:

$$\frac{\partial f(X_a, P_a, t)}{\partial t} = -[\mathcal{H}, f]_P \equiv -\sum_a \left(\frac{\partial \mathcal{H}}{\partial P_a} \frac{\partial f}{\partial X_a} - \frac{\partial f}{\partial P_a} \frac{\partial \mathcal{H}}{\partial X_a} \right) \tag{1.16}$$

这里的 $\mathcal{H}$ 是系统的经典哈密顿函数, 而 $[\cdots, \cdots]_P$ 是泊松括号.

类似地, 密度矩阵的动力学方程 (刘维尔–冯·诺依曼方程) 可以直接从薛定谔方程导出:

$$\frac{\mathrm{d}\rho}{\mathrm{d}t} = \sum_j \frac{\mathrm{d}}{\mathrm{d}t}(p_j |\Psi_j\rangle \langle \Psi_j|) = \sum_j p_j \frac{1}{\mathrm{i}\hbar}(H |\Psi_j\rangle \langle \Psi_j| - |\Psi_j\rangle \langle \Psi_j| H) = \frac{1}{\mathrm{i}\hbar}[H, \rho] \tag{1.17}$$

容易看出它与经典的式 (1.16) 具有相同的结构, 只是将泊松括号替换为对易子. 我们可以改写成

$$\frac{\mathrm{d}\rho}{\mathrm{d}t} = \mathcal{L}[\rho(t)] \tag{1.18}$$

式中的刘维尔量作用在任何算符 A 上得到 $\mathcal{L}[A] \equiv \frac{1}{\mathrm{i}\hbar}[H, A]$.

首先, 式 (1.17) 描述的动力学演化是幺正的, 其通解可以写成

$$\rho(t) = U(t)\rho(0)U(t)^\dagger \equiv \mathcal{U}(t, 0)[\rho(0)]; \quad U(t) = \mathrm{e}^{-\frac{1}{\mathrm{i}\hbar}Ht} \tag{1.19}$$

这里有一个一眼就能看出的幺正算符 $U(t)$. 幺正性意味着这个时间演化是反演对称的, 因为 $U^{-1} = U^\dagger$ 总是成立的, 对于任意 $\mathcal{U}(t, 0)$ 总存在一个唯一的反算符: $(\mathcal{U}(t, 0))^{-1}[A(t)] = \mathcal{U}(-t, 0)[A(t)] = U(t)^\dagger A(t) U(t) = A(0)$. 从对称性的角度来看, 刘维尔–冯·诺依曼方程和薛定谔方程之间有一个有趣的差别. 在薛定谔方程中, 能量本征态 $H|e_j\rangle = E_j|e_j\rangle$ 的时间依赖关系由 $\exp[-\mathrm{i}E_j t/\hbar]$ 给出, 因而能量简并态 $(E_j = E_k)$ 扮演着特殊的角色. 对于刘维尔–冯·诺依曼方程, 对应的相因子 $\exp[-\mathrm{i}(E_j - E_k)t/\hbar]$, 很明显包含了能量差. 这就在能级差相等的能量本征态对中产生了一个新的对称性. 如同其他对称性一样, 这一对称性可以用来简化分析 (Maassen van den Brink, Zagoskin, 2002).

量子工程学: 量子相干结构的理论和设计
Quantum Engineering: Theory and Design of Quantum Coherent Structures

态的纯度是守恒的:

$$\varsigma(t) \equiv \mathrm{tr}\big(\rho(t)^2\big) = \mathrm{tr}\big[U(t)\rho(0)U(t)^\dagger U(t)\rho(0)U(t)^\dagger\big] = \mathrm{tr}\big(\rho(0)^2\big) = \varsigma(0) \tag{1.20}$$

这意味着从纯态到混合态的演化, 包括测量过程, 是不能用式 (1.17) 来描述的, 因为它本质上是一个非幺正的过程.

1.2.5 维格纳 (Wigner) 函数

如果我们用 Wigner(1932) 首先提出的另一种表示法来看, 经典密度函数和量子密度矩阵的关系就变得更加清晰了. 简单起见, 我们考虑一个一维的单粒子情况. 在位置表示下它的密度矩阵是 (丢掉显式的时间依赖):

$$\rho(x,x') \equiv \langle x|\rho|x' \rangle \tag{1.21}$$

这里 $|x\rangle$ 是位置的本征态: $\hat{X}|x\rangle = x|x\rangle$. 我们用 $X = (x+x')/2, \xi = x - x'$ 分别表示平均位置和偏移量, 并对后者做傅里叶变换, 就得到一个同时依赖位置和动量的函数:

$$W(X,P) = \frac{1}{2\pi\hbar} \int \mathrm{d}\xi \left\langle X+\frac{\xi}{2}\middle|\rho\middle|X-\frac{\xi}{2}\right\rangle \mathrm{e}^{-\mathrm{i}P\xi/\hbar} \tag{1.22}$$

这个维格纳函数看起来很像经典的分布函数 $f(X,P)$. 它们确实有共同的性质, 比如说, 对 $f(X,P)$ 其中一个变量积分会得到一个正定的另一变量的概率分布函数. 对于维格纳函数, 同样地, 有

$$\int \mathrm{d}P\, W(X,P) = \int \mathrm{d}\xi \left\langle X+\frac{\xi}{2}\middle|\rho\middle|X-\frac{\xi}{2}\right\rangle \frac{1}{2\pi\hbar} \int \mathrm{d}P\, \mathrm{e}^{-\mathrm{i}P\xi/\hbar}$$

$$= \int \mathrm{d}\xi \left\langle X+\frac{\xi}{2}\middle|\rho\middle|X-\frac{\xi}{2}\right\rangle \delta(\xi) = \langle X|\rho|X\rangle \geqslant 0; \tag{1.23}$$

$$\int \mathrm{d}X\, W(X,P) = \frac{1}{2\pi\hbar} \int \mathrm{d}\xi \int \mathrm{d}X \left\langle X+\frac{\xi}{2}\middle|\rho\middle|X-\frac{\xi}{2}\right\rangle \mathrm{e}^{-\mathrm{i}P\xi/\hbar}$$

$$= \int \mathrm{d}x\,\mathrm{d}x'\, \langle x|\rho|x'\rangle \left[\frac{1}{2\pi\hbar}\mathrm{e}^{-\mathrm{i}P(x-x')/\hbar}\right]$$

$$= \int \mathrm{d}x\,\mathrm{d}x'\, \langle x|\rho|x'\rangle\langle x'|P\rangle\langle P|x\rangle = \langle P|\rho|P\rangle \geqslant 0 \tag{1.24}$$

这里我们考虑了位置表示下的动量算符本征态是一个简单的平面波: $\langle x|P\rangle = \mathrm{e}^{\mathrm{i}Px/\hbar}/\sqrt{2\pi\hbar}$, 它同时也是 Hilbert 空间中的一组基 (Messiah, 2003; Landau, Lifshitz, 2003). 同时我们还利用了密度矩阵是半正定的这一事实 (式 (1.12)).

根据式 (1.2.5) 和式 (1.24),我们很快就能得到维格纳函数是归一化的:

$$\int dX dP W(X,P) = 1 \tag{1.25}$$

进一步地,得

$$\langle \hat{X}^m \rangle = \int dX dP W(X,P) X^m; \quad \langle \hat{P}^n \rangle = \int dX dP W(X,P) P^n \tag{1.26}$$

推广一下,可以证明

$$\int dX dP W(X,P) X^m P^n = \langle \{\hat{X}^m \hat{P}^n\}_{\text{sym}} \rangle \tag{1.27}$$

这里 $\{\hat{X}^m \hat{P}^n\}_{\text{sym}}$ 是非对易算符 $\hat{X}$, $\hat{P}$ 的对称化积,例如,$\{\hat{X}\hat{P}\}_{\text{sym}} = \frac{1}{2}(\hat{X}\hat{P} + \hat{P}\hat{X})$, $\{\hat{X}^2 \hat{P}^2\}_{\text{sym}} = \frac{1}{6}(\hat{X}^2 \hat{P}^2 + \hat{P}^2 \hat{X}^2 + \hat{X}\hat{P}^2\hat{X} + \hat{P}\hat{X}^2\hat{P} + \hat{X}\hat{P}\hat{X}\hat{P} + \hat{P}\hat{X}\hat{P}\hat{X})$, 等等. 因此,维格纳函数将计算可观测量乘积的平均值变成了一个常规的积分 (式 (1.27))(这里 X 和 P 的幂指数只是一些数字),不过对要平均的算符施加了一个特定的序 (维格纳序).

但是 $W(X,P)$ 和 $f(X,P)$ 还是有明显不同的. 尽管有式 (1.2.5) 和式 (1.24),但 $W(X,P)$ 并非半正定的. 因此,它不是一个概率,而是一个准概率分布函数,这里暗藏了其量子性本质. 另一方面,如果将维格纳函数在 $2\pi\hbar$ 尺度上进行积分就变成半正定的并约化为经典的概率密度函数 $f(X,P)$(Röpke, 1987, 2.2.2 节; Zubarev et al., 1996). 这算是从另一个角度来看量子–经典的转变. [1]

维格纳函数向更多的自由度或不同的可观测量扩展是非常直接的,这种与经典密度分布函数的相似性使得它 ($W(X,P)$) 在某些方面用起来非常方便,比如说量子统计物理和量子动力学等 (Balescu, 1975; Pitaevskii, Lifshitz, 1981).

一个简谐振子——也就是量子化场模式——的维格纳函数对我们来说特别有用,这将在 4.3.2 节中进一步介绍. [2]

1.2.6 密度矩阵的微扰论和线性响应理论

宇宙中任何系统终究只在一定程度上可以说是孤立的,因此理论上必须要能够一致地处理开放系统,也就是与环境 (受系统影响很小,并只能用一些平均的宏观参量比如温度、压强等来描述) 有耦合的情况.

---

[1] 当然,我们最终还是需要讨论做这种平均的原因和特别的机制的.

[2] 在一个更为一般的平面上,Wigner 函数是一个非平衡格林函数的特例,非平衡格林函数在各种物理学中都有广泛的应用 (Pitaevskii, Lifshitz, 1981, 第 10 章; Zagoskin, 1998, 第 3 章).

如果系统处于平衡态, 它的密度矩阵具有吉布斯 (Gibbs) 形式:

$$\rho_{\mathrm{CE}} = \mathrm{e}^{(F-H)/k_B T}; \quad F = -k_B T \ln \mathrm{tr}\, \mathrm{e}^{H/k_B T} \tag{1.28}$$

或

$$\rho_{\mathrm{GCE}} = \mathrm{e}^{(\Omega-H')/k_B T}; \quad \Omega = -k_B T \ln \mathrm{tr}\, \mathrm{e}^{H'/k_B T} \tag{1.29}$$

上面第一个等式描述了一个正则系综, 也就是系统仅与环境有能量交换; 第二个等式描述的则是一个巨正则系综, 系统与环境不仅可以交换能量, 还可以交换粒子. (因此, 这里采用了算符 $H' = H - \mu N$ 而不是 H, 这里 μ 是化学势, N 是粒子数算符. 显然 N 和 H 是对易的.) 这些等式在量子统计学中一般都有推导 (Landau, Lifshitz, 1980, 第 3 章). 它们与其经典对应非常相似, 并且标准化因子 F 和 Ω 正好分别对应经典的 (亥姆霍兹) 自由能和巨势. 这里我们应该能够看到, 当系统粒子数非常大的时候, 两个方程是等价的. 不过, 对于粒子数不多的系统, 当增减一个粒子能够引起显著的不同时, 就必须小心选择适当的系综了. 这正好是电荷量子比特的情况.

回顾式 (1.28) 和式 (1.29), 我们可以看到处于平衡态时系统是一个混合态 (采用 H 的谱表示可以容易地看出, $\rho_{\mathrm{CE}}/\rho_{\mathrm{GCE}}$ 非对角元为零, 所以是一个混态). 不过, 我们关心的系统往往是远离平衡态的, 而刘维尔–冯·诺依曼方程求解需要给定初始条件——这往往是不可能的. 解决问题的办法一般是基于微扰论的. 假设系统与环境弱耦合, 并且二者的初态都是已知的, 这样我们就可以对方程进行迭代, 将结果转化为一个耦合强度不同阶数的级数.

为了演示这种方法并介绍 (或提醒读者) 一些有用的概念, 我们从推导线性响应理论方程开始. 假设系统受外力的微扰, 而我们关心的是在一阶微扰下一些可观测量均值的变化, 于是问题的哈密顿量可以写成

$$H(t) = H_0 + H_I(t) \tag{1.30}$$

这里无扰动情况下的自由哈密顿量 H_0 是不含时的, 并且微扰项 $H_I(t)$ 相比于 H_0 而言很小. 在这里采用相互作用表示非常方便, 此时所有的算符都放到了一对 "括号" 中:

$$A \to A_{\mathrm{int}}(t) = U_0(t)^\dagger A U_0(t), \quad U_0(t) = \mathrm{e}^{-\mathrm{i}H_0 t/\hbar} \tag{1.31}$$

对密度矩阵做这一操作, 得到

$$
\begin{aligned}
\frac{\mathrm{d}\rho_{\mathrm{int}}}{\mathrm{d}t} &= -\frac{1}{\mathrm{i}\hbar}[H_0, \rho_{\mathrm{int}}(t)] + U_0(t)^\dagger \frac{\mathrm{d}\rho}{\mathrm{d}t} U_0(t) \\
&= \frac{1}{\mathrm{i}\hbar}[H_0, \rho_{\mathrm{int}}(t)] + U_0(t)^\dagger \frac{1}{\mathrm{i}\hbar}[H_0 + H_I(t), \rho(t)] U_0(t) \\
&= \frac{1}{\mathrm{i}\hbar}[H_{I,\mathrm{int}}(t), \rho_{\mathrm{int}}(t)]
\end{aligned} \tag{1.32}
$$

对上式从 $-\infty$ 积分到 t, 得到

$$\rho_{\text{int}}(t) = \rho_{\text{int}}(-\infty) + \frac{1}{\mathrm{i}\hbar} \int_{-\infty}^{t} \mathrm{d}t' [H_{I,\text{int}}(t'), \rho_{\text{int}}(t')] \tag{1.33}$$

可以合理地认为系统最开始是处于平衡态的, 也就是 $\rho_{\text{int}}(-\infty) \equiv \rho_0$, 这里 ρ_0 由式 (1.29) 或式 (1.30) 给出 (注意, 在巨正则系综里, 所有使用 H 的地方都应该替换为 $H' = H - \mu N$). 因此式 (1.33) 可以做如下形式的迭代:

$$\rho_{\text{int}}(t) = \rho_0 + \rho_1(t) + \rho_2(t) + \cdots;$$
$$\rho_1(t) = \frac{1}{\mathrm{i}\hbar} \int_{-\infty}^{t} \mathrm{d}t' [H_{I,\text{int}}(t'), \rho_0]; \tag{1.34}$$
$$\text{以此类推}$$

这个级数通常只是渐进收敛, 此外, 它的高阶项包含了令人讨厌的嵌套对易子. 不过, 系统对扰动的线性响应项———一阶项是容易得到的.

由于迹的循环不变性, A 的平均值在相互作用表象下也是一样的, $\langle A \rangle = \operatorname{tr} A\rho(t) = \operatorname{tr} A_{\text{int}}(t)\rho_{\text{int}}(t)$. 由微扰引起的偏移 (测量量的线性响应) 于是可以写成

$$\Delta A(t) = \operatorname{tr} \rho_1(t) A_{\text{int}}(t) = \frac{1}{\mathrm{i}\hbar} \int_{-\infty}^{t} \mathrm{d}t' \operatorname{tr}([H_{I,\text{int}}(t'), \rho_0] A_{\text{int}}(t))$$
$$= \frac{1}{\mathrm{i}\hbar} \int_{-\infty}^{t} \mathrm{d}t' \langle [A_{\text{int}}(t), H_{I,\text{int}}(t')] \rangle_0 \tag{1.35}$$

这里 $\langle \cdots \rangle_0 \equiv \operatorname{tr}(\rho_0 \cdots)$ 是平衡态下的平均值. 这个式子已经可用了, 不过将这个久保公式转换成能将系统线性响应与平衡态涨落联系起来的其他形式将更为便利, 也更具有洞察力.

有几种不同的方法来写久保公式. 下面我们将不失一般性地假设扰动项 $H_I(t)$ 具有如下形式:

$$H_I(t) = -f(t)B \tag{1.36}$$

这里 B 是一个算符, 而 $f(t)$ 则是一个称为 "广义力" 的常规函数. 进一步我们还将引入算符 A 和 B 的延迟格林函数:

$$\ll A(t)B(t') \gg^R \equiv \frac{1}{\mathrm{i}\hbar} \langle [A(t), B(t')] \rangle_0 \theta(t - t') \tag{1.37}$$

这里 $\theta(t - t')$ 为单位阶跃函数, 而延迟意味着式 (1.36) 只有当 $t \geqslant t'$ 时不为零. 这样我们可以将式 (1.2.6) 改写成如下形式:

$$\Delta A(t) = -\int_{-\infty}^{\infty} \mathrm{d}t' f(t') \ll A(t)B(t') \gg^R \tag{1.38}$$

从因果关系可知, 只有早于 t 时刻的扰动才能够影响到 $\Delta A(t)$.

这个格林函数是在平衡态下计算的, 因此, 它仅依赖于时间差 $t-t'$, 并且式 (1.38) 是一个卷积. 对它做傅里叶变换, 我们得到

$$\Delta A(\omega) = -f(\omega) \ll AB \gg_{\omega}^{R} \tag{1.39}$$

定义广义极化率如下：

$$\xi(\omega) = \Delta A(\omega)/f(\omega) \tag{1.40}$$

显而易见, 它等于 $- \ll AB \gg_{\omega}^{R}$. 广义极化率的例子包括电导率 $\sigma_{\alpha\beta}(\omega)$(这里电流密度 $j_{\alpha}(\omega) = \sigma_{\alpha\beta}(\omega)E_{\beta}(\omega)$), 以及磁化率 $\xi_{\alpha\beta}(\omega)$(磁矩 $m_{\alpha}(\omega) = \xi_{\alpha\beta}(\omega)H_{\beta}(\omega)$), 等等.

1.2.7　涨落–耗散定理

现在我们可以如之前所说的建立起系统平衡态涨落与极化率之间的关系了. 前者可以用给定可观测量的自相关函数来描述：

$$K_A(t) = \langle A(t)A(0) \rangle_0 \equiv K_{A,s}(t) + K_{A,a}(t);$$
$$K_{A,s(a)}(t) = \frac{K_A(t) \pm K_A(-t)}{2} \tag{1.41}$$

既然 A 是一个任意的算符, 那么 $A(t)$ 和 $A(0)$ 不必是对易的, 并且通常来说反对称的部分 $K_{A,a}(t)$ 也不是零. 不过我们在这里只关注自相关函数的对称部分. 其傅里叶变换 $S_{A,s}(\omega)$(涨落的对称谱密度) 给出了该可观测量的涨落强度. [①] 下面我们对任意两个算符的平衡态均值引入一个有用的 KMS(Kubo-Martin-Schwinger) 等式：

$$\langle A(\tau)B(0) \rangle_0 \equiv \mathrm{tr}\left(e^{(F_0-H_0)/k_BT}e^{iH_0\tau/\hbar}A(0)e^{-iH_0\tau/\hbar}B(0)\right)$$
$$= \langle B(0)A(\tau + i\hbar/k_BT) \rangle_0 \tag{1.42}$$

上式可以直接根据迹的循环不变性得出. 接下来, 我们可以写出对易子和反对易子的傅里叶变换形式：

$$\langle [A,A] \rangle_{0,\omega} \equiv \int_{-\infty}^{\infty} dt\, e^{i\omega t} \langle [A(t), A(0)] \rangle_0 = (e^{\hbar\omega/k_BT} - 1) \int_{-\infty}^{\infty} dt\, e^{i\omega t} \langle A(0)A(t) \rangle_0;$$
$$\langle \{A,A\} \rangle_{0,\omega} \equiv \int_{-\infty}^{\infty} dt\, e^{i\omega t} \langle \{A(t), A(0)\} \rangle_0 = (e^{\hbar\omega/k_BT} + 1) \int_{-\infty}^{\infty} dt\, e^{i\omega t} \langle A(0)A(t) \rangle_0 \tag{1.43}$$

---

① 准确地说, 为了研究均值 $\langle A \rangle_0$ 附近的涨落, 我们必须考虑自协方差函数

$$K'_A(t) = \langle (A(t) - \langle A \rangle_0)(A(0) - \langle A \rangle_0) \rangle_0 \equiv K_A(t) - \langle A \rangle_0^2$$

下文中我们假定 $\langle A \rangle_0 = 0$, 这只会引起一个很平凡的差别.

这样一来, 我们可以将对称谱密度用对易子的平均值来表示:

$$S_{A,s}(\omega) \equiv \langle \{A, A\} \rangle_{0,\omega}/2 = \langle [A, A] \rangle_{0,\omega} \coth(\hbar\omega/2k_B T)/2 \tag{1.44}$$

另外, 通过分解积分式并做变量替换, 我们得到

$$
\begin{aligned}
\langle [A, A] \rangle_{0,\omega} &= \int_{\infty}^{0} \mathrm{d}(-t) \mathrm{e}^{\mathrm{i}\omega(-t)} \langle [A(-t), A(0)] \rangle_0 + \int_{0}^{\infty} \mathrm{d}t \mathrm{e}^{\mathrm{i}\omega t} \langle [A(t), A(0)] \rangle_0 \\
&= -\int_{0}^{\infty} \mathrm{d}t \mathrm{e}^{-\mathrm{i}\omega t} \langle [A(t), A(0)] \rangle_0 + \int_{0}^{\infty} \mathrm{d}t \mathrm{e}^{\mathrm{i}\omega t} \langle [A(t), A(0)] \rangle_0 \\
&= 2\hbar \mathrm{Im} \ll AA \gg_{\omega}^{R} \equiv 2\hbar \mathrm{Im}\, \chi(\omega)
\end{aligned}
\tag{1.45}
$$

由此, 我们建立起了平衡态涨落强度与外界扰动的线性响应之间的关系, 被称为涨落–耗散定理:

$$S_{A,s}(\omega) = \hbar \mathrm{Im}\, \chi(\omega) \coth(\hbar\omega/2k_B T) \tag{1.46}$$

这一系统平衡态性质与非平衡态行为之间的关系不仅在物理上有深刻的含义, 而且非常实用. 平衡态的格林函数如式 (1.37) 可以利用相对简单且完善的松原形式 (费曼图方法的一种扩展, 见 Zagoskin, 1998, 第 3 章) 通过微扰来获得. 当然, 我们也可以进一步地计算更高阶的响应函数 (例如二次或三次极化率等), 它们同样可以用平衡态性质来表达, 不过表达式很快就变得笨拙难堪, 相应地也就很快丧失了实用性.

1.3　开放系统中密度矩阵的演化

1.3.1　去除环境

让我们回到刘维尔–冯 · 诺依曼方程 (1.17), 一个系统与环境组成的开放系统可以由如下哈密顿量描述:

$$H = H_S + H_E + H_I \tag{1.47}$$

我们的目的是调和式 (1.17) 的幺正演化与非幺正过程, 例如测量的转变. 或者更广义地说, 从纯态到混合态的转变. 我们将看到, 在一些看似合理的假设基础上, 这是可以做得到的.

首先, 我们简单地假设 H_I 是一个小的扰动, 而环境非常大, 系统对环境的影响是非

常小的. 如式 (1.31) 中那样, 我们采用基于 $H_0 = H_S + H_E$ 的相互作用表示, 于是

$$\frac{\mathrm{d}\rho}{\mathrm{d}t} = \frac{1}{\mathrm{i}\hbar}[H_I(t), \rho(t)]; \quad \rho(t) = \rho(-\infty) + \frac{1}{\mathrm{i}\hbar}\int_{-\infty}^{t} \mathrm{d}t'[H_I(t'), \rho(t')] \tag{1.48}$$

这里我们去掉了 "int" 下标以使得整个方程更加简洁. 将上式中的第二式代入第一式的右边, 得到

$$\frac{\mathrm{d}\rho}{\mathrm{d}t} = \frac{1}{\mathrm{i}\hbar}[H_I(t), \rho(-\infty)] + \frac{1}{(\mathrm{i}\hbar)^2}\int_{-\infty}^{t} \mathrm{d}t'[H_I(t), [H_I(t'), \rho(t')]] \tag{1.49}$$

下面我们进一步做些大胆的假设. 首先, 假设系统与环境自始至终都是统计无关的:

$$\rho(-\infty) = \rho_S(-\infty) \otimes \rho_E; \quad \rho(t) = \rho_S(t) \otimes \rho_E \tag{1.50}$$

这一假设是基于环境足够大并且系统与环境之间相互作用很弱的前提的, 物理上也是合理的 (当然, 如果有某一部分物理环境破坏了这一假设, 我们可以把这部分归入系统中). 因此我们可以对环境部分求迹并得到系统的约化密度矩阵, $\mathrm{tr}_E\, \rho(t) \equiv \rho_S(t)$(对比式 (1.14)).

$$\begin{aligned}
\frac{\mathrm{d}\rho_S}{\mathrm{d}t} &= \frac{1}{\mathrm{i}\hbar}\, \mathrm{tr}_E([H_I(t), \rho_S(-\infty) \otimes \rho_E]) \\
&+ \frac{1}{(\mathrm{i}\hbar)^2}\int_{-\infty}^{t} \mathrm{d}t'\, \mathrm{tr}_E([H_I(t), [H_I(t'), \rho_S(t') \otimes \rho_E]])
\end{aligned} \tag{1.51}$$

其次, 我们现实地假设相互作用哈密顿量具有如下的形式 (在薛定谔表示下):

$$H_I = \sum_{ab} g_{ab} A_a B_b \tag{1.52}$$

这里算符 A 作用于系统, 而算符 B 作用于环境, 并且 $\langle B \rangle \equiv \mathrm{tr}_E(\rho_E B) = 0$(如果 $\langle B \rangle \neq 0$, 相应的 $\sum_{ab} g_{ab} A_a \langle B_b \rangle$ 将只依赖于作用于系统上的算符, 那么这部分就应该归入系统哈密顿量 H_S). 由此, 式 (1.3.1) 中右边的第一项就没有了. 最后, 我们再做一个非常重要的近似——马尔可夫近似. 也就是说, 系统密度矩阵变化要慢于环境的特征关联时间. 这样我们就可以忽略 ρ_S 中 t 和 t' 的区别, 并将式 (1.3.1) 的积分-微分方程简化为微分主方程:

$$\frac{\mathrm{d}\rho_S}{\mathrm{d}t} = -\frac{1}{\hbar^2}\int_{-\infty}^{t} \mathrm{d}t'\, \mathrm{tr}_E([H_I(t), [H_I(t'), \rho_S(t) \otimes \rho_E]]) \tag{1.53}$$

式中只包含了约化密度矩阵的当前值 (与之前历史无关正是随机过程数学理论中的马尔可夫链方法). 式 (1.53) 中还可以包含一个额外的项 $(1/\mathrm{i}\hbar)[h(t), \rho_S(t)]$, 这里 $h(t)$ 用来描述那些我们不打算在相互作用图景中去掉的过程, 例如外场的影响, 如式 (1.36) 所示.

1.3.2 密度矩阵的主方程 林德布拉德 (Lindblad) 算符

式 (1.53) 看起来并没有把工作做完. 我们需要把式 (1.52) 的 H_I 形式代入其中, 对环境变量求迹, 并计算 t' 的积分. 不过, 利用算符 A, B 之间的特殊对易关系, 我们可以用一个紧凑的哈密顿量来更便捷地做这件事.

作为例子, 我们考虑一个只包含一个单一频率 ω_E 的玻色模式的环境. 也就是说, 我们的系统与一个处于某一稳态 ρ_E 的线性谐振器耦合在一起. 通常——但不是必须, 可以假设这一稳态对应于某一温度 T 的平衡态.

在相互作用表示下, 最简单的相互作用项可以写成如下形式 (参考式 (1.36)):

$$H_I(t) = gB(t)(a^\dagger(t) + a(t)) = gB(t)\left(a^\dagger e^{i\omega_E t} + a e^{-i\omega_E t}\right) \tag{1.54}$$

这里, 我们考虑了相互作用表示下玻色算符对时间的平凡依赖, $a(t) = a \exp[-i\omega_E t]$, $a^\dagger(t) = a^\dagger \exp[i\omega_E t]$. 算符 B 作用于系统, 它是厄米的、时间依赖的, 并且决定于 H_S, 不管它是什么形式, 算符 B 通常与密度矩阵 ρ_S 不对易 (同样, $B(t)$ 和 $B(t')$ 通常也不对易, 除非 $t = t'$). 将式 (1.54) 代入式 (1.53), 我们将得到一个包含很多项的冗长式子, 写出来如下:

$$\frac{\mathrm{d}\rho_S}{\mathrm{d}t} = -\frac{g^2}{\hbar^2}\{(a) - (b) - (c) + (d)\}; \tag{1.55}$$

$$
\begin{aligned}
(a) = &\left\langle (a^\dagger)^2 \right\rangle B(t)\left[\int_{-\infty}^{t} \mathrm{d}t' B(t') e^{i\omega_E(t'+t)}\right]\rho_S(t) \\
&+ \langle aa^\dagger \rangle B(t)\left[\int_{-\infty}^{t} \mathrm{d}t' B(t') e^{i\omega_E(t'-t)}\right]\rho_S(t) \\
&+ \langle a^\dagger a \rangle B(t)\left[\int_{-\infty}^{t} \mathrm{d}t' B(t') e^{-i\omega_E(t'-t)}\right]\rho_S(t) \\
&+ \langle (a)^2 \rangle B(t)\left[\int_{-\infty}^{t} \mathrm{d}t' B(t') e^{-i\omega_E(t'+t)}\right]\rho_S(t);
\end{aligned}
$$

$$
\begin{aligned}
(b) = &\left\langle (a^\dagger)^2 \right\rangle B(t)\rho_S(t)\left[\int_{-\infty}^{t} \mathrm{d}t' B(t') e^{i\omega_E(t'+t)}\right] \\
&+ \langle a^\dagger a \rangle B(t)\rho_S(t)\left[\int_{-\infty}^{t} \mathrm{d}t' B(t') e^{i\omega_E(t'-t)}\right] \\
&+ \langle aa^\dagger \rangle B(t)\rho_S(t)\left[\int_{-\infty}^{t} \mathrm{d}t' B(t') e^{-i\omega_E(t'-t)}\right] \\
&+ \langle (a)^2 \rangle B(t)\rho_S(t)\left[\int_{-\infty}^{t} \mathrm{d}t' B(t') e^{-i\omega_E(t'+t)}\right];
\end{aligned}
$$

$$
(c) = \left\langle (a^\dagger)^2 \right\rangle \left[\int_{-\infty}^{t} \mathrm{d}t' B(t') e^{i\omega_E(t'+t)}\right]\rho_S(t)B(t)
$$

$$+ \langle a^\dagger a \rangle \left[\int_{-\infty}^{t} \mathrm{d}t' B(t') \mathrm{e}^{-\mathrm{i}\omega_E(t'-t)} \right] \rho_S(t) B(t)$$

$$+ \langle a a^\dagger \rangle \left[\int_{-\infty}^{t} \mathrm{d}t' B(t') \mathrm{e}^{\mathrm{i}\omega_E(t'-t)} \right] \rho_S(t) B(t)$$

$$+ \langle (a)^2 \rangle \left[\int_{-\infty}^{t} \mathrm{d}t' B(t') \mathrm{e}^{-\mathrm{i}\omega_E(t'+t)} \right] \rho_S(t) B(t);$$

$$(d) = \left\langle \left(a^\dagger\right)^2 \right\rangle \rho_S(t) \left[\int_{-\infty}^{t} \mathrm{d}t' B(t') \mathrm{e}^{\mathrm{i}\omega_E(t'+t)} \right] B(t)$$

$$+ \langle a a^\dagger \rangle \rho_S(t) \left[\int_{-\infty}^{t} \mathrm{d}t' B(t') \mathrm{e}^{\mathrm{i}\omega_E(t'-t)} \right] B(t)$$

$$+ \langle a^\dagger a \rangle \rho_S(t) \left[\int_{-\infty}^{t} \mathrm{d}t' B(t') \mathrm{e}^{-\mathrm{i}\omega_E(t'-t)} \right] B(t)$$

$$+ \langle (a)^2 \rangle \rho_S(t) \left[\int_{-\infty}^{t} \mathrm{d}t' B(t') \mathrm{e}^{-\mathrm{i}\omega_E(t'+t)} \right] B(t)$$

上式中的求平均是针对环境进行的：$\langle a^\dagger a \rangle = \mathrm{tr}(\rho_E a^\dagger a) = \mathrm{tr}(a \rho_E a^\dagger)$，等等. 除非这个玻色子模式处在所谓的压缩态 (见 4.4.4 小节)，否则非对角元的平均值为零：$\langle (a)^2 \rangle = \langle (a^\dagger)^2 \rangle = 0$. 其他的可以表示为粒子数算符 $N = a^\dagger a$ 的平均值 $\langle N \rangle = n$：

$$(a) = (n+1)B(t)\bar{B}(t)\rho_S(t) + nB(t)\bar{B}^\dagger(t)\rho_S(t);$$

$$(b) = nB(t)\rho_S(t)\bar{B}(t) + (n+1)B(t)\rho_S(t)\bar{B}^\dagger(t);$$

$$(c) = n\bar{B}^\dagger(t)\rho_S(t)B(t) + (n+1)\bar{B}(t)\rho_S(t)B(t);$$

$$(d) = (n+1)\rho_S(t)\bar{B}^\dagger(t)B(t) + n\rho_S(t)\bar{B}(t)B(t)$$

这里

$$\bar{B}(t) = \int_{-\infty}^{t} \mathrm{d}t' B(t') \mathrm{e}^{\mathrm{i}\omega_E(t'-t)} \tag{1.56}$$

进一步地，如果我们假设算符 B 具有如下形式：

$$B(t) = B_- \mathrm{e}^{-\mathrm{i}\omega_B t} + B_+ \mathrm{e}^{\mathrm{i}\omega_B t}; \quad B_+ \equiv B_-^\dagger \tag{1.57}$$

式 (1.56) 就可以确切地积分出来：

$$\bar{B}(t) = B_- \mathrm{e}^{-\mathrm{i}\omega t} \frac{\mathrm{e}^{\mathrm{i}(\omega_E - \omega_B)t}}{\mathrm{i}(\omega_E - \omega_B) + \varepsilon} + B_+ \mathrm{e}^{\mathrm{i}\omega t} \frac{\mathrm{e}^{\mathrm{i}(\omega_E + \omega_B)t}}{\mathrm{i}(\omega_E + \omega_B) + \varepsilon}$$

这里 $\varepsilon \to 0$ 是一个附加的无穷小量，是为了保证积分结果在下界上收敛 (这个处理称为正则化). 利用著名的魏尔斯特拉斯 (Weierstrass) 公式[①]：

$$\lim_{\varepsilon \to 0} \frac{1}{x - \mathrm{i}\varepsilon} = \mathcal{P}\frac{1}{x} + \mathrm{i}\pi\delta(x) \tag{1.58}$$

---

① 见 Zagoskin(1998)，式 (2.31)，或者 Richtmyer(1978)，2.9 节.

$\mathcal{P}$ 意为当表达式在奇点 (在这里是 $x=0$) 附近积分时, 积分必须以主值积分的形式进行. 于是我们得到

$$\bar{B}(t) = B_- \mathrm{e}^{-\mathrm{i}\omega_B t} \left(\pi\delta(\omega_E - \omega_B) - \mathrm{i}\mathcal{P}\frac{1}{\omega_E - \omega_B} \right)$$
$$+ B_+ \mathrm{e}^{\mathrm{i}\omega_B t} \left(\pi\delta(\omega_E + \omega_B) - \mathrm{i}\mathcal{P}\frac{1}{\omega_E + \omega_B} \right)$$
$$\equiv \kappa_- B_- \mathrm{e}^{-\mathrm{i}\omega_B t} + \kappa_+ B_+ \mathrm{e}^{\mathrm{i}\omega_B t} \tag{1.59}$$

正常情况下, 系统和环境 (特别是环境!) 的谱包含着很多的频率, 它们都会贡献 $\kappa'_\pm(\omega) \equiv \mathrm{Re}\,\kappa_\pm(\omega)$ 和 $\kappa''_\pm(\omega) \equiv \mathrm{Im}\,\kappa_\pm(\omega)$. (我们只考虑正频率的谱, 因此 $\kappa'_+ = 0$.)

将式 (1.3.2) 代入式 (1.55) 中, 我们发现某些项的时间依赖为 $\exp[\pm 2\mathrm{i}\omega_B t]$ 的形式. 由于它们相对于密度矩阵 $\rho_S(t)$ 而言振荡得非常快, 在这个时间尺度上, 这些项的均值为零, 因此可以丢掉 (这称为旋波近似, RWA). 除非存在共振, 这一近似一般都是成立的. 余下来的项包括

$$\frac{\mathrm{d}\rho_S}{\mathrm{d}t} = \frac{1}{\mathrm{i}\hbar}\frac{g^2}{\hbar}\left[((n+1)\kappa''_+ - n\kappa''_-)B_-B_+ + ((n+1)\kappa''_- - n\kappa''_+)B_+B_-, \rho_S(t) \right]$$
$$+ \frac{g^2}{\hbar^2}(n+1)\left[\kappa'_-(2B_-\rho_S(t)B_+ - \{\rho_S(t), B_+B_-\}) \right.$$
$$+ \left. \kappa'_+(2B_+\rho_S(t)B_- - \{\rho_S(t), B_-B_+\}) \right]$$
$$+ \frac{g^2}{\hbar^2}n\left[\kappa'_-(2B_+\rho_S(t)B_- - \{\rho_S(t), B_-B_+\}) \right.$$
$$+ \left. \kappa'_+(2B_-\rho_S(t)B_+ - \{\rho_S(t), B_+B_-\}) \right] \tag{1.60}$$

上式中的第一行表示正常的幺正哈密顿动力学, 我们本来可以将密度算符对易子中的两项以微小修正 (量级为 $g^2/\hbar\omega_{E,B}$) 的形式加入系统哈密顿量中.

而我们真正感兴趣的是其他项, 它们具有所谓的 Lindblad 形式:

$$2L\rho_S L^\dagger - L^\dagger L \rho_S - \rho_S L^\dagger L \tag{1.61}$$

Lindblad(1976)(Gardiner, Zoller, 2004) 得出密度矩阵能够保留其性质的最一般形式线性微分方程:

$$\frac{\mathrm{d}\rho}{\mathrm{d}t} = \frac{1}{\mathrm{i}\hbar}[H, \rho] + \sum_a (2L_a\rho L_a^\dagger - L_a^\dagger L_a \rho - \rho L_a^\dagger L_a) \tag{1.62}$$

这里 H 是哈密顿量, L_a 称为 Lindblad 算符, 是一个任意的算符. 利用迹的循环不变性可以检验, 上述方程确实保持了密度矩阵的迹是不变的.

式 (1.3.2) 的主方程具有 Lindblad 形式不是一个简单的事情. 从推导式 (1.53) 到式 (1.3.2), 我们做了一系列的假设, 它们并不能保证最终的方程具有物理意义. 幸运的是, 这种事情并没有发生.

方程 (1.62) 之所以如此重要, 是因为它描述了系统密度矩阵的非幺正演化——这正是最初的刘维尔方程 (1.17) 对 "系统 + 环境" 的整体所不能描述的. 我们将在一个简单但非常值得关注的二能级系统 (例如空间上固定的自旋 $-1/2$ 粒子, 或者一个量子比特) 中展示这一 (非幺正) 行为.

1.3.3 例子: 一个二能级系统的非幺正演化、退相位和弛豫

二能级系统的密度矩阵是一个 2×2 的厄米矩阵, 而且可以确切地进行各种计算. 我们选择能量表示 (哈密顿量的谱表示), 这时系统的哈密顿量如下:

$$H_S = \begin{pmatrix} E_0 & 0 \\ 0 & E_1 \end{pmatrix}$$

考虑三种 Lindblad 算符的例子:

$$L_1 = L_1^\dagger = \sqrt{\gamma}\,\sigma_+\sigma_- \equiv \sqrt{\gamma}\begin{pmatrix} 1 & 0 \\ 0 & 0 \end{pmatrix}; \tag{1.63}$$

$$L_2 = \sqrt{\Gamma/2}\,\sigma_- \equiv \sqrt{\Gamma/2}\begin{pmatrix} 0 & 0 \\ 1 & 0 \end{pmatrix}; \quad L_2^\dagger = \sqrt{\Gamma/2}\,\sigma_+ \equiv \sqrt{\Gamma/2}\begin{pmatrix} 0 & 1 \\ 0 & 0 \end{pmatrix}; \tag{1.64}$$

$$L_3 = \sqrt{\Gamma/2}\,\sigma_+; \quad L_3^\dagger = \sqrt{\Gamma/2}\,\sigma_- \tag{1.65}$$

第一种情况下的主方程 (1.62)(假设在相互作用表示下哈密顿项已经消掉了):

$$\begin{pmatrix} \dot{\rho}_{00} & \dot{\rho}_{01} \\ \dot{\rho}_{10} & \dot{\rho}_{11} \end{pmatrix} = \begin{pmatrix} 0 & -\gamma\rho_{01} \\ -\gamma\rho_{10} & 0 \end{pmatrix} \tag{1.66}$$

具有如下形式的解:

$$\rho(t) = \begin{pmatrix} \rho_{00}(0) & \rho_{01}(0)\mathrm{e}^{-\gamma t} \\ \rho_{10}(0)\mathrm{e}^{-\gamma t} & \rho_{11}(0) \end{pmatrix} \tag{1.67}$$

这很显然是一个非幺正演化, 密度矩阵将逐渐演化成为一个对角形式. 对角元完全不变, 所以这种 Lindblad 算符实现了所谓的纯退相位. 式 (1.67) 可以看成是测量过程的一个模型, 在这里自旋向上/向下态被探测, 而 γ 给出了态的塌缩速率. 态的纯度 $\varsigma(t) = \mathrm{tr}\,\rho^2(t)$ 也以指数形式衰减:

$$\varsigma(t) = \rho_{00}(0)^2 + \rho_{11}(0)^2 + |\rho_{01}(0)|^2\mathrm{e}^{-2\gamma t} \tag{1.68}$$

另外两种情况, 我们得到

$$\begin{pmatrix} \dot{\rho}_{00} & \dot{\rho}_{01} \\ \dot{\rho}_{10} & \dot{\rho}_{11} \end{pmatrix} = \begin{pmatrix} -\Gamma\rho_{00} & -(\Gamma/2)\rho_{01} \\ -(\Gamma/2)\rho_{10} & \Gamma\rho_{00} \end{pmatrix} \tag{1.69}$$

其解为

$$\rho(t) = \begin{pmatrix} \rho_{00}(0)\mathrm{e}^{-\Gamma t} & \rho_{01}(0)\mathrm{e}^{-(\Gamma/2)t} \\ \rho_{10}(0)\mathrm{e}^{-(\Gamma/2)t} & 1-\rho_{00}(0)\mathrm{e}^{-\Gamma t} \end{pmatrix} \tag{1.70}$$

类似地,

$$\begin{pmatrix} \dot{\rho}_{00} & \dot{\rho}_{01} \\ \dot{\rho}_{10} & \dot{\rho}_{11} \end{pmatrix} = \begin{pmatrix} \Gamma\rho_{11} & -(\Gamma/2)\rho_{01} \\ -(\Gamma/2)\rho_{10} & -\Gamma\rho_{11} \end{pmatrix}; \tag{1.71}$$

$$\rho(t) = \begin{pmatrix} 1-\rho_{11}(0)\mathrm{e}^{-\Gamma t} & \rho_{01}(0)\mathrm{e}^{-(\Gamma/2)t} \\ \rho_{10}(0)\mathrm{e}^{-(\Gamma/2)t} & \rho_{11}(0)\mathrm{e}^{-\Gamma t} \end{pmatrix} \tag{1.72}$$

这两个解不仅包含了退相位, 还包含了对角元 (向自旋向上/向下态) 的弛豫. 物理上, 这意味着 L_2, L_3 这两种 Lindblad 算符描述了完整的系统与环境间的能量交换过程. 注意到式 (1.70) 和式 (1.72) 最终将演化到一个纯态——系统哈密顿量的某一本征态. 为了让系统弛豫到一个混合态, 主方程必须以一定的权重同时包含式 (1.69) 和式 (1.71) 中的项.

同时从式 (1.72) 中我们还注意到弛豫率和退相位率之间的关系. 这是一个常见的现象, 因为式 (1.64) 和式 (1.65) 中的 Lindblad 算符形式经常在现实的模型中出现. 描述非对角元消失的所有贡献的退相干率则是纯退相位率加上弛豫率的一半.

如果我们包含所有这三种 Lindblad 算符 (式 (1.63)~ 式 (1.65)), 主方程将有如下形式的解:

$$\rho(t) = \begin{pmatrix} \overline{\rho_{00}} + (\rho_{00}(0)-\overline{\rho_{00}})\mathrm{e}^{-\Gamma t} & \rho_{01}(0)\mathrm{e}^{-(\Gamma/2+\gamma)t} \\ \rho_{10}(0)\mathrm{e}^{-(\Gamma/2+\gamma)t} & \overline{\rho_{11}} + (\rho_{11}(0)-\overline{\rho_{11}})\mathrm{e}^{-\Gamma t} \end{pmatrix} \tag{1.73}$$

这里的稳态值 $\overline{\rho_{00}} + \overline{\rho_{11}} = 1$ 是两个能级的最终占据率. 如果系统最终演化到某一温度 T^* 下的平衡态, 那么 $\overline{\rho_{11}}/\overline{\rho_{00}} = \exp[-(E_1-E_0)/k_B T^*]$, 从中我们可以得到 Lindblad 算符 L_2, L_3 中的系数 Γ. 另一方面, 如果我们知道环境的性质, 那么 Lindblad 项, 以及系统的稳态都可以计算出来 (见式 (1.3.2)). 如果我们刻意给环境一个负的温度, 二能级系统将发生布居数反转, 有更高的概率处在高能级上.[①]

---

① 这是描述有源介质 (如激光) 的一种通用而便捷的方法.

Lindblad 算符的确切形式取决于环境,以及环境与系统耦合的细节. 本节前段给出的例子里,二能级系统与环境玻色模式耦合将得到如下的 Lindblad 算符:

$$L_1 = \frac{g}{\hbar}\sqrt{\mathrm{Re}(\kappa_-)(n+1)}B_-; \quad L_2 = \frac{g}{\hbar}\sqrt{\mathrm{Re}(\kappa_+)(n+1)}B_+;$$

$$L_3 = \frac{g}{\hbar}\sqrt{\mathrm{Re}(\kappa_-)n}B_+; \qquad L_4 = \frac{g}{\hbar}\sqrt{\mathrm{Re}(\kappa_+)n}B_-$$

后两个当玻色模式为空 ($n=0$) 时为零. 显然它们对应于系统吸收光量子,而前两个分别描述了受激和自发辐射过程对退相干的贡献. 多数情况下我们无法给出环境的精确理论描述,所以 Lindblad 算符往往基于唯象模型来选择. 不过式 (1.63)~式 (1.65) 和式 (1.73) 中的两个参数——弛豫率 Γ 和总的退相位率 (也就是退相干率)$\Gamma/2+\gamma$ 往往足以描述这些情况了.

*1.3.4 非幺正与幺正演化的对比

Lindblad 形式的非幺正主方程 (1.62) 可以在形式上写成与幺正的刘维尔–冯·诺依曼方程 (1.18) 一样,也就是

$$\frac{\mathrm{d}\rho}{\mathrm{d}t} = \mathcal{L}(t)[\rho(t)] \tag{1.74}$$

现在这里的刘维尔量包含了违反幺正性的 Lindblad 项. 当然,方程也就不会有式 (1.19) 形式的解,因为现在演化是不可逆的了:非幺正性意味着有很多种初始状态 (密度矩阵) 可以演化到相同的系统终态. 我们写下

$$\rho(t) = \mathcal{S}(t,0)[\rho(0)] \tag{1.75}$$

这里 $\mathcal{S}(t_f,t_i)[A]$ 是任意算符 A 从时刻 t_i 到 $t_f \geqslant t_i$ 的非幺正演化算符. 显然,$\mathcal{S}(t,t)[\cdot]=\hat{1}$,单位算符,并且

$$\frac{\mathrm{d}}{\mathrm{d}t}\mathcal{S}(t,t_0)[\cdot] = \mathcal{L}(t)[\mathcal{S}(t,t_0)[\cdot]] \tag{1.76}$$

对于任意延时 t',$\rho(t') = \mathcal{S}(t',t)[\rho(t)]$ 和 $\rho(t') = \mathcal{S}(t',0)[\rho(0)]$ 都成立,所以

$$\mathcal{S}(t',0)[A] = \mathcal{S}(t',t)[\mathcal{S}(t,0)[A]], \quad t' \geqslant t \geqslant 0 \tag{1.77}$$

组合性质:主方程描述的两个连续的演化构成另一个 (由同样主方程描述的) 演化. 对于式 (1.19) 中的幺正变换,这一性质是显然成立的:回想一下在那里算符的演化为 $\mathcal{U}(t,0)[A] \equiv U(t)AU^\dagger(t)$. 不同之处在于幺正变换是可逆的:根据式 (1.19) 可以很容易

地得到 $\mathcal{U}(t,0)[\mathcal{U}(-t,0)[A]] = A$. 因此, 从数学的角度来看, 幺正演化构成了一个群, 而式 (1.75) 的非幺正演化仅构成一个半群[①].

1.4 二能级系统的量子动力学

1.4.1 布洛赫 (Bloch) 矢量和布洛赫 (Bloch) 球

我们也确实应该常常惊叹于一般性数学方法的威力和优雅性, 然而, 所有这些起初都是为了解决某一具体问题而形成的小窍门, 之后才慢慢推广和一般化的. 那些不能推广的方法也不应该被忽视, 因为它们往往在其擅长的领域非常有用且能够明显地简化问题. 采用三维空间中的 Bloch 矢量来描述二能级系统的密度矩阵正是这样一个特别的窍门. 它利用了我们擅长的能力、丰富的空间想象力, 以及与经典物理有很好的类比. 这些优点能够用于描述这么重要的二能级系统 (例如量子比特) 实在是一件幸事. [②]

二能级系统的密度矩阵可以写成

$$\rho = \begin{pmatrix} (1+\mathcal{R}_z)/2 & (\mathcal{R}_x - \mathrm{i}\mathcal{R}_y)/2 \\ (\mathcal{R}_x + \mathrm{i}\mathcal{R}_y)/2 & (1-\mathcal{R}_z)/2 \end{pmatrix} = \frac{1}{2}(\hat{I} + \mathcal{R}_x \sigma_x + \mathcal{R}_y \sigma_y + \mathcal{R}_z \sigma_z) \tag{1.78}$$

这里 $\mathcal{R}_x, \mathcal{R}_y, \mathcal{R}_z$ 为实数, $\hat{I}$ 为 2×2 的单位矩阵, 而 $\sigma_x, \sigma_y, \sigma_z$ 为泡利 (Pauli) 矩阵:

$$\sigma_x = \begin{pmatrix} 0 & 1 \\ 1 & 0 \end{pmatrix}; \quad \sigma_y = \begin{pmatrix} 0 & -\mathrm{i} \\ \mathrm{i} & 0 \end{pmatrix}; \quad \sigma_z = \begin{pmatrix} 1 & 0 \\ 0 & -1 \end{pmatrix} \tag{1.79}$$

(我们可以检验, 组合 $\sigma_{\pm} = (\sigma_z \pm \mathrm{i}\sigma_y)/2$ 与式 (1.64) 和式 (1.65) 中是一样的.)

式 (1.78) 看起来就像是一个三维空间矢量的展开, 对应组分为 $\mathcal{R}_x, \mathcal{R}_y, \mathcal{R}_z$, 基矢为 $\sigma_x, \sigma_y, \sigma_z$. 确实, 所有迹为 0 的 2×2 厄米矩阵组成的空间是三维的, 而 Pauli 矩阵可以

[①] 在一般的数学记号中, (半) 群元素 (例如演化 $\mathcal{U}(t_2, t_1)[\cdots]$ 或 $\mathcal{S}(t_2, t_1)[\cdots]$) 的组合记为 $g \circ h$, 这里演化 g 发生在 h 之后. 组合性质 $g_2 \circ g_1 = g_3$(也就是说, 两个连续的演化同样也是一个演化), 以及结合律 $(g_3 \circ g_2) \circ g_1 = g_3 \circ (g_2 \circ g_1)$, 对于群和半群都是成立的. 此外, 对于群而言, 任意 g 总存在一个逆演化 $g^{-1} : g^{-1} \circ g = \hat{I}$.

[②] 我们将称任意一个二能级量子系统为 "量子比特", 不管它是不是一个真实的量子比特, 只要这么做不引起混淆. 原因是 "量子比特" 比 "二能级系统" 来得简短, 而且缩写 "TLS" 经常被用来指一类特别的 (并且常常是非常麻烦的) 两态系统, 见 5.2 节.

作为其标准正交基. (当然, 还有一个 $\hat{I}$ 项, 其作用仅仅是为了保证密度矩阵的迹为 1.)
这个三维矢量 $\mathcal{R}$ 称为 Bloch 矢量, 并且

$$\rho = \frac{1}{2}\left(\hat{I} + \mathcal{R}_\alpha \sigma_\alpha\right) \tag{1.80}$$

现在回想一下, $\mathrm{tr}[\rho^2] \leqslant \mathrm{tr}\,\rho$, 当且仅当系统处于纯态时取等号. 而

$$\mathrm{tr}\left[\rho^2\right] = \mathrm{tr}\left[\frac{1}{4}\begin{pmatrix} (1+\mathcal{R}_z)^2 + \mathcal{R}_x^2 + \mathcal{R}_y^2 & 2(\mathcal{R}_x - \mathrm{i}\mathcal{R}_y) \\ 2(\mathcal{R}_x + \mathrm{i}\mathcal{R}_y) & (1-\mathcal{R}_z)^2 + \mathcal{R}_x^2 + \mathcal{R}_y^2 \end{pmatrix}\right]$$

$$= \frac{1 + \mathcal{R}_x^2 + \mathcal{R}_y^2 + \mathcal{R}_z^2}{2} = \frac{|\mathcal{R}|^2 + 1}{2} \leqslant 1 \tag{1.81}$$

可以看到, Bloch 矢量的长度不能超过 1. 因此, 密度矩阵可以方便地用一个单位 Bloch 球来表示, 如图 1.3 所示. 球面上的任一点代表一个纯态, 而内部的点则代表混合态. 处在球直径相反两端的纯态相互正交. 确实, 对于 Bloch 球面上的两个方向相反的 Bloch 矢量, 对应的密度矩阵为

$$\rho_1 = |\Psi_1\rangle\langle\Psi_1| = \frac{\hat{I} + \mathcal{R}_\alpha \sigma_\alpha}{2}; \quad \rho_2 = |\Psi_2\rangle\langle\Psi_2| = \frac{\hat{I} - \mathcal{R}_\alpha \sigma_\alpha}{2}; \tag{1.82}$$

$$\mathrm{tr}(\rho_1\rho_2) = |\langle\Psi_1|\Psi_2\rangle|^2 = \mathrm{tr}\frac{1}{4}\left(\hat{I} - \mathcal{R}_\alpha\mathcal{R}_\beta\sigma_\alpha\sigma_\beta\right) = \frac{1}{2}\left(1 - |\mathcal{R}|^2\right) = 0$$

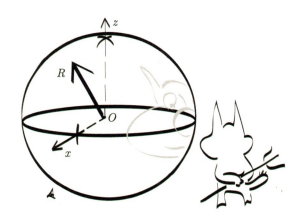

图1.3　Bloch球

它表面上的任一点都对应一个量子比特（量子二能级系统）的纯态，而球内部的点则对应混合态.

举例来说, 如果我们选择无扰动下哈密顿量的本征态 $|0\rangle$ 和 $|1\rangle$ 作为 Hilbert 空间的基矢, 那么 Bloch 球的北极和南极分别对应纯态 $|0\rangle$ 和 $|1\rangle$. 温度 T 的平衡态下, 密度矩阵具有 Gibbs 形式 $a_0 |0\rangle\langle 0| + a_1 |1\rangle\langle 1|$, 满足 Boltzmann 分布 $a_1/a_0 = \exp(-(E_1 - E_0)/k_B T)$. 因此, 所有的平衡态都处在垂直轴的正方向, 基态 (温度为零,

$\rho = |0\rangle\langle 0|)$ 对应北极, 而温度无穷大对应球心点 (两种态等概率布居). "负温度的平衡态", 对应 $a_1 > a_0$, 填充了垂直轴的负方向, 终点为南极的纯激发态 $|1\rangle\langle 1|$. 所有偏离垂直轴的态表示了相干性非零的态.

量子比特态的演化可以用 Bloch 矢量的矢端曲线来可视化表示. 存在退相干的情况下 (退相位或弛豫), 它会逐渐靠近正向垂直轴并停在某个点, 其位置由与量子比特取得平衡的环境温度决定.

密度矩阵可以表示为纯态投影 (式 (1.9)) 的组合. 利用 Bloch 球我们可以给出它的几何意义. 对 Bloch 球取一个包含 Bloch 矢量 $\mathcal{R} \equiv \overrightarrow{OR}$(图 1.4) 的截面 (这样的截面构成一个连续统, 换句话说, 有无穷多个), 选取边界上的任一点 A 并画一条通过点 R 的割线 AB, 然后, Bloch 矢量 $\overrightarrow{OR}$ 可以写成[①]

$$\overrightarrow{OR} = \frac{|RB|}{|AB|}\overrightarrow{OA} + \frac{|RA|}{|AB|}\overrightarrow{OB} \equiv a\mathcal{A} + b\mathcal{B} \tag{1.83}$$

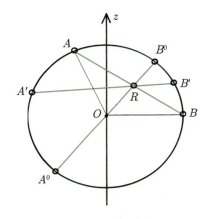

图1.4　Bloch球的一个截面

它包含了Bloch矢量 $\mathcal{R} = \overrightarrow{OR}$. 不同的割线 $AB, A'B', \cdots$ 代表密度矩阵的不同分解形式, $\rho = W_A|\Psi_A\rangle\langle\Psi_A| + W_B|\Psi_B\rangle\langle\Psi_B|$. 穿过球心的割线 A^0B^0 对应于密度矩阵的谱表示. 只有在这种情况下, 各组分态相互正交: $\langle\Psi_{A^0}|\Psi_{B^0}\rangle = 0$.

显然, $a, b \geqslant 0, a + b = 1$, 密度矩阵于是可以分解为 (Percival, 2008, 3.2 节)

$$\rho = \frac{1}{2}\left[(a+b)\hat{I} + (a\mathcal{A}_\alpha + b\mathcal{B}_\alpha)\sigma_\alpha\right] = a|\Psi_A\rangle\langle\Psi_A| + b|\Psi_B\rangle\langle\Psi_B| \tag{1.84}$$

[①] 容易看出, 如果我们写出 $\overrightarrow{OR} = a\overrightarrow{OA} + b\overrightarrow{OB}$, 并且注意到 R 当且仅当 $\overrightarrow{AR}||\overrightarrow{AB}$ (或 $\overrightarrow{RB}||\overrightarrow{AB}$) 时与 AB 重合, 而这些条件可以写成 $\overrightarrow{AR}\times\overrightarrow{AB} = 0(\overrightarrow{RB}\times\overrightarrow{AB} = 0)$. 这里 "×" 表示矢量积——另一个非常有用的算符, 它只在特殊的 3D 空间中有效!

密度矩阵的这种分解方法有无数种, 它们构成一个连续统: 我们可以任意地选择大圆上的点, 同时也可以任意地选择大圆. 不过, 有一种特殊的分解, 由弦 A^0B^0 表示, 它穿过 Bloch 球中心. 根据式 (1.83), 态 $|\Psi_{A^0}\rangle$ 和 $|\Psi_{B^0}\rangle$ 相互正交, 处在直径的两端, 这种分解显然是唯一的. 这就是密度矩阵的谱表示式 (1.12), 而态 $|\Psi_{A^0}\rangle$ 和 $|\Psi_{B^0}\rangle$ 则对应密度矩阵的本征态.

1.4.2 Bloch 方程和量子拍

现在考虑一个处于外场中的量子比特, 它由所谓的非绝热基或 "物理" 基下的哈密顿量所描述:

$$H(t) = \frac{1}{2}(\Delta\sigma_x + \epsilon(t)\sigma_z) \tag{1.85}$$

之所以叫 "物理" 基, 是因为我们假设了算符 σ_z 的本征态, $|0\rangle$ 和 $|1\rangle$, 对应于可以最终读出的指针态. 举例来说, 如果量子比特是一个自旋, 那么它们就对应自旋 "向上" 和 "向下"; 如果是一个超导电流回路, 它们就对应电流方向 "顺时针" 和 "逆时针"; 如果是一个量子点, 它们就对应电荷为 "0" 和 "1"; 等等. 为了清晰起见, 以下我们将称这些态为 "左态" $|L\rangle$ 和 "右态" $|R\rangle$, 暂且不管它们真实的物理意义是什么.

σ_x 项描述了 $|L\rangle$ 和 $|R\rangle$ 之间的量子隧穿, 其幅值为 Δ, 而 $\epsilon(t) = (\epsilon_0 + \epsilon_1(t))\sigma_z$ 项则是一个时间依赖的偏置. (我们可以不失一般性地假设平均值 $\langle\epsilon_1(t)\rangle = 0$.)

作为开始, 我们先写下它的刘维尔–冯 · 诺依曼方程:

$$\frac{\mathrm{d}\rho}{\mathrm{d}t} = \frac{1}{\mathrm{i}\hbar}[H, \rho]$$

代入哈密顿量和 Bloch 矢量, 有

$$\frac{\mathrm{d}}{\mathrm{d}t}\mathcal{R} = \boldsymbol{M}(t)\mathcal{R} \tag{1.86}$$

这里的反对称矩阵

$$\boldsymbol{M} = \begin{pmatrix} 0 & \epsilon(t) & 0 \\ -\epsilon(t) & 0 & \Delta \\ 0 & -\Delta & 0 \end{pmatrix} \tag{1.87}$$

描述了这个幺正演化. 方程也可以改写为

$$\frac{\mathrm{d}\mathcal{R}}{\mathrm{d}t} = -\frac{2}{\hbar}\mathcal{H}(t) \times \mathcal{R} \tag{1.88}$$

这里 $\mathcal{H}(t) = (\Delta/2, 0, \epsilon(t)/2)^{\mathrm{T}}$. (换句话说, $\mathcal{H}$ 是式 (1.85) 中的哈密顿量在无迹的 2×2 厄米矩阵空间中的一个矢量表示.) 为了追求完整性, 我们可以检验一下, 如果哈密顿

量中还包含了 y 项 $-\Delta_y \sigma_y/2$(也就是 $\mathcal{H}(t) = (\Delta/2, \Delta_y/2, \epsilon(t)/2)^{\mathrm{T}}$), 式 (1.88) 同样是成立的.

如果我们的量子比特是一个自旋 $-1/2$ 的粒子, 同时在单位体积内包含了 N 个这样的基本磁子, 那么系统宏观磁化强度的 α 分量为

$$M_\alpha = \frac{Ng\hbar}{2}\langle \sigma_\alpha \rangle, \quad \alpha = x, y, z \tag{1.89}$$

这里 g 为旋磁比. 在外场 $\vec{H}(t) = \vec{H}_0 + \vec{H}_1(t)$(假设稳恒场分量在 z 轴上, 并且 $\left\langle \vec{H}_1(t) \right\rangle = 0$) 作用下, 磁化矢量将围绕外场旋转, 同时逐渐向稳态 $M_x = M_y = 0$(在没有含时场分量的情况下) 和 $M_z = \overline{M}_z$(由温度和外场下的 "上""下" 能级劈裂程度决定) 弛豫. 这个过程由核磁共振 (NMR) 理论 (Blum, 2010, 8.4 节) 中的 Bloch 方程描述:

$$\frac{\mathrm{d}M_x}{\mathrm{d}t} = g\left[\vec{M} \times \vec{H}(t)\right]_x - \frac{M_x}{T_2};$$

$$\frac{\mathrm{d}M_y}{\mathrm{d}t} = g\left[\vec{M} \times \vec{H}(t)\right]_y - \frac{M_y}{T_2}; \tag{1.90}$$

$$\frac{\mathrm{d}M_z}{\mathrm{d}t} = g\left[\vec{M} \times \vec{H}(t)\right]_z - \frac{M_z - \overline{M}_z}{T_1}$$

这里 T_1, T_2 分别为纵向和横向弛豫时间. 这些方程描述了磁矩平均值在外场作用下的拉莫进动及其弛豫过程. 另一方面, 数学上, 加上一些必要的变更, 它们和式 (1.88) 中描述 Bloch 矢量的方程是等价的. 此外, 式 (1.69) 和式 (1.71) 中最简单的 Lindblad 算符正好导致了式 (1.90) 中的弛豫项 (在能量基下), 弛豫率 Γ 和退相位率 $\Gamma/2 + \gamma$ 分别对应 $1/T_1$ 和 $1/T_2$.

这就是为什么式 (1.90) 改成 Bloch 矢量同样也叫作 Bloch 方程:

$$\frac{\mathrm{d}\mathcal{R}_x}{\mathrm{d}t} = -\frac{2}{\hbar}[\mathcal{H}(t) \times \mathcal{R}]_x - \frac{\mathcal{R}_x}{T_2};$$

$$\frac{\mathrm{d}\mathcal{R}_y}{\mathrm{d}t} = -\frac{2}{\hbar}[\mathcal{H}(t) \times \mathcal{R}]_y - \frac{\mathcal{R}_y}{T_2}; \tag{1.91}$$

$$\frac{\mathrm{d}\mathcal{R}_z}{\mathrm{d}t} = -\frac{2}{\hbar}[\mathcal{H}(t) \times \mathcal{R}]_z - \frac{\mathcal{R}_z - \overline{\mathcal{R}}_z}{T_1}$$

式 (1.88) 和式 (1.91) 描述了矢量 $\mathcal{R}$ 以瞬时角速度 $2\mathcal{H}(t)/\hbar$ 做旋转的过程. 这一角速度的绝对值为 $\Omega(t) = 2|\mathcal{H}(t)|/\hbar = \sqrt{\Delta^2 + \epsilon^2(t)}/\hbar$, 也就是由隧穿项 Δ 和偏置项 ϵ 引起量子比特基态和激发态之间的跃迁频率.

对于一个不含时的偏置场, 式 (1.88) 表示了系统本征态之间的量子拍. 如果系统初始化在 "左/右" 态, 它将围绕 $\mathcal{H}$ 在北/南极与靠近另一极的某一点之间做上下旋转 (图 1.5); 在零偏置下则是围绕 x 轴旋转, 轨迹线是穿过南北极的一个大圆.

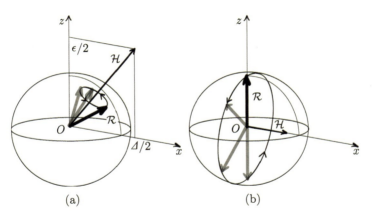

图1.5　量子拍

(a) Bloch矢量 $\mathcal{R}$ 围绕"场矢量" $\mathcal{H}$ 以角速度 $\Omega=\sqrt{\Delta^2+\epsilon^2}/\hbar$ 做旋转；(b) 对于零偏置情况，旋转轴与 x 轴重合，于是一个纯态的轨迹变成一个大圆.

量子拍是实现量子比特在其"左态"和"右态"之间来回转换的一个很自然的方法. 如果我们从 Bloch 球面上的其他点出发，量子拍将带着系统沿相应的轨迹走，如图 1.5 所示. 更准确地讲，系统处于"左/右"两态的概率随时间做周期性的振荡. [①]

不过，如果系统初始化在某一平衡态，它将一直停留在那里，因为它与外场 $\mathcal{H}$ 是平行的. 可以通过对系统施加一个共振场来实现这种态的跃迁，这个效应称为拉比 (Rabi) 振荡.

1.4.3　Rabi 振荡

现在我们在量子比特上施加一个共振的扰动，在非绝热（"物理"）基矢下，其形式为 $H_I(t)=\hbar\eta\cos\omega t\,\sigma_z$. 在没有静态偏置 ($\epsilon_0=0$) 的情况下，$|L\rangle$ 和 $|R\rangle$ 具有相同的能量，因此量子比特处于其简并点，系统的无扰哈密顿量为

$$H_0=-\frac{1}{2}\Delta\sigma_x\equiv-\frac{\hbar\Omega}{2}\sigma_x \tag{1.92}$$

在 H_0 的本征基下（注意此时 z 轴和 x 轴调换了）

$$H(t)=H_0+H_I(t)=-\frac{\hbar\Omega}{2}\sigma_z+\hbar\eta\cos\omega t\,\sigma_x \tag{1.93}$$

---

① 对于一个纯态，得到这一相同结论更简单的办法是写出波函数 $|\Psi(t)\rangle=a_0\,|0\rangle\exp[-\mathrm{i}E_0t/\hbar]+a_1\,|1\rangle\exp[-\mathrm{i}E_1t/\hbar]=\exp[-\mathrm{i}E_0t/\hbar](a_0\,|0\rangle+a_1\,|1\rangle\exp[-\mathrm{i}\Omega t])$，以及密度矩阵 $\rho(t)=|\Psi(t)\rangle\langle\Psi(t)|$.

如果我们不假定系统处于简并点, 式 (1.93) 中的扰动项也会有正比于 σ_z 的分量, 这倒不会使得问题更难解, 不过会令公式更为繁杂 (Scully, Zubairy, 1997, 第 5 章). 没有扰动情况下, 量子比特的幺正演化如下:

$$\rho(t) = \exp[-\mathrm{i}H_0 t/\hbar]\rho(0)\exp[\mathrm{i}H_0 t/\hbar] \tag{1.94}$$

将上式中的指数项做级数展开, 并利用 Pauli 矩阵的性质:

$$[\sigma_x, \sigma_y] = 2\sigma_z, \quad [\sigma_y, \sigma_z] = 2\sigma_x, \quad [\sigma_z, \sigma_x] = 2\sigma_y, \quad (\sigma_x)^2 = (\sigma_y)^2 = (\sigma_z)^2 = \hat{I} \tag{1.95}$$

可以看到

$$\exp[\pm\mathrm{i}H_0 t/\hbar] = \hat{I}\cos(\Omega t/2) \pm \mathrm{i}\sigma_z\sin(\Omega t/2) \tag{1.96}$$

这里 $\hat{I}$ 是 2×2 的单位矩阵. 这个演化对应于 Bloch 矢量 $\mathcal{R}$ 围绕 z 轴以角速度 Ω 做旋转:

$$\mathcal{R}(t) = \boldsymbol{U}(t)^{\mathrm{T}}\mathcal{R}(0) \tag{1.97}$$

这里

$$\boldsymbol{U}(t)^{\mathrm{T}} = \begin{pmatrix} \cos\Omega t & -\sin\Omega t & 0 \\ \sin\Omega t & \cos\Omega t & 0 \\ 0 & 0 & 1 \end{pmatrix} \tag{1.98}$$

我们选择用矩阵转置的形式来写; 同时我们还利用了矩阵 $\boldsymbol{U}$ 的实幺正性 (或者说正交性, 它必须如此, 因为它描述了一个三维空间中的旋转):

$$\boldsymbol{U}\boldsymbol{U}^{\dagger} = \boldsymbol{U}\boldsymbol{U}^{\mathrm{T}} = \boldsymbol{1} \tag{1.99}$$

式 (1.97) 描述了一个量子拍, 在三维图像中, 就像一个虚拟的 "磁矩" $\mathcal{R}$ 围绕一个虚拟的 "磁场" $\mathcal{H}$ 做拉莫进动. 为了消除这一演化效应——毕竟这个已经讨论清楚了, 将系统转换到旋转坐标系将更为方便, 这等价于采用量子力学的相互作用表示. 为此, 我们将 Bloch 矢量改写为

$$\mathcal{R}(t) = \boldsymbol{U}(t)^{\mathrm{T}}\mathcal{R}_I(t) \tag{1.100}$$

$\mathcal{R}_I(t)$ 是除了 H_0 以外所有其他效应带来的时间演化. 利用式 (1.99), 我们得到

$$\frac{\mathrm{d}\mathcal{R}_I(t)}{\mathrm{d}t} = \frac{\mathrm{d}[\boldsymbol{U}(t)\mathcal{R}(t)]}{\mathrm{d}t} = \boldsymbol{M}_I(t)\mathcal{R}_I(t) \tag{1.101}$$

这里

$$\boldsymbol{M}_I(t) = \boldsymbol{U}(t)\boldsymbol{M}(t)\boldsymbol{U}(t)^{\mathrm{T}} - \boldsymbol{U}(t)\frac{\mathrm{d}\boldsymbol{U}(t)^{\mathrm{T}}}{\mathrm{d}t} \tag{1.102}$$

描述了 Bloch 矢量在旋转坐标系下的演化. 它仅由共振扰动引起 (后面我们将进一步处理非幺正项). 矩阵 $\boldsymbol{M}$ (为了使得公式更加整洁, 我们已经丢掉了下标 I) 现在变成

$$\boldsymbol{M}(t)=\begin{pmatrix} 0 & 0 & \eta\left(\sin(2\Omega+\delta)t-\sin\delta t\right) \\ 0 & 0 & -\eta\left(\cos(2\Omega+\delta)t-\cos\delta t\right) \\ -\eta\left(\sin(2\Omega+\delta)t-\sin\delta t\right) & \eta\left(\cos(2\Omega+\delta)t-\cos\delta t\right) & 0 \end{pmatrix} \tag{1.103}$$

这里我们引入了一个驱动频率 ω 和进动频率 Ω 之间的失谐量:

$$\delta=\omega-\Omega \tag{1.104}$$

如果我们忽略那些 "快" 项 (频率 $2\Omega+\delta\sim 2\omega$)——它们平均后几乎为零, 式 (1.103) 中的矩阵变为

$$\boldsymbol{M}(t)\approx\begin{pmatrix} 0 & 0 & -\eta\sin\delta t \\ 0 & 0 & \eta\cos\delta t \\ \eta\sin\delta t & -\eta\cos\delta t & 0 \end{pmatrix} \tag{1.105}$$

它描述了 Bloch 矢量以角速度 $\mathcal{Y}(t)$ 旋转:

$$\frac{\mathrm{d}\mathcal{R}}{\mathrm{d}t}=\boldsymbol{M}(t)\mathcal{R}(t)\approx\mathcal{Y}(t)\times\mathcal{R}(t);\quad \mathcal{Y}(t)=-\eta\begin{pmatrix}\cos\delta t \\ \sin\delta t \\ 0\end{pmatrix} \tag{1.106}$$

而 $\mathcal{Y}(t)$ 本身则缓慢地绕着 z 轴转动.

丢掉快项的做法称为旋波近似 (RWA). 这个名称用磁矩在外磁场中旋转来类比更好理解. 想象一个磁矩在一个平行于 z 轴的恒定磁场和一个 x 方向的弱共振磁场中运动. 共振磁场总是可以分解为两个相反旋转方向的场——"旋转波": 一个与磁矩进动方向做同向旋转, 另一个则做反向旋转. 当扰动场频率接近于拉莫进动频率时, 我们可以忽略反向旋转波, 因为在与磁矩共同旋转的参照系下它转得太快了, 以至不会形成什么显著的效应.

显然, RWA 只有当 Bloch 矢量在旋转参照系下的演化较慢时成立, 也就是接近共振的情况下, $\delta\ll\omega$. 不过这正是我们需要的. 更严格地说, 我们可以对方程在时间尺度 $\tau_\omega=2\pi/\omega$ 上做平均: $\langle\cdots\rangle_{\tau_\omega}\equiv\tau_\omega^{-1}\int_t^{t+\tau_\omega}(\cdots)\mathrm{d}t$. 慢变项在这个时间尺度上变化很小, 可以近似当作常数, 其值可以取 $[t,t+\tau_\omega]$ 之间任意一点的值 (比如 t 时刻), 于是积分将快变项积掉了, 只保留慢变项.

现在回到式 (1.106), $\mathcal{Y}(t)$ 的缓慢旋转可以通过一个反向旋转来补偿:

$$\boldsymbol{U}'(t) = \begin{pmatrix} \cos\delta t & -\sin\delta t & 0 \\ \sin\delta t & \cos\delta t & 0 \\ 0 & 0 & 1 \end{pmatrix} \tag{1.107}$$

在这个新的参照系下, 旋转矩阵变为 (如同式 (1.102))

$$\begin{aligned} \boldsymbol{M}(t) \to \boldsymbol{U}'(t)\boldsymbol{M}(t)\boldsymbol{U}'(t)^{\mathrm{T}} &- \boldsymbol{U}'(t)\frac{\mathrm{d}\boldsymbol{U}'(t)^{\mathrm{T}}}{\mathrm{d}t} \\ &= \begin{pmatrix} 0 & -\delta & \eta\sin 2\omega t \\ \delta & 0 & -2\eta\cos^2\omega t \\ -\eta\sin 2\omega t & 2\eta\cos^2\omega t & 0 \end{pmatrix} \end{aligned} \tag{1.108}$$

现在, Bloch 矢量满足如下方程:

$$\frac{\mathrm{d}\mathcal{R}}{\mathrm{d}t} = \boldsymbol{M}(t)\mathcal{R}(t) \approx \mathcal{Y}' \times \mathcal{R}(t); \quad \mathcal{Y}' = \begin{pmatrix} \eta \\ 0 \\ \delta \end{pmatrix} \tag{1.109}$$

同样地, 我们再次做旋波近似, 丢掉快变项. 我们已经可以看到, 在新的参照系下 Bloch 矢量以如下角速度旋转:

$$\omega_R = \sqrt{\delta^2 + \eta^2} \tag{1.110}$$

ω_R 称为 Rabi 频率. 如果谐波场与量子比特正好共振, 这个频率就直接正比于这个谐波场的强度 $\hbar\eta$.

为了更加整洁, 我们将 x 轴选为角速度矢量 $\mathcal{Y}'$ 的方向:

$$\boldsymbol{U}'' = \begin{pmatrix} \dfrac{\eta}{\omega_R} & 0 & \dfrac{\delta}{\omega_R} \\ 0 & 1 & 0 \\ -\dfrac{\delta}{\omega_R} & 0 & \dfrac{\eta}{\omega_R} \end{pmatrix}; \quad \boldsymbol{U}''\mathcal{Y}' = \begin{pmatrix} \omega_R \\ 0 \\ 0 \end{pmatrix} \tag{1.111}$$

Bloch 方程变为

$$\frac{\mathrm{d}\mathcal{R}}{\mathrm{d}t} \approx \omega_R \hat{\boldsymbol{x}} \times \mathcal{R}(t) \tag{1.112}$$

这正是我们想要的: 我们找到了一个参照系, 在这个参照系下 Bloch 矢量以一个已知的角速度做进动. 对于任意初态, 其解显而易见, 例如

$$\mathcal{R}(t) = \begin{pmatrix} R_\parallel \\ R_\perp \cos\omega_R t \\ R_\perp \sin\omega_R t \end{pmatrix} \tag{1.113}$$

接下来的事情就是将其转换到实验室参照系 (也就是能量基) 下. 由于旋转参照系下的 Bloch 矢量经历了三次旋转变换,

$$\mathcal{R}(t) \to \boldsymbol{U}''\boldsymbol{U}'(t)\boldsymbol{U}(t)\mathcal{R}(t) \tag{1.114}$$

我们需要对这个变换矩阵:

$$\boldsymbol{W}(t) \equiv \boldsymbol{U}''\boldsymbol{U}'(t)\boldsymbol{U}(t) \tag{1.115}$$

求逆, 这个矩阵将 Bloch 矢量从实验室参照系转换到旋转参照系:

$$\boldsymbol{W}(t) = \begin{pmatrix} (\eta/\omega_R)\cos\omega t & -(\eta/\omega_R)\sin\omega t & \delta/\omega_R \\ \sin\omega t & \cos\omega t & 0 \\ -(\eta/\omega_R)\cos\omega t & (\eta/\omega_R)\sin\omega t & \eta/\omega_R \end{pmatrix} \tag{1.116}$$

值得注意的是, 我们在参照系转换过程中不做任何近似, 但是在总的矩阵 $\boldsymbol{W}(t)$ 中各种旋转复杂的时间依赖最终却奇迹般地约化到单一的频率 ω. 不过这个简单的变换, 如果我们没有良好的三维空间旋转直觉, 还是很难想象出来的.

矩阵 $\boldsymbol{W}(t)$ 提供了矩阵 $\boldsymbol{M}(t)$ 在实验室参照系和旋转参照系下的直接转换. 在最终的结果中做 "正式" 的旋波近似之后, 我们得到

$$\left\langle \boldsymbol{W}(t)\boldsymbol{M}(t)\boldsymbol{W}^{\mathrm{T}}(t) - \boldsymbol{W}(t)\frac{\mathrm{d}\boldsymbol{W}(t)^{\mathrm{T}}}{\mathrm{d}t} \right\rangle_{\tau_\omega} = \begin{pmatrix} 0 & 0 & 0 \\ 0 & 0 & -\omega_R \\ 0 & \omega_R & 0 \end{pmatrix} \tag{1.117}$$

所以 Bloch 方程在旋转参照系下确实如式 (1.112). 这个变换是幺正的 (甚至是正交的) ——它也应该如此:

$$[\boldsymbol{W}(t)]^{-1} = \boldsymbol{W}(t)^{\dagger} = \boldsymbol{W}(t)^{\mathrm{T}} \tag{1.118}$$

对式 (1.113) 做 $\boldsymbol{W}(t)^{\mathrm{T}}$ 变换, 我们得到

$$\mathcal{R}(t) = \begin{pmatrix} [(\eta/\omega_R)R_\parallel - (\delta/\omega_R)R_\perp\sin\omega_R t]\cos\omega t + R_\perp\cos\omega_R t\sin\omega t \\ -[(\eta/\omega_R)R_\parallel - (\delta/\omega_R)R_\perp\sin\omega_R t]\sin\omega t + R_\perp\cos\omega_R t\cos\omega t \\ (\delta/\omega_R)R_\parallel + (\eta/\omega_R)R_\perp\sin\omega_R t \end{pmatrix} \tag{1.119}$$

注意实验室参照系下 Bloch 矢量 z 分量的行为, 它描述了能量态的占据率变换. 其他两个分量都以快速的驱动场频率振荡 (附加低频 ω_R 的调制), 而 z 分量只以 Rabi 频率振荡.

Rabi 频率, $\omega_R = \sqrt{\delta^2 + \eta^2}$, 可以通过改变谐波场强度和失谐量来控制, 并且相对于驱动频率而言很小. 这些性质可以用来对量子比特的量子态做相干控制. 举例来说, 假

如量子比特初始化在其基态, 施加一个频率为 $\omega = \Delta$、幅值为 $\hbar\eta$ 的共振场并等待时间间隔 $\tau = \pi/\eta$, 我们发现量子比特态现在以 1 的概率处于了激发态. 一般来说, 这个概率变化行为为 $P_{\mathrm{up}}(t) = \sin\eta t$. 另一方面, 在外场下 $P_{\mathrm{up}}(t)$ 以某一频率 $\sqrt{\delta^2 + \eta^2}$ 做周期振荡, 则说明系统确实是一个二能级系统. 在后面的章节中, 我们将进一步看到一系列关于如何在实际系统中实现的例子.

*1.4.4 有耗散情况下的 Rabi 振荡

现在让我们考虑一个更为一般的情况: 当密度矩阵演化因耗散效应而变成非幺正时. 采用简单的 Lindblad 算符式 (1.69) 和式 (1.71), 我们得到能量基 (在这里考虑偏置为零的情况, 与实验室参照系下的 Bloch 矢量一样) 下的 Bloch 方程:

$$
\begin{aligned}
\frac{\mathrm{d}\mathcal{R}_x}{\mathrm{d}t} &= [\text{幺正演化}] - \Gamma_2 \mathcal{R}_x; \\
\frac{\mathrm{d}\mathcal{R}_y}{\mathrm{d}t} &= [\text{幺正演化}] - \Gamma_2 \mathcal{R}_y; \\
\frac{\mathrm{d}\mathcal{R}_z}{\mathrm{d}t} &= [\text{幺正演化}] - \Gamma_1 (\mathcal{R}_z - Z_T)
\end{aligned}
\tag{1.120}
$$

这里 $Z_T = \tanh(\Delta/2k_B T)$ 为平衡态时 Bloch 矢量的 z 分量, Γ_1, Γ_2 分别为纵向和横向弛豫率 (也就是单纯的弛豫和退相位).

将非幺正部分的演化算符写成如下形式比较方便:

$$
\boldsymbol{L}[\mathcal{R}] = -\Gamma_2 \mathcal{R} - (\Gamma_1 - \Gamma_2) \begin{pmatrix} 0 & 0 & 0 \\ 0 & 0 & 0 \\ 0 & 0 & 1 \end{pmatrix} \mathcal{R} + \Gamma_1 Z_T \begin{pmatrix} 0 \\ 0 \\ 1 \end{pmatrix}
\tag{1.121}
$$

在旋转参照系下, 我们得到

$$
\boldsymbol{L}[\mathcal{R}] \to \boldsymbol{W}(t)\boldsymbol{L}[\mathcal{R}] = -\Gamma_2 \mathcal{R} - (\Gamma_1 - \Gamma_2)\boldsymbol{W}(t) \begin{pmatrix} 0 & 0 & 0 \\ 0 & 0 & 0 \\ 0 & 0 & 1 \end{pmatrix} \boldsymbol{W}(t)^{\mathrm{T}} \mathcal{R}
$$

$$
+ \Gamma_1 Z_T \boldsymbol{W}(t) \begin{pmatrix} 0 \\ 0 \\ 1 \end{pmatrix};
$$

$$
\mathcal{R} \to \boldsymbol{W}(t)\mathcal{R}
\tag{1.122}
$$

显式的形式如下：

$$L[\mathcal{R}] = -\Gamma_2\mathcal{R} - (\Gamma_1 - \Gamma_2)\begin{pmatrix} (\delta/\omega_R)^2 & 0 & \delta\eta/\omega_R^2 \\ 0 & 0 & 0 \\ \delta\eta/\omega_R^2 & 0 & (\eta/\omega_R)^2 \end{pmatrix}\mathcal{R} + \Gamma_1 Z_T\begin{pmatrix} \delta/\omega_R \\ 0 \\ \eta/\omega_R \end{pmatrix} \tag{1.123}$$

由此，旋转参照系下，旋波近似后的 Bloch 方程变为

$$\begin{aligned} \frac{\mathrm{d}\mathcal{R}_x}{\mathrm{d}t} &= -\Gamma_2\mathcal{R}_x - (\Gamma_1 - \Gamma_2)\left[\left(\frac{\delta}{\omega_R}\right)^2\mathcal{R}_x + \frac{\eta\delta}{\omega_R^2}\mathcal{R}_z\right] + \Gamma_1 Z_T\left(\frac{\delta}{\omega_R}\right); \\ \frac{\mathrm{d}\mathcal{R}_y}{\mathrm{d}t} &= -\Gamma_2\mathcal{R}_y - \omega_R\mathcal{R}_z; \\ \frac{\mathrm{d}\mathcal{R}_z}{\mathrm{d}t} &= \omega_R\mathcal{R}_y - \Gamma_2\mathcal{R}_z - (\Gamma_1 - \Gamma_2)\left[\left(\frac{\eta}{\omega_R}\right)^2\mathcal{R}_z + \frac{\eta\delta}{\omega_R^2}\mathcal{R}_x\right] + \Gamma_1 Z_T\left(\frac{\eta}{\omega_R}\right) \end{aligned} \tag{1.124}$$

这些方程在旋波近似 (也就是 $|\delta|, \omega_R \ll \omega$) 和弱非幺正假设 ($\Gamma_{1,2} \ll \omega_R, \omega$) 下成立.

我们考虑一个简单的情况，$\Gamma_1 = \Gamma_2 = \Gamma$，在方程 (1.124) 中，$\mathcal{R}_x$ 的方程与 $\mathcal{R}_y, \mathcal{R}_z$ 解耦：

$$\begin{aligned} \frac{\mathrm{d}\mathcal{R}_x}{\mathrm{d}t} &= -\Gamma\mathcal{R}_x(t) + \Gamma Z_T\frac{\delta}{\omega_R}; \\ \frac{\mathrm{d}\mathcal{R}_y}{\mathrm{d}t} &= -\Gamma\mathcal{R}_y(t) - \omega_R\mathcal{R}_z(t); \\ \frac{\mathrm{d}\mathcal{R}_z}{\mathrm{d}t} &= -\Gamma\mathcal{R}_z(t) + \omega_R\mathcal{R}_y(t) + \Gamma Z_T\frac{\eta}{\omega_R} \end{aligned} \tag{1.125}$$

第一个方程描述了 $\mathcal{R}_x$ 的纯衰减过程，而另两个方程对应于 y-z 平面内的旋转，且幅值逐渐衰减. 因此，解的形式如下：

$$\begin{aligned} \mathcal{R}_x(t) &= a + be^{-\Gamma t} \\ \mathcal{R}_y(t) &= c + re^{-\Gamma t}\cos(\omega_R t + \alpha) \\ \mathcal{R}_z(t) &= d + re^{-\Gamma t}\sin(\omega_R t + \alpha) \end{aligned} \tag{1.126}$$

可以直接检验式 (1.126) 中的解满足方程组 (1.125). 常量 a, c, d 取决于 Bloch 方程的稳态解 (也就是取 $\mathrm{d}\mathcal{R}_{x,y,z}/\mathrm{d}t = 0$, $t \to \infty$)：

$$a = Z_T\delta/\omega_R; \quad c = Z_T\eta\frac{\Gamma}{\Gamma^2 + \omega_R}; \quad d = Z_T\frac{\eta}{\omega_R}\frac{\Gamma^2}{\Gamma^2 + \omega_R^2} \tag{1.127}$$

其他系数则必须根据初始条件来确定. 假设我们从平衡态开始，则在实验室参照系下，Bloch 矢量只有 z 分量，$\mathcal{R}_z(0) = Z_T = \tanh(\Delta/2k_BT)$. 施加转换矩阵 $\boldsymbol{W}(0)$ 后，我们得

到旋转坐标系下的 Bloch 矢量:

$$\mathcal{R}(0) = Z_T \begin{pmatrix} \delta/\omega_R \\ 0 \\ \eta/\omega_R \end{pmatrix} \tag{1.128}$$

此时, 式 (1.126) 中的系数必须满足:

$$b = 0; \quad r = Z_T \frac{\eta}{\sqrt{\omega_R^2 + \Gamma^2}}; \quad \alpha = \arctan \frac{\omega_R}{\Gamma} \tag{1.129}$$

将解再变换回实验室参照系, 我们看到 Bloch 矢量包含了两种非常不一样的运动: 其 x, y 分量以频率 ω 做受迫振动 (加上频率 $\omega \pm \omega_R \approx \omega$ 上的瞬态衰减), 而 z 分量则做指数衰减的 Rabi 振荡:

$$\mathcal{R}(t) = \begin{pmatrix} \text{快项} \\ \text{快项} \\ Z_T \dfrac{\delta^2 + \Gamma^2}{\omega_R^2 + \Gamma^2} + r \exp(-\Gamma t) \sin(\omega_R t + \alpha) \end{pmatrix} \tag{1.130}$$

量

$$R(t) = r \exp(-\Gamma t) \tag{1.131}$$

是衰减 Rabi 振荡的瞬时幅值.

1.5 量子系统的慢演化

1.5.1 绝热定理

在探讨了量子比特在快的共振微扰情况下的演化之后, 我们现在再考虑一种不同的极限情况. 首先回到量子比特的哈密顿量式 (1.85):

$$H(t) = -\frac{1}{2}(\Delta \sigma_x + \epsilon(t)\sigma_z) \tag{1.85}$$

并考虑任意的 $\epsilon(t)$. 设初始状态 $t=0$ 时量子比特处于一个纯态. 直接对角化式 (1.85) 得到瞬时基态 $|g(t)\rangle, |e(t)\rangle$:

$$H(t)|g(t)\rangle = -\frac{\hbar\Omega(t)}{2}|g(t)\rangle; \quad H(t)|e(t)\rangle = \frac{\hbar\Omega(t)}{2}|e(t)\rangle;$$

$$\hbar\Omega(t) = \sqrt{\Delta^2 + \epsilon(t)^2};$$

$$|g(t)\rangle = \begin{pmatrix} \sqrt{\frac{1}{2}(1+\epsilon(t)/\Omega(t))} \\ \sqrt{\frac{1}{2}(1-\epsilon(t)/\Omega(t))} \end{pmatrix}; \quad |e(t)\rangle = \begin{pmatrix} \sqrt{\frac{1}{2}(1-\epsilon(t)/\Omega(t))} \\ -\sqrt{\frac{1}{2}(1+\epsilon(t)/\Omega(t))} \end{pmatrix} \tag{1.132}$$

任意时刻, 态 $|g(t)\rangle, |e(t)\rangle$ 构成一对标准正交基——所谓量子比特 Hilbert 空间的"绝热基"[①], 也就是含时哈密顿量的瞬时本征态. 在强偏置极限下, 显然,

$$\lim_{\epsilon \to \infty} |g\rangle = \begin{pmatrix} 1 \\ 0 \end{pmatrix} \equiv |0\rangle; \quad \lim_{\epsilon \to \infty} |e\rangle = \begin{pmatrix} 0 \\ 1 \end{pmatrix} \equiv |1\rangle \tag{1.133}$$

此时绝热基与非绝热("物理")基保持一致. 如果我们改变极性 ($\epsilon \to -\infty$), 则 $|g(t)\rangle, |e(t)\rangle$ 的极限正好对调 (图 1.6).

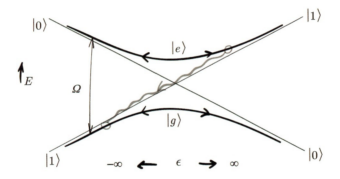

图1.6　二能级系统的绝热演化和Landau-Zener-Stückelberg（朗道–齐纳–斯图克伯格）效应
图中显示了绝热基下非绝热线（"物理态"）$|0\rangle$ 和 $|1\rangle$ 之间的绝热跃迁, 以及激发态 $|e\rangle$ 和基态 $|g\rangle$ 之间的Landau-Zener隧穿（波浪箭头）.

事实上, 式 (1.85) 中的简单哈密顿量形式适用范围很广, 远不止于量子比特动力学. 对于一个具有离散能级且哈密顿量依赖于某一个外部参量 λ 的量子系统, 在某个特定 λ 下只有两个能级能够靠在一起 (除非系统存在特殊的对称性). 进一步, 更一般的情况是两个能级不发生交叉 (Stöckmann, 1999, 第 3 章). 将式 (1.85) 中的时间替换为 λ, 就描

[①] 为什么称之为绝热的将变得直观清晰.

述了这种离散能谱系统的单一参量能级免交叉行为. [①]

薛定谔方程的解

$$i\hbar \frac{d}{dt}|\psi(t)\rangle = H(t)|\psi(t)\rangle \tag{1.134}$$

同样能写成式 (1.2) 的形式:

$$|\psi(t)\rangle = U(t)|\psi(0)\rangle$$

不过这里的含时幺正算符 $U(t)$ 是一个标准的时间排序指数 (Zagoskin, 1998, 1.3 节):

$$U(t) = \mathrm{T}e^{-\frac{i}{\hbar}\int_0^t H(t')dt'} \tag{1.135}$$

时间排序算符 T 将它右边的所有算符都按照时间先后排序. 举例来说, 如果 $t_1 \leqslant t_2$, 则 $\mathrm{T}A(t_1)B(t_2) = A(t_1)B(t_2)$; 否则 $\mathrm{T}A(t_1)B(t_2) = B(t_2)A(t_1)$. (算符的指数可以理解为其泰勒展开式.) 这种时间排序的非平凡性来源于 $H(t_1)$ 与 $H(t_2)$ 未必对易这一事实. 否则, $U(t)$ 的作用将约化为在瞬时基上乘了一个相位因子: $U(t)|g(0)\rangle \to \exp\left[-\frac{1}{2}\int_0^t E_0(t')dt'\right]|g(t)\rangle, U(t)|e(0)\rangle \to \exp\left[-\frac{1}{2}\int_0^t E_1(t')dt'\right]|e(t)\rangle$, 这里 $E_{0,1}(t) = \mp\hbar\Omega(t)/2$. 这样的式子显然是错的. 不过在一种重要的特殊情况下它们基本是正确的, 那就是当 $H(t)$ "绝热地" 改变时. ("绝热", 如经典力学一样, 意思是 "对我们的问题而言足够慢".)

量子比特的纯态总可以写成

$$|\psi(t)\rangle = C_0(t)|g(t)\rangle + C_1(t)|e(t)\rangle \tag{1.136}$$

代入薛定谔方程:

$$i\hbar\left[\dot{C}_0(t)|g(t)\rangle + C_0(t)|\dot{g}(t)\rangle + \dot{C}_1(t)|e(t)\rangle + C_1(t)|\dot{e}(t)\rangle\right]$$
$$= E_0(t)C_0(t)|g(t)\rangle + E_1(t)C_1(t)|e(t)\rangle \tag{1.137}$$

我们得到

$$\dot{C}_0(t) = -\frac{i}{\hbar}E_0(t)C_0(t) - C_1(t)\langle g(t)|\dot{e}(t)\rangle;$$
$$\dot{C}_1(t) = -\frac{i}{\hbar}E_1(t)C_1(t) - C_0(t)\langle e(t)|\dot{g}(t)\rangle \tag{1.138}$$

[①] 为了描述更普遍的情况, 当非绝热线 (也就是能级免交叉的反双曲线) 倾向于非对称的时, 需要一个更一般的哈密顿量:

$$H = -\frac{1}{2}\left[\Delta\sigma_x + \epsilon(\lambda)(\alpha\sigma_z + \beta\hat{I})\right]$$

不过这只会引起平凡的改变. 此外, 哈密顿量式 (1.85) 确实描述了我们实际关心的系统, 也就是量子比特的行为.

如果不是有内积项 $\langle g(t)|\dot{e}(t)\rangle$ 和 $\langle e(t)|\dot{g}(t)\rangle$ 的存在, 这个方程组是有平凡解的. 当哈密顿量变化很慢时, 相应的本征态变化也慢, 那么它们的时间微分就可以忽略不计, 于是

$$C_0(t) \approx C_0(0)\mathrm{e}^{-\frac{\mathrm{i}}{\hbar}\int_0^t E_0(t')\mathrm{d}t'}; \quad C_1(t) \approx C_1(0)\mathrm{e}^{-\frac{\mathrm{i}}{\hbar}\int_0^t E_1(t')\mathrm{d}t'} \tag{1.139}$$

在混合态情况下, 我们可以用同样的方法得到密度矩阵 $\sum_{i,j}\rho_{ij}(t)|i(t)\rangle\langle j(t)|$ 的矩阵元:

$$\begin{aligned}
\dot{\rho}_{00} &= -\rho_{01}(t)\langle g(t)|\dot{e}(t)\rangle - \rho_{01}(t)\langle \dot{e}(t)|g(t)\rangle; \\
\dot{\rho}_{11} &= -\rho_{01}(t)\langle e(t)|\dot{g}(t)\rangle - \rho_{01}(t)\langle \dot{g}(t)|e(t)\rangle; \\
\dot{\rho}_{01} &= -\rho_{11}(t)\langle g(t)|\dot{e}(t)\rangle - \rho_{00}(t)\langle \dot{g}(t)|e(t)\rangle + \frac{\mathrm{i}}{\hbar}(E_1(t)-E_0(t))\rho_{01}(t); \\
\dot{\rho}_{10} &= -\rho_{00}(t)\langle e(t)|\dot{g}(t)\rangle - \rho_{11}(t)\langle \dot{e}(t)|g(t)\rangle + \frac{\mathrm{i}}{\hbar}(E_1(t)-E_0(t))\rho_{10}(t)
\end{aligned} \tag{1.140}$$

同样地, 在这种 (慢变) 情况下, 对角项近似不随时间变化:

$$\dot{\rho}_{00} \approx 0; \quad \dot{\rho}_{11} \approx 0 \tag{1.141}$$

至于系统有多少个能级不重要, 只要它们是离散的. 因此, 我们得到了绝热定理 (Messiah, 2003, 第 17 章 7~12 节):

> 特定条件下, 一个具有离散能级的系统, 哈密顿量无穷慢地或绝热地改变时不改变各个态的布居数.

绝热演化下, 密度矩阵的非对角元演化以及纯态获得的相位具有重要的物理意义, 不过我们暂时不关注这个问题. 我们关心的是使用这个定理的条件.

对于一个量子比特, "缓变" 应该意味着 $\mathrm{d}\Omega/\mathrm{d}t$ 是个小量, 也就是

$$\frac{\hbar}{\Omega^2(t)}\frac{\mathrm{d}\Omega}{\mathrm{d}t} \ll 1 \tag{1.142}$$

(这是相关变量最简单的无量纲组合形式.) 确实, 如果我们用式 (1.132) 中的确切解来计算 $|\langle e|\dot{g}\rangle|(=|\langle g|\dot{e}\rangle|)$, 并要求它们在式 (1.138) 和式 (1.140) 中可忽略, 我们就能得到上述条件. 对于一般的多能级系统, 绝热条件通常如下:

$$\left|\hbar\frac{\langle m(t)|\dot{n}(t)\rangle}{E_n(t)-E_m(t)}\right| \equiv \left|\hbar\frac{\langle m(t)|\dot{H}(t)|n(t)\rangle}{(E_n(t)-E_m(t))^2}\right| \ll 1 \tag{1.143}$$

这里我们用了

$$\langle m(t)|\dot{n}(t)\rangle = \frac{\langle m(t)|\dot{H}(t)|n(t)\rangle}{E_n(t)-E_m(t)}, \quad m \neq n \tag{1.144}$$

这个关系可以通过计算表达式 $\frac{\mathrm{d}}{\mathrm{d}t}(H(t)|n(t)\rangle)$ 直接得出.

根据式 (1.143), 要想满足绝热定理的条件, 能级必须不存在交叉: 当 $m \neq n$ 时, $E_m(t) \neq E_n(t)$. 即便这个条件成立, 式 (1.143) 依然有问题. 我们考虑量子比特哈密顿量中 $\epsilon(t) = \hbar\eta\cos\omega t$, 满足 $\omega \approx \Delta$ 且 $\hbar\eta \ll \Delta$, 于是有

$$\frac{\hbar}{\Omega^2(t)}\frac{\mathrm{d}\Omega}{\mathrm{d}t} \approx \frac{1}{2}\left(\frac{\hbar\eta}{\Delta}\right)^2 \ll 1 \tag{1.145}$$

但是我们已经看到, 这种小的谐波微扰会产生 Rabi 振荡. 即便振荡频率 η 很低, 密度矩阵元的变化也到了 1 的量级, 上述绝热定理也是不成立的. 这种现象并不是量子力学所独有的, 而且也不足为奇: 小的共振扰动确实能够产生大的累积效应. 因此, 式 (1.143) 中的判据成立的另一个条件就是没有这些共振项.

其实, 在包含共振微扰的情况下也是可以写出绝热条件的 (Amin, 2009). 我们考虑一个密度矩阵而不是纯态的演化. 式 (1.140) 可以推广到多能级系统的情况:

$$\dot{\rho}_{mn} = -\frac{\mathrm{i}}{\hbar}\rho_{mn}(E_m(t) - E_n(t)) - \sum_j(\rho_{jn}\langle m|\dot{j}\rangle + \rho_{mj}\langle\dot{j}|n\rangle) \tag{1.146}$$

这里 $H(t)|j(t)\rangle = E_j(t)|j(t)\rangle$. 单独抽出绝热相位项:

$$\rho_{mn}(t) = \widetilde{\rho}_{mn}(t)\mathrm{e}^{-\frac{\mathrm{i}}{\hbar}\int_0^t(E_m(t') - E_n(t'))\mathrm{d}t'} \tag{1.147}$$

设

$$\omega_{mn}(t) = \frac{E_m(t) - E_n(t)}{\hbar}$$

我们得到

$$\dot{\widetilde{\rho}}_{mn} = -\sum_{j\neq m}\widetilde{\rho}_{jn}\left(\langle m|\dot{j}\rangle\mathrm{e}^{-\mathrm{i}\int_0^t\omega_{jm}(t')\mathrm{d}t'}\right) - \sum_{j\neq n}\widetilde{\rho}_{mj}\left(\langle\dot{j}|n\rangle\mathrm{e}^{-\mathrm{i}\int_0^t\omega_{nj}(t')\mathrm{d}t'}\right) \tag{1.148}$$

(显然, $\langle m|\dot{m}\rangle = 0$, 等等.)

对式 (1.148) 在时间段 $[0, \tau]$ 上积分, 我们得到密度矩阵对角元 $\widetilde{\rho}_{nn}$ 的变化:

$$\Delta\rho_{nn}(\tau) = -2\,\mathrm{Re}\int_0^\tau\left[\sum_{j\neq n}\widetilde{\rho}_{jn}\langle n|\dot{j}\rangle\mathrm{e}^{-\mathrm{i}\int_0^t\omega_{jn}(t')\mathrm{d}t'}\right]\mathrm{d}t \equiv -2\,\mathrm{Re}\sum_{j\neq n}\alpha_{jn}(\tau) \tag{1.149}$$

为保证绝热定理成立, $|\Delta\rho_{nn}(\tau)|$ 在无穷缓变情况下必须为零. 引入如下的量:

$$r_{jn}(t) = \frac{\widetilde{\rho}_{jn}(t)\langle n(t)|\dot{j}(t)\rangle}{\omega_{jn}(t)} \equiv \frac{\widetilde{\rho}_{jn}(t)\langle n(t)|\dot{H}(t)|j(t)\rangle}{\hbar\omega_{jn}(t)^2} \tag{1.150}$$

于是, 我们可以把 $j \leftrightarrow n$ 跃迁的贡献写出来:

$$
\begin{aligned}
\alpha_{jn}(\tau) &= \mathrm{i}\int_0^\tau \mathrm{d}t r_{jn}(t)\left[-\mathrm{i}\omega_{jn}(t)\mathrm{e}^{-\mathrm{i}\int_0^t \omega_{jn}(t')\mathrm{d}t'}\right] \\
&= \mathrm{i}\int_0^\tau \mathrm{d}t r_{jn}(t)\frac{\mathrm{d}}{\mathrm{d}t}\left[\mathrm{e}^{-\mathrm{i}\int_0^t \omega_{jn}(t')\mathrm{d}t'}\right]
\end{aligned}
\tag{1.151}
$$

对上式做分部积分, 得到

$$
\alpha_{jn}(\tau) = \mathrm{i}\left[r_{jn}(\tau)\mathrm{e}^{-\mathrm{i}\int_0^\tau \omega_{jn}(t')\mathrm{d}t'} - r_{jn}(0)\right] - \mathrm{i}\int_0^\tau \mathrm{d}t\left[\frac{\mathrm{d}r_{jn}(t)}{\mathrm{d}t}\mathrm{e}^{-\mathrm{i}\int_0^t \omega_{jn}(t')\mathrm{d}t'} - r_{jn}(0)\right]
\tag{1.152}
$$

根据 r_{jn} 的定义式 (1.150), 我们看到, 式 (1.152) 中的第一项在满足式 (1.143) 的绝热条件时是一个无穷小量. 因此, 绝热定理的偏离只能从第二项来. 利用傅里叶变换 $r_{jn}(t) = \int \frac{\mathrm{d}\omega}{2\pi}R^*(\omega)\exp(\mathrm{i}\omega t)$, 我们可以把这一项写成

$$
-\mathrm{i}\int_0^\tau \mathrm{d}t\left[\frac{\mathrm{d}r_{jn}(t)}{\mathrm{d}t}\mathrm{e}^{-\mathrm{i}\int_0^t \omega_{jn}(t')\mathrm{d}t'}\right] = \tau\int\frac{\mathrm{d}\omega}{2\pi}\omega R^*(\omega)\int_0^1 \mathrm{d}s\,\mathrm{e}^{-\mathrm{i}\int_0^s (u(s')-v)\mathrm{d}s'}
\tag{1.153}
$$

这里 $u = \omega_{jn}\tau$, $v = \omega\tau$ 为无量纲化频率. 如果哈密顿量里面没有包含 $j \leftrightarrow n$ 跃迁的共振项, 那么由于被积函数的快速振荡, 这个积分是一个小量, 可以通过做分部积分看出来:

$$
\begin{aligned}
&\tau\int\frac{\mathrm{d}\omega}{2\pi}\omega R^*(\omega)\int_0^1 \mathrm{d}s\,\mathrm{e}^{-\mathrm{i}\int_0^s (u(s')-v)\mathrm{d}s'} \\
&= \tau\int\frac{\mathrm{d}\omega}{2\pi}\omega R^*(\omega)\int_0^1 \mathrm{d}s\left[\frac{\mathrm{d}}{\mathrm{d}s}\left(\frac{\mathrm{e}^{-\mathrm{i}\int_0^s (u(s')-v)\mathrm{d}s'}}{-\mathrm{i}(u(s)-v)}\right) - \frac{\mathrm{e}^{-\mathrm{i}\int_0^s (u(s')-v)\mathrm{d}s'}}{\mathrm{i}(u(s)-v)^2}\frac{\mathrm{d}u}{\mathrm{d}s}\right] \\
&= \int\frac{\mathrm{d}\omega}{2\pi}\omega R^*(\omega)\left[\frac{\mathrm{e}^{-\mathrm{i}\int_0^\tau (\omega_{jn}(t')-\omega)\mathrm{d}t'}}{-\mathrm{i}(\omega_{jn}(\tau)-\omega)} - \frac{1}{-\mathrm{i}(\omega_{jn}(0)-\omega)}\right] + \cdots
\end{aligned}
$$

我们看到, 如果条件 (1.143) 满足的话, 展开式中的主要项是无穷小量, 与积分时长 τ 无关.

另一方面, 如果 $R^*(\omega)$ 在 $\omega_{jn}(t)$ 附近不为零, 那么对积分的主要贡献将来源于这些共振频率附近, 且

$$
-\mathrm{i}\int_0^\tau \mathrm{d}t\left[\frac{\mathrm{d}r_{jn}(t)}{\mathrm{d}t}\mathrm{e}^{-\mathrm{i}\int_0^t \omega_{jn}(t')\mathrm{d}t'}\right] \approx \tau\int\frac{\mathrm{d}\omega}{2\pi}\omega R^*(\omega) \approx -\mathrm{i}\tau\frac{\mathrm{d}}{\mathrm{d}t}r_{jn}(t)\bigg|_{t=t^*,\,0\leqslant t^*\leqslant \tau}
$$

这个偏离量与演化时间成正比, 不管 r_{jn} 及其微分有多小, 只要经过足够长的演化时间 τ, 总会偏离绝热定理. [①]

---

① 另一个限制一个系统绝热演化时长的外部因素是系统与环境的相互作用 (Sarandy, Lidar, 2005a).

因此, 存在共振的情况下, 对绝热演化时长需要加一个限制. 我们将式 (1.143) 改写成

$$\max_{0 \leqslant s \leqslant 1} \left| \hbar \frac{\langle m(s)| \, \mathrm{d}H/\mathrm{d}s \, |n(s)\rangle}{(E_n(s) - E_m(s))^2} \right| \ll \tau, \quad s = t/\tau \tag{1.154}$$

这个条件可同时适用于共振和非共振情况.

1.5.2 朗道–齐纳–斯图克伯格 (Landau-Zener-Stückelberg) 效应

绝热定理给出了控制量子态的另一种办法. 不同于依靠系统初始的叠加态自由演化 (比如量子拍), 或者施加一个共振微扰来使得量子态在本征态之间跃迁 (比如 Rabi 振荡), 哈密顿量的缓慢平滑变化改变了本征态本身而不引起占有数的变化. 如上节所述, 这种变化只能在不现实的无穷缓变情况下实现. 对哈密顿量 $H(t)$ 的任何有限速度改变, 即便在没有共振项的情况下, 绝热定理都是不成立的. 与之对应的过程称为 Landau-Zener-Stückelberg 效应, 或者更常用的说法是 Landau-Zener 跃迁或者 Landau-Zener 隧穿. 除了作为一种在分子碰撞、量子操控当然还有量子计算中非常重要的物理过程以外, 这个效应同时也是有非解析参数依赖、可精确求解的问题的一个很好的例子.

让我们回到量子比特的哈密顿量:

$$H(t) = -\frac{1}{2}(\Delta \sigma_x + \epsilon(t)\sigma_z) \tag{1.85}$$

如果 $\epsilon(t)$ 在一个大的负值和一个大的正值间单调变化, 那么这个哈密顿量可以用来描述任何多能级系统中免交叉点附近的两个能级.

不管我们在上一节中做了什么, 我们在这里将波函数按照绝热基展开:

$$|\psi(t)\rangle = C_0(t)\mathrm{e}^{-\frac{\mathrm{i}}{\hbar}\int_{-\infty}^{t} E_0(t')\mathrm{d}t'}|0\rangle + C_1(t)\mathrm{e}^{-\frac{\mathrm{i}}{\hbar}\int_{-\infty}^{t} E_1(t')\mathrm{d}t'}|1\rangle$$

(我们已经确切地写出了相位因子.) 已知 $E_1(t) - E_0(t) = \epsilon(t)$, 我们得到以下薛定谔方程:

$$\dot{C}_0 = \mathrm{i}\frac{\Delta}{2\hbar}C_1 \mathrm{e}^{-\frac{\mathrm{i}}{\hbar}\int_{-\infty}^{t} \epsilon(t')\mathrm{d}t'}; \quad \dot{C}_1 = \mathrm{i}\frac{\Delta}{2\hbar}C_0 \mathrm{e}^{\frac{\mathrm{i}}{\hbar}\int_{-\infty}^{t} \epsilon(t')\mathrm{d}t'} \tag{1.155}$$

将这两个方程对时间求微分, 并相互代入, 且考虑 $E_1(t) + E_0(t) = 0$, 我们可以将两个方程解耦:

$$\ddot{C}_0 - \frac{\mathrm{i}}{\hbar}\epsilon(t)\dot{C}_0 + \left(\frac{\Delta}{2\hbar}\right)^2 C_0 = 0; \tag{1.156}$$

$$\ddot{C}_1 + \frac{\mathrm{i}}{\hbar}\epsilon(t)\dot{C}_1 + \left(\frac{\Delta}{2\hbar}\right)^2 C_1 = 0 \tag{1.157}$$

特别对于线性扫描：

$$\epsilon(t) = vt$$

这两个方程可以求出确切解. 我们将看到，这个效应主要表现在偏置 $|\epsilon(t)| \leqslant \Delta$ 的时间内，此时这样的线性近似显得非常合乎情理. [1] 我们在这里采用 Wittig(2005) 的简洁结果，完全避免了对方程求解，而不是沿着 Zener(1932) 的方法将式 (1.156) 约化到一个已知的 Weber(韦伯) 方程，然后用特殊函数求解.

作为开始，我们先考虑弱隧穿极限下的结果，也就是 Δ 很小的情况. 考虑系统在 $t = -\infty$ 时处在激发态 (也就是 $C_1(-\infty) = 1$)，那么在没有隧穿项的情况下当 $t = \infty$ 时系统还将处在这个态，也就是 $C_1(\infty) = 1$. 而这个态很显然将变成基态 (图 1.6). 因此，我们可以预期，当隧穿项不为零时，这个系数仍然是接近于 1 的，相应地，$C_0 \ll 1$. 将 $C_1 = 1$ 代入式 (1.155) 中的第一个方程，我们得到 (不计入指数项中 t' 积分下限引起的相位因子)

$$\dot{C}_0 \approx i\frac{\Delta}{2\hbar}e^{-\frac{ivt^2}{2\hbar}}; \quad C_0(\infty) \approx \int_{-\infty}^{\infty} i\frac{\Delta}{2\hbar}e^{-\frac{ivt^2}{2\hbar}}dt = i\frac{\Delta}{2\hbar}\sqrt{\frac{2\pi\hbar}{iv}} \tag{1.158}$$

因此，演化结束后不从态 $|1\rangle$ 转变到态 $|0\rangle$ 的概率为 (现在看到为什么相位因子不重要了)

$$P_{LZ} = 1 - |C_0|^2 = 1 - \frac{\pi\Delta^2}{2\hbar v} \tag{1.159}$$

这正是 Landau(1932) 得到的结果. 注意 P_{LZ} 是不发生非绝热态 $|0\rangle$ 和 $|1\rangle$ 之间转变的概率，因此，它就是绝热态 (量子比特哈密顿量本征态)$|g\rangle$ 和 $|e\rangle$ 之间转变的概率. 比率 $\Delta^2/(\hbar v)$ 可以写成 $(\Delta/\hbar) \cdot (\Delta/\dot{\epsilon})$，也就是量子拍频率[2] (图 1.5) 和穿过免交叉点、偏置改变 Δ 所需时间的乘积. 注意：在一个单位系数下，这里只能推出一个量级. 这个方法不能找到完整的函数依赖关系，我们接下来将做这个推导.

将式 (1.157) 除以 $tC_1(t)$ 并从 $-\infty$ 积分到 $+\infty$，得到

$$\int_{-\infty}^{+\infty}\frac{\ddot{C}_1}{tC_1}dt + \frac{i}{\hbar}\int_{-\infty}^{+\infty}v\frac{\dot{C}_1}{C_1}dt + \left(\frac{\Delta}{2\hbar}\right)^2\int_{-\infty}^{+\infty}\frac{dt}{t} = 0 \tag{1.160}$$

也就是

$$\ln\left(\frac{C_1(\infty)}{C_1(-\infty)}\right) = \frac{i\hbar}{v}\left\{\left(\frac{\Delta}{2\hbar}\right)^2\int_{-\infty}^{+\infty}\frac{dt}{t} + \int_{-\infty}^{+\infty}\frac{\ddot{C}_1}{tC_1}dt\right\} \tag{1.161}$$

---

[1] 对非线性扫描的情况也有详细的讨论，见 Garanin, Schilling(2002).

[2] 出于一些神秘的原因，这一频率经常被称为 Rabi 频率. 但其实不是. Rabi 频率描述的是一个共振简谐微扰引起的效应，与量子拍毫无关系. 量子拍只是一个静态哈密顿量本征态的叠加态的自由演化.

对 $1/t$ 的积分可以采用式 (1.58) 的规则:

$$\int_{-\infty}^{+\infty} \frac{\mathrm{d}t}{t} \to \int_{-\infty}^{+\infty} \frac{\mathrm{d}t}{t \pm \mathrm{i}\varepsilon} \to \mathcal{P} \int_{-\infty}^{+\infty} \frac{\mathrm{d}t}{t} \mp \mathrm{i}\pi \tag{1.162}$$

我们将在后面处理正负号的问题. 剩下的积分

$$J \equiv \int_{-\infty}^{+\infty} \frac{\ddot{C}_1}{tC_1} \mathrm{d}t \tag{1.163}$$

需要多花点功夫. 我们考虑 $F(t) \equiv \ddot{C}(t)/(tC_1(t))$ 为一个复变量 t 的函数 (图 1.7). 一般情况下, $F(t)$ 除了 $t = 0$ 时应该是一个解析函数. $C_1(t)$ 中任何的 t 指数依赖——也就是可能引起麻烦的相位项——在 $\ddot{C}(t)/C_1(t)$ 中显然是约掉了. 因此, 根据柯西 (Cauchy) 定理[1], 在复平面上 $F(t)$ 沿路径 $\mathcal{C}$ 的积分等于 $F(t)$ 在路径所包围的奇点的留数之和. 我们选择图 1.7 所示的路径, 因此

$$J + J_R = 0 \tag{1.164}$$

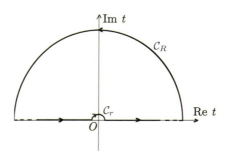

图1.7　计算式(1.163)中的积分
闭合路径 $\mathcal{C}$ 包含实的正负半轴和一个零点处的无穷小半圆 $\mathcal{C}_r$, 以及一个无穷大半圆 $\mathcal{C}_R$. 整个路径不包含奇点 $t=0$.

这里, 我们只需要计算无穷大半圆 $\mathcal{C}_R$ 上的积分即可得到 J. 这个积分容易得到. 回头看式 (1.157), 同时有 $\epsilon(t) = vt$, 我们看到, 由于 $|C_1(t)| \leqslant 1$, 最后两项当 $t \to \pm\infty$ 时必然相消, 并且第二个倒数项应可忽略:

$$\frac{\dot{C}_1}{C_1} \sim -\frac{\mathrm{i}\hbar}{vt}\left(\frac{\Delta}{2\hbar}\right)^2; \quad C_1(t) \sim (t)^{-\mathrm{i}\frac{\hbar}{v}\left(\frac{\Delta}{2\hbar}\right)^2} \tag{1.165}$$

于是 $\ddot{C}_1/\dot{C}_1 \sim 1/t, \ddot{C}_1/C_1 \sim 1/t^2$, 同时我们最初的假设 (二阶微分可忽略) 成立. 因此, 对于大值, $|t||F(t)| = \left|\ddot{C}_1/(t\dot{C}_1)\right| \sim 1/|t|^3$. 由于积分 J_R:

$$J_R = \int_{\mathcal{C}_R} F(t)\mathrm{d}t \leqslant \int_{\mathcal{C}_R} |F(t)|\mathrm{d}t \sim \frac{\pi R}{R^3} \xrightarrow{R \to \infty} 0$$

---

[1] 参见任何一本复变函数的教科书, 如 Gamelin, 2001, 第 6 章.

我们得到 J 也等于零.

回到式 (1.161), 我们看到

$$\ln\left(\frac{C_1(\infty)}{C_1(-\infty)}\right) = \pm \frac{\pi\hbar}{v}\left(\frac{\Delta}{2\hbar}\right)^2 \tag{1.166}$$

由于 $C_1(-\infty) = 1$, 保持状态不变的概率为 $|C_1(\infty)|^2$, 我们得到

$$P_{\mathrm{LZ}} = \mathrm{e}^{-\frac{\pi\Delta^2}{2\hbar v}} \tag{1.167}$$

符号 (负号) 的选择是很显然的: 概率不可能超过 1. 式 (1.167) 在 $\Delta^2 \ll \hbar v$ 极限下与微扰结果式 (1.159) 是一致的, 也必须如此. 注意到扫描的速度 v 扮演着关键角色: 扫描速度越快, 非绝热态跃迁 (或者等价地说, 停留在原绝热态) 的概率越小. 此外, P_{LZ} 对 v 的依赖是非解析的.

当然, 如果从 $|0\rangle$ 态开始, 我们也能得到同样的结果. 上面的例子有着特殊的意义. 有时候我们可以更容易地将系统冷却到基态, 然后再诱导这个态变成某种我们想要的态 (例如绝热量子计算, 见 6.2 节). Landau-Zener 效应则将是导致这种策略失效的首要原因.[1]

1.6 结语

在进入实际应用之前, 让我们来概括一下到目前为止我们完成了什么. 首先, 通过引入密度矩阵, 提供了一种统一的描述量子系统测量前、中、后过程的方法, 也就是将密度矩阵约化到一个合适的对角形式. 其次, 密度矩阵的非幺正演化可以解释为对"环境"的平均——求迹, 也就是对环境中那些与系统有相互作用但对系统影响又非常小的宏观量级自由度求平均. 这种"受限描述"在经典统计力学中因为相同的原因被普遍采用. 确定在什么严格条件下这种描述方法可行并不是我们的目的, 够用才是. 系统的相关性被"移除"到环境, 或者说无穷大, 是导致这一过程的关键物理效应. 我们将在第 5 章考虑传输线的等效阻抗时进一步看到. 看起来并不存在一个"基本尺度", 超过这个尺度系统无论如何都会丢掉量子行为而转向经典物理 (图 1.8). 第三, 这依然没有解决式 (1.5) 所隐含的问题, 也就是说, 密度矩阵形式依然不能给出 Hilbert 态在哪些基下可

---

[1] 这已经被直接观测到了, 比如在超导磁通量子比特中 (Izmalkov et al., 2004a).

以描述宏观测量, 而在哪些基下不能. 我们可以得到一个对角化的密度矩阵, 但据我们所知, 它的矩阵元可能会给出在不同的薛定谔猫态下找到系统的概率.

图1.8　量子–经典转换: 两种可能

图中配文: 恶魔藏在细节中!

　　换句话说, 我们还是必须回答这样的问题: 为什么我们只能对某些特定的可观测量构建测量装置, 而其他的不可以? 怎么从量子力学本身来回答这一区别? 这是一个很迷人同时也尚待解决的问题, 并且已经超出了本书的讨论范围[①]. 因此, 我们将以实用主义的态度接受这一事实——这些特殊的可观测量和量子态可以从宏观经验获得. 带着这样的约束条件, 并且回避那些针对密度矩阵描述的本体论观点[②], 我们现在已经为处理一些更实用的量子工程问题建立了良好的基础.

　　[①] 一个很诱人的可能性是"量子达尔文主义"(Zurek, 2003), 它声称"宏观"可观测量是那些具有受不同环境子系统影响最小的本征态的可观测量.

　　[②] 这一问题的一个非常好且易于理解的假设由 Penrose(2004, 第 29 章) 给出, 同时有很多的文献讨论.

第 2 章

超导量子电路

良好的秩序是一切美好事物的基础.

——埃德蒙 · 柏克 (E. Burke),《对法国大革命的反思》, 1790

2.1 约瑟夫森效应

2.1.1 超导电性概览

从基于假想的量子相干器件进行理论描述, 过渡到某些实际可以制备和操控的量子器件, 由于超导电性的存在而变得容易得多. 这一现象, 概括地说, 允许某些材料在足够低的温度下建立一种特别的长程序, 从而可形成宏观的量子相干电流. 因此, 我们可以利用超导体内不同的宏观量子态来构建量子比特 (Quantum bits, 简称 qubits), 在控制、测量, 以及在期望的尺度上制备具有期望参数的结构等方面, 相比于"微观量子"系统 (例如真实原子) 而言具有明显的优势.

超导现象——其发现历史、实验证实、理论解释、开放问题、与其他物理分支的关联, 以及技术应用等等——需要一个非常深入而充分的讲解. 这些讨论可以在很多书籍中找到. 对于本书而言, Tinkham(2004) 的书能够提供足够的背景知识.[①]

因为两个简单的原因, 我们不会进入独特的高温超导体领域: 首先, 实现量子比特或其他量子相干器件所需的量子相干行为还没能正确地或粗略地在这类材料中完成; 其次, 利用高温超导材料进行这类器件的制备还不够可靠, 甚至是不可行的. 因此, 以下所有的讨论都是针对"常规的"低温超导材料, 比如 Nb 或 Al 的. 对于这类器件, 保持良好的量子行为所需的温度 (最多几十 mK) 远远低于这些材料的超导转变温度.

超导体的关键性质是存在带电的库珀对凝聚态 (其电荷被晶格所带电荷中和). 库珀对是由两个自旋相反、动量几乎相反的传导电子形成的关联态. 关联的结果形成了一个零自旋的复合玻色子. 库珀对的形成起源于电子与晶格振动 (声子) 相互作用导致的弱的残留吸引力. 这种吸引力是否存在取决于材料本身. 库珀对的尺寸 (体现为其相干长度, ξ_0, 也就是关联性显著降低对应的间距) 要远大于超导体中电子的平均间距, 因此它们不能被看成是"点状的准玻色子". 而作为玻色子, 库珀对在低温下可以, 并且也确实发生了玻色凝聚.

事实上, 当正常态电子系统在一个任意小的电子-电子吸引力下变得不稳定时, 配对和凝聚是同时发生的. 这是一个非常重要同时也非常漂亮的二级相变例子, 在这里系统的对称性发生了改变. (制备类似量子比特等量子器件最常用的两种材料, Al 和 Nb, 它们的超导转变温度分别是 1.75 K[②] 和 9.25 K.)

对我们非常重要的是这种特殊长程序的建立. 考虑分别处在 r_1 和 r_2 的电子对的关联函数:

$$S_{\uparrow\downarrow}(\boldsymbol{r}_1, \boldsymbol{r}_2) = \left\langle \psi_{\uparrow}^{\dagger}(\boldsymbol{r}_1)\psi_{\downarrow}^{\dagger}(\boldsymbol{r}_1)\psi_{\downarrow}(\boldsymbol{r}_2)\psi_{\uparrow}(\boldsymbol{r}_2) \right\rangle \tag{2.1}$$

这里的费米算符 $\psi_{\uparrow}^{\dagger}(\boldsymbol{r}_1) \propto \sum_{\boldsymbol{k}} \mathrm{e}^{\mathrm{i}\boldsymbol{k}\boldsymbol{r}_1} a_{\uparrow\boldsymbol{k}}^{\dagger}$ 在位置 $\boldsymbol{r}_1$ 处产生一个自旋向上的电子, 以此类推. 求平均自然是对整个电子系统的密度矩阵求迹, 在零温下变成超导体基态的平均值. 随着距离 $|\boldsymbol{r}_1 - \boldsymbol{r}_2|$ 趋于无穷大, 我们认为这个关联值可以分解为局部平均值之积:

$$S_{\uparrow\downarrow}(\boldsymbol{r}_1, \boldsymbol{r}_2) \to \left\langle \psi_{\uparrow}^{\dagger}(\boldsymbol{r}_1)\psi_{\downarrow}^{\dagger}(\boldsymbol{r}_1) \right\rangle \left\langle \psi_{\downarrow}(\boldsymbol{r}_2)\psi_{\uparrow}(\boldsymbol{r}_2) \right\rangle \tag{2.2}$$

[①] 关于这一学科的一个清晰、简洁且广博的综述由 Schmidt(2002) 给出. 超导电性的唯象和微观理论可参见 Landau et al.(1984), Pitaevskii and Lifshitz(1980), Ketterson and Song(1999). 关于约瑟夫森效应的详细处理见 Barone and Paterno(1982), Likharev(1986).

[②] 原书中的 1.75 K 应该是错的, 正确值为 1.2 K.——译者注

要使得这个式子非零, 要求反常均值 $\langle \psi_\uparrow^\dagger(\boldsymbol{r}_1)\psi_\downarrow^\dagger(\boldsymbol{r}_1) \rangle$ 及 $\langle \psi_\uparrow(\boldsymbol{r}_2)\psi_\downarrow(\boldsymbol{r}_2) \rangle$ 均不为零. 对正常态电子而言, 这是不可能的: 算符 $\psi_\uparrow^\dagger(\boldsymbol{r}_1)\psi_\downarrow^\dagger(\boldsymbol{r}_1)$ (或者也可以说 $a_{\uparrow\boldsymbol{k}}^\dagger a_{\uparrow\boldsymbol{k}'}^\dagger$) 增加了两个电子, 对于任何粒子数守恒的系统, 其均值都应为零. 然而, 大块超导体 (也就是无限大超导体——否则我们怎么能有 $|\boldsymbol{r}_1 - \boldsymbol{r}_2| \to \infty$) 却不是如此. 由于宏观量级库珀对玻色凝聚态的存在, 系统增加或减少一对电子无所谓. 这个反常均值乘上一个标量 g,

$$g\langle \psi_\downarrow(\boldsymbol{r})\psi_\uparrow(\boldsymbol{r}) \rangle \equiv \Delta(\boldsymbol{r}) = |\Delta(\boldsymbol{r})|\mathrm{e}^{\mathrm{i}\phi(\boldsymbol{r})} = g\langle \psi_\uparrow^\dagger(\boldsymbol{r})\psi_\downarrow^\dagger(\boldsymbol{r}) \rangle^* \tag{2.3}$$

是一个具有能量量纲的复数, 被称为超导体的序参量. 它描述了系统中电子的量子相干行为. 耦合常数 g 是库珀对中电子束缚能的度量, 因此 $2|\Delta|$ 是打破一个库珀对并形成两个准粒子 (也就是常规的传导电子) 所需的能量. 超导基态不包含任何占据的准粒子态, 因此, 它与激发态之间被一个有限的能隙 (通常以单位电子而不是每库珀对的能量为度量, 也就是 $|\Delta|$) 隔开了. 采用 Fock 态 $|n\rangle$, 或者说 "粒子数态" (包含确定电子数 n 的态) 作为基, 我们可以写出

$$\Delta(\boldsymbol{r}) = g\,\mathrm{tr}\,[\rho\psi_\downarrow(\boldsymbol{r})\psi_\uparrow(\boldsymbol{r})] = g\sum_n \langle n+2|\rho|n \rangle \langle n|\psi_\downarrow(\boldsymbol{r})\psi_\uparrow(\boldsymbol{r})|n+2 \rangle \tag{2.4}$$

为了使得上式不为零, 密度矩阵 ρ 在这组基下必须包含非对角元. 因此, 超导电性是一个非对角长程序 (ODLRO)——最早由杨振宁先生于 1962 年引入——的典型例子.

超导基态由 Bardeen, Cooper 和 Schrieffer (BCS) 在对电子-电子相互作用做了一些简化近似 ("配对哈密顿量", 见 Tinkham, 2004, 第 3 章) 后得到, 它可以写成

$$|\mathrm{BCS}\rangle = \prod_{\boldsymbol{k}}(u_{\boldsymbol{k}} + v_{\boldsymbol{k}} a_{\uparrow\boldsymbol{k}}^\dagger a_{\downarrow,-\boldsymbol{k}}^\dagger)|0\rangle \tag{2.5}$$

这里 $|0\rangle$ 是真空态, 复数 $u_{\boldsymbol{k}}, v_{\boldsymbol{k}}$ (相干系数) 是归一化的:

$$|u_{\boldsymbol{k}}|^2 + |v_{\boldsymbol{k}}|^2 = 1 \tag{2.6}$$

同时满足特定的 (博戈留波夫-德让纳 (Bogoliubov-de Gennes)) 方程, 这里不做深入讨论[①]. 式 (2.5) 中的求积是对所有的单电子态 (标记为其动量, $\hbar\boldsymbol{k}$) 进行的. 可以清楚地看到 BCS 基态确实是所有偶数个电子态从零到无穷大的相干叠加态. 跟所有波函数一样, 式 (2.5) 给出的基态可以有一个总体相位因子. 而真正重要的是叠加态中不同项之间的相对相位, 并且很重要的一点是, 对于任意的 $\boldsymbol{k}$, 相干系数 (u,v) 之间的相对相移是一样的, 因此我们可以把 BCS 基态写成

$$|\mathrm{BCS}\rangle = \prod_{\boldsymbol{k}}(u_{\boldsymbol{k}} + |v_{\boldsymbol{k}}|\mathrm{e}^{\mathrm{i}\phi(\boldsymbol{r})}a_{\uparrow\boldsymbol{k}}^\dagger a_{\downarrow,-\boldsymbol{k}}^\dagger)|0\rangle$$

[①] 细节可参见 Tinkham(2004), Schmidt(2002), Zagoskin(1998), Ketterson and Song(1999).

序参量 $\Delta(\boldsymbol{r})$, 差一个因子 g, 可以被认为是库珀对的宏观波函数. 对库珀对密度 (也就是电子密度 n_s 的一半) 做归一化得到

$$\Delta(\boldsymbol{r}) \propto \Psi_s(\boldsymbol{r}) = \sqrt{n_s(\boldsymbol{r})/2}\,\mathrm{e}^{\mathrm{i}\phi(\boldsymbol{r})} \tag{2.7}$$

注意, 这里的相位 ϕ 与 BCS 波函数中的相位是相同的 (如果我们愿意, 也可以推广到非均匀和移动的情况, 也就是载流的情况).

借用单粒子量子力学中电流密度的表达式 (Landau, Lifshitz, 2003, 第 19 章), 我们得到超导电流密度为

$$\boldsymbol{j}_s(\boldsymbol{r}) = \frac{2e\hbar}{2\mathrm{i}m_e}\Psi_s^*(\boldsymbol{r})\boldsymbol{\nabla}\Psi_s(\boldsymbol{r}) = n_s(\boldsymbol{r})e\boldsymbol{v}_s(\boldsymbol{r}) \tag{2.8}$$

这里的超流速度为

$$\boldsymbol{v}_s(\boldsymbol{r}) \equiv \frac{\hbar}{2m_e}\boldsymbol{\nabla}\phi(\boldsymbol{r}) \tag{2.9}$$

(已经考虑了库珀对具有两倍的电荷和两倍的电子质量). 可见, 超导电流大小取决于超导相位的空间分布. 由于所有的库珀对具有相同的量子相位, 这一超导电流包含了宏观数量的电子: 它是超导凝聚体作为一个整体以速度 $\boldsymbol{v}_c$ 做的量子相干运动.

与式 (2.8) 相应的, 库珀对的动量算符为

$$\boldsymbol{p}_s = -\mathrm{i}\hbar\boldsymbol{\nabla} \tag{2.10}$$

超流的速度可以定义为这个算符的量子平均, 或者更确切地,

$$2m_e\boldsymbol{v}_s(\boldsymbol{r}) = \frac{2}{n_s}\langle\Psi(\boldsymbol{r})|\left[-\mathrm{i}\hbar\boldsymbol{\nabla} - \frac{2e}{c}\boldsymbol{A}(\boldsymbol{r})\right]|\Psi_s(\boldsymbol{r})\rangle = \hbar\boldsymbol{\nabla}\phi(\boldsymbol{r}) - \frac{2e}{c}\boldsymbol{A}(\boldsymbol{r}) \tag{2.11}$$

最后一项考虑了库珀对——和任何其他带电粒子一样——在矢量势 $\boldsymbol{A}$ 定义的电磁场中获得的额外相位 (Landau, Lifshitz, 2003, 111).

电磁场会被大块超导体排斥到一个与材料和温度相关的穿透深度范围内 (迈斯纳–奥克森费尔德 (Meissner-Ochsenfeld) 效应, 见 Tinkham, 2004, 1.1 节); 相应地, 超导电流和超流速度在超导体内部也会消失. 但是, 矢量势在场为零的时候不一定为零, 进而可能影响超导凝聚态的行为. 举例来说, 假设一个大块超导体中有一个洞, 或者一个由超导线闭合形成的环——线的直径远大于穿透深度 (对大多数常规超导体而言, 当 $T = 0$ 时穿透深度 $\lambda \approx 500$ Å). 再假设有磁通量 Φ 穿过这个洞/环. 选择一个绕洞/环的闭合路径 (图 2.1) 对式 (2.11) 进行积分:

$$\oint 2m_e\boldsymbol{v}_s(\boldsymbol{r}) \cdot \mathrm{d}\boldsymbol{r} = \oint \hbar\boldsymbol{\nabla}\phi(\boldsymbol{r}) \cdot \mathrm{d}\boldsymbol{r} - \oint \frac{2e}{c}\boldsymbol{A}(\boldsymbol{r}) \cdot \mathrm{d}\boldsymbol{r} \tag{2.12}$$

我们可以将路径移到超导体内部, 在那里 $\boldsymbol{v}_s = 0$. 于是式子左边为零, 闭合路径上的相位变化为

$$\Delta\phi = \frac{2e}{\hbar c}\int \boldsymbol{\nabla}\times\boldsymbol{B}(\boldsymbol{r})\cdot\mathrm{d}\boldsymbol{r} = 2\pi\frac{\Phi}{\Phi_0} \tag{2.13}$$

这里的超导磁通量子 $\Phi_0 = hc/2e$(已经考虑了库珀对电荷量为 $2e$)[①]. 由于序参量必须是单值的, 沿路径每走一圈的相位变化必须是 2π 的倍数, 因此穿过超导体洞/环的磁通量必须是 Φ_0 的整数倍, 也就是量子化的.

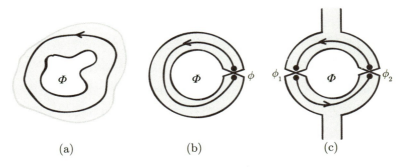

图2.1 超导体中的磁通量子化

(a) 如果磁通 Φ 穿过一个大块超导体中的孔, 那么超导序参量的单值性要求磁通必须满足量子化条件 $\Phi = n\Phi_0$. (b) 当超导体环路被一个弱连接打破 (rf SQUID结构) 时, 同样的要求导致了式(2.28).

(c) 在一个dc SQUID中, 磁通量子化条件(2.29)使得我们可以通过外磁通来调节器件的临界电流, 即式(2.32). 注意, 在上述所有情况中, 我们都假设超导电极的厚度超过了穿透深度, 使得我们总能找到一条超流速度为零的积分路径.

超流不会损失能量和动量, 除非库珀对开始受到破坏, 这需要一个有限的能量 (每个电子需要 $|\Delta|$). 因此, 超导电流是无损耗的, 而具有有限超导电流的状态是一个亚稳态, 有非常长的弛豫时间. 当然, 我们不能让这个超导电流过大, 否则超导态将整体被破坏 (Tinkham, 2004, 4.4 节; Zagoskin, 1998, 4.4.5 小节). 这个临界电流密度与材料和样品几何形状尺寸有关, 典型值在 $10^5 \sim 10^6$ A/cm^2. 这远高于我们所关心的问题中的取值. 换句话说, 在小电流密度, 并且温度远低于能隙 ($k_B T \ll |\Delta|$, 大概几十个 mK) 的情况下, 我们无须担心由于超导体中热激发引起的退相干: 它将是零[②]. 总之, 超导体可能是专门为制造量子相干器件, 比如量子比特而生的.

[①] 当然, 这里你看到了因子 c. 我们将在所有的公式推导中使用 CGS 单位制. 一个小小的缺点是最终需要转换到国际单位制, 但这一缺点相比表述的清晰度和检查量纲的便利性 (更不用说像真空磁导率和介电常数这种根本不存在的东西了) 而言就不算什么了. 举例来说, 电容和电感具有长度的量纲, 显然马上我们就可以看出磁通和电荷具有相同的量纲 (因为 $e^2/(\hbar c) \approx 1/137$ 只是一个常数——精细结构常数).

[②] 接下来, 除非明确指出相反的情况, 我们总是假设 $k_B T \ll |\Delta|$.

2.1.2 弱超导电性

超导体量子特性的一个最显著的表现是所谓的弱超导电性——通常称为"约瑟夫森效应"——以及超导弱连接中的相关现象. 一个弱连接可以是块超导体中的一个任意的破坏, 在弱连接处超导电流仍然可以通过, 但是超导序参量被严重地压制了. 典型的例子包括隧道结、点接触、窄桥等. 它们的性质和制备工艺在 Barone 和 Paterno(1982) 的书中有详细讨论. 这些结构中能够承受的最大超导电流密度要远低于大块超导体, 一般在 10 A/cm^2 量级. 这也是称之为"弱超导电性"的来由.

由两个块超导体通过薄的隧穿势垒层 (绝缘层) 连接在一起形成的隧道结 (图 2.2), 对我们即将讨论的问题具有至为重要的意义. 由于量子隧穿效应, 电子可以隧穿通过这个势垒层, 两边的超导凝聚态波函数由此发生叠加并杂化, 进而导致了约瑟夫森效应. 势垒层的通过性非常小, 使得我们可以忽略这种隧穿对块超导体的影响. 举例来说, 即便电流能够穿过势垒层, 其电流密度也远小于块超导体的临界电流密度, 以至我们完全可以忽略由此引起的块超导体中的电流. 因此, 每个块超导体可以由自身的空间均匀序参量 $\Delta_j = \sqrt{n_{sj}/2}\exp(\mathrm{i}\phi_j)\,(j=1,2)$ 来描述. 它们也可以有不同的化学势 μ_j.

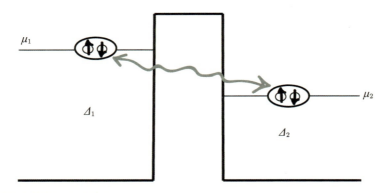

图2.2 隧道结中的约瑟夫森效应

采用最早由 Feynman(Schmidt, 2002, 20) 提出的方法, 我们用一个 2-分量"波函数"来描述这样的系统:

$$\hat{\Psi} = \begin{pmatrix} \sqrt{n_{s1}/2}\exp(\mathrm{i}\phi_1) \\ \sqrt{n_{s2}/2}\exp(\mathrm{i}\phi_2) \end{pmatrix} \tag{2.14}$$

它的演化由如下的哈密顿量来支配:

$$H = \begin{pmatrix} eV & K \\ K & -eV \end{pmatrix} \tag{2.15}$$

这里的非对角项对应于库珀对从结的一端向另一端的传输[①]，而对角项则对应于两边超导体的势能差，$eV = \mu_1 - \mu_2$. 式 (2.15) 中已经考虑了每个库珀对对应两个电子能量. 这就是所谓的隧穿哈密顿量 (Barone, Paterno, 1982; Zagoskin, 1998)，可以通过微观理论推导出来. 于是，波函数 $\hat{\psi}$ 的薛定谔方程可以写为

$$i\hbar \frac{d}{dt} \begin{pmatrix} \sqrt{n_{s1}/2} \; e^{i\phi_1} \\ \sqrt{n_{s2}/2} \; e^{i\phi_2} \end{pmatrix} = \begin{pmatrix} eV & K \\ K & -eV \end{pmatrix} \begin{pmatrix} \sqrt{n_{s1}/2} \; e^{i\phi_1} \\ \sqrt{n_{s2}/2} \; e^{i\phi_2} \end{pmatrix} \tag{2.16}$$

经过简单的计算，我们得到

$$\frac{dn_{s1}}{dt} = -\frac{dn_{s2}}{dt} = \frac{2Kn_{s0}}{\hbar} \sin(\phi_2 - \phi_1); \quad \frac{d(\phi_1 - \phi_2)}{dt} = \frac{2eV}{\hbar} \tag{2.17}$$

这里 n_{s0} 为不存在隧穿情况下的超导体电子密度 (两边块超导体相同). (由于隧穿项是一个小量，我们可以在第一个等式右边忽略其变化.)

如果我们回想一下，$e \, dn_{s1}/dt$ 不外乎就是电荷从一个超导体通过势垒层流向另一个超导体的速率，式 (2.17) 中第一个方程就可以写成

$$I_j = I_c \sin(\phi_1 - \phi_2) \tag{2.18}$$

这个方程描述的就是直流约瑟夫森效应，一个流过势垒层的无耗散、平衡的相干电流——约瑟夫森电流，仅由两边块超导体的相位差和结性质决定，后者可以合并成一个单一的参数——约瑟夫森结的临界电流. 这种电流对相位差的正弦依赖关系并不是本质的：它只是势垒层穿透性的一阶近似，在非隧道结的其他弱连接中约瑟夫森电流可以有不同的依赖形式，但是效应的本质是不变的. 下面除非做特别说明，我们将总是假设约瑟夫森电流具有式 (2.18) 的依赖形式.

式 (2.17) 中的第二个方程可以很方便地重写为

$$V = \frac{\hbar}{2e} \cdot \frac{d}{dt}(\phi_2 - \phi_1) \tag{2.19}$$

这个方程描述了交流约瑟夫森效应：如果在两边块超导体之间加上一个电压，它们之间的相位差将不断增加. 反过来，如果结两端存在相位差，那么结两端就会产生电压.

这两个效应都非常重要. 约瑟夫森本人在理论上预言这些效应的时候很有预见性地意识到超导序参量最终取决于非零的反常均值 $\langle \psi_\downarrow \psi_\uparrow \rangle$，而不是 $\Delta = g \langle \psi_\downarrow \psi_\uparrow \rangle$. 毕竟，在系统的某些部分由于耦合因子 $g = 0$ 而 Δ 可以为零——比如在隧穿势垒层中. 但是，超

[①] 电子以库珀对相干隧穿，而不是独立的，是约瑟夫森结的一个关键特性. 因此，穿过势垒层的超导电流将正比于势垒透明度 $D \propto K$，而不是 $D^2 \ll D \ll 1$，否则将使得这一效应几乎消失.

导序在这些地方并不为零, 正是由此导致了约瑟夫森效应. 式 (2.18) 的稳态约瑟夫森电流是一个平衡态现象. 因此, 它可以直接从系统的热力学势求微分得到:

$$I_J = c\frac{\partial F}{\partial \Phi} \tag{2.20}$$

这里 $\Phi = \Phi_0\phi/(2\pi)$ 具有磁通的量纲, 而 $\phi = \phi_1 - \phi_2$. 由此, 我们应该在系统能量中包含一项约瑟夫森能[①]:

$$U(\phi) = \frac{1}{c}\int \mathrm{d}\Phi\, I_J = -\frac{I_c\Phi_0}{2\pi c}\cos\phi \equiv -E_J\cos\phi \tag{2.21}$$

另一方面, 式 (2.19) 的交流约瑟夫森效应则显然是一种非平衡现象: 电压以某种方式加到了约瑟夫森结上, 意味着除了超导电流, 还有正常电流通过了结. 这部分电流由激发态 (准粒子) 承载. 问题是, 如果在能量低于 $|\Delta|$ 时准粒子不存在, 那这怎么会发生呢? 回到式 (2.18), 我们看到可以通过结的超导电流大小是有上限的, 如果我们试图让通过的电流 $I > I_c$, 那么多出来的电流只能由准粒子以正常的、有耗散的形式来承载. 为了搞清楚这种情形, 我们将采用一种方便的并且通常都非常准确的电阻分流结 (RSJ) 模型, 其中理想约瑟夫森结旁边并联了一个有限的电阻 R. 当 $I < I_c$ 时, 这个电阻被超导电流短路, 而当 $I > I_c$ 时,

$$I = I_c\sin\phi(t) + \frac{V(t)}{R} = I_c\sin\phi(t) + \frac{\hbar}{2eR}\frac{\mathrm{d}\phi}{\mathrm{d}t} \tag{2.22}$$

它具有如下形式的隐式解:

$$\begin{aligned}
t(\phi) &= \frac{\hbar}{2eRI_c}\int^{\phi}\frac{\mathrm{d}\phi}{I/I_c - \sin\phi} \\
&= \frac{\hbar}{2eRI_c}\frac{2}{\sqrt{(I/I_c)^2 - 1}}\arctan\left[\frac{(I/I_c)\tan(\phi/2) - 1}{\sqrt{(I/I_c)^2 - 1}}\right]
\end{aligned} \tag{2.23}$$

相位差, 以及由此导致的电压将随时间周期变化:

$$T_{\mathrm{RSJ}} = \frac{\hbar}{2eRI_c}\int_0^{2\pi}\frac{\mathrm{d}\phi}{I/I_c - \sin\phi} = \frac{2\pi}{\sqrt{(I/I_c)^2 - 1}}\cdot\frac{\hbar}{2eRI_c} \equiv \frac{2\pi}{\omega_{\mathrm{RSJ}}} \tag{2.24}$$

平均的约瑟夫森电压相应地等于

$$\overline{V}_J = \frac{\hbar\omega_{\mathrm{RSJ}}}{2e} = R\sqrt{I^2 - I_c^2} \tag{2.25}$$

从式 (2.1.2) 可以得到电压的显式解:

$$V(t) = \frac{\hbar}{2e}\frac{\mathrm{d}\phi}{\mathrm{d}t} = \frac{R(I^2 - I_c^2)}{I + I_c\cos\,\omega_{\mathrm{RSJ}}t} \tag{2.26}$$

[①] 对于隧道结而言, 余弦依赖关系是适用的, 对于零温下长的 SNS(超导–正常金属–超导) 结, 其 $I_J(\phi)$ 由式 (2.165) 给出, 约瑟夫森能 $U(\phi)$ 将是一段抛物线的周期性扩展.

这种振荡在实验上确实被观测到了 (Barone, Paterno, 1982; Schmidt, 2002; Tinkham, 2004). 从式 (2.19) 还可以推出另一个有趣也很有用的性质. 根据电感的一般定义, $V = L\dot{I}/c^2$, 约瑟夫森结可以被看成是一个非线性电感L_J:

$$L_J(\phi) = \frac{\hbar c^2}{2eI_c\cos\phi} \tag{2.27}$$

这一电感可以通过在结上固定一个相位差来调节 (甚至可以为负). 这个性质对于很多应用来说都非常有用.

2.1.3 rf SQUID

作为上述性质的一个例子, 考虑一个 rf SQUID(图 2.1(b)), 也就是自感为 L 的超导回路中插入一个约瑟夫森结[①]. 这是最简单的 SQUID(Super conducting Quantum Interference Devices, 超导量子干涉仪) 结构. 不同于式 (2.13), 序参量的单值性要求变成

$$\phi + 2\pi\frac{\Phi_{\text{tot}}}{\Phi_0} = \phi + 2\pi\frac{\widetilde{\Phi} - LI_J(\phi)/c}{\Phi_0} = 2\pi n \tag{2.28}$$

这里 ϕ 是约瑟夫森结上的相位差, $\widetilde{\Phi}$ 为穿过超导回路的外磁通, L 为 (磁场的) 回路自感. 回路对外磁通 $\widetilde{\Phi}$ 微小变化引起的电流响应, 以及由此引起的 SQUID 等效电感变化, 取决于 $\widetilde{\Phi}$ 的值.

值得注意的是, 与一个完整的块超导体环 (或者块超导体中的一个孔) 不一样的是, rf SQUID 允许任意磁通量穿过其中: 约瑟夫森结上的相位差可以补偿外磁场引起的相位, 使得式 (2.28) 右边等于 2π 的倍数. 而这正是这个器件的优势所在. 外磁通的微小变化 (在不太方便的国际单位制下, $\Phi_0 \approx 2.068 \times 10^{-15}$ Wb 的小分数) 将引起约瑟夫森相位的显著变化, 进而引起环路等效电感式 (2.27) 的变化. 将 rf SQUID 耦合到一个谐振电路上, 我们可以通过测量谐振频率的移动准确地测量这一变化, 使得 rf SQUID 成为一个测量微弱磁场的灵敏探测器 (Tinkham, 2004, 6.5.3 节). 我们将在后面看到, 这一方法在测量量子比特量子态时非常有用.

[①] 一般来说, 有必要区分超导体的磁电感、动态电感和全电感. 全电感为电流 I 的动能 $E_{\text{kin}} = L_{\text{tot}}I^2/2c^2 = (L_m + L_k)I^2/2c^2$, 它包含了由电流产生的磁场能和电子的动能. 在正常导体中, 第二项 (动态电感) 只在频率高于 T Hz 区域时才有体现, 但是在超导体中即便在较低的频率下就已经变得显著了 (Schmidt, 2002, 第 10 章). 除非另作说明, 通常我们将电感理解为磁电感 (几何电感).

2.1.4　dc SQUID

稍微复杂一点的电路是 dc SQUID, 它由两个约瑟夫森结并联插入一个超导回路中构成 (图 2.1(c)). 此时, 磁通量子化条件变成

$$\phi_1 + \phi_2 + 2\pi \frac{\Phi_{\text{tot}}}{\Phi_0} = \phi_1 + \phi_2 + 2\pi \frac{\widetilde{\Phi} - L I_{\text{loop}}(\phi)/c}{\Phi_0} = 2\pi n \tag{2.29}$$

这里 $I_{\text{loop}} < \min(I_{c1}, I_{c2})$ 是环路中的净环流. 将这个考虑进来, 回路中的超导电流为

$$I = I_{c1} \sin \phi_1 - I_{c2} \sin \phi_2$$
$$= (I_{c1} + I_{c2}) \cos \left[\pi \frac{\Phi_{\text{tot}}}{\Phi_0} \right] \sin \frac{\phi_1 - \phi_2}{2} - (I_{c1} - I_{c2}) \sin \left[\pi \frac{\Phi_{\text{tot}}}{\Phi_0} \right] \cos \frac{\phi_1 - \phi_2}{2} \tag{2.30}$$

如果 SQUID 是对称的, $I_{c1} = I_{c2}$, 且与回路自感引起的磁通相比外磁通 $\widetilde{\Phi}$ 可忽略, 上面的方程可以简化为

$$I(\delta\phi, \widetilde{\Phi}) = I_{c,\text{eff}}(\widetilde{\Phi}) \sin \delta\phi \tag{2.31}$$

这里的等效临界电流

$$I_{c,\text{eff}}(\widetilde{\Phi}) = 2 I_c \cos \left[\pi \frac{\widetilde{\Phi}}{\Phi_0} \right] \tag{2.32}$$

可以被外磁通调节到零. 在用作测量的应用中, 这一性质可被用于测量外磁场的微弱变化 (Schmidt, 2002, 第 23 章). 对我们而言, 这一器件的主要作用是作为一个可调约瑟夫森结.

2.1.5　电流偏置的约瑟夫森结

让我们回过头来看电流偏置下的约瑟夫森结. 当 $I < I_c$ 时, 所有的电流成分 $I = I_c \sin \phi$ 都是平衡态下的超导电流, 并且系统的总能量应该取极小值. 此时系统的总能量 (见式 (2.21)) 为

$$U(\phi; I) = -E_J \cos \phi - I\phi \equiv -\frac{I_c \Phi_0}{2\pi c} \cos \phi - \frac{I \Phi_0}{2\pi c} \phi \tag{2.33}$$

如果我们将相位差 ϕ(或者等价的磁通量 Φ) 当成位置, 这个能量可以看成一个势能, 因为它仅依赖于 ϕ.

现在假设结上的相位差随时间是变化的, 但是变化率足够慢, 也就是

$$|eV| = \frac{\hbar}{2} \left| \dot{\phi} \right| < |\Delta| \tag{2.34}$$

有必要记住 $I_c \propto |\Delta|$(Tinkham, 2004, 6.2.2 小节; Barone, Paterno, 1982, 2.5 节)[①]. 此时虽然通过结的电流不再处于平衡态, 但仍然是量子相干的, 因为由此产生的电压不足以破坏库珀对 (换句话说, 没有足够的能量来产生高于超导能隙的准粒子). 但是有限的电压会贡献一份系统能量:

$$K(\dot{\phi}) = \frac{CV^2}{2} = \frac{C\dot{\phi}^2}{2}\left(\frac{\hbar}{2e}\right)^2 \tag{2.35}$$

如果把相位 ϕ 看成位置, 上式看起来就像是一个经典粒子的动能. 将它与式 (2.33) 合在一起, 就给出了一个 "粒子" 在搓衣板势 (图 2.3) 中运动的总能量

$$E(\phi, \dot{\phi}; I) = \frac{C\dot{\phi}^2}{2}\left(\frac{\hbar}{2e}\right)^2 + U(\phi; I) \tag{2.36}$$

粒子的 "质量" 正比于结的电容 C. (任何的弱连接都会存在一定的电容. 在隧道结中, 结本身就是一个电容, 两边超导体是电容极板, 而中间势垒层则是电介质层.)

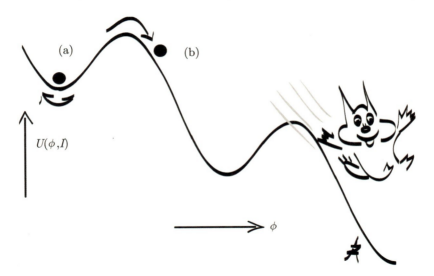

图2.3 电流偏置的约瑟夫森结: 经典图像
相位差 $\phi(t)$ 可以在约瑟夫森势能 $U_J(\phi, I) = -E_J\cos\phi - [(I\Phi_0)/(2\pi c)]\phi$ 的某个局部极小处做小幅振荡(a), 也可以无限增长(b) (有阻态), 这取决于电容大小和初始条件. 如果偏置电流 I 超过临界电流, 局部极小就消失了, 此时只可能发生(b)情况.

① 对于正常电阻为 R_N (也就是不在超导态) 的对称隧道结, 安贝格埃卡-巴拉托夫 (Ambegaokar-Baratoff) 公式 (Tinkham, 2004, 6.2.2 小节) 给出

$$I_c R_N = (\pi|\Delta(T)/2e|)\tanh(|\Delta(T)|/2k_B T)$$

系统的拉格朗日 (Lagrange) 函数也可以很容易写出来：

$$\mathcal{L}(\phi, \dot{\phi}; I) = K - U = \frac{C\dot{\phi}^2}{2}\left(\frac{\hbar}{2e}\right)^2 + \frac{I_c \Phi_0}{2\pi c}\cos\phi + \frac{I\Phi_0}{2\pi c}\phi \tag{2.37}$$

由此可以直接得出系统的运动方程 (Landau, Lifshitz, 1976, 第 2 章)：

$$\frac{\mathrm{d}}{\mathrm{d}t}\frac{\partial}{\partial\dot{\phi}}\mathcal{L} - \frac{\partial}{\partial\phi}\mathcal{L} = \left(\frac{\hbar}{2e}\right)^2 C\ddot{\phi} + \frac{I_c\Phi_0}{2\pi c}\sin\phi - \frac{I\Phi_0}{2\pi c} = 0 \tag{2.38}$$

显然, 从式 (2.36) 和式 (2.38) 可以看出, 当 $I \ll I_c$, 并且 $\dot{\phi}$ 的初始值足够小时, 相位将在平衡点上做微小的振荡[①], 振荡频率为约瑟夫森等离子频率：

$$\omega \approx \omega_0 = \sqrt{\frac{E_J}{C(\hbar/2e)^2}} \equiv \sqrt{\frac{2E_J E_C}{\hbar^2}} \tag{2.39}$$

这里的电荷能

$$E_C = \frac{2e^2}{C} \equiv \frac{(2e)^2}{2C} \tag{2.40}$$

是一个库珀对的静电能. (在某些文献中电荷能会定义为单个电子的能量, $e^2/(2C)$.) 对大结来说, 式 (2.39) 中的这个频率会趋于零: 因为 "粒子" 太重了. 对超导量子比特中使用的微米或亚微米尺度结来说, 对应的振荡频率一般在几十 GHz.

如果 "粒子" 一开始被推的太重, 它有可能跑出势阱口并持续沿着势能坡加速下滑. 此时结上的电压就足以破坏库珀对并激发准粒子, 形成额外的耗散准粒子电流了. 我们可以通过耗散函数将耗散考虑到 Lagrange 量中, 它等于系统耗散率的一半: $\mathcal{Q}(\dot{\phi}) = (1/2)\mathrm{d}E/\mathrm{d}t$. 于是 Lagrange 动力学方程变成 (Landau, Lifshitz, 1976, 第 25 章)

$$\frac{\mathrm{d}}{\mathrm{d}t}\frac{\partial}{\partial\dot{\phi}}\mathcal{L} - \frac{\partial}{\partial\phi}\mathcal{L} = -\frac{\partial}{\partial\dot{\phi}}\mathcal{Q} \tag{2.41}$$

在 RSJ 模型中 $\mathcal{Q} = \frac{1}{2}(V^2/R) = (1/2R)(\hbar\dot{\phi}/2e)^2$, 因此动力学方程变为

$$\left(\frac{\hbar}{2e}\right)^2 C\ddot{\phi} + \frac{I_c\Phi_0}{2\pi c}\sin\phi - \frac{I\Phi_0}{2\pi c} = -\frac{\hbar}{2eR}\frac{\Phi_0}{2\pi c}\dot{\phi} \tag{2.42}$$

新出现的项与黏滞系数类似, 它最终将使得相位变化速度 $\dot{\phi}$, 也就是电压趋于稳定. 对于大结而言, $E_C \ll E_J$, 相位的二阶导数项必须足够地小 (否则式 (2.42) 中的第一项将占主导而不能被其他项补偿掉), 于是我们又回到了式 (2.22). 这个方程描述了约瑟夫森结的有阻态.

[①] 最终将由于弛豫过程而逐渐消失, 而不是库珀对拆对, 即所谓辐射损耗.

需要注意的是, 即便约瑟夫森结相位相差 2π 的整数倍, 在有偏置电流存在的情况下, 系统处于 $\phi = \phi_1$ 和 $\phi = \phi_1 + 2\pi$ 也是不等价的, 并且理论上是可区分的. 例如, 由电流源提供的能量被耗散掉 (这个耗散是可测的, 同时电流源状态的变化也是可观测的).

通常让约瑟夫森结进入有阻态的方法是增加偏置电流. 这时搓衣板势中的局部极小变得越来越浅, 当电流达到临界电流时消失, 迫使相位沿搓衣板势的坡下滑. 在有限温度下, 热涨落可以将 "粒子" 弹出浅的势阱口, 而此时 $I = I_1 < I_c$. 结的 I-V 曲线会显示出从零到有限值的跳变. 重新捕获 "粒子" 通常要求偏置电流降到 $I_2 < I_1$, 以抵消 "粒子" 额外的动能——正比于 $\bar{V}_J^2$, 从而导致 I-V 曲线出现回滞现象 (Tinkham, 2004; Barone, Paterno, 1982). 有阻态是有耗散的, 这是我们需要避免的, 因为我们希望保持系统的量子相干性.

2.2 约瑟夫森结中的量子效应、相位和磁通量子比特

2.2.1 作为量子可观测量的粒子数和相位

到目前为止, 我们将超导体的参量, Δ(或 n_s) 和 ϕ, 当成是经典变量. 如果我们假定超导体是一个无穷大系统, 此时 BCS 基态式 (2.5) 是所有可能的库珀对数的相干叠加, 这样处理是合理的. 但是, 一旦我们开始处理一个有限大的超导体 (比如一个 rf SQUID), 特别是当我们减小其尺寸时, 这种连续变量的假设就变得不再那么理所当然了.

采用 Anderson 提出的方法 (Tinkham, 2004, 3.3 节), 我们可以从 |BCS⟩ 投影出一个具有固定数量库珀对 N, 但相位不确定的态. 为了得到这个态, 我们将式 (2.5) 对相位做积分:

$$|N\rangle = \int_0^\phi \mathrm{d}\phi \mathrm{e}^{-\mathrm{i}N\phi} |\mathrm{BCS}\rangle = \int_0^\phi \mathrm{d}\phi \mathrm{e}^{-\mathrm{i}N\phi} \prod_{\boldsymbol{k}} (|u_{\boldsymbol{k}}| + |v_{\boldsymbol{k}}| \mathrm{e}^{\mathrm{i}\phi} a_{\uparrow\boldsymbol{k}}^\dagger a_{\downarrow,-\boldsymbol{k}}^\dagger) |0\rangle \tag{2.43}$$

将上式积分中的累乘项展开得到如下形式的项:

$$\mathrm{e}^{\mathrm{i}M\phi} a_{\uparrow\boldsymbol{k}_1}^\dagger a_{\downarrow,-\boldsymbol{k}_1}^\dagger \cdots a_{\uparrow\boldsymbol{k}_M}^\dagger a_{\downarrow,-\boldsymbol{k}_M}^\dagger |0\rangle$$

它包含 $M = 0, 1, \cdots$ 个库珀对. 其中只有 $M = N$ 的项能够在对相位的积分中保留下来, 因此式 (2.43) 中的 $|N\rangle$ 确实是一个包含固定数目 $(2N)$ 电子的态. 这样做的代价是, 现

在超导相位变得完全不确定了. 由于超导电流取决于相位的梯度, 对于一个整块的超导体而言这倒没什么: 相位的均匀涨落不会引起可观测效应. 但对于约瑟夫森结而言情况就变得微妙了: 没有任何理由期望两块弱连接在一起的超导体相位会同步地涨落, 而两边超导体之间任意的相位差都将引起可观测的约瑟夫森电流. 此时, 很显然电子数也将不再是固定的: 它们将来回隧穿以弥补相位差, 并引入一个粒子数 N 的不确定性. 此外, 在约瑟夫森结中, 隧穿的通过性很弱, 粒子数尚不能随意涨落, 因此式 (2.5) 和式 (2.43) 都不再适用. 为了处理这种特殊情况, 我们有必要认识到库珀对数和超导相位必须当成量子力学的而不是经典的可观测量来看待.

我们将用一个简谐振子作为例子来处理这个问题. 它的哈密顿量可以写成

$$H = \hbar\omega_0\left(b^\dagger b + \frac{1}{2}\right) \equiv \hbar\omega_0\left(\hat{N} + \frac{1}{2}\right) \tag{2.44}$$

这里 $b^\dagger, b$ 分别是玻色子的产生/湮灭算符, 而 $\hat{N} = b^\dagger b$ 是粒子数算符. 当谐振子处在其本征态 (Fock 态) $\hat{N}|n\rangle = n|n\rangle$ 时, 振子的能量是确定的, $E = (n+1/2)\hbar\omega_0$. 然而其相位是完全不确定的: 位置 $\hat{x} \propto (b+b^\dagger)$ 和动量 $\hat{p} \propto (b-b^\dagger)/\mathrm{i}$ 的均值此时都是零, 因为 $\langle n|b|n\rangle = \langle n|b^\dagger|n\rangle = 0$, 意味着取正和取负的概率是相等的. 有没有可能引入一个量子力学可观测量? 也就是一个厄米的相位算符 $\hat{\phi}$, 它是粒子数 $\hat{N}$ 的共轭算符, 并且其本征态具有确定的相位.

由于粒子数算符——在一个常量平移和因子 $\hbar\omega_0$ 下——正比于哈密顿量式 (2.44), 而我们从基本的量子力学知道哈密顿量是没有共轭算符的 (因为时间不是一个算符!), 上面问题的答案应该是否定的. 但是, 让我们从一些细节上看上面的问题. 假设这样的算符 $\hat{\phi}$ 存在, 那么它将满足如下的对易关系:

$$[\hat{N}, \hat{\phi}] = -\mathrm{i} \tag{2.45}$$

(对易子等于 $-\mathrm{i}$ 而不是 $-\mathrm{i}\hbar$, 因为 $\hat{N}$ 已经是振子能量量子 $\hbar\omega_0$ 的份数算符了.) 于是它的海森伯运动方程为

$$\mathrm{i}\hbar\dot{\hat{\phi}} = \left[\hat{\phi}, H\right] = \mathrm{i}\hbar\omega_0 \tag{2.46}$$

解出来得到 $\dot{\hat{\phi}} = \omega_0 t$, 可见它确实就是振子的相位.

这里有两个问题. 首先, 看起来时间——一个实数——某种意义上变成了一个算符, $t = \hat{\phi}/\omega_0$. 其次, 从式 (2.45) 得出不确定关系遵从标准形式

$$\Delta N \Delta \phi \geqslant \frac{1}{2} \tag{2.47}$$

当 $\Delta N = \infty$ 时确实能得到确切的相位, 正如 BCS 基态式 (2.5) 中那样; 为了得到一个固定数目玻色子的态, 根据式 (2.47) 要求 $\Delta \phi = \infty$, 这首先是不可能的, 因为相位只

在 2π 范围内定义, 其次也是不必要的, 因为我们确实通过对 BCS 态相位在有限区间 $[0, 2\pi]$ 积分得到了固定库珀对数的态.

Carruthers 和 Nieto(1968) 对这种情形做了详细的分析. 采用假想的算符 $\hat{\phi}$, 我们可以把式 (2.44) 中的玻色算符写成

$$b = \mathrm{e}^{-\mathrm{i}\hat{\phi}}\sqrt{\hat{N}}; \quad b^\dagger = \sqrt{\hat{N}}\mathrm{e}^{\mathrm{i}\hat{\phi}} \tag{2.48}$$

很显然 $b^\dagger b = \hat{N}$——它们也必须是这样, 而 $bb^\dagger = \mathrm{e}^{-\mathrm{i}\hat{\phi}}\hat{N}\mathrm{e}^{\mathrm{i}\hat{\phi}}$. 将指数项展开成 $\hat{\phi}$ 的级数并利用式 (2.45) 的对易关系, 我们得到

$$\left[\mathrm{e}^{-\mathrm{i}\hat{\phi}}, \hat{N}\right] = \mathrm{e}^{-\mathrm{i}\hat{\phi}} \tag{2.49}$$

因此 $bb^\dagger = \hat{N} + 1$. 一切看起来都是对的. 直到我们去看算符 $U = \mathrm{e}^{-\mathrm{i}\hat{\phi}}$. 由于我们假设了 $\hat{\phi}$ 是厄米的, 那么 U 就一定是幺正的, $UU^\dagger = U^\dagger U = \hat{I}$. 于是根据式 (2.49), $U^\dagger U \hat{N} - U^\dagger \hat{N} U = U^\dagger U = \hat{I}$, 也就是说

$$U^\dagger \hat{N} U = \hat{N} - \hat{I}$$

因此, 如果 $\hat{N}$ 的本征值是 $0, 1, 2, 3, \cdots$, 那么 $U^\dagger \hat{N} U$ 的本征值就应该是 $-1, 0, 1, 2, 3, \cdots$. 这显然是不可能的: 一个幺正变换不会改变一个可观测量的本征集, 更不用说负的粒子占有数了. 这个问题要消除, 除非 $\hat{N}$ 的本征集可以扩展到负无穷, 只有这样一个平移才不会发生变化. 乐观地看, 当平均粒子数 $\langle N \rangle \gg 1$ 时, 我们假装粒子数可以向正负延伸到无穷大, 这样就有希望使用这个满足式 (2.45) 共轭关系的 "相位算符" 作为一个方便的近似[①]. 实际的情形确实如此, 对于大的 N, Fock 态 $|N\rangle$ 中相位的概率分布在 $[0, 2\pi]$ 区间内几乎是均匀的, 同样地, 只要粒子数均值足够大并且 $\Delta\phi \ll 2\pi$, 不确定关系式 (2.47) 就是近似成立的.

根据式 (2.45), 相位和粒子数算符作用在相位的本征态上应该得到

$$\hat{\phi}|\phi\rangle = \phi|\phi\rangle; \quad \hat{N}|\phi\rangle = \frac{1}{\mathrm{i}}\frac{\partial}{\partial x}|\phi\rangle \tag{2.50}$$

而

$$\hat{\phi}|N\rangle = \frac{1}{\mathrm{i}}\frac{\partial}{\partial N}|N\rangle; \quad \hat{N}|N\rangle = N|N\rangle \tag{2.51}$$

并且

$$|\phi\rangle = \sum_N \mathrm{e}^{\mathrm{i}N\phi}|N\rangle; \quad |N\rangle = \int_0^{2\pi}\frac{\mathrm{d}\phi}{2\pi}\mathrm{e}^{-\mathrm{i}N\phi}|\phi\rangle \tag{2.52}$$

---

① 严格来说, 我们可以在不存在的相位算符 $\hat{\phi}$ 上引入一对厄米算符: $\widehat{\cos\phi}$ 和 $\widehat{\sin\phi}$(Carruthers, Nieto, 1968).

最后的关系式本质上与式 (2.43) 是相同的.

还留有一个问题就是如何描述介于 $|N\rangle$ 和 $|\phi\rangle$ 之间的态. 我们将这个问题留到 4.4.4 小节讨论, 下面继续看约瑟夫森结中相位的量子行为.

2.2.2　相位量子比特：量子极限下的电流偏置约瑟夫森结

现在回顾一下, 超导凝聚态中库珀对的数量非常之大, 所以式 (2.45) 的关系几乎是精确的. 于是, 我们可以像其他一维量子系统一样, 将式 (2.37) 的拉格朗日量描述的系统量子化 (Landau, Lifshitz, 2003; Messiah, 2003). 首先我们得到正则动量

$$\Theta = \frac{\partial}{\partial \dot{\phi}} \mathcal{L} = \left(\frac{\hbar}{2e}\right)^2 C\dot{\phi} \tag{2.53}$$

由于 $C(\hbar/(2e))\dot{\phi} = CV = Q$(结上的净电荷), 我们确切地得出 $\Theta = \hbar N$(这一净电荷对应净的库珀对数, 为了保持作用量 $\Theta\phi$ 量纲的正确而乘以了 $\hbar$). 于是哈密顿函数为

$$\mathcal{H}(\Theta, \phi) = \Theta\dot{\phi} - \mathcal{L} = \frac{1}{2C}\left(\frac{2e\Theta}{\hbar}\right)^2 - E_J\cos\phi - \frac{I\Phi_0}{2\pi c}\phi$$

$$\equiv E_C\left(\frac{\Theta}{\hbar}\right)^2 - E_J\cos\phi - \frac{I\Phi_0}{2\pi c}\phi \tag{2.54}$$

现在还剩下将 Θ 替换为算符 $(\hbar/\mathrm{i})\partial_\phi = \hbar\hat{N}$, 得到哈密顿量 （"位置"表象下)[①]

$$H = -E_C\frac{\partial^2}{\partial\phi^2} - E_J\cos\phi - \frac{I\Phi_0}{2\pi c}\phi \equiv -E_C\frac{\partial^2}{\partial\phi^2} - E_J\left(\cos\phi + \frac{I}{I_c}\phi\right) \tag{2.55}$$

从式 (2.55) 可以直接得出约瑟夫森结在平衡相位 $\phi_{\min} = \arcsin(I/I_c)$ 附近小幅振荡的等离子体频率式 (2.39). 相位和粒子数算符的海森伯运动方程如下：

$$\mathrm{i}\hbar\dot{\phi} = [\phi, H] = -E_C\left[\phi, \frac{\partial^2}{\partial\phi^2}\right] = 2E_C\frac{\partial}{\partial\phi} = 2E_C \times \mathrm{i}\hat{N} \tag{2.56}$$

$$\mathrm{i}\hbar\dot{\hat{N}} = [\hat{N}, H] = -E_J\left[\frac{1}{\mathrm{i}}\frac{\partial}{\partial\phi}, \cos\phi + \frac{I}{I_c}\phi\right] = \frac{E_J}{\mathrm{i}}\left(\sin\phi - \frac{I}{I_c}\right) \tag{2.57}$$

因此 (引入 $\eta = \phi - \phi_{\min}$)

$$\ddot{\eta} \approx -\frac{2E_C E_J\cos\phi_{\min}}{\hbar^2}\eta = -\frac{2E_C E_J}{\hbar^2}\left[1 - \left(\frac{I}{I_c}\right)^2\right]^{1/2}\eta$$

---

① 通过写出系统势能式 (2.33), 加上电荷项 $Q^2/(2C) = (2eN)^2/(2C)$, 并将后式中的库珀对数 N 替换为算符 $\hat{N}$, 我们就能直接得到式 (2.55). 我们之所以像现在这么做, 是因为基于拉格朗日方法可以更好地处理更为复杂的电路.

$$= -\left[1 - \left(\frac{I}{I_c}\right)^2\right]^{1/2} \omega_0^2 \eta \tag{2.58}$$

我们看到, 一个有限的偏置电流会使得势能"软化", 使得等离子体振荡频率降低, 当 $I \to I_c$ 时趋近于 0.

在相位区域 $(E_J \ll E_C)$, 约瑟夫森项在哈密顿量式 (2.55) 中占主导. 于是在没有偏置 $(I = 0)$ 的情况下每个势阱 $(\phi = 2\pi q, q = 0, \pm 1, \cdots)$ 里包含许多几乎等间隔的量子能级, 并且相邻势阱底部间的隧穿可以忽略. 为了实现量子行为, 势能必须高度倾斜, 偏置电流一般要在 $0.95 I_c \sim 0.98 I_c$. 此时每个势阱里只剩下少数几个量子化能级. 严格来说, 这些能级只是亚稳的: 每个能级都有有限的概率隧穿到连续统, 进而使得结进入有阻态. 不过, 在相位极限下这一隧穿概率对于最低的两个能级而言仍然是可忽略的, 因此可用来作为量子比特的 $|0\rangle$ 和 $|1\rangle$. 在这样的大偏置下, 势能是强非谐的, 意味着跃迁能量 $\hbar\omega_{01}$ 显著区别于如 $\hbar\omega_{12}$, 使得其演化与高能级 (如果它们还在势阱内) 基本无关. 这就是为什么这种偏置结能够被用作相位量子比特 (Martinis et al., 2002, 2003).

让我们专注于结势能的某一个局部极小附近, 如图 2.4 所示. 此时 $\dfrac{\mathrm{d}}{\mathrm{d}\phi}\left(\cos\phi + \dfrac{I}{I_c}\phi\right) = 0$, 并且

$$\phi_{\min} = \arcsin\frac{I}{I_0} \tag{2.59}$$

另一个解对应于势阱的"井口". 于是, 对于 $\phi = \phi_{\min} + \eta$,

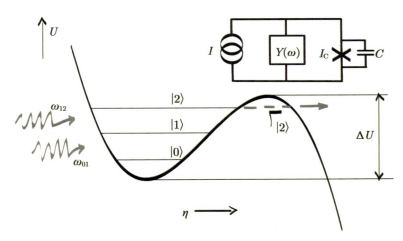

图2.4 相位量子比特

在一个局部极小 $\phi = \phi_{\min} + \eta$ 处, 约瑟夫森势能近似为一个三次抛物线. 势阱中最低的两个能级可以用作量子比特态. 通过施加一个频率为 ω_{01} 的共振微波脉冲, 导致量子态发生Rabi振荡, 由此可以实现量子态之间的转换. 施加一个频率为 $\omega_{12} \neq \omega_{01}$ 的脉冲, 可以使得态从量子比特激发态 $|1\rangle$ 跳到读出态 $|2\rangle$, 此时量子态将迅速隧穿到连续统. 插入的小图中, 控制和读出电路的导纳为 $Y(\omega)$.

$$U_J(\eta) = -E_J \left(\left(1 - \left(\frac{I}{I_c} \right)^2 \right)^{1/2} \cos\eta + \frac{I}{I_0}(\eta - \sin\eta) + \frac{I}{I_0} \arcsin \frac{I}{I_0} \right) \tag{2.60}$$

将这个精确表达式对 η 展开到一阶并丢掉与 η 无关的项, 再代入式 (2.55) 中, 我们得到一个具有立方非谐性的振子的哈密顿量:

$$H \approx -E_C \frac{\partial^2}{\partial \eta^2} + E_J \left(\left(1 - \left(\frac{I}{I_c} \right)^2 \right)^{1/2} \frac{\eta^2}{2} - \frac{I}{I_0} \frac{\eta^3}{6} \right) \tag{2.61}$$

忽略非谐项, 我们得到与式 (2.58) 一致的 "软化" 的等离子体振荡频率

$$\omega_I = \omega_0 \left[1 - \left(\frac{I}{I_c} \right)^2 \right]^{1/4} \approx \omega_0 \left[2 \left(1 - \frac{I}{I_c} \right) \right]^{1/4} \tag{2.62}$$

(记住 $I/I_c \approx 1$). 由于 $I/I_c = \sin\phi$, 这个频率准确地说就是一个 LC 电路频率, $\omega_I^2 = \omega_0^2 |\cos\phi| = (2eI_c|\cos\phi|/\hbar)/C = c^2/|L_J(\phi)|C$, 这里的约瑟夫森电感 $L_J(\phi)$ 由式 (2.27) 给出. 同时注意到乘积 $CL_J \propto C/I_c$ 与结的面积无关, 因而只取决于结的材料 (从式 (2.62) 看出, 与偏置电流的依赖关系也非常弱). 势阱的高度 ΔU 在相同的近似下为

$$\Delta U = \frac{2}{3} E_J \frac{\left[1 - (I/I_c)^2 \right]^{3/2}}{(I/I_c)^2} \approx \frac{2^{5/2}}{3} E_J (1 - I/I_c)^{3/2} \tag{2.63}$$

相位量子比特通常是基于 Nb 结的, $\omega_{01}/(2\pi)$ 约 $5 \sim 10$ GHz, 在几十 mK 温度下退相干率在 5 MHz 量级 (Devoret et al., 2004; Devoret, Martinis, 2004; Wendin, Shumeiko, 2005).

由于非谐项的存在, 能级间距 ($\approx \hbar\omega_I$) 得到一个 $\hbar\omega_I/\Delta U$ 量级的修正 (Landau, Lifshitz, 2003):

$$\begin{aligned} \hbar\omega_{01} &\approx \hbar\omega_I \left(1 - \frac{5}{36} \frac{\hbar\omega_I}{\Delta U} \right); \\ \hbar\omega_{12} &\approx \hbar\omega_I \left(1 - \frac{5}{18} \frac{\hbar\omega_I}{\Delta U} \right) \end{aligned} \tag{2.64}$$

这两个频率之间的差足够大, 从而保证最低的两个能级在受到频率为 ω_{01} 的共振场激发时可以近似地看成与高能态无关. 在典型的实验条件下 (Martinis et al., 2002), 比率 $\Delta U/(\hbar\omega_I) \approx 4$(大致是势阱中的能级数目), 而非谐性 $\Delta\nu \equiv (\omega_{01} - \omega_{12})/(2\pi) \approx 0.034\omega_{01}/(2\pi) \approx 0.3$ GHz. 此外, 这些态的隧穿概率为 (Martinis et al., 2002)

$$\Gamma_0 \approx 52 \frac{\omega_I}{2\pi} \sqrt{\frac{\Delta U}{\hbar\omega_I}} e^{-7.2 \frac{\Delta U}{\hbar\omega_I}} \tag{2.65}$$

并且 $\Gamma_{n+1} \approx 1000\Gamma_n$. 此时 $|0\rangle$ 和 $|1\rangle$ 可以看成稳定态, 而 $|2\rangle$ 态已经快速弛豫到连续统并使得约瑟夫森结进入有阻态. 这提供了测量相位量子比特态的一种方法.

量子比特的操控则通过调节偏置电流来实现:

$$I(t) = I_{dc} + \Delta I(t) \equiv I_{dc} + I_{lf}(t) + I_{rf,c}\cos\omega_{01}t + I_{rf,s}(t)\sin\omega_{01}t \tag{2.66}$$

为了使得系统停留在态的子空间 $\{|0\rangle, |1\rangle\}$, $I_{lf}(t)$, $I_{rf,c}(t)$, $I_{rf,s}(t)$ 相对于非谐量 $\Delta\nu$ 而言必须足够慢. 哈密顿量式 (2.55) 中相关的项写成矩阵形式如下:

$$H = \begin{pmatrix} 0 & 0 \\ 0 & \hbar\omega_{01} \end{pmatrix} + E_J \frac{\Delta I(t)}{I_c} \begin{pmatrix} \langle 0|\phi|0\rangle & \langle 0|\phi|1\rangle \\ \langle 1|\phi|0\rangle & \langle 1|\phi|1\rangle \end{pmatrix} \equiv H_0 + H_1(t) \tag{2.67}$$

转换到 H_0 的相互作用表象下, 去掉繁琐的自由演化之后, 再做旋波近似, 我们可以将式 (2.67) 约化为 (Martinis et al., 2002, 2003)

$$H = \sqrt{\frac{\hbar}{2C\omega_{01}}} \left(\frac{I_{rf,c}(t)}{2}\sigma_x + \frac{I_{rf,s}(t)}{2}\sigma_y \right) + \frac{\partial\hbar\omega_{01}}{\partial I_{dc}} \frac{I_{lf}(t)}{2}\sigma_z \tag{2.68}$$

这是一个量子比特哈密顿量, 与式 (1.85) 有相同的形式, 因此相位量子比特可以进行 1.4 节中描述的所有操作. 量子比特的 Bloch 矢量演化由式 (1.88) 给出:

$$\frac{d}{dt}\mathcal{R}(t) = -\frac{2}{\hbar}\mathcal{H}(t) \times \mathcal{R}(t) \tag{2.69}$$

其中

$$\mathcal{H}(t) = -\left(\sqrt{\frac{\hbar}{2C\omega_{01}}}\frac{I_{rf,c}(t)}{2}, \sqrt{\frac{\hbar}{2C\omega_{01}}}\frac{I_{rf,c}(t)}{2}, \frac{\partial\hbar\omega_{01}}{\partial I_{dc}}\frac{I_{lf}(t)}{2} \right)^{\mathrm{T}} \tag{2.70}$$

举例来说, 施加一个时间为 Δt 的矩形控制脉冲, 我们可以使 Bloch 矢量在旋转坐标系下绕矢量 $\mathcal{H}$ 划过一道弧[①].

物理上讲, 量子比特基态与激发态之间的跃迁 (式 (2.68) 中的 σ_x 与 σ_y 项) 是由于式 (2.66) 中的共振微扰项引起的 Rabi 振荡. 如果没有含时的操控电流 $\Delta I(t)$ 的话, 旋转坐标系下的哈密顿量式 (2.68) 就变为零, 意味着系统的 Bloch 矢量在旋转坐标系下是保持静止的, 而在实验室坐标系下, 由于哈密顿量式 (2.67) 中的非扰动部分作用, 它只是平凡地围绕 z 轴以 ω_{01} 频率旋转.

直接确认一个量子比特的量子行为的办法是观测其 Rabi 振荡. 如我们所知, 要这么做必须首先将量子比特制备在其基态, 然后施加一个频率为 ω_{01}、时长为 τ 的共振场, 之后再读出量子比特的状态. 重复多次这样的测量, 以确定系统处于激发态的概率

---

① 为了防止态泄露到二维子空间之外, 脉冲的上升沿必须要以 $1/\Delta\nu$ 的尺度做平滑.

$p_1(\tau)$. 这个概率应该是 $\Omega\tau$ 的一个振荡函数, 其中 Rabi 频率 Ω 正比于共振场信号的幅值, 也就是其功率的开方 (见 1.4 节).

有两种方法可以读出相位量子比特的态, 它们都基于一个事实, 那就是从约瑟夫森势能的一个局部极小逃逸必然伴随结上出现有限的压降, 如图 2.3 所示. 首先, 我们可以施加一个时长为 τ、频率为 ω_{12} 的 rf 读出脉冲, 其幅值和时长经过计算正好实现 $|1\rangle \rightarrow |2\rangle$ 的跃迁. 然后, 既然态 $|2\rangle$ 的隧穿逃逸率 $\Gamma_{|2\rangle}$ 很显著, 如果在读出脉冲结束后约 $1/\Gamma_{|2\rangle}$ 时间内出现了电压脉冲, 则说明系统在读出之前处于 $|1\rangle$ 态. 第二种方法, 我们可以施加一个 dc 读出脉冲, 使得势阱变得更浅, 从而增加 $|1\rangle$ 态的逃逸率. 在约 $1/\Gamma_{|1\rangle}$ 内出现电压脉冲则表示系统在 τ 时刻处于激发态. 通过多次重复上述步骤, 就可以直接确定激发态概率 $p_1(\tau)$.

图 2.5 显示了一个相位量子比特相干操控的实验演示. Martinis et al.(2002) 调节控制信号的功率同时固定时长 $\tau = 25$ ns, 并采用上述第一种方式读出. 这使得他们在早期器件相干时间极短, 约 10 ns 的情况下能够观测到 Rabi 振荡. 目前相位量子比特的相干时间达到了 80 ns 以上 (Steffen et al., 2006), 可以进行几个复杂的操控. 他们的一些结果在后面关于量子比特结构扩展的内容中会继续讨论.

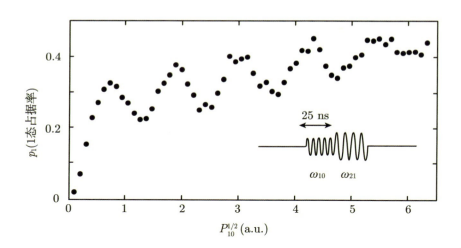

图2.5 相位量子比特中的Rabi振荡

系统处于激发态的概率p_1以相位$\Omega\tau \propto P_{10}^{1/2}\tau$振荡, 这里$\tau = 25$ ns和P_{10}（pW量级）分别为控制脉冲的时长和功率（频率$\omega_{01}/(2\pi) = 6.9$ GHz）. 读出脉冲频率为$\omega_{12}/(2\pi) = 6.28$ GHz; 结参数为$I_c \approx 21$ μA, $C \approx 6$ pF; 有阻态平均电压约为1 mV.（经Martinis et al., 2002, ©2002American Physical Society许可重印.）

2.2.3　rf SQUID 磁通量子比特

除了使用一个外接的电流源, 我们还可以通过穿过超导环的磁通引起的超导电流来偏置一个约瑟夫森结, 也就是采用图 2.1(b) 中的 rf SQUID 结构. 这种情况下的约瑟夫森势能 (图 2.6) 可以写成

$$U(\phi) = \frac{\Phi_{\text{tot}}^2}{2L} - E_J \cos\phi = \frac{(\Phi_0 \phi/(2\pi) - \widetilde{\Phi})^2}{2L} - E_J \cos\phi \tag{2.71}$$

这里 $\widetilde{\Phi}$ 为穿过 SQUID 环的外加磁通. 该势能的极小值点为

$$\phi = 2\pi \frac{\widetilde{\Phi} - \dfrac{LI_c}{c}\sin\phi}{\Phi_0} \tag{2.72}$$

(加上一个 2π 的整数倍), 也就是磁通量子化条件式 (2.28); 分子中的第二项是由环路中超导电流引起的屏蔽项.

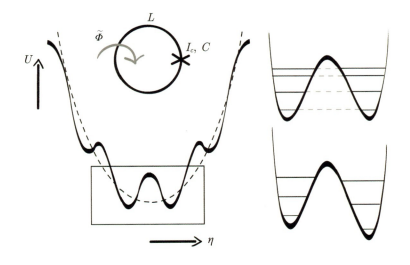

图2.6　rf SQUID量子比特
两个势能极小值之间的势垒高度正比于约瑟夫森结的临界电流I_c. 如果用一个dc SQUID来代替结的话, 这个势垒还可以调节.

这种情况下, 相位量子比特的态处在大的抛物线势中的某一个局部极小 ("口袋") 中. 这个偏置方法能够带来极大的好处 (比如, 系统进入有阻态以及由此带来的退相干被总势能的底部限定了), 并且这种改良现在已经差不多成为标准. 不过, rf SQUID 结构还提供了实现另一种完全不同的量子比特的方法, 那就是**磁通量子比特**. 注意到当外加磁通正好为磁通量子的一半时, 势能式 (2.71) 相对于 ϕ 是对称的, 并且如果临界电流和

SQUID 环路自感足够大, 那么其基态是二重简并的. 引入另一个量 $\eta = \phi - \pi$, 我们看到

$$U(\eta)|_{\widetilde{\Phi}=\Phi_0/2} = \frac{\Phi_0^2}{4\pi^2 L}\frac{\eta^2}{2} + E_J\cos\eta \approx -E_J\left(1 - \frac{1}{\beta_L}\right)\frac{\eta^2}{2} + E_J\frac{\eta^4}{24} + \text{const}. \qquad (2.73)$$

这里的参量

$$\beta_L = 2\pi L I_c/c\Phi_0 \qquad (2.74)$$

为 SQUID 环路自感产生的磁通能够引起的最大额外相移量. 式 (2.73) 中的四次方势包含了左、右势阱中的简并量子态. 通过中间势垒的隧穿, 简并得以消除, 产生一对成键-反键态 $(|L\rangle \pm |R\rangle)/\sqrt{2}$, 这里 $|L\rangle$($|R\rangle$) 对应于 rf SQUID 环路中顺时针或逆时针的环流态. 将系统略微偏移简并点 $\delta\widetilde{\Phi} = \widetilde{\Phi} - \Phi_0/2$ 会使得势能倾斜, 并附加一个

$$\delta U(\eta) = -\frac{\Phi_0\delta\widetilde{\Phi}}{2\pi L}\eta + \frac{(\delta\widetilde{\Phi})^2}{2L} \qquad (2.75)$$

由于能级不再共振, 这一偏移将消除隧穿. 这个势能的非谐性使得我们可以将底部的两个能级分离出来, 并控制它们共振或失谐. 加上自然发生的隧穿, 我们就能够实现具有式 (1.85) 形式哈密顿量的量子比特动力学行为. 双势阱势能的参量 (阱间距 $\Delta\eta = \sqrt{24(1 - 1/\beta_L)}$ 与势垒高度 $\Delta U = \frac{3}{2}(1 - 1/\beta_L)^2$) 依赖于受环路自感和结临界电流影响的参量 β_L. 如果我们将单结替换为一个小的 dc SQUID, 则 β_L 以及对应的 rf SQUID 参数就可以通过穿过 SQUID 的外磁通控制了 (见式 (2.32)).

不幸的是, 从式 (2.73) 可知, 无论如何, 我们需要保证 $\beta_L > \pi$, 这意味着 SQUID 环路的电感不能太小. 通过电感耦合, 将使得器件对外磁通噪声敏感. 同时, 式 (1.85) 中的隧穿率 Δ 对 $\Delta\eta$ 和 ΔU 都是指数依赖的, 又使得我们有必要在 rf SQUID 环路中使用可调约瑟夫森结 (SQUID). 对噪声和操控敏感导致的 rf SQUID 量子比特一定程度上不太受欢迎——尽管这些问题理论上是可以克服的 (Harris et al., 2007). "薛定谔猫" 态 (Friedman et al., 2000) 的早先实验演示之一就是采用 rf SQUID 量子比特实现的, 不过这里的量子隧穿是在接近势垒顶部的激发态中观察到的 (确切地说, 是在左边势阱的第四激发态和右边势阱的第十激发态之间; 实验中, $\delta\widetilde{\Phi}$ 在 $1\% \sim 1.5\%$ 个 Φ_0 内变动). 由 Nb 构成的 SQUID 环路包含了一个可调约瑟夫森结 (两个 Nb-AlOx-Nb 结构成的 dc SQUID 结构), 其 $E_{J,\text{max}} = 76$ K. 电感能为 $\Phi_0^2/(2L) = 645$ K. 电荷能 $E_C = (2e)^2/(2C) = 36.0$ mK 要小得多, 因此系统处于相位 (磁通) 区域. 对应的等离子体振荡频率 $\omega_J = 1.5 \times 10^{11} \sim 1.8 \times 10^{11}$ s^{-1}. 实验在 40 mK 的温度下进行. 态从左势阱跃迁到右势阱伴随着系统磁通约 $\Phi_0/4$(可以很容易地通过另一个用作磁强计的 dc SQUID 探测到), 以及环路电流 $2 \sim 3$ μA 的变化. 通过多次测量, 我们可以重建跃迁率对势垒高度 ΔU 和偏置 δU 的依赖关系, 这两个参数可以分别通过小 dc SQUID 环路

和 rf SQUID 环路中的磁通来调节. 图 2.7 中的结果可以清楚地看出跃迁率的峰值, 显示了相应的态的能量有明显可见的由相干隧穿引起的免交叉, 以及"薛定谔猫"态的形成, 这里的隧穿劈裂 $\Delta \approx 0.1$ K. 这里不是一个大型的"薛定谔猫", 但是两个态之间相差了约 10^{10} 个玻尔 (Bohr) 磁子——不算太宏观, 但确实达到了介观量级的磁矩.

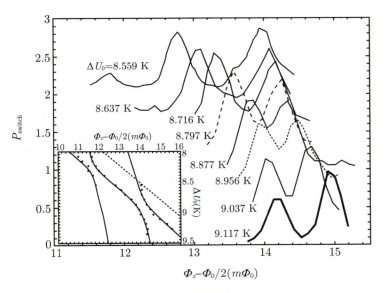

图2.7　隧穿到rf SQUID右势阱的概率P_{switch}随穿过环孔的外磁通Φ_x（在这里记为Φ_x-$\Phi_0/2 \equiv \delta\tilde{\Phi}$）和隧穿势垒高度$\Delta U_0$（在这里记为$\Delta U$）的变化

观测到的隧穿劈裂$\Delta \approx 0.1$ K.插入小图：在ΔU_0-Φ_x面内观测到的跳变概率峰位置.（经*Nature*，Friedman et al.，2000，©2000Macmillan出版社许可重印.）

2.3　量子相干结构的电路分析　更多的磁通量子比特

2.3.1　无耗散电路的拉格朗日方程

在进入更多其他类型量子比特领域之前, 我们需要做一些额外的准备. 对于只有一个约瑟夫森结的电路而言显然已经足够, 但如果存在多个约瑟夫森结, 它们之间直接连通或者通过电感、电容相连, 或连接到其他电路元件, 或受外部门电压和磁通调控, 情况就不那么直观了. 此时, 变量选择和哈密顿量的确定就不那么简单了, 我们需要一个通用的表达形式.

这种表达形式基于拉格朗日方法 (Devoret, 1997; Burkard, 2005). 让我们考虑一个任意的经典、无耗散的集总型电路. 它可以用一个 $\{\mathcal{G},\mathcal{K}\}$ 图来表示, 其中 $\mathcal{G}(a)$ 表示节点, $\mathcal{K}(a,b)$ 表示边, 这里 a 和 b 表示节点编号. 每个边包含一个单一的集总元件: 一个电容 $C_{\mathcal{K}}$, 一个电感 $L_{\mathcal{K}}$ 或一个约瑟夫森结 (我们将放到后面去考虑). 如图 2.8(a) 所示.

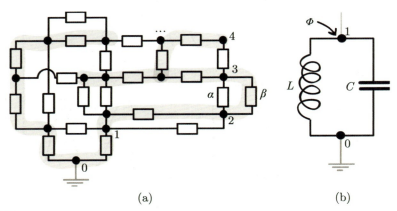

图2.8 电路图
(a) 表示一个集总电路的图 $\{\mathcal{G},\mathcal{K}\}$, 高亮部分为图 $\mathcal{G}$ 的生成树 $\mathcal{T}$. 边 $\mathcal{K}(1,2)$, $\mathcal{K}(2,3)$, $\mathcal{K}(3,4)$ 等为闭合边, 节点0的选择是任意的, 不要求它是物理接地的. (b) 一个示例: 并联 LC 电路 (无外加磁通).

电路的状态定义为每个节点的瞬态电压, $V_a(t)$. 其中一个节点电压必须固定作为一个参考点 ("节点 0"). 当然, 这并不意味着这个节点 0 必须是物理接地的: 节点 0 的选择是任意的. 其他节点则是 "活跃的" [1].

对于电感边, 流过边 $\mathcal{K}(a,b)$ 的电流 $I_{\mathcal{K}(a,b)}(t)$ 由如下公式决定:

$$\dot{I}_{\mathcal{K}(a,b)}^{(\text{ind})} = -\frac{c(V_a - V_b)}{L_{ab}} \tag{2.76}$$

而对于电容边, 由如下公式决定:

$$I_{\mathcal{K}(a,b)}^{(\text{cap})} = C_{ab}(\dot{V}_a - \dot{V}_b) \tag{2.77}$$

接下来我们引入 "节点相位":

$$\phi_a(t) = \frac{2e}{\hbar} \int^t \mathrm{d}t' V_a(t') \tag{2.78}$$

---

[1] 只通过一个电容或电感边连接到电路其他部分的 "悬挂" 节点是不活跃的. 它们的瞬时电压被外加的 "门电压" 或 "电流源" 锁定.

以及"节点磁通":

$$\Phi_a(t) = \Phi_0 \frac{\phi_a(t)}{2\pi} = c \int^t dt' V_a(t') \tag{2.79}$$

于是, 流过电感或电容边的电流可以表达为

$$I_{ab}^{(\text{ind})} = \frac{c^2\hbar}{2eL_{ab}}(\varphi_a(t) - \varphi_b(t)) = \frac{c\Phi_0}{L_{ab}} \frac{\varphi_a(t) - \varphi_b(t)}{2\pi} \equiv \frac{c(\Phi_a - \Phi_b)}{L_{ab}}; \tag{2.80}$$

$$I_{ab}^{(\text{cap})} = \frac{\hbar C_{ab}}{2e}(\ddot{\varphi}_a(t) - \ddot{\varphi}_b(t)) = \frac{C_{ab}\Phi_0}{c} \frac{\ddot{\varphi}_a(t) - \ddot{\varphi}_b(t)}{2\pi} \equiv \frac{C_{ab}(\ddot{\Phi}_a - \ddot{\Phi}_b)}{c} \tag{2.81}$$

为了简化, 我们已经假设电路中的电感和电容都是传统的、线性的集总元件. 这一简化并非必要的, 如果需要的话, 非线性元件也可以通过相同的方法考虑进去. 我们很快就能看到这是怎么做的, 那就是约瑟夫森结的引入. 这里我们丢掉了边的标记 $\mathcal{K}$, 只有在节点 $\mathcal{G}(a)$ 和 $\mathcal{G}(b)$ 之间有多个并联的电感边时才恢复使用.

相应的能量为

$$E_{ab}^{(\text{ind})} = \frac{L_{ab}I_{ab}^2}{2c^2} = \frac{(\Phi_a - \Phi_b)^2}{2L_{ab}}; \tag{2.82}$$

$$E_{ab}^{(\text{cap})} = \frac{C_{ab}(V_a - V_b)^2}{2} = \frac{C_{ab}(\dot{\Phi}_a - \dot{\Phi}_b)^2}{2c^2} \tag{2.83}$$

如果我们选择磁通 Φ 作为广义坐标, 则上面第一式为势能, 第二式为系统动能[①]. 由此, 系统拉格朗日量可以写为

$$\mathcal{L}(\Phi, \dot{\Phi}) = K - U = \sum_{\mathcal{K}(a,b)} \left[\frac{C_{ab}(\dot{\Phi}_a - \dot{\Phi}_b)^2}{2c^2} - \frac{(\Phi_a - \Phi_b)^2}{2L_{ab}} \right] \tag{2.84}$$

于是拉格朗日方程为

$$\frac{\mathrm{d}}{\mathrm{d}t} \frac{\partial\mathcal{L}}{\partial\dot{\Phi}_a} - \frac{\partial\mathcal{L}}{\partial\Phi_a} = 0 = \sum_b \left[\frac{C_{ab}(\ddot{\Phi}_a - \ddot{\Phi}_b)}{c^2} + \frac{(\Phi_a - \Phi_b)}{L_{ab}} \right] \tag{2.85}$$

考虑图 2.8(b) 中的简单例子, 一个并联 LC 电路, 节点 0 "接地"后, 就只剩一个变量 $\Phi_1 = \Phi$, 其拉格朗日量为

$$\mathcal{L} = \frac{C\dot{\Phi}^2}{2c^2} - \frac{\Phi^2}{2L} \tag{2.86}$$

而拉格朗日方程为

$$\frac{C\ddot{\Phi}}{c^2} + \frac{\Phi}{L} = 0$$

① 这与常见的将电容视为"弹性系数"、电感视为"质量"的做法不同, 而与约瑟夫森结的量子处理保持一致, 式 (2.36)、式 (2.37), 此时电荷项类比于动能. 这一差别反映了一个事实, 在更传统的做法里 (比如 Wells, 1967, 15.2.A 小节), 电荷对应于位置, 而在这里, 我们即将看到, 它对应于正则动量. 这两种选择是等价的. 然而, 当电路中包含约瑟夫森结时, 其势能具有非平方的形式, 不像动能那样好处理了.

回顾式 (2.79) 的定义, 对上式两边再求导, 我们得到标准方程

$$\ddot{V} = -\frac{c^2 V}{LC}$$

方程 (2.84) 和方程 (2.85) 不包含外加磁通和电场的作用. 要加入这些作用, 我们选择一个生成树 $\mathcal{T}$——网格图边的一个子集, 它由唯一路径连接每个节点到零 (地) 节点, 如图 2.8(a) 所示. 那些不包含在这个生成树的边称为闭合边, 因为在电路 $\mathcal{G}$ 中形成了闭合环路. $\mathcal{T}$ 和零节点的选择都不是唯一的, 可根据方便而定 (比如电路的对称性). 现在, 对那些包含在 $\mathcal{T}$ 中的电感边我们保留拉格朗日量中的 $-(\Phi_a - \Phi_b)^2/(2L_{ab})$ 项, 而对于一个闭合边 $\mathcal{K}'(a,b)$, 这一项必须替换为

$$-\frac{(\Phi_a - \Phi_b + \widetilde{\Phi}_{ab})^2}{2L_{\mathcal{K}'(a,b)}} \tag{2.87}$$

这里 $\widetilde{\Phi}_{ab}$ 为穿过这个不可约环路的外加磁通. 所谓不可约环路, 就是边 $\mathcal{K}'(a,b)$ 与其他电感边构成的最小环路. 一个悬挂的电感边 (电感值为 L_a) 的一端必须与一个电流源相连 (否则它就是无关的), 这意味着它另一端的节点磁通必须是

$$\Phi_x = \frac{L_a I_x}{c} \tag{2.88}$$

这里 I_x 为偏置电流. 这一项对拉格朗日量的贡献为

$$-\frac{(\Phi_a - \Phi_x)^2}{2L_a} \rightarrow \frac{\Phi_a I_x}{c} - \frac{\Phi_a^2}{2L_a} \rightarrow \frac{\Phi_a I_x}{c} \tag{2.89}$$

因为 $L_a \rightarrow \infty$ (也就是说, 这个节点直接连接到电流源; 常数项 $L_a I_x^2/(2c^2)$ 自然可以丢弃, 因为它对运动方程没有贡献).

外加电场的影响非常简单: 它通过 "门电容" (门) C_a^g 作用到相应的节点上, 并产生如下的拉格朗日项:

$$\frac{C_a^g(\dot{\Phi}_a - c\widetilde{V})^2}{2c^2} \tag{2.90}$$

换句话说, 外加电场对应于一个悬挂的电容边外端固定的 $\dot{\Phi}$ 值.

现在可以进一步考虑加入约瑟夫森结了. 我们已经看到, 每个结可以看成一个理想的约瑟夫森结与一个电容并联 (暂不考虑 RSJ 模型中的电阻). 对应的拉格朗日项为

$$\frac{C_J \dot{\Phi}^2}{2c^2} + E_J \cos\left(2\pi\frac{\Phi}{\Phi_0}\right) \tag{2.91}$$

由我们选择的变量, 式 (2.78)、式 (2.79), 以及约瑟夫森相位和电压关系式 (2.19) 自动得到了满足.

最简单的一个例子是 rf SQUID. 这里只有一个活动节点, 其拉格朗日量为

$$\mathcal{L}_{\text{rf SQUID}} = \frac{C_J \dot{\Phi}^2}{2c^2} - \frac{(\Phi - \widetilde{\Phi})^2}{2L} + E_J \cos\left(2\pi \frac{\Phi}{\Phi_0}\right) \tag{2.92}$$

我们看到, 这里的约瑟夫森势能项与式 (2.71) 中的完全相同[①].

2.3.2 电路中的耗散项——拉格朗日方法

我们可以很容易地通过耗散函数来描述我们方程中的耗散, 只要它只由磁通的一阶导数 $\dot{\Phi}$ 决定. 举例来说, 如果电路中有电导 $G_{ab} = 1/R_{ab}$, 包括 RSJ 模型中的旁路电导, 那么耗散函数 (系统功耗的一半) 为

$$\mathcal{Q}(\dot{\Phi}) = \frac{1}{2}\frac{\mathrm{d}E}{\mathrm{d}t} = \sum_{ab} \frac{G_{ab}(\dot{\Phi}_a - \dot{\Phi}_b)^2}{2c^2} \tag{2.93}$$

而拉格朗日方程则变为 (Landau, Lifshitz, 1976, 第 111 章)

$$\frac{\mathrm{d}}{\mathrm{d}t}\frac{\partial \mathcal{L}}{\partial \dot{\Phi}} = -\frac{\partial \mathcal{Q}}{\partial \dot{\Phi}} \tag{2.94}$$

也就是 (包含约瑟夫森项和偏置磁通)

$$\sum_b \left[\frac{C_{ab}(\ddot{\Phi}_a - \ddot{\Phi}_b)}{c^2} + \frac{(\Phi_a - \Phi_b + \widetilde{\Phi}_{ab})}{L_{ab}} + \frac{C_{ab,J}(\ddot{\Phi}_a - \ddot{\Phi}_b)}{c^2} + \frac{2\pi E_{ab,J}}{\Phi_0}\sin 2\pi\frac{\Phi_a - \Phi_b}{\Phi_0} \right]$$
$$= -\sum_b \frac{G_{ab}}{c^2}(\dot{\Phi}_a - \dot{\Phi}_b) \tag{2.95}$$

2.3.3 电路的哈密顿 (Hamilton) 和劳斯 (Routh) 函数

在非相对论量子力学中, 采用哈密顿量来处理问题往往比拉格朗日量更为方便. 与变量 Φ_a 共轭的正则动量为 (Landau, Lifshitz, 1976, 第 40 章)

$$\Pi_a = \frac{\partial \mathcal{L}}{\partial \dot{\Phi}_a} \tag{2.96}$$

[①] 如果不是一个标准的 $\sin\phi$ 电流–相位依赖的隧穿约瑟夫森结, 比如系统包含的是一个 SNS 结或高温超导结, 我们所需要做的就是将约瑟夫森能替换为相应 $I_J(\phi)$ (如式 (2.164)、式 (2.165) 等) 对应的势能, 满足关系式 (2.21).

而哈密顿函数

$$\mathcal{H}(\Pi, \Phi) = \sum_a \Pi_a \dot{\Phi}_a - \mathcal{L}(\Phi, \dot{\Phi}) \tag{2.97}$$

与节点磁通或相位共轭的正则动量我们又称为节点电荷. 对于一个 LC 电路式 (2.86),

$$\Pi = \frac{C\dot{\Phi}}{c^2}, \quad \mathcal{H}(\Pi, \Phi) = \frac{c^2 \Pi^2}{2C} + \frac{\Phi^2}{2L} \tag{2.98}$$

这里的动量 $\Pi = CV/c = Q/c$ 事实上就是电容上的电荷, 差一个系数 $1/c$. 一般情况下, 当第 i 个节点与其他活动节点和门 (电压源) 通过静电连接时, 对应的拉格朗日项为

$$\sum_j \frac{C_{ij}}{2c^2}(\dot{\Phi}_i - \dot{\Phi}_j)^2 + \sum_k \frac{C_{g,ik}}{2c^2}(\dot{\Phi}_i - cV_{g,k})^2 \tag{2.99}$$

对应的正则动量为

$$\Pi_i = \sum_j \frac{C_{ij}}{c^2}(\dot{\Phi}_i - \dot{\Phi}_j) + \sum_k \frac{C_{g,ik}}{c^2}(\dot{\Phi}_i - cV_{g,k}) \tag{2.100}$$

也就是节点上的总电荷差一个系数 $1/c$. 如果我们采用节点的相位而不是磁通作为变量, 我们得到的正则动量则是

$$\Pi_\phi = \frac{\partial \mathcal{L}}{\partial \dot{\phi}} \tag{2.101}$$

同样还是对应的电荷, 不过差了一个不同的系数:

$$\Pi_\phi = \left(\frac{\hbar}{2e}\right)^2 C\dot{\phi} = \frac{\hbar}{2e}CV = \frac{\hbar}{2e}Q \tag{2.102}$$

不管哪种变量, 为了对系统进行量子化, 我们直接将经典动量替换为一个合适的算符得到系统哈密顿量, 并像之前考虑一个小偏置下的约瑟夫森结或一个相位量子比特那样继续. 电路中其他部分的电流和电压可以通过玻色产生/湮灭算符来表示.

尽管我们可以将整个相干电路完全做量子化处理 (至少当耗散项可以忽略的情况下), 但是有时候只对其中一部分量子化, 而其他部分仍然做经典处理会来得更方便些, 例如对于外部电路被用来控制量子比特或者将信号传给量子比特的情况. 另一个例子与原子–场相互作用的准经典理论相似, 此时对原子做量子处理, 而将电磁场当作经典对象. 当量子比特被放在一个传输线中, 并且电磁波的幅度不是太小的时候, 就该采用这种做法.

分析一个经典的网络时, 拉格朗日方法往往更为方便, 而量子力学的部分则更适合用哈密顿量来处理. 这种情况——当一部分自由度适合用哈密顿量处理, 而另一部分自由度则适合拉格朗日量——在经典力学中也会出现, 此时, 引入 Routh 函数 (Landau, Lifshitz, 1976, 第 41 章) 比较方便. 如果变量 Ψ 为我们想用哈密顿力学来处理的磁通,

而它们的共轭正则动量 $\Pi_\Psi = \left(\dfrac{\partial \mathcal{L}}{\partial \dot{\Psi}_a}\right)$, 于是 Routh 函数可以通过对拉格朗日量做部分勒让德 (Legendre) 变换得到

$$\mathcal{R}(\Pi_\Psi, \Psi, \Phi, \dot{\Phi}) = \sum_a \Pi_{\Psi_a} \dot{\Psi}_a - \mathcal{L}(\Psi, \Phi, \dot{\Psi}, \dot{\Phi}) \tag{2.103}$$

对于变量 $(\Phi, \dot{\Phi})$, Routh 函数 ("劳斯量") 满足拉格朗日方程, 而对于变量 (Ψ, Π_Ψ), Routh 函数则满足哈密顿方程:

$$\frac{\mathrm{d}}{\mathrm{d}t} \frac{\partial \mathcal{R}}{\partial \dot{\Phi}_b} - \frac{\partial \mathcal{R}}{\partial \Phi_b} = +\frac{\partial \mathcal{Q}}{\partial \dot{\Phi}_b}; \tag{2.104}$$

$$\frac{\mathrm{d}}{\mathrm{d}t} \Pi_{\Psi_a} = -\frac{\partial \mathcal{R}}{\partial \Psi_a}, \quad \frac{\mathrm{d}}{\mathrm{d}t} \Psi_a = \frac{\partial \mathcal{R}}{\partial \Pi_{\Psi_a}} \tag{2.105}$$

(这里我们假定耗散被限定在 "拉格朗日" 自由度中; 需要注意的是式 (2.104) 相对于式 (2.94) 的变号, 是因为式 (2.103) 中劳斯量的定义引起的.)

2.3.4 电路的二次量子化

转换到量子力学形式描述电路行为往往是通过将哈密顿量中的动量转换为算符 $(\hbar/\mathrm{i})(\partial/\partial\Phi)$, 正如我们在 2.2 节中所做的那样. 有时候采用玻色产生/湮灭算符来表达动量 (也就是节点电荷) 和磁通 (相位) 要比这种 "位置表象" 更为方便:

$$\hat{\Phi} = \frac{a + a^\dagger}{2}\Lambda, \quad \hat{\Pi} = \hbar \frac{a - a^\dagger}{\mathrm{i}\Lambda} \tag{2.106}$$

这里 Λ 是一个任意的实常数. 显然, 因为 $[a_j, a_j^\dagger] = 1$, 磁通算符和电荷算符满足如下的对易关系:

$$[\hat{\Phi}, \hat{\Pi}] = \mathrm{i}\hbar \tag{2.107}$$

这种表示形式的物理意义何在? 我们来考虑一个非线性振子的例子:

$$\begin{aligned}
\mathcal{L} &= \frac{C\dot{\Phi}^2}{2c^2} - U(\Phi) = \frac{C\dot{\Phi}^2}{2c^2} - \frac{\Phi^2}{2L} - \delta U(\Phi); \\
\mathcal{H} &= \frac{c^2\Pi^2}{2C} + \frac{\Phi^2}{2L} + \delta U(\Phi) = \frac{c^2\Pi^2}{2C} + \frac{C\omega_0^2\Phi^2}{2c^2} + \delta U(\Phi)
\end{aligned} \tag{2.108}$$

这里的 $\omega_0 = c/\sqrt{LC}$, 而 $\delta U(\Phi)$ 描述了系统的非线性. 于是, 如果选择常数 $\Lambda = c\sqrt{2\hbar/C\omega_0} = \sqrt{2\hbar\omega_0 L}$, 那么我们得到哈密顿量为

$$H = \hbar\omega_0\left(a^\dagger a + \frac{1}{2}\right) + \delta U(\Phi(a, a^\dagger)) \tag{2.109}$$

因此, 算符 $a, a^\dagger$ 作用于一个谐振频率为 ω_0 的简谐振子的 Fock 空间. 而这个简谐振子可以看作上述非线性振子的近似, 并给出不同可观测量在这个 Fock 基下的矩阵表示. 举例来说, 相比于我们在前面讨论相位量子比特时采用的标准方法而言, 式 (2.109) 给出了找到立方振子能级的更简洁方式.

2.3.5　持续电流磁通量子比特

rf SQUID 磁通量子比特有一个不好的地方就是 $\beta_L(\beta_L > \pi)$ 较大, 此外还需要采用一个可调的约瑟夫森结. 为了尽量减小系统与外界噪声的耦合, 减小器件的自感是一个好办法. 这种持续电流量子比特, 最早由 Mooij et al.(1999) 和 Orlando et al.(1999) 提出并沿用至今. 其主要思想是在一个自感可以忽略的环路中插入三个或更多的约瑟夫森结 (图 2.9). 其磁通量子化条件 (式 (2.28)) 为

$$\varphi_1 + \varphi_2 + \varphi_3 + 2\pi\frac{\widetilde{\Phi}}{\Phi_0} = 2\pi q \tag{2.110}$$

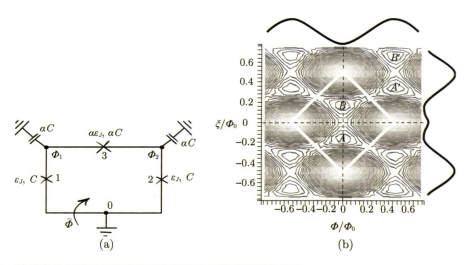

图2.9　持续电流量子比特的电路图和约瑟夫森势能的等高线图

(a) 持续电流量子比特的电路图. 这里忽略了量子比特环路的自感. (b) 约瑟夫森势能 $U(\Phi, \xi)$（式(2.116), 其中 $\alpha = 1, \widetilde{\Phi} = \Phi_0/2$）的等高线图, 这个图是周期的, 白线圈起来的就是一个基本重复单元. 最小点 A 和 B 是简并的.

这个条件对三个约瑟夫森结上的相位给出了一个限定, 只剩下两个自由度, 也就是 φ_1 和 φ_2. 相应的约瑟夫森能也是这两个变量的函数, 而非一个 (如 rf SQUID 中的情况),

并且我们总能找到一组临界电流和外加磁通, 使得势能产生两个靠得足够近的极小点, 用于构建量子比特态.

这种量子比特的电路图如图 2.9 所示 (同样地, 零节点不需要是物理上接地的). 注意这里我们忽略了自感, 因此电路中只有两个活动节点与两个独立节点的磁通 Φ_1 和 Φ_2. 我们假设系统是对称的, 即结 1 和结 2 完全等价 (相同的约瑟夫森能 E_J、约瑟夫森电容 C 和杂散电容 γC), 而结 3 的约瑟夫森能为 αE_J, 电容为 αC. 该电路的拉格朗日量为

$$\mathcal{L}(\Phi_1, \Phi_2; \dot{\Phi}_1, \dot{\Phi}_2) = \frac{C(1+\gamma)}{2c^2}\left(\dot{\Phi}_1^2 + \dot{\Phi}_2^2\right) + \frac{\alpha C}{2c^2}\left(\dot{\Phi}_1 - \dot{\Phi}_2\right)^2$$

$$+ E_J\left(\cos 2\pi\frac{\Phi_1}{\Phi_0} + \cos 2\pi\frac{\Phi_2}{\Phi_0} + \alpha\cos 2\pi\frac{\Phi_1 - \Phi_2 + \widetilde{\Phi}}{\Phi_0}\right) \qquad (2.111)$$

利用这种对称性, 并引入新的变量 $\Phi = (\Phi_1 + \Phi_2)/2$ 和 $\xi = (\Phi_1 - \Phi_2)/2$, 于是拉格朗日量变为

$$\mathcal{L}(\Phi, \xi; \dot{\Phi}, \dot{\xi}) = \frac{C(1+\gamma)}{c^2}\dot{\Phi}^2 + \frac{\alpha C(1+\gamma+2\alpha)}{c^2}\dot{\xi}^2 + U(\Phi, \xi) \qquad (2.112)$$

这里

$$U(\Phi, \xi) = -E\left(2\cos 2\pi\frac{\Phi}{\Phi_0}\cos 2\pi\frac{\xi}{\Phi_0} + \alpha\cos 2\pi\frac{2\xi + \widetilde{\Phi}}{\Phi_0}\right) \qquad (2.113)$$

系统哈密顿函数

$$\mathcal{H}(\Pi_\Phi, \Pi_\xi; \Phi, \xi) = \frac{1}{2}\frac{\Pi_\Phi^2 c^2}{2C(1+\gamma)} + \frac{1}{2}\frac{\Pi_\xi^2 c^2}{2C(1+\gamma+2\alpha)} + U(\Phi, \xi) \qquad (2.114)$$

为一个具有质量、各向异性的粒子在周期势场 (图 2.9) 中运动的哈密顿函数. 当偏置磁通接近半磁通量子时, 两个势能极小点几乎是简并的. 相应的最低能态表现为环路中顺时针或逆时针流动的超导电流, 可以用作量子比特的工作能态. 两个能态隧穿通过中间小的势垒而发生混合, 产生量子比特哈密顿量式 (1.85) 中的 σ_x 项, 而 σ_z 项则可以通过偏置磁通来控制.

势能 $U(\Phi, \xi)$ 的周期性反映了约瑟夫森能相对于超导相位差的周期性行为. 这看起来意味着我们需要沿 Φ 或 ξ 方向区分 Φ_0 平移并得到一个离散的能谱. 但事实上不需要这么做: 如果相位改变 2π 会导致可观测的物理变化 (比如说外部的偏置磁通、电流或门电压源为保持其值固定而做的功), 势能 (2.113) 必须如固体物理 (Ziman, 1979, 第 1 章; Kittel, 1987, 第 9 章; Kittel, 2004, 第 7 章) 中的能带论一样, 真正地当成周期势来处理, 这样系统能级将扩展成能带, 而本征态由准动量而不是动量来表征. (在我们的式子里, 动量对应于电荷, 因此我们会碰到准电荷.) 举例来说, 电流偏置的约瑟夫森结就是这种情况, 相位改变 2π 意味着系统沿搓衣板势向前或向后移动一步, 并改变系统能

量 (存在有限电流偏置的情况下). 我们将在 2.4.4 小节中进一步讨论这个问题的细节. 对于持续电流量子比特, 这个问题微不足道, 选择合适参数的情况下, 最低的两个能态不会隧穿出双势阱区间, 本应产生的能带也就被压缩在离散的能级上了.

对系统 (2.114) 的详细分析由 Mooij et al.(1999) 和 Orlando et al.(1999) 给出. 在准经典近似下, 两个势能极小点之间的隧穿矩阵元为 (Landau, Lifshitz, 2003, 第 50 章)

$$t \approx \frac{\hbar \omega_{\mathrm{att}}}{\pi} \exp[-S/\hbar] \tag{2.115}$$

这里的尝试逃逸频率 $\omega_{\mathrm{att}} \approx \omega_0$(势阱中的小谐振频率), 而 $S \approx \hbar\sqrt{E_J/E_C}$ 为初态和末态间的激活因子, 对于一组参数 ($E_J/E_C = 25, \alpha = 0.8, \gamma = 0.02$), 最低能态间 (图 2.9 中的 A 和 B 之间) 的隧穿率比隧穿到邻近势阱单元 (比如 B 和 A' 之间) 要大 4 个数量级. 这种优势一直到 $E_J/E_C = 20$ 仍然得以保持. 从式 (2.115) 可以看到, 隧穿率——量子比特哈密顿量中的参数 Δ——对系统材料参数是指数敏感的, 因此材料需要非常精确地制备, 或者具有可调性.

式 (2.113) 中可用的势能极小只存在很窄的磁通偏置范围内, 在 $0.5\,\Phi_0 \sim 0.485\,\Phi_0$ 之间. 采用后者为工作点, 并选择大结的临界电流 $I_c = 400$ nA$(E_J = 200$ GHz$)$, 环路直径 $d = 10\,\mu\mathrm{m}(L \approx 10$ pH$)$, 环流 $I_p \approx 0.7 I_c$ 造成的磁通为 $\pm 10^{-3}\Phi_0$, 比 rf SQUID 中的约 $\Phi_0/4$ 差别要小得多, 不过仍然是可观测的, 比如用一个 dc SQUID 测量[①].

van der Wal et al.(2000) 采用一个 dc SQUID 进行了测量 (图 2.10)[②]. SQUID 的临界电流对穿过其环孔的磁通微小变化——由量子比特中的环流引起——非常敏感. 通过测量 SQUID 跳到有阻态的偏置电流 I_{Sw}, 我们就能测到量子比特引起的磁通变化, 并进一步得到量子比特的状态. I_{Sw} 中缓慢的转变台阶 (图 2.10) 反映了量子比特环路磁通经过 $\Phi_0/2$ 时持续的环流发生了方向变化. 当存在一个频率为 ω 的谐振信号, 且外加磁通使得能级间隔 $E_{01}(\widetilde{\Phi}) = \hbar\omega$ 时, 量子比特将发生从基态到激发态的共振跃迁. 这种跃迁导致转变电流发生跳变, 并在实验图谱中确切显示了出来. 从这些数据中提取出 $\widetilde{\Phi} = \Phi_0/2$ 时的隧穿劈裂约为 0.3 GHz.

---

① 当然, 测量需要将系统偏离简并点 $\widetilde{\Phi} = 0.5\Phi_0$, 因为持续电流产生的磁通的期望值正比于 σ_z 的期望值, 而这个期望值在系统的基态和激发态 $(|L\rangle \pm |R\rangle))/\sqrt{2}$ 都是零.

② 这个器件采用 Al 制备, 其参数 (非常典型) 如下: 环路中的大结 $I_c = (570 \pm 60)$nA, $C = (2.6 \pm 0.4)$fF; $\alpha = 0.82 \pm 0.1, E_J/E_C = (38 \pm 8)/4, I_p = (450 \pm 50)$nA, 内环路的自感为 $L = (11 \pm 1)$pH, 量子比特和 dc SQUID 的互感为 $M = (7 \pm 1)$pH. 为了降低探测 SQUID 引起的退相干效应, 这个 SQUID 做成欠阻尼的, 因此跳变电流分布会变宽 (约 $10 \times 10^{-3}\Phi_0$, 对应期望的量子比特磁通约为 $3 \times 10^{-3}\Phi_0$). 这使得测量必要要对跳变电流做多次平均.

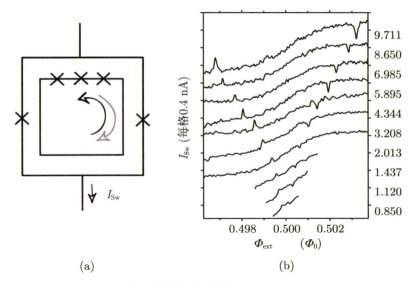

(a)   (b)

图2.10   在一个持续电流量子比特中观察到的相干隧穿

(a) van der Wal et al.（2000）测量的电路示意图. 量子比特被放置在一个dc SQUID的中央, SQUID作为电流探测器. (b)（依据van der Wal et al.（2000）的数据, 已得到AAAS的复印许可）dc SQUID跳转到有阻态对应的偏置电流 I_{Sw} 对量子比特环路磁通的依赖关系.（所画的 I_{Sw} 为多次测量的平均值, 并已经去除了背底信号.）图中平滑的转变台阶反映了量子比特环路磁通经过 $\tilde{\Phi}_0/2$ 时持续的环流发生了方向变化, 而尖峰则是在有微波信号（对应频率在图的右边纵轴中画出, 单位为GHz）的情况下产生的, 表明量子比特发生了从基态到第一激发态的共振跃迁, 从而促使dc SQUID跳转到有阻态.

在随后的一系列实验中, 持续电流量子比特中的量子态相干操控也得到了演示. 特别是图 2.9 中基本设计的一种改进设计被用于调控隧穿劈裂 Δ(Paauw et al., 2009). 这是通过将量子比特环路中的小结（"α-结"）替换成一个 "α-环路"——一个 dc SQUID 作为可调的结 (见式 (2.32)) 实现的, 结果如图 2.11 所示.

该设计的另一个特性是梯度计设计 (8 字形量子比特环路). 它扮演着双重角色, 一方面, 它使得量子比特偏置对外加的均匀磁场不敏感 (因为任何同时穿过两个半环路的磁通贡献大小相同而方向相反, 对环路超导相位的贡献正好抵消了); 另一方面, 梯度计的大回路 (也就是不含任何约瑟夫森结的回路) 可以预先捕获一个磁通 (Majer et al., 2002), 从而不需要额外加外磁通偏置 $\tilde{\Phi} \approx \Phi_0/2$ 以实现必要的双势阱势能结构. 看起来, 磁通量子化条件式 (2.13) 会完全将 α-环路和量子比特环路与外磁通隔开, 从而使得上面的预捕获磁通无法实现, 不过事实上并非如此. 我们推导式 (2.13) 时假设超导体为块体——至少远大于磁场的穿透深度, 典型值约为 500 Å, 于是我们总能找到一条完全穿过超导体内部的闭合路径, 其中的超导电流为零, 因此没有超导相位梯度——有的话就将贡献宏观波函数相位了 (见式 (2.12)). 当环路超导体很薄——正如 Majer et al.(2002)

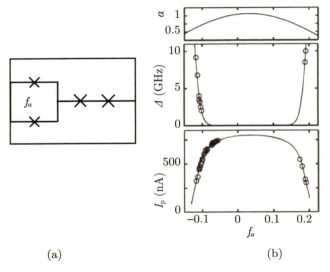

(a)　　　　　　　　　　　　　(b)

图2.11　可调持续电流量子比特的电路图和量子比特参数的变化曲线

(a) 可调持续电流量子比特（Paauw et al., 2009）的电路图. 图2.9中的 α-结在这里换成了一个"α-环路"（一个dc SQUID作为可调约瑟夫森结）. 量子比特环路由一个8字形的梯度计结构组成, 其中约束了一个磁通量子. 量子比特的状态通过一个与之电感耦合、非对称放置的SQUID来读出. 尺寸为 $12 \times 12\ \mu m^2$ 的量子比特由铝制成, 可以通过外部的均匀磁场来做慢控制, 并通过旁边的控制线（图中没有显示）上的交流和直流电路脉冲来做快控制. (b) 量子比特参数（系数 α, 隧穿劈裂 Δ 和持续电流 I_p）随 α-环路中的"阻挫"$f_\alpha = \tilde{\Phi}_\alpha / \Phi_0$ 的变化曲线. （经 *Phys. Rev. Lett.*, Paauw et al. (2009)©American Physical Society 2009许可重印.）

和 Paauw et al.(2009) 的实验中那样——我们就不能直接丢掉式 (2.12) 中左边的项了, 取而代之的是下面的磁通量子化条件:

$$2\pi \frac{\Phi_{tot}}{\Phi_0} + 2\pi \frac{L_k I}{\Phi_0} = 2\pi q \tag{2.116}$$

左边第二项是由式 (2.12) 中含 v_s 项引起的, L_k 为超导环路的动态电感 (我们在讨论 rf SQUID 的时候提到过), 而 Φ_{tot} 包括了 (几何) 自感的贡献. 式 (2.116) 类似于包含约瑟夫森结的环路磁通量子化条件式 (2.28), 都是磁通和量子化的超流的总贡献, 不同的是后者超流引起的相位差几乎都落在隧穿势垒层上, 而前者则是分布在整个超导体内. 磁通量子数 q 的改变需要穿过一个非常高的能量势垒 (Majer 等人估计大约 10000 K). 显然, 当这个磁通量子数 q 为奇数时, 图 2.11 中的量子比特将预偏置到其工作点, 对应 $\tilde{\Phi} \approx \Phi_0/2$.

2.4 电荷量子比特

2.4.1 电荷体系：常规导体

到目前为止我们遇到的情况都是约瑟夫森能超过结的电荷能 $E_C = (2e)^2/(2C)$ 的情况. 如果情况相反, 甚至单个库珀对就能产生重要影响会怎样呢? [①] 我们首先来考虑一个常规的小岛, 它与外部电极通过隧穿势垒和电容连接 (这就是一种被称为单电子晶体管 (SET) 的器件), 如图 2.12 所示. 每个势垒同样具有一定的电容, 静电荷对系统的经典能量的贡献可以通过标准的方法得到

$$E_Q(Q, Q^*) = \Pi_\Phi \dot{\Phi} - \mathcal{L} = \frac{1}{2c^2} \left\{ \sum_j C_j (\dot{\Phi} - cV_j)^2 + 2 \sum_j C_j (\dot{\Phi} - cV_j) cV_j \right\}$$
$$= \frac{1}{2C_\Sigma} (Q - Q^*)^2 - \frac{1}{2} \sum_j C_j V_j^2 \tag{2.117}$$

这里小岛上的电荷为 $Q = c\Pi_\Phi$, 而由于外电压引起的等效 (感生) 电荷为 $Q^* = -\sum_j C_j V_j$.

对于常规导体我们不能简单通过将电荷 Q 替换为 $-2\mathrm{i}e\partial_\phi$ 来转换到量子图像, 因为这里没有凝聚态, 没有玻色库珀对, 也没有可以微分的量子力学相位. 相应的解决办法因为过于复杂, 就不在这里讨论了, 可以在 Averin, Likharev(1991) 的著作里找到 (在 Likharev(1986) 的著作中有更简单的描述). 不过, 这里可以给出一些重要的结论.

感生电荷 Q^* 可以是连续变化的, 因为它反映了电容端与隧道结之间的电荷重新分布, 而与之相连的是一个无穷大的电荷库, 它维持着固定的静电势. 不过, 在小岛上的电荷 Q 则必须是 e 的倍数. 因此, 系统可能的状态只能是离散的静电能, 如图 2.12 所示. 这导致隧穿电极之间的库仑阻塞: 忽略热涨落的话, 只要它们之间的偏置电压不足以克服电荷能 ΔE 并在岛上增加或减少一个电子, 就不会有电流通过. 这些电荷能 $\Delta E_{n,n\pm1} = E_Q((n\pm1)e, Q^*) - E_Q(ne, Q^*)$ 可以通过门电压 (电容电极与小岛之间的电势) 来调控, 当 $Q^* = (n+1/2)e, \Delta E_{n,n+1} = 0$ 时, 就能实现共振隧穿. 通过观测经过小岛的电导随门电压的周期性依赖关系, 可以观测到这种效应 (Tinkham, 2004, 7.5.2 小

[①] 见 Likharev(1986) 第 16 章, Tinkham(2004)7.4 节, Zagoskin(1998)4.6 节.

节, 图 7.7). 需要注意的是当 $Q^* = (n+1)e$ 时, $E_{n,n+2}$ 也是简并的, 但此时不会发生共振隧穿, 因为此时岛上的非简并态 $Q = ne$ 才是最低能态.

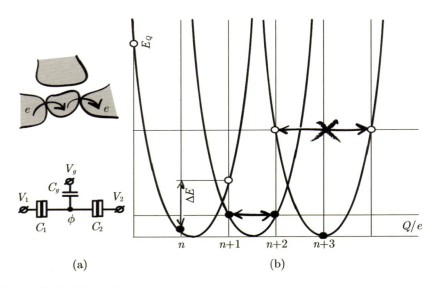

图2.12　正常隧穿的库仑阻塞效应

(a) 一个电子通过一个小的正常金属小岛隧穿, 以及单电子晶体管（SET）的电路图. (b) 岛上的静电能随电荷Q的变化关系只能取离散值, 对应整数个电子数. 在低温下（$k_B T \ll k_B T_Q \approx e^2/C_\Sigma$）, 只有最低的能态被占据（图中实心圆点所示）. 库仑阻塞: 只要施加在两个电极上的偏置电压小于增加一个电荷所需的能量 $eV < \Delta E$（左侧的曲线）, 那么通过小岛的隧穿将受到压制. 当诱导电荷 $Q^* = (n+1/2)e$ 时, 岛上n个电子和$n+1$个电子的能态将发生简并（e-简并）, 阻塞被共振隧穿抬升（中间的曲线）. 当 $Q^* = (n+1)e$时$2e$-简并（即n电子和$n+2$电子态之间）在正常电子系统中不会发生, 因为此时n电子态具有更低的能量（右侧的曲线）.

如果隧道结换成一个电阻, 这种阻塞效应同样存在, 只要离散的电荷态得以保留, 也就是说, 只要特征能级间距 ($\approx e^2/C_\Sigma$) 超过能级线宽 ($\approx \hbar/\tau$). 岛上电荷耗散掉的特征时间 τ 可以通过 C_Σ/G_Σ 来估算, 这里 G_Σ 为等效的漏电导. 这导致了一个判定标准:

$$G_\Sigma < \frac{e^2}{\pi \hbar} \equiv G_Q \tag{2.118}$$

我们引入了一个因子 $1/\pi$(它在量级上是无关紧要的) 以使得电荷效应的可观测性与电导量子$G_Q \approx (12.9 \text{ k}\Omega)^{-1}$ 之间的关联更加清晰, 而 G_Q 是从量子霍尔效应得出的一个基本量 (Stone, 1992).

2.4.2　电荷体系：超导体

如果那个小岛是超导体，那另一个能量尺度——超导能隙 Δ 将起作用，如图 2.13 所示．当我们讨论大块超导体的时候，电荷的总数或其奇偶性都不重要，因为单个电子准粒子或一个额外库珀对带来的相对效应为零．但是对于一个小岛，情况就不再是这样了．我们必须同时考虑电荷能和奇偶项，也就是 (零温下)

$$E_Q(Q,Q^*) = \frac{(Q-Q^*)^2}{2C_\Sigma} + p\left(\frac{Q}{2e}\right)\Delta \tag{2.119}$$

如果 n 为偶数则 $p(n)$ 为 0，n 为奇数则 $p(n)$ 为 1．最后一项体现的物理事实是当有奇数个电子的时候，总有一个电子不能形成库珀对，从而被迫占据超导能隙以上的态 (图 2.13)．这使得库珀对参与隧穿成为可能，只要超导能隙超过单电子的电荷能 $e^2/(2C_\Sigma)$．

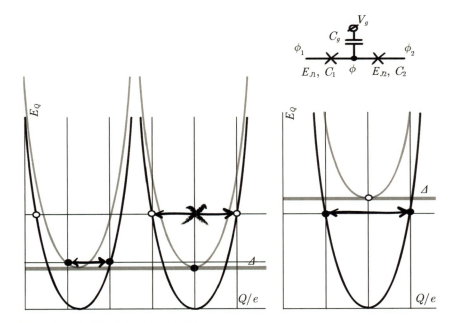

图2.13　在一个超导小岛上的充电和对偶效应
两个电荷态的能量曲线（岛上偶数个和奇数个电子）被超导能隙Δ分开．如果$\Delta < e^2/(2C_\Sigma)$，则只有e-简并发生（左），而$2e$-简并被排除（中）．如果$\Delta > e^2/(2C_\Sigma)$，则$2e$-简并和共振约瑟夫森隧穿可以发生（右）．插图：SSET的电路图．

对于两个超导电极之间的超导小岛，哈密顿量则变为

$$H = E_C\left(\frac{1}{\mathrm{i}}\frac{\partial}{\partial\phi} - \frac{Q^*}{2e} + \frac{p}{2}\right)^2 + p\Delta - E_{J1}\cos(\phi-\phi_1) - E_{J2}\cos(\phi-\phi_2) \tag{2.120}$$

(这里用相位做变量比用磁通更为方便). 我们已经假设超导电极与小岛之间没有电压降, 因此 $Q^* = -C_g V_g$, 我们同时还假设约瑟夫森耦合能是相同的, 并且不失一般性地设 $\phi_1 = -\phi_2 = \phi_0/2$. 于是得到零温下穿过小岛的约瑟夫森电流为

$$I(\phi_0) = \frac{2e}{\hbar}\frac{\partial}{\partial \phi_0}\langle H \rangle = \frac{2e}{\hbar}\frac{\partial}{\partial \phi_0}E_0(\phi_0) \tag{2.121}$$

这里 E_0 为哈密顿量式 (2.120) 的基态能.

由于 Δ 超过了电荷能, 我们可以忽略小岛上的奇数电荷态, 因此式 (2.120) 约化为

$$H(V_g, \phi_0) = E_C\left(\frac{1}{i}\frac{\partial}{\partial \phi} + \frac{C_g V_g}{2e}\right)^2 - 2E_J\cos(\phi_0/2)\cos\phi \tag{2.122}$$

我们只需要考虑岛上 n 和 $n+2$ 个电荷态 (N 和 $N+1$ 个库珀对) 在简并点附近的子空间. $\exp(\pm i\phi)$ 的矩阵元 (见式 (2.52)) 为

$$\langle N|\exp(\pm i\phi)|N'\rangle = \int\frac{\mathrm{d}\phi}{2\pi}e^{-iN\phi}e^{\pm i\phi}e^{iN'\phi} = \delta_{N'-N\pm 1} \tag{2.123}$$

因此, 在这个子空间 $\{|N\rangle, |N+1\rangle\}$ 里哈密顿量变为

$$\begin{aligned}
H &= \begin{pmatrix} E_Q(N, V_g) & -E_J\cos(\phi_0/2) \\ -E_J\cos(\phi_0/2) & E_Q(N+1, V_g) \end{pmatrix} \\
&= \frac{E_Q(N, V_g) + E_Q(N+1, V_g)}{2} + \frac{E_Q(N, V_g) - E_Q(N+1, V_g)}{2}\sigma_z \\
&\quad - E_J\cos(\phi_0/2)\sigma_x
\end{aligned} \tag{2.124}$$

这里

$$E_Q(N, V_g) = E_C\left(N + \frac{C_g V_g}{2e}\right)^2 \tag{2.125}$$

基态和激发态能量及约瑟夫森电流可以得到

$$\begin{aligned}
E_{0,1}(V_g, \phi_0) = &\frac{E_Q(N, V_g) - E_Q(N+1, V_g)}{2} \\
&\mp \left[\left(\frac{E_Q(N, V_g) - E_Q(N+1, V_g)}{2}\right)^2 + E_J^2\cos^2(\phi_0/2)\right]^{1/2}
\end{aligned}$$

$$\tag{2.126}$$

及

$$I(\phi_0) = \frac{2e}{\hbar}\frac{E_J/4}{\left[\left(\dfrac{E_Q(N, V_g) - E_Q(N+1, V_g)}{2E_J}\right)^2 + \cos^2(\phi_0/2)\right]^{1/2}}\sin\phi_0 \tag{2.127}$$

除非 N 和 $N+2$ 个库珀对的能量差在 E_J 范围, 否则约瑟夫森电流是被阻塞的, 这种阻塞的物理机制可以通过库珀对数量和相位之间的量子不确定性 (式 (2.47)) 来理解. 静电相互作用倾向于保持小岛上固定的库珀对数量, 使得其相位变得不确定. 而相位涨落进而导致观测到的平均约瑟夫森电流趋于零. 在共振状态下, 电荷可以自由流过, 库珀对的数量不再是固定的, 因而约瑟夫森电流就恢复了[①]. 详细的理论 (Matveev et al., 1993) 预言了当超导能隙被压制到电荷能以下 (通过施加外加磁场而不是通过升高温度, 因为我们不希望由此导致能级模糊) 时, 临界电流会迅速降低, 并且与门电压的依赖关系变为 $e/C_{\Sigma-}$, 而不是 $2e/C_{\Sigma-}$. 随后得到了实验上的验证 (Joyez et al., 1994).

理论上我们可以用一个超导小岛 (也叫库珀对盒子 (CPB) 或超导单电子晶体管 (SSET)) 作为可调约瑟夫森结, 通过电压来调控 (dc SQUID 则是通过磁通来调控, 见式 (2.32)), 不过这并不实用. 相反, SSET 格外适合量子比特的角色.

2.4.3　电荷量子比特

SSET 的哈密顿量式 (2.124), 除了差一个常数项, 与量子比特哈密顿量式 (1.85) 完全一致. "左、右" 态对应确定的电荷态, $|L\rangle \equiv |N\rangle$ 及 $|R\rangle \equiv |N+1\rangle$, 其能量式 (2.126) 依赖于外加门电压. 由于约瑟夫森耦合, 这两个态发生了混合, 并在简并点处打开一个能隙, 形成所要的 $|0\rangle$ 和 $|1\rangle$ 态.

实际上, 电荷量子比特可以更简单: 单个约瑟夫森结就足够了 (图 2.14 左上). 其哈密顿量为

$$H(n^*) = E_C(\hat{N} - n^*/2)^2 - E_J \cos\phi \tag{2.128}$$

这里 $\hat{N} = -\mathrm{i}\partial_\phi$ 为库珀对的数量算符, 而 n^* 表示偏置电荷, $Q^* = en^*$. 理想情况下, 这一偏置电荷只包含门电压的贡献, $C_g V_g$, 但是实际上它也受缺陷和其他外部噪声的影响. 无论如何, 哈密顿量式 (2.128) 在 $\{|L\rangle, |R\rangle\}$ 子空间中可约化为量子比特形式:

$$H(n^*) = -\frac{1}{2}(E_C(1 - n^*)\sigma_z + E_J \sigma_x) \tag{2.129}$$

还能不能进一步简化这个器件, 也就是只用一个小的约瑟夫森结 (连门电容也不要了)? 答案是不行, 因为这样一来结电荷态会变模糊. 按照判据式 (2.118) 的要求, 一个小结的静电阻抗——隧穿电阻——当然可以比电阻量子 12.9 kΩ 要大得多. 但是在高频 (GHz) 下, 它会被与之相连的低阻抗电极 (超导库)(Tinkham, 2004, 7.1 节) 旁路掉. 因

[①] 也要注意到式 (2.127) 给出的 $I(\phi_0)$ 对简单正弦关系的偏离: 在共振情况下, $I(\phi_0) \propto \sin(\phi_0/2)$! 这不是说电流的周期现在变成了 4π, 因为当 ϕ_0 穿过 $\pm\pi$ 时, 电流会突然变号.

此, 有必要存在一个小岛, 它跟所有的电极是分开的.

实际上, SSET 中的单个约瑟夫森结经常被替换成两个并联的结, 构成一个可调 dc SQUID 的结构. 此外, 哈密顿量式 (2.129) 中的隧穿项线性依赖于器件参数 (E_C 和 E_J), 而不是像磁通量子比特那样是指数的. 这成为电荷量子比特的一个主要优势. 而它主要的劣势在于其对电荷噪声的敏感性上.

上述优势和劣势都可以归因于它的两个工作态只相差一个库珀对 (而在磁通量子比特中的持续电流态包含了高达 10^{10} 个传导电子的贡献). 电荷量子比特是超导小窝中最小、最活泼的薛定谔猫了. 因此, 我们毫不惊讶于最早的相干行为——量子拍——是在电荷量子比特里发现的 (Nakamura et al., 1999), 如图 2.14 和图 2.15 所示. 这一结果, 以及随后在不同类型的磁通量子比特中量子行为的成功演示 (Friedman et al., 2000; van der Wal et al., 2000), 就像打开了一个水闸, 导致现在在超导体系中, 观测并操控相干量子态几乎成为了常规操作, 当然这也导致了这本书的成书. 他们的结果也显示了电荷量子比特的退相干时间很短, 大概在 2 ns 上下 (因为更长的脉冲宽度就看不到振荡了). 随后我们看到, 这可以通过一点小小的 (量子) 设计而得到改进.

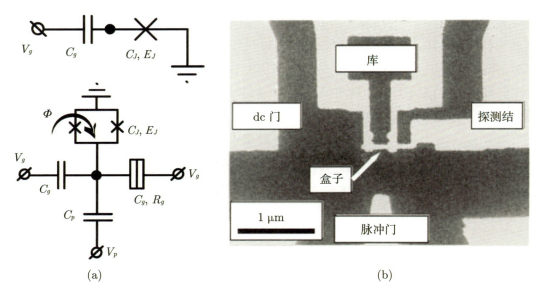

(a)   (b)

图2.14　电路图和可调电荷量子比特

(a) 一个简单的电荷量子比特（上）和一个可调约瑟夫森能的电荷量子比特的电路图（下）. (b) 可调电荷量子比特（经 *Nature*（Nakamura et al., 1999）©Macmillan Publishers Ltd.许可重印）. 铝 "盒子"（$700 \times 50 \times 15$ nm³）中包含了约 10^8 个电子.（单电子）电荷能 $e^2/(2C_\Sigma) =$（117 ± 3）μeV, 超导能隙 $\Delta =$（230 ± 10）μeV, 远高于实验温度 $k_B T = 3$ μeV（30 mK）. 可调约瑟夫森结的总电阻为10 kΩ; 探测结的电阻为30 MΩ. 有两个单独的门电极, 分别用于施加恒定的偏置 V_g 和短脉冲（160 ps）$V_p(t)$.

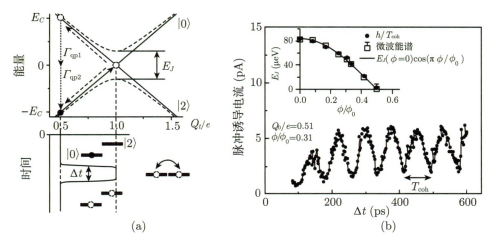

图2.15　超导电荷量子比特中的量子拍（经 *Nature*（Nakamura et al.,1999）©Macmillan Publishers Ltd. 许可重印）

(a) 实验方案示意图. 根据超导小岛上额外电荷的数量，量子比特的两个态分别记为 $|0\rangle$ 和 $|2\rangle$. 首先比特经过足够长时间冷却后被制备在基态 $|0\rangle$，然后施加一个短而快的电压脉冲（脉宽160 ps，30~40 ps 升/降时间）$V_p(t)$ 将量子态抬升到简并点. 图中画出了能级随岛上总的诱导电荷 $Q_t = C_g V_g + C_b V_b + C_p V_p(t)$ 的变化关系. 经过脉冲的抬升之后，量子比特停留在了 $|0\rangle$ 和 $|2\rangle$ 的叠加态，其中处于 $|2\rangle$ 态的概率 $P(\Delta t) \propto \sin(E_J \Delta t / \hbar)$. $|2\rangle$ 态将以非弹性隧穿的形式，通过高阻的隧道结向电极隧穿两个准粒子(电子)，量子态就是通过测量这一过程导致的电流脉冲来读出的. 每隔16 ns，重复一次160 ps的脉冲，因此探测到的平均电流给出了概率 $P(\Delta t)$ 的直接测量. (b) $Q_0/e = 0.51$时的探测电流随脉冲宽度的变化关系. 内嵌小图显示了量子比特中结的约瑟夫森能随调节磁通的变化. 这可以从量子拍的周期 $T_{\rm coh} = 2\pi\hbar/E_J$ 得到，或者利用微波能谱得到. 两种方法的结果相互吻合，并符合式(2.32).

2.4.4　Quantronium

电荷量子比特之所以对外部电荷噪声敏感，是因为其能级在简并点 $n^* = 1$ 附近对外电荷 $n^* e = -C_g V_g + Q^*$ 有强烈的依赖性[①]，见方程 (2.126) 或 (2.129)：

$$E_{0,1}(n^*) = \mp \frac{E_C}{2}\sqrt{(1-n^*)^2 + (E_J/E_C)^2} \tag{2.130}$$

能级间隔 $\hbar\omega_{0,1} = E_1 - E_0$ 在很窄的范围，$E_J/E_C \ll 1$，快速地从简并点处的 E_J 变到 $\sim E_C \gg E_J$. 因此，一个很小的局部电场变化会大幅影响量子比特的行为. 具有较大的 E_J/E_C 的电荷量子比特会不那么敏感，但是降低 E_C 会使得电荷读出更为困难.

---

① 这里的 Q^* 是 SSET 岛上除门电压以外其他因素引起的诱导电荷.

Quantronium(图 2.16) 专门为降低量子比特对噪声的敏感度, 同时提高读出性能 (Cottet et al., 2002; Vion et al., 2002) 而设计. 从式 (2.130) 看出, 略微偏离 $\psi = 0$ 和 $n^* = 1$ 对能级的改变是二阶的. 在参数空间中, 这个点 (最优点, 或更通俗的说法是 "甜点") 对外磁通, 特别是电荷噪声是受保护的. 在 SSET 中, 必须要偏离这个点, 因为要读出的是小岛上的电荷. Quantronium 的优势在于, 它读的是相位的变化, 并保持在 $n^* = 1$ 处. 相位读出的有效性还使得参数可以选择为 $E_J/E_C \approx 1$, 进一步降低了对电荷涨落的敏感度.

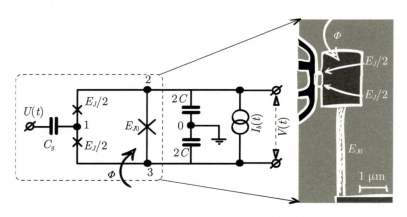

图2.16 Quantronium（图中虚线框内的部分）和读出电路的电路图（Vion et al., 2002）
SSET（结点1）的电荷能与将其连接到环路中的两个结的约瑟夫森能 $E_J/2$ 相当. 在 Vion et al.（2002）的实验中, $E_J/E_C=1.27$; $E_J/k_B=0.865$ K, 此时 ϕ_1 及其共轭量 $\hat{N}_1$（SSET上的库珀对数量）都不再是好量子数. 不同于直接测量SSET上的电荷（图2.14）, 量子比特态与大结上的相位差 $\phi_2-\phi_3$ 纠缠, 通过测量大结向有阻态的转变（类似相位量子比特的测量, 见图2.4）可以读出量子态, 大结 $E_{J0} \approx 20$ E_J.

Quantronium 器件是一个单结的 SSET, 但包含了一个 dc SQUID 环路, 其中有另一个更大的结. E_J 和 E_C 选择在相同的量级 (在 Vion et al.(2002) 的实验中, $E_{J0} \approx 20E_J$, 而 $E_J/E_C = 1.27$). Quantronium 的 SSET 部分的哈密顿量则为

$$H = E_C(\hat{N} - 2n^*)^2 - E_J \cos\frac{\psi}{2}\cos\theta \tag{2.131}$$

这里 $\psi = \phi_2 - \phi_3$ 为 SSET 中两个小结上总的相位差, 而 $\theta = (\phi_2 - \phi_1) - (\phi_1 - \phi_3)$ 为 SSET 小岛上库珀对数量算符 $\hat{N}$ 的共轭量. 通过 SSET 的超导电流依赖于后者的状态 $|s\rangle$ 并等于 (见式 (2.127))

$$I_{\mathrm{SSET},0(1)} = \frac{2\pi c}{\Phi_0}\frac{\partial E_{0(1)}(n^*)}{\partial\psi} = \pm\frac{2e}{\hbar}\frac{E_J^2}{8E_C}\frac{\sin\psi}{\sqrt{(1-n^*)^2 + (E_J/E_C)^2\cos^2(\psi/2)}}$$

量子工程学: 量子相干结构的理论和设计
Quantum Engineering: Theory and Design of Quantum Coherent Structures

因此, SSET 的量子态即便在电荷简并点也能读出来:

$$I_{0(1)} = \pm \frac{2e}{\hbar} \frac{E_J}{4} \sin \frac{\psi}{2} \tag{2.132}$$

它探测的实际上是电荷的方向.

忽略 dc SQUID 的自感, 我们得到磁通量子化条件:

$$\gamma = -\psi - 2\pi \frac{\widetilde{\Phi}}{\Phi_0} \tag{2.133}$$

这里 γ 为大结上的相位, 而 $\widetilde{\Phi}$ 为穿过 dc SQUID 环路的外磁通. 这将锁定相位差 ψ. 通过调节外磁通 $\widetilde{\Phi}$ 和偏置电流 I_b, 我们可以将这一额外的电流脉冲转换为读出结跳变到有阻态的概率变化, 也就是说, Quantronium 在 $|0\rangle$ 态的话跳变概率要远大于 $|1\rangle$ 态. 这一方法在 Vion et al.(2002) 的实验中用到. 量子比特的操控通过在门上加微波脉冲 $V_g(t)$ 来实现. 特别是他们测到了 Rabi 振荡 (图 2.17). 从这个实验中得到的弛豫时间和退相位时间分别达到了 1.8 μs 和 0.5 μs.

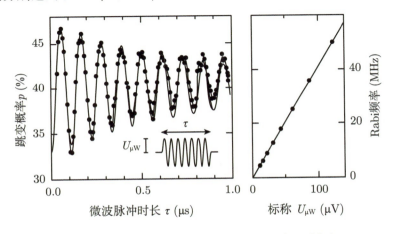

图2.17　Quantronium中的Rabi振荡（Vion et al., 2002, 经AAAS许可重印）
实验在15 mK下进行, 量子比特能级间距 $\nu_{01} = E_{01}/h$ 可以在12~18 GHz范围内调节. 从能谱上能得出最佳工作点处的频率为 $\nu_{01} = 16.46365$ GHz, FWHM（半峰宽）只有0.8 MHz.

我们将放到 5.4 节中再讲最优点退相干性抑制的理论描述. 在那里我们还将讨论电荷量子比特的另一种发展类型"传输门"(transmon). 这种设计将上述优势最大化了.

*2.4.5　电荷和准电荷　Bloch 振荡

我们一直大量使用约瑟夫森结哈密顿量和势场中的粒子哈密顿量的类比. 将式 (2.55) 中的偏置电流 I 置为零, 我们就相当于把"相位粒子"放到了一个正弦的周期势中. 由于这种周期性来源于超导相位, 可以看到当系统发生 2π 相移之后, 它与初始状态是不可分的. 但是, 如果这种 2π 相移能导致系统发生可观测的变化, 我们将面临固体能带论 (Kittel, 1987, 2004; Ziman, 1979) 中同样的问题, 并且会得到一个能带, 尽管这里的周期性并不是来源于真实的原子在空间中的周期性排布, 只是超导相位是以 2π 为周期定义的.

事实上, 第二种情况才是真实发生的 (Likharev, Zorin, 1985; Likharev, 1986, 1.4 节). 我们不能仅依据哈密顿量 (式 (2.55)) 来判断: 必须要考虑包含了偏置磁通源、电流源和门电压等的更大系统. Likharev, Zorin(1985) 提出了两条辩论线. 第一, 如果哪怕是无穷小的电流 δI 施加到结上, 式 (2.33) 中的势能项 $-(\delta I \Phi_0 \phi/(2\pi c))$ 也将导致能量差 $\delta E = -(\delta I \Phi_0/c)$, 伴随着相位 ϕ 相差 2π. 这一差别理论上可以通过测量电流源的状态来观测——它导致了一个电流差 δI. 这一描述对于任意小的偏置成立, 那么对于零偏置也应该成立. 另一个论点不需要引入外加的电流源 (严格来讲, 这是必须要描述的), 相应地, 它指出偏置电流源应该是无关的, 我们可以将结放入一个电感很大的超导回路中, $L \gg c\Phi_0/\delta I$, 于是相位发生一个 2π 的变化会导致穿过回路的磁通变化一个 Φ_0, 而这个变化是可观测的.

现在, 物理上确定了之后, 能量为 E 的哈密顿量 (式 (2.55)) 的稳态薛定谔方程, 从数学上就是马蒂厄 (Mathieu) 方程 (Likharev, Zorin, 1985; Likharev, 1986):

$$\Psi(z)'' + (a - 2q\cos 2z)\Psi(z) = 0 \tag{2.134}$$

这里 $z = \phi/2, a = 4E/E_C, q = -2E_J/E_C$. 其通解为 Bloch 态的叠加态:

$$\Psi_k^{(n)}(z) = u_k^{(n)}(2z)e^{2\mathrm{i}kz}, \quad u_k^{(n)}(2z + 2\pi) = u_k^{(n)}(2z) \tag{2.135}$$

这里 $k \in (-\infty, \infty)$ 并且能量本征值是周期性的: $E^{(n)}(k+1) = E^{(n)}(k)$, 形成能带 (Abramowitz, Stegun, 1964). 相应地, 第一布里渊区对应 $k \in [0, 1)$(或者 $k \in [-1/2, 1/2)$, 等等). 我们可以引入准电荷:

$$q^* = 2ek \tag{2.136}$$

与能带论 (Ziman, 1979, 第 1 章; Kittel, 1987, 第 9 章; Kittel, 2004, 第 7 章) 中电子的准动量一样, 这里的准电荷与结上的电荷相关, 它以 $2e$ 为模是守恒的, 额外的电荷由超导库提供或抽取, 与能带电子类似——其额外的动量是从一个倒逆过程 (当周期性晶格中一个粒子的动量改变为倒格矢乘上 $\hbar$ 时) 中作为整体从晶格获得或带走.

方程 (2.134) 的解应用到其描述的实际系统上是物理的, 而不是数学的. Bloch 函数的选择是正确的, 这是被实验上观察到理论预言的 Bloch 振荡 (图 2.18)(Kuzmin, Haviland, 1991; Kuzmin, 1993) 所确认的. 如果通过外加的电流源逐渐增加这个准电

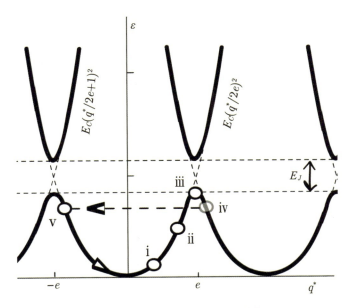

图2.18 Bloch振荡（Likharev，Zorin，1985；Likharev，1986）
图中给出了$E_C \gg E_J$时的能带结构$E^{(n)}(q^*)$.（"空晶格"近似在1 D情况下的一次修正（Kittel，2004，第7章）.）约瑟夫森耦合导致了能隙的打开.罗马数字标识的圆圈表示了Bloch振荡的一个周期.约瑟夫森结上的准电荷逐渐增加（ⅰ，ⅱ）直到达到e（ⅲ），然后，由于（ⅳ）和（ⅴ）是等价的，于是（准电荷）再回到第一布里渊区.（这里夸大了从$q^* = \pm e$向前的一个无穷小变化.）物理上，从（ⅳ）到（ⅴ）的跳变对应于约瑟夫森结在一个库珀对穿过之后的再充电（从$+e$到$-e$）.Bloch循环的频率取决于施加的电流大小，如式(2.137).

荷，一旦到达布里渊区边界，准电荷改变$2e$，这个过程又再次重复. 这导致了一个与偏置电流相关的振荡，其 Bloch 频率为

$$f_B = I/(2e) \tag{2.137}$$

它与交流约瑟夫森效应"成对"，此时振荡频率

$$f_J = eV/h \tag{2.138}$$

由偏置电压决定. 关于超导和非超导器件 (例如 SET) 中 Bloch 振荡及其相关效应的理论讨论，以及其计量学和其他应用、实验证据等，超出了这本书的范畴，最好参考 Likharev, Zorin(1985)，Likharev(1986)，Averin, Likharev(1991)，或者 Tinkham(2004, 7.6 节) 的文献.

    对我们的讨论目的而言，选择第一布里渊区为 $q^* \in [0, 2e)$ 更方便，并且我们其实隐含地这么做了. 电荷量子比特的操控仅在 $q^* = e$ 附近的一个狭窄区间，也就是在布里渊区的中心，此时电荷和准电荷的区别其实无关紧要.

2.5 量子电感和量子电容

2.5.1 量子电感

我们已经看到约瑟夫森结可以看成一个非线性电感 (式 (2.27)),并可以通过结上的相位差来进行调节:

$$L_J(\phi) = \frac{\hbar c^2}{2eI_c \cos \phi}$$

我们也看到, 这个相位差本身可以看成一个量子变量, 因此, 有理由问这样的问题: 它是怎样改变一个 "经典" 的方程 (2.27) 的? 举例来说, 如果把结放到一个超导环路中构成 rf SQUID, 在简并点附近, 系统将处于不同相位差的叠加态, 因此, 可以想象它也处于不同电感态的叠加.

让我们看一个约瑟夫森结连接到一个 LC 电路并且存在一个外磁通偏置 $\widetilde{\Phi}$, 如图 2.19(a) 所示. 系统的拉格朗日量为

$$\mathcal{L} = \frac{(C+C_J)\dot{\Phi}^2}{2c^2} - \frac{(\Phi+\widetilde{\Phi})^2}{2L} + E_J \cos 2\pi \frac{\Phi}{\Phi_0} \tag{2.139}$$

并且哈密顿函数为

$$\mathcal{H} = \frac{c^2 \Pi_\Phi^2}{2(C+C_J)} - E_J \cos 2\pi \frac{\Phi}{\Phi_0} + \frac{(\Phi+\widetilde{\Phi})^2}{2L} \tag{2.140}$$

量子力学的哈密顿量可以将上述哈密顿函数中的 $c\Pi_\Phi$ 替换为算符 $2e\hat{N} = -\mathrm{i}\hbar c\partial_\Phi$. 对于偏离平衡值一个小量 $\delta\Phi$ 的 Φ 值 (也就是 $\Phi = \Phi_{\min} + \delta\Phi$, $\Phi_{\min}$ 为方程 (2.140) 中的势能最低点), 用与式 (2.58) 相同的推导, 我们得到

$$\delta\ddot{\Phi} = -\frac{c^2}{C+C_J} \frac{\partial^2}{\partial \Phi^2} \left\langle -E_J \cos 2\pi \frac{\Phi}{\Phi_0} + \frac{(\Phi+\widetilde{\Phi})^2}{2L} \right\rangle_{\Phi=\Phi_{\min}} \delta\Phi$$

$$= -\frac{c^2}{C+C_J} \frac{\partial^2}{\partial \Phi^2} \langle H \rangle \Big|_{\Phi=\Phi_{\min}} \delta\Phi \tag{2.141}$$

(这种形式下的表达式适用于一般情况, 约瑟夫森能不必是余弦的, 可以是其他的函数形式.) 我们现在可以得到等效的电感 (倒数形式):

$$L_{\mathrm{eff}}^{-1} = \frac{\partial^2}{\partial \Phi^2} \langle H \rangle \Big|_{\Phi=\Phi_{\min}} \tag{2.142}$$

这里的平均是对系统量子态进行的.

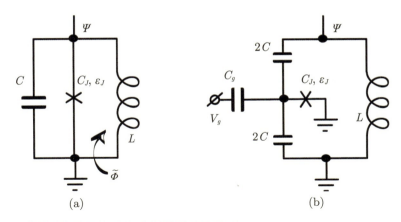

图2.19　一个 LC 电路中的量子电感（a）和量子电容（b）

举例来说, 如果约瑟夫森结在它的基态 (激发态), 其能量 $\epsilon_{0(1)}(\Phi,\widetilde{\Phi})$ 受外磁场调制:

$$L_{\mathrm{eff},0(1)}^{-1} = \frac{1}{L} + \left.\frac{\partial^2 \epsilon_{0(1)}}{\partial \Phi^2}\right|_{\Phi=\Phi_{\min}} = \frac{1}{L} + \left.\frac{\partial^2 \epsilon_{0(1)}}{\partial \widetilde{\Phi}^2}\right|_{\Phi=\Phi_{\min}} \tag{2.143}$$

上式中的第二项为量子电感 (倒数), 由能级随磁通 (或外磁通) 变化的曲率决定. 在经典极限下, 它变成简单的 $\partial^2_{\Phi,\Phi} U_J(\Phi = \Phi_{\min})$, 对外磁通敏感.

量子电感在表达式中的贡献为一个与 LC 电路自身电感并联的电感, 我们可以将这一项与一个交流电流产生的额外电压关联起来, 具体约瑟夫森结是怎么跟电路的其他部分连接的并不重要. 比方说, 我们可以考虑一个磁通量子比特与一个 LC 电路通过电感耦合, 这同样会引起电路的等效电感依赖于量子比特的状态. 在经典极限下, 这一结构被用在迪弗–里夫金 (Rifkin-Deaver) 方法 (Rifkin, Deaver, 1976) 上, 通过测量与之电感耦合的 LC 电路阻抗的变化来测量 rf SQUID 的磁通.

显然, 在简并点附近, 基态和激发态对量子电感的贡献是相反的. 这一效应, 结合 $\Phi_{\min}$ 对外磁通的依赖关系, 不仅提供了操控一个约瑟夫森电路电感的方法, 而且还可以在不影响其量子相干性的情况下这么做. 此外, 等效电感对约瑟夫森结量子态的依赖还提供了一个测量量子比特态 (阻抗测量技术 (IMT), Rifkin-Deaver 方法的量子推广), 以及演示量子电感 (Greenberg et al., 2002; Grajcar et al., 2004; 5.5.3 小节) 的便捷方法.

2.5.2 量子电容

约瑟夫森结的经典电荷能正比于电荷的平方, 也就是说, 在经典极限下电容是线性的. 量子效应仅在 E_J/E_C 量级上体现出来, 表现出非线性. 因此, 电压依赖的约瑟夫森电容 (不同于约瑟夫森电感) 本来就是量子现象, 并且只能在确定的电荷态下看到. 单个约瑟夫森结无法作为电荷量子比特工作, 原因我们在前面的章节讲过了: 必须要有 SSET. 跟前面一样, 为了便于分析, 我们将量子电容放到一个 LC 电路中, 如图 2.19(b) 所示, 其拉格朗日量为

$$\mathcal{L} = \frac{C_g}{2c^2}\left(\dot{\Phi} - cV_g\right)^2 + \frac{C}{c^2}\left(\dot{\Phi} - \dot{\Psi}\right)^2 + \frac{C}{c^2}\dot{\Phi}^2 + \frac{C_J}{2c^2}\dot{\Phi}^2 + E_J\cos 2\pi\frac{\Phi}{\Phi_0} - \frac{\Psi^2}{2L} \tag{2.144}$$

哈密顿函数为

$$\mathcal{H} = \frac{1}{2}\frac{(c\Pi_\Phi + c\Pi_\Psi + C_gV_g)^2}{C_g + 2C + C_J} + \frac{c^2}{2}\frac{\Pi_\Psi^2}{2C} - E_J\cos 2\pi\frac{\Phi}{\Phi_0} + \frac{\Psi^2}{2L} \tag{2.145}$$

这里做一点变化, 我们不再使用海森伯方程, 而是采用哈密顿方程——结果是一样的.

$$\dot{\Psi} = \frac{\partial \mathcal{H}}{\partial \Pi_\Psi}, \quad \dot{\Pi}_\Psi = -\frac{\partial \mathcal{H}}{\partial \Psi} \tag{2.146}$$

因为哈密顿函数中没有同时包含 Ψ 和 Π_Ψ 的项, 并且 $\mathcal{H}$ 不是时间的显式函数, 所以可以得到

$$\ddot{\Psi} = \frac{\partial^2 \mathcal{H}}{\partial \Pi_\Psi \partial \Psi}\dot{\Psi} + \frac{\partial^2 \mathcal{H}}{\partial \Pi_\Psi^2}\dot{\Pi}_\Psi = -\frac{\partial^2 \mathcal{H}}{\partial \Pi_\Psi^2}\frac{\partial \mathcal{H}}{\partial \Psi} = -\left[\frac{\partial^2 \mathcal{H}}{\partial \Pi_\Psi^2}\frac{\partial^2 \mathcal{H}}{\partial \Psi^2}\right]\Psi \tag{2.147}$$

最后这个方程当哈密顿函数为 Ψ 的二次函数时确切成立 (这正是我们这里讨论的情况). 括号中的式子是平衡点附近小幅振荡频率的平方, 我们记

$$C_{\text{eff}}^{-1} = \frac{1}{c^2}\frac{\partial^2 H}{\partial \Pi_\Psi^2} \tag{2.148}$$

为电路的等效电容 (倒数), 类似于式 (2.142) 的等效电感. 我们也可以通过其他方法得到式 (2.148) 或类似的式子. 比如, 直接通过诱导电荷与电压之间的关系 (Averin, Bruder, 2003; Sillanpaa et al., 2005; Duty et al., 2005; Johansson et al., 2006a) 得出相关式子.

在量子描述中, 跟往常一样, 我们将正则动量替换为对应的算符. 在没有 SSET 约瑟夫森结, 同时忽略单电子共振隧穿的情况下, 器件简化为一个经典的 LC 电路,

$$\mathcal{H} = \frac{c^2\Pi_\Psi^2}{2C} + \frac{1}{2}\frac{(c\Pi_\Psi + C_gV_g)^2}{2C + C_g} + \frac{\Psi^2}{2L} \tag{2.149}$$

所以, 正如期望的那样,

$$\ddot{\Psi} = c^2\dot{\Pi}_\Psi\left(\frac{1}{2C} + \frac{1}{2C + C_g}\right) = -\frac{c^2}{LC_{\text{eff}}}\Psi \tag{2.150}$$

等效电容为

$$C_{\text{eff}}^{-1} = (2C)^{-1} + (2C + C_g)^{-1} = \frac{1}{c^2}\frac{\partial^2 H}{\partial \Pi_\Psi^2} \tag{2.151}$$

这里 $c\Pi_\Psi$ 为节点上的电荷. 当然, 系统是线性的, 所以等效电容和共振频率不依赖于门电压.

有约瑟夫森结的情况下, 尽管我们仍将节点磁通 Ψ 当作一个经典变量来处理, 但我们将以量子形式考虑 SSET 上的超导磁通变量 Φ, 并通过对哈密顿方程求期望值来去掉它. 在接近 SSET 的简并点时, 其能级由式 (2.130) 给出, 其中 $n^* = -(c\Pi_\Psi/e + C_g V_g/e) \equiv -c\Pi_\Psi/e + n_g$. 因此, 当 SSET 的状态为 $|s\rangle$ $(s=0,1)$ 时, H 的期望值为 (会有一个加性常数)

$$H_s = \epsilon_s(n_g, \Pi_\Psi) + \frac{c^2 \Pi_\Psi^2}{4C} + \frac{\Psi^2}{2L} \tag{2.152}$$

这里 SSET 的能量为

$$\epsilon_{0(1)}(n_g, \Pi_\Psi) = \mp \frac{E_C}{2}\sqrt{\left(1 - n_g + \frac{c\Pi_\Psi}{e}\right)^2 + \left(\frac{E_J}{E_C}\right)^2} \tag{2.153}$$

其中 $E_C = 2e^2/(C_g + 2C + C_J)$. 现在, 等效电容依赖于 SSET 的量子态并且可以通过门电压来调节:

$$\begin{aligned}
C_{\text{eff},0(1)}^{-1}(n_g) &= \frac{1}{c^2}\frac{\partial^2 \langle H \rangle}{\partial \Pi_\Psi^2} = \frac{1}{2C} \mp \frac{E_C}{2c^2}\frac{\partial^2}{\partial \Pi_\Psi^2}\sqrt{\left(1 - n_g + \frac{c\Pi_\Psi}{e}\right)^2 + \left(\frac{E_J}{E_C}\right)^2} \\
&\approx \frac{1}{2C} \mp \frac{1}{C_g + 2C + C_J}\frac{\partial^2}{\partial n_g^2}\sqrt{(1 - n_g)^2 + \left(\frac{E_J}{E_C}\right)^2}
\end{aligned} \tag{2.154}$$

上式中第二项是几何电容倒数的量子修正, 在基态时为负值. 因此, SSET 处于基态时, 对电容的量子贡献为正, 而激发态时为负. (Sillanpaa et al., 2005; Duty et al., 2005; Johansson et al., 2006a.)

式 (2.153) 和式 (2.5.2) 只在 SSET 简并点附近成立, 此时只需要考虑两个相邻的电荷态. 对于任意的 SSET 偏置, 我们同样可以写出等效电容的表达式:

$$C_{\text{eff},0(1)}^{-1}(n_g) = \frac{1}{2C} + \frac{c^2}{e^2}\frac{\partial^2}{\partial n_g^2}\langle \epsilon_s(n_g, \Pi_\Psi)\rangle\bigg|_{c\Pi_\Psi = Q_{\min}} \tag{2.155}$$

这里用到了 $\epsilon_s(n_g, \Pi_\Psi)$ 的确切表达式; $Q_{\min}$ 为节点电荷平衡态的量子统计平均值. Sillanpaa et al.(2005) 和 Duty et al.(2005) 各自独立地演示了铝 SSET 在温度低于约 100 mK 下的量子电容.

*2.6 正常金属中的超导效应

2.6.1 安德列也夫 (Andreev) 反射和邻近效应

当我们考虑 (零温下) 受一个无限小的偏置电压 $\delta\mu = e\delta V$ 驱动而流过一个正常导体和超导体的干净界面 (NS 界面) 的电流时, 会出现一个有趣的情况. 在正常导体中, 这个电流由准粒子——能量在费米能附近 $\delta\mu$ 以内的激发电子 (Kittel, 1987, 2004)——携带, 但是到了超导体内, 没有能量低于 Δ 的准粒子, 且电流由凝聚的库珀对来携带. 因此, 这里必须要求有某种转换机制.

这一机制由 Andreev 反射提供 (Andreev, 1964; Zagoskin, 1998, 4.5 节). 这一过程在图 2.20 中给出了示意. 一个从正常导体侧入射、能量 ϵ 高于费米能 μ 的电子, 不能直接穿透到超导体内. 相应地, 它要携带另一个能量相同、动量几乎相等并且自旋相反的电子, 组成一个库珀对然后加入超导侧的凝聚态内. 因此, 这一过程会携带净的动量和两电子的电流穿过 NS 界面, 并在正常导体侧留下一个动量相反的空穴, 空穴的群速度为 $\boldsymbol{V}(\boldsymbol{p}) = \partial_{\boldsymbol{p}}\epsilon(\boldsymbol{p})$, 它沿着入射电子的反方向远离界面. 整个过程因而可以看成电子的一个 Andreev 反射: 当一个电子入射到 NS 界面时, 反射回去的是一个空穴. 与之相反的过程——也就是空穴的 Andreev 反射——则实现了空穴-电子转换.

我们没必要深究这个过程的细节, 它由我们前面提到过的 Bogoliubov-de Gennes 方程来描述. 对于理想的情况, 一个能量为 ϵ 的粒子落到一个陡峭的、干净的 NS 界面上, 两侧材料具有相同的费米能、费米动量、等效电子质量等, 电子-空穴 (空穴-电子)Andreev 反射的幅值为 (Zagoskin, 1998, 式 (4.165))

$$r_{\mathrm{eh(he)}} = \exp(\mp\phi) \times \begin{cases} \exp\left(-\mathrm{i}\arccos\dfrac{\epsilon}{\Delta}\right), & \epsilon \leqslant \Delta; \\ \exp\left(\arccos\dfrac{\epsilon}{\Delta}\right), & \epsilon > \Delta \end{cases} \tag{2.156}$$

这里的 $\Delta\exp(\mathrm{i}\phi)$ 为超导序参量. 对于能量在超导能隙以内的准粒子, Andreev 反射的概率 $R_A = |r_{\mathrm{eh}}|^2 = |r_{\mathrm{he}}|^2 = 1$, 即便对更高能量的准粒子, 这一效应依然存在. 值得注意的是, 反射的准粒子会获得一个相位常数——增加或减少一个超导体相位. 基于这一事实, 也就是 Andreev 反射的空穴会沿着入射电子的轨迹做反方向运动, 并且其波函数会在后者波函数上增加一个相位差 ϕ, 我们可以猜想正常金属中会存在由于相邻的超导

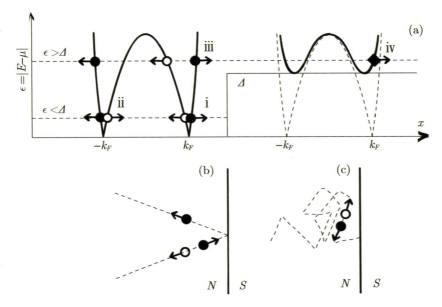

图2.20　一个尖锐的NS界面处的Andreev反射

准粒子的能量由共同的费米能级μ来区分，因此我们可以分辨为电子（$\epsilon=E-\mu>0$, $k>k_F$，黑点）和空穴（$\epsilon=\mu-E>0$, $k>k_F$，白点）. 在超导体中，准粒子为博戈子（bogolons）——电子型和空穴型激发的相干叠加，且只能存在于能隙之外（Zagoskin，1998，第4章）. (a) 一个能量为$\mu+\epsilon$, $\epsilon<\Delta$（ⅰ）的入射电子无法穿过超导体，必须反射为一个能量相同的电子（动量约为$-k_F$）或空穴（动量约为k_F）. 后一种情况（Andreev反射）当NS界面处没有势垒时更可能发生，它可以提供正常反射所需的约$2k_F$电子动量变化. 一个入射的空穴（ⅱ）无法发生同样的过程. 一个能量高于能隙的电子（或空穴）（ⅲ）可以以一个电子（空穴）型博戈子（ⅳ，方块）穿过超导体，但可以仍为正常态或是Andreev反射的. (b) 不同于正常反射，Andreev反射改变了反射粒子速度的所有分量，且反射的空穴（电子）将沿着入射电子（空穴）的路径折回. (c) 当正常导体中存在弹性散射时，上述过程仍是对的.

体引起的超导相干性——邻近效应. 这种情况确实会发生 (Tinkham, 2004; Zagoskin, 1998), 但这种相干性只会在界面附近的一个薄层中发生. 原因很简单, 从图 2.20 可以看出, 入射电子 (空穴) 的动量与 Andreev 反射的空穴 (电子) 有微小的差别:

$$k_e - k_h \approx 2\left.\frac{\partial k}{\partial E}\right|_{E=\mu} = \frac{2\hbar v_F}{\epsilon} \tag{2.157}$$

因此, 电子和 Andreev 反射的空穴之间的相位差会随着远离反射点而增加, 并且在尺度 $l \sim \hbar v_F/(2\epsilon)$ 上变得显著. 在有限温度下, 入射粒子的特征能量分布范围为 $\epsilon \sim k_B T$, 因此, 在干净界面情况下, 正常金属中的超导相干长度为

$$l_{T,\mathrm{clean}} = \frac{\hbar v_F}{k_B T} \tag{2.158}$$

干净极限意味着正常金属层中没有杂质散射, 因此电子的轨迹是直线的 (图 2.20(b)). 而在相反的 "脏" 极限下, 由于正常层中有太多的弹性散射 (杂质引起的), 电子的轨迹是扩散的, 扩散系数为 D. 电子和反射空穴之间相位相干性的消失距离仍然不变 (图 2.20(c)), 但可以直接测算 NS 界面偏移量了. 对于扩散而言, 这一偏移距离为 $\langle x^2 \rangle = Dt$, 电子在碰撞过程中的速度约为 v_F, 因此

$$l_{T,\text{dirty}} = \sqrt{Dt} = \sqrt{\frac{Dl_{T,\text{clean}}}{v_F}} = \sqrt{\frac{\hbar D}{k_B T}} \tag{2.159}$$

两种情况下, 我们看到超导相干性都是可以在常规导体中存在的. 这就允许我们用正常导体层作为中间层构造约瑟夫森结 (SNS 结). 这种结有一个有趣的性质就是, 通过的约瑟夫森电流不遵循式 (2.18) 中的 $\sin\phi$ 规律.

2.6.2 Andreev 能级和 SNS 结中的约瑟夫森电流

如果两个超导体中间夹一层正常层, 能量低于 Δ 的准粒子将被限制在一个势阱中. 因此, 这个势阱中会出现量子化的 Andreev 能级 (Kulik, 1970). 首先考虑一维的情况 (图 2.21), 最简单的讨论方法是采用准经典量子化条件 (Landau, Lifshitz, 2003, 第 48 章):

$$\oint p(\epsilon)\mathrm{d}q = 2\pi n\hbar \tag{2.160}$$

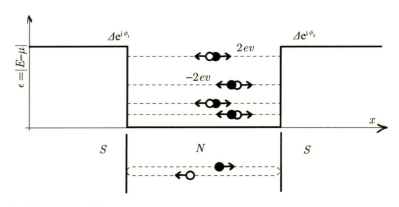

图2.21　SNS结中的Andreev能级

这里的 p 和 q 为共轭的动量和位置. 对于一个正常层中的准粒子, 它在回到初始位置之

前经历了两次 Andreev 反射, 对于量子化能级 n(假设式 (2.156) 成立),

$$-2\arccos\frac{\epsilon_n^{\pm}}{\Delta} = \pm(\phi_1 - \phi_2) + (k_e(\epsilon_n^{\pm}) - k_h(\epsilon_n^{\pm}))L \tag{2.161}$$

这里 $k_{e(h)}(\epsilon) = \sqrt{2m^*(\mu \pm \epsilon)}/\hbar$ 是电子 (空穴) 的波矢, 有效质量为 m^*, L 是正常导体的宽度. 式 (2.161) 一般来说只能有数值解, 但是在两个极限情况 $L = 0$ 和 $L \to \infty$ 时, 是可以有解析解的. 如果 $L = 0$, 式 (2.161) 简化为

$$\arccos\frac{\epsilon_n^{\pm}}{\Delta} = \frac{1}{2}(\pm\phi - 2\pi n)$$

因此, 阱中只有两个简并的能级:

$$\epsilon^+ = \epsilon^- = \Delta\cos\frac{\phi}{2} \tag{2.162}$$

如果 $L \to \infty$, 阱中会存在很多能级, 其中大部分能级 $\epsilon \ll \Delta$. 因此, 我们可以将式 (2.161) 中的动量差近似为 $k_e(\epsilon_n^{\pm}) - k_h(\epsilon_n^{\pm}) \approx k_F\epsilon_n^{\pm}/\mu$, 并且设 $\arccos(\epsilon_n^{\pm}/\Delta) \approx \pi/2$, 于是

$$\epsilon_n^{\pm} = \frac{\hbar v_F}{2L}[\pi(2n+1) \pm \phi] \tag{2.163}$$

(当然, 我们必须确保 L 虽然大但是有限, $L < l_T$, 因为超过一定的距离之后, 超导相干性就不可能在正常导体中生存了).

首先, 我们注意到有两组能级 ϵ_n^+ 和 ϵ_n^-. 这是因为 Andreev 能级不同于常规的驻波: 形成这些能级的电子和空穴是沿着相反方向运动的, 因此携带的电流 ev 是同方向的. 于是一个 Andreev 能级携带 $2ev$ 的平衡电流通过正常层, 显然 "正" 和 "负" 能级分别携带方向相反的电流, 但这些电流不必非要抵消. 其次, Andreev 能级的位置取决于相位差 $\phi = \phi_1 - \phi_2$. 因此, 通过 SNS 结的电流肯定依赖于 ϕ. 平衡态下, 这个电流就是约瑟夫森电流, 不过其电流–相位依赖关系却与式 (2.18) 的形式有很大的差别.

在零温下, 一个短的 SNS 结中 (Kulik, Omelyanchuk, 1977; Zagoskin, 1998, 4.5.3 小节):

$$I(\phi) = \frac{\pi\Delta}{eR_N}\sin\frac{\phi}{2} \tag{2.164}$$

如图 2.22 所示. 而在一个长的结中 (Ishii, 1970; Bardeen, Johson, 1972; Zagoskin, 1998, 4.5.4 小节):

$$I(\phi) = \frac{ev_F}{L}\left[\frac{2}{\pi}\sum_{s=1}^{\infty}(-1)^{s+1}\frac{\sin s\phi}{s}\right] \tag{2.165}$$

同样如图 2.22 所示. 式 (2.164) 很巧合地给出了与通过 SSET 的共振约瑟夫森电流的关系式 (2.127) 相同的形式. 在长结中, 电流–相位关系是一个很好的锯齿波. [①] 在有限

①很容易检验式 (2.165) 中括号内的式子收敛到一个 2π 周期的单位幅值锯齿波.

的温度下或者有杂质散射的情况下, 式 (2.164)、式 (2.165) 中的高次谐波被压制, 电流关系最终会逐渐变成基本的正弦形.

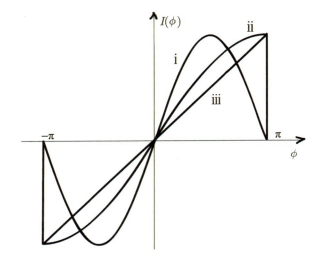

图2.22　零温下结中约瑟夫森电流对相位差的依赖关系
（ⅰ）隧道结；（ⅱ）短的、干净的SNS结；（ⅲ）长的、干净的SNS结.

　　我们在前几节中得到的结果不受 $I(\phi)$ 的形状影响. 约瑟夫森能和约瑟夫森电流之间的关系式 (2.21) 依然成立, 我们所要做的就是考虑一个稍微不同一点的势阱. 从另一个角度来看, 存在正常层有其讨厌的地方：当相位差依赖于时间时, 就会出现一个约瑟夫森电压, 并将产生正常电流, 随之而来的就是量子相干性的损失. 不过, 另一方面, 某些正常导体可能拥有某些特别有用的性质来抵消这一劣势, 比如半导体异质结中的二维电子气. 这就是我们下一章将讨论的问题.

第3章

基于二维电子气的量子器件

殊途而同归.

——蒙田(M. de Montaigne),《蒙田随笔》, 查尔斯·科顿 (Charles Cotton) 译

3.1 二维电子气的量子输运

3.1.1 二维电子气在异质结器件中的形成

超导量子电路有那么多优点, 包括其参数可调性、内在的退相干保护、已充分了解的物理性, 以及完善的制备和实验技术等, 看起来考虑其他可能的量子工程技术方案似乎显得多余. 不过, 忽视其他可能的方案是短视的, 特别是包含丰富物理内容的二维电子气 (2DEG) 器件. 在这种器件中, 我们有的是一个普通的电子系统, 但是它却能在较

大的距离上维持量子相干性, 并且能够在实验中简单地调节成所需的形式 (二维、一维或零维)——就像转一下旋钮那样. 我们可以使用其中的电荷或自旋自由度来构建量子比特、灵敏量子探测器、量子干涉仪或其他各种有趣的器件. 这是很有启发性的, 它表明我们不一定需要用宏观量子态 (例如超导电性) 来观测宏观量子相干性.

一个附带的红利是, 在超导体-2DEG 混合结构中存在很多有趣又有用的效应. 如果我们先讨论的是这类器件, 我们甚至会问, 我们还需要超导量子电路干吗?

2DEG 层可以在比如 MOSFET(金属–氧化物–半导体场效应晶体管) 中形成 (Smith, 1996). 不过, 在我们感兴趣的研究中主要还是基于异质结型器件, 最常见的是 GaAs/AlGaAs 结 (所谓的 HEMT——高电子迁移率晶体管). 与 MOSFET 不同, 这里的 2DEG 层不是通过栅极上的正向电压将下方掺杂半导体 (硅) 中的电子吸引过来形成的, 而是通过异质结两端材料自然的能带失配. 这类器件的主要优点是高的电子迁移率. 其他同样具有高迁移率的 2DEG 系统还包括 Si/SiGe 和 InAs/AlSb 异质结等. 无论如何, 我们的讨论还是集中在理论方面, 因此我们将使用 GaAs/AlGaAs 作为典型的例子.

这一体系的示意结构如图 3.1 所示. 掺杂层 $Al_xGa_{1-x}As$ 和非掺杂层 GaAs 通过分子束外延 (MBE) 技术依次堆叠生长. 由于 AlAs 和 GaAs 的晶格常数 (分别是 5.660 Å 和 5.653 Å) 很接近, 但能隙不同, 因此可以通过改变铝的浓度来形成所需的能带结构.[①] 其结果是在非掺杂 GaAs/AlGaAs 界面处形成了一个近似三角形的势阱. n 型施主——采用调制掺杂技术放置在 2DEG 对面隔层上——泄露的电子在这里聚集形成

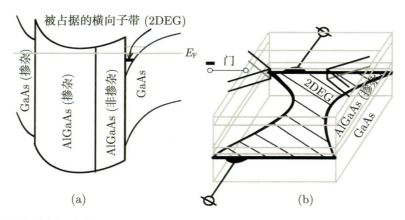

(a)　　　　　　　　　　　(b)

图3.1　异质结中形成的2DEG

(a) GaAs/AlGaAs异质结的能带结构；(b) 使用分裂栅技术形成的2DEG量子点接触.

---

① Smith (1996) 引用了 Casey, Panish (1978) 关于 $Al_xGa_{1-x}As$ 带隙的近似公式: $E_{gap}(eV) = 1.424 + 1.247x$.

量子工程学: 量子相干结构的理论和设计
Quantum Engineering: Theory and Design of Quantum Coherent Structures

了 2DEG 层. 因此, 施主对 2DEG 层中电子的静电影响降低为一个空间平滑的散射势 (2DEG 本身的屏蔽会进一步平滑并减弱这一势场, 稍后会讨论). 这导致在适度的低温下 (约 1 K)2DEG 中的电子迁移率 $\mu \approx 10^7 \text{ cm}^2\text{V}^{-1}\text{s}^{-1}$, 以及弹性散射长度 $l_e \approx 10 \text{ μm}$ 非常之高 (Smith, 1996). 非弹性电子散射长度 l_i(主要来源于电子-声子相互作用) 在这种情况下远远超过了 l_e. 当 l_e 和 l_i 超过器件的特征尺寸时, 电子输运既是量子相干的也是弹道的, 这对工程应用而言显然是非常重要的. 此外, 它还具有高的电子密度, $10^{11\sim12} \text{ cm}^{-2}$, 以及与自由电子相比较低的有效质量 $m^* = 0.067m_0$ 等重要特点.

层中的电子-电子散射长度 l_{e-e} 约 100 μm, 甚至更大, 并且在多数情况下电子可以看成没有相互作用. 一个自由电子在层中满足定态薛定谔方程:

$$\left[-\frac{\hbar}{2m^*} \left(\frac{\partial^2}{\partial x^2} + \frac{\partial^2}{\partial y^2} + \frac{\partial^2}{\partial z^2} \right) + U(z) + V(x,y,z) \right] \psi(x,y,z) = E\psi(x,y,z) \tag{3.1}$$

在这里, $U(z)$ 是由在界面处的能带弯曲和带电施主的平均电场所产生的 (近似三角形的) 限制势, $V(x,y,z)$ 描述了势能的局部扰动、其他杂质、栅电极等的贡献. 将波函数沿横向哈密顿量的离散本征态展开:

$$\left[-\frac{\hbar}{2m^*} \frac{\partial^2}{\partial z^2} + U(z) \right] \phi_j(z) = E_j \phi_j(z) \tag{3.2}$$

我们可以得到一组耦合的 2D 薛定谔方程:

$$-\frac{\hbar}{2m^*} \left(\frac{\partial^2}{\partial x^2} + \frac{\partial^2}{\partial y^2} \right) \psi_j(x,y) + \sum_k V_{jk}(x,y)\psi_k(x,y) = (E - E_j)\psi_j(x,y) \tag{3.3}$$

横向能量近似由下式给出 (Smith, 1996):

$$E_j = \left(\frac{\hbar}{2m^*} \right)^{1/2} \left[\frac{3\pi}{2} \left(j + \frac{3}{4} \right) eF \right]^{2/3} \tag{3.4}$$

其中单位面积有效横向场 $F = F_0 + \dfrac{en}{2\epsilon_0\epsilon}$, F_0 为电离施主的场, n 为电子的 2D 密度, $\epsilon = 12.9$ 为 GaAs 的介电常数. 能量差 $E_1 - E_0$ 约 30 meV, 当密度低于约 10^{12} cm^{-2} 时, 只有最低能级被占据. 此外, 带间散射势能

$$V_{jk}(x,y) \equiv \langle \phi_j | V | \phi_k \rangle = \int \phi_j^*(z)V(x,y,z)\phi_k(z)\mathrm{d}z, \quad j \neq k \tag{3.5}$$

可以忽略. 因此, 最后留下的是一个 2D 方程:

$$-\frac{\hbar}{2m^*} \left(\frac{\partial^2}{\partial x^2} + \frac{\partial^2}{\partial y^2} \right) \psi(x,y) + V(x,y)\psi(x,y) = E\psi(x,y) \tag{3.6}$$

这里我们省略了不必要的下标, 并且记 $V(x,y) = V_{00}(x,y) + E_0$.

当然, 电子的密度为

$$n = 2\frac{\pi k_F^2}{4\pi^2} = \frac{k_F^2}{2\pi} = \frac{2\pi}{\lambda_F^2} \tag{3.7}$$

一个典型的实验值为 $n = 3 \times 10^{11}$ cm^{-2}, 对应于一个长的费米波长 $\lambda_F \approx 100$ nm(实验中的典型值为 $\lambda_F \approx 60$ nm). 只要器件的特征尺寸接近 λ_F, 这种 2DEG 中的输运将会揭示电子的波动性质.

需要注意的是, 对于 2D 电子, 态密度 (每个自旋) 是恒定的:

$$N^{(\text{2D})}(E) = \frac{\partial}{\partial E}\frac{\pi k^2(E)}{4\pi^2} = \left(\frac{\partial}{\partial E}\frac{\hbar^2 k^2(E)}{2m^*}\right)\frac{2m^*}{4\pi\hbar^2} = \frac{m^*}{2\pi\hbar^2} \tag{3.8}$$

对于 GaAs/n-GaAs 结构, 它等于 $(1/2) \times 2.8 \times 10^{10}$ cm^{-2}/meV(Hiyamizu, 1990, 3.2 节). 当 $n = 3 \times 10^{11}$ cm^{-2} 时, 将得到 $E_F = n/(2N^{(\text{2D})}) \approx 10$ MeV ~ 100 K. 而在 1D 情况下, 我们会有

$$N^{(\text{1D})}(E) = \frac{\partial}{\partial E}\frac{k(E)}{2\pi} = \left(\frac{\partial}{\partial E}\hbar k(E)\right)\frac{1}{2\pi\hbar} = \frac{1}{2\pi\hbar v(E)} \tag{3.9}$$

这里 $v(E) = (\partial\hbar k/\partial E)^{-1} = \hbar k/m^*$ 是电子的速度. 我们很快会用到这个公式.

3.1.2 点接触中的电导量子化

如果我们暂时忽略带电施主不那么重要的贡献, 式 (3.6) 中的势能 $V(x,y)$ 将来源于沉积在结构顶端的栅电极 (图 3.1(a)). 这种分裂栅技术这些年来得到了极大的改进. 现在可以制造出很复杂的结构, 在不同电压下保持并且独立调节. 因此, 实验可实现的 $V(x,y)$ 的形状非常多样化. 在栅极下方耗尽的 2DEG 区域形成二维结构, 在实验中通过转动几个旋钮就能够轻易地 (对于理论学家来说) 进行调节. 这些静电定义的结构不可避免是光滑的, 这是一个优点, 因为任何尖锐的边角都将强烈地散射电子波, 降低输运的效率.

这类结构最简单的就是点接触——在两个宽的 2DEG 区域 ("源极" 和 "漏极", 图 3.1(b)) 之间的短收窄. 通过增加栅极的负电压, 可以完全夹断这个结区 "瓶颈". 我们可以在源极和漏极之间施加一个偏压 eV 并测量电导 $G = I/V$(或者更确切地说是微分电导, 在 $V = 0$ 处的 dI/dV). 实验结果 (Wharam et al., 1988; van Wees et al., 1988) 令人惊讶: 在约 1% 的精确度内, 电导是量子化的 (图 3.2),

$$G = n\frac{e^2}{\pi\hbar} \equiv nG_Q \tag{3.10}$$

跟我们在第 2 章中讨论超导电荷量子比特时一样, 其电导量子约为 $(12.9 \text{ k}\Omega)^{-1}$. 虽然这种量子化与量子霍尔效应所能达到的精确度相距甚远, 但仍是一个很引人注目的现象.

为了理解发生了什么, 让我们回想一下, 在实验的条件下, 与电子散射长度 (弹性和非弹性) 相比, 结区的尺寸较小. 任何到达点接触的电子将只会被栅极电势 (即 2DEG 区域的边界) 散射. 因此, 我们可以独立地去考虑这些电子.

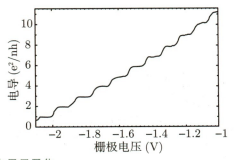

图 3.2　2DEG 点接触中的电导量子化

经 van Wees et al., 1988, ©1988 美国物理学会许可重印.

点接触最终连接两个电子库: "左库" 和 "右库", 或者叫 "源极" 和 "漏极". 它们分别维持在不同的化学势下:

$$\mu_{\mathrm{L}} - \mu_{\mathrm{R}} = eV \tag{3.11}$$

这些库中电子与声子、杂质, 以及彼此之间的相互作用足以在这些化学势上建立平衡, 并且它们可以看成无穷大, 因此电子离开或者进入点接触对于它们都没有影响. 如果我们将来自左/右库的电子的归一化单电子波函数表示为 $\psi_{k,q}^{\mathrm{L(R)}}(x,y)$, 其中 $k = 0, 1, \cdots$ 是 2DEG 区域的横向态式 (3.4), 并且用 q 标记对应库中的态, 那么对应每个自旋方向的电流密度由以下常见的关系式给出:

$$\boldsymbol{j}^{\mathrm{L(R)}}(x,y) = -\frac{e\hbar}{m^*}\mathrm{Im}\left[\psi_{k,q}^{\mathrm{L(R)}}\nabla\psi_{k,q}^{\mathrm{L(R)}*}\right] \tag{3.12}$$

因此净的电流为

$$I = \int \mathrm{d}S\,\boldsymbol{n}_S \cdot \left(\sum_q^{\mu_{\mathrm{L}}}\boldsymbol{j}^{\mathrm{L}}(x,y) - \sum_q^{\mu_{\mathrm{R}}}\boldsymbol{j}^{\mathrm{R}}(x,y)\right) \tag{3.13}$$

这里对电流密度的积分是沿着结上任意表面 (实际上为线)S 进行的 (图 3.3). 库的细节、它们与 2DEG 区域的连接等无关紧要, 只要它们在各自的化学势下提供平衡分布的入射电子. 因此, 问题实质上简化为一个散射问题. 我们可以将点接触考虑成一个放置在无限大的 2DEG 层中间的散射体, 并且将散射态 $\chi_{\boldsymbol{k}}^{\mathrm{L(R)}}$ 作为 $\psi^{\mathrm{L(R)}}$ 的函数, 用波矢来进行标记:

$$\chi_{\boldsymbol{k}}^{\mathrm{L}}(x \to -\infty, y) \sim \mathrm{e}^{\mathrm{i}\boldsymbol{k}\cdot\boldsymbol{r}}; \quad \chi_{\boldsymbol{k}}^{\mathrm{R}}(x \to -\infty, y) \sim \mathrm{e}^{\mathrm{i}\boldsymbol{k}\cdot\boldsymbol{r}} \tag{3.14}$$

这些散射态相互正交并形成一组完备的基. 因此输运问题可以简化为散射问题, 并且总电流可写为

$$I = \int dE (N_{\mathrm{L}}(E)f(E-\mu_{\mathrm{L}})I_{\mathrm{L}}(E) - N_{\mathrm{R}}(E)f(E-\mu_{\mathrm{R}})I_{\mathrm{R}}(E)) \qquad (3.15)$$

其中 $N_{\mathrm{L(R)}}(E)$ 为对应的态密度, $f(E-\mu)$ 为费米分布函数, $I_{\mathrm{L(R)}}(E)$ 为具有能量 E(波矢为 $\boldsymbol{k}(E)$) 的碰撞电子携带到右 (左) 侧的平均电流. 后者由瓶颈的性质所决定, 现在我们就来把它搞清楚. ①

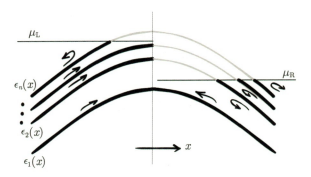

图3.3　点接触处的横向子带

通过弹道点接触的电流由横向子带携带, 这些子带将电流带到相应的有效横向势 $\epsilon_n(x)$ 的最大值处. 位置依赖的子带占据在图中表示为黑色.

我们返回到薛定谔方程 (3.3), 并且依照 Glazman et al.(1998) 的方法, 对变量做绝热分离. 我们希望得到一个以下形式的解:

$$\psi_{nE}(x,y) = \varphi_n(x,y)\phi_{nE}(x) \qquad (3.16)$$

这里的归一化函数 $\varphi_n(x,y)$, $\int_{-\infty}^{\infty} |\varphi_n(x,y)|^2 dy = 1$, 是横向哈密顿量的本征函数:

$$\left(-\frac{\hbar^2}{2m^*}\frac{\partial^2}{\partial y^2} + V(x,y) \right)\varphi_n(x,y) = \epsilon_n(x)\varphi_n(x,y) \qquad (3.17)$$

在不失一般性的情况下, 我们可以假设约束的宽度 (沿着 y 方向) 永远是有限的, 尽管它可以是任意大的. 那么横向能量 $\epsilon_n(x)$ 就应该是离散的.

现在, 对于纵向函数 $\phi_{nE}(x)$, 可以得到方程

$$-\frac{\hbar^2}{2m^*}\frac{d^2\phi_{nE}(x)}{dx^2} = (E - \epsilon_n(x))\phi_{nE}(x,y)$$
$$+ \frac{\hbar^2}{2m^*}\left(2\frac{d\phi_{nE}(x)}{dx}\cdot\frac{1}{\varphi_n(x,y)}\frac{\partial\varphi_n(x,y)}{\partial x} + \phi_{nE}(x)\cdot\frac{1}{\varphi_n(x,y)}\frac{\partial^2\varphi_n(x,y)}{\partial x^2} \right)$$
$$(3.18)$$

① 量子电导的严格处理需要引入非平衡格林函数, 这已经超出了我们的讨论范围. 见 Zagoskin(1998, 3.6 节) 和其中的参考文献.

势能 $V(x,y)$ 和横向哈密顿量的本征模在 x 方向变化缓慢, 所以右侧最后一项 (其包含 φ_n 的 x 导数) 可以忽略不计. 这样一来, 最后留下的就是一个 1D 薛定谔方程, 其具有 "横向" 势 $\epsilon_n(x)$(图 3.3). 能量超过 $\epsilon_n(x)$ 最大值的电子越过壁垒传播, 余下的被反射回来. 对于横向模式 n, 具有给定能量 E 的式 (3.18) 的 WKB 近似解为

$$\phi_{nE}^{(s)}(x) = \mathrm{e}^{\mathrm{i}s\int_{-s\infty}^{x} k_{nE}(x')\mathrm{d}x'} \tag{3.19}$$

其中 $s = \pm$ 决定了传播方向. 纵向波矢

$$k_{nE}(x) = \frac{1}{\hbar}\sqrt{2m^*(E - \epsilon_n(x))} \tag{3.20}$$

对于传播解 $(E > \max\epsilon_n(x))$ 来说处处都是实的. 相应的电流密度为

$$j_x^{(s)} = \frac{\mathrm{i}e\hbar}{m^*}\left[\varphi_n(x,y)\phi_{nE}^{(s)}(x)\right]\frac{\partial}{\partial x}[\varphi_n(x,y)\phi_{nE}(x)]^* = s|\varphi_n(x,y)|^2\frac{e\hbar k_{nE}(x)}{m^*} \tag{3.21}$$

并且在给定点穿过结的局部电流为

$$I^{(s)}(x) = \int j^{(s)}(x,y)\mathrm{d}y = s\frac{e\hbar k_{nE}(x)}{m^*} \equiv sev_{nE}(x) \tag{3.22}$$

这里 $v_{nE}(x) = (\partial k_{nE}(x)/\partial E)^{-1}$ 是第 n 个横向子带中的速度. 当 $k_{nE}(x)$ 在某些地方变为复数时, 其解在 $k_{nE}(x) = 0$ 这一点上被经典地反射, 并且只能超出这一点之后才可以隧穿, 因此对电流没有贡献.

通过结的总电流可表示为

$$I = \int_{-\infty}^{\infty}\left[\sum_{\max\epsilon_n(x)\leqslant E}(f(E - \mu_{\mathrm{L}}) - f(E - \mu_{\mathrm{R}}))N_n(E,x)\frac{e\hbar k_{nE}(x)}{m^*}\right]\mathrm{d}E \tag{3.23}$$

这里 $N_n(E,x)$ 是 x 点上横向模式 n 中的纵向态密度:

$$N_n(E,x) = \frac{\partial}{\partial E}\frac{k_{nE}(x)}{2\pi} = \frac{1}{2\pi\hbar}\frac{m^*}{\hbar k_{nE}(x)} \tag{3.24}$$

这个式子与式 (3.9) 完全相同, 除了依赖于 x 之外. 但是这种依赖性实际上并不重要, 因为在电流表达式中, $N_n(E,x)$ 变为了 $N_n(E,x)v_{nE}(x) = 1/(2\pi\hbar)$, 并不依赖于位置. 这是可以预料到的, 因为接触点上的总电流不能取决于我们计算它的位置. 最后, 考虑到自旋二重简并, 我们发现

$$I = 2\frac{e}{2\pi\hbar}\int_{-\infty}^{\infty}\left[\sum_{\max\epsilon_n(x)\leqslant E}(f(E - \mu_{\mathrm{L}}) - f(E - \mu_{\mathrm{R}}))\right]\mathrm{d}E \tag{3.25}$$

微分电导 $G = \mathrm{d}I/\mathrm{d}V|_{V=0}$(其中 $\mu_\mathrm{L} - \mu_\mathrm{R} = eV$) 可以直接从式 (3.25) 中得出. 温度为零时, 对费米分布求导产生 δ 函数, 最终我们得到量子化的电导

$$G = \frac{e^2}{\pi\hbar} \sum_{\max \epsilon_n(x) \leqslant \mu} 1 = \frac{e^2}{\pi\hbar} n_{\max} \tag{3.26}$$

每一个横向模式组成了具有电导 $e^2/(\pi\hbar)$ 的量子导电通道, 并且总电导是它们的总和.

除了开放通道数 $n_{\max}$ 对栅极电压的依赖性外, 结果不依赖于横向势的细节. 举个例子, 如果我们假设一个宽度为 $W(x)$ 且无限深的 (完全不现实的) 矩形势阱, 那么很明显,

$$n_{\max} < N_F = \frac{k_F W_{\min}}{\pi} = \frac{W_{\min}}{\lambda_F/2} \tag{3.27}$$

其中 $k_F = \sqrt{2m^*\mu}/\hbar$. 这通常是一个很好的经验法则, 并且 N_F 具有明显的物理意义, 即可以在通道最窄部分堆积的费米半波长的数目.

只要我们维持绝热平滑势轮廓的假设, 对式 (3.26) 的修正有两个来源. 第一, 在非传播模式中存在通过它们之间的有效势垒的隧穿. 这种泄露非常小: Glazman et al.(1998) 指出修正为

$$\Delta G_n = \frac{e^2}{\pi\hbar} e^{-\pi^2(N_F - n)\sqrt{2R/W_{\min}}} \tag{3.28}$$

其中 $R \gg W_{\min}$ 为在最窄点附近的收缩曲率半径. 第二, 在传播模式中存在高于壁垒的反射[①], 但是由于势能的平滑性, 它也非常小.

我们可以引入形状因子 $0 < T_n(E) < 1$ 来处理偏离无限陡跳变的情况, 于是

$$I = 2\frac{e}{2\pi\hbar} \int_{-\infty}^{\infty} \left[\sum_{\max \epsilon_n(x) \leqslant E} T_n(E)(f(E - \mu_\mathrm{L}) - f(E - \mu_\mathrm{R})) \right] \mathrm{d}E \tag{3.29}$$

$$G = \frac{e^2}{\pi\hbar} \sum_{\max \epsilon_n(x) \leqslant E} T_n(\mu) \tag{3.30}$$

如果 $\mu_\mathrm{L} = \mu + \alpha eV$, $\mu_\mathrm{R} = \mu - (1-\alpha)eV$, 在有限电压 V 下的微分电导由下式给出:

$$G(V) \equiv \frac{\mathrm{d}I}{\mathrm{d}V}$$

$$= \frac{e^2}{\pi\hbar} \int_{-\infty}^{\infty} \left[\sum_{\max \epsilon_n(x) \leqslant E} T_n(E) \left(-\alpha \frac{\mathrm{d}}{\mathrm{d}E} f(E - \mu_\mathrm{L}) - (1-\alpha) \frac{\mathrm{d}}{\mathrm{d}E} f(E - \mu_\mathrm{R}) \right) \right] \mathrm{d}E$$

$$= \int_{-\infty}^{\infty} G(E) \left(-\alpha \frac{\mathrm{d}}{\mathrm{d}E} f(E - \mu_\mathrm{L}) - (1-\alpha) \frac{\mathrm{d}}{\mathrm{d}E} f(E - \mu_\mathrm{R}) \right) \mathrm{d}E$$

---

① 确切地说这是一个量子力学现象, 在某种意义上来说和量子隧穿相对应. 在隧穿中, 具有能量 E 的粒子可以通过大为 $U > E$ 的势垒泄露. 相反, 在高于势垒的反射中, 粒子可以被大小为 $U < E$ 的势垒反射 (Landau, Lifshitz, 2003, 第 25 章).

并且电流-电压特性的二阶导数为

$$\frac{\mathrm{d}^2 I}{\mathrm{d}V^2} = -e \int_{-\infty}^{\infty} \frac{\mathrm{d}G(E)}{\mathrm{d}E} \left(\alpha^2 \frac{\mathrm{d}}{\mathrm{d}E} f(E - \mu_\mathrm{L}) - (1-\alpha)^2 \frac{\mathrm{d}}{\mathrm{d}E} f(E - \mu_\mathrm{R}) \right) \mathrm{d}E$$

在零温度下, 上述公式简化为

$$G(V) = -\alpha G(\mu_\mathrm{L}) - (1-\alpha)G(\mu_\mathrm{R}) \tag{3.31}$$

并且

$$\frac{\mathrm{d}^2 I}{\mathrm{d}V^2} = e \left[\alpha^2 \frac{\mathrm{d}G(E)}{\mathrm{d}E} \bigg|_{E=\mu_\mathrm{L}} - (1-\alpha)^2 \frac{\mathrm{d}G(E)}{\mathrm{d}E} \bigg|_{E=\mu_\mathrm{R}} \right] \tag{3.32}$$

这里, 我们可以从 $\mathrm{d}^2 I/\mathrm{d}V^2$ 的依赖性中发现横向子带底部之间的间距 (Zagoskin, 1990), 并且推断出在 y 方向限制势 $V(x,y)$ 的形状. 实际上, 线性电导 $G(E)$ 增加了 $e^2/(\pi\hbar)$, 而且当下一个横向通道打开, 即 $E = \epsilon_n(0)$ 时, 其导数 $\mathrm{d}G(E)/\mathrm{d}E$ 包含尖峰. 相应地, $\mathrm{d}^2 I/\mathrm{d}V^2$ 将包含正峰和负峰. 如果在零电压下, 化学势处于 $\epsilon_n(0)$ 和 $\epsilon_{n+1}(0)$ 之间, 那么第一个正峰将出现在 $eV_+ = (\epsilon_{n+1}(0) - \mu)/\alpha$, 第一个负峰出现在 $eV_- = (\mu - \epsilon_n(0))/(1-\alpha)$. 假设势的下降是对称的, $\alpha = 1/2$, 我们看到

$$\epsilon_{n+1}(0) - \epsilon_n(0) = \frac{eV_+ + eV_-}{2} \tag{3.33}$$

如图 3.4 所示.

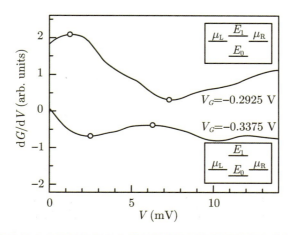

图3.4　在Si/SiGe异质结构中点接触的微分电导的导数随两个不同栅极上施加的偏压 V_G 的变化关系（经Scappucci et al., 2006，©2006美国物理学会许可重印）. 子带间间距可使用式（3.33）根据前两个极值的位置来估计.

3.1.3 利用散射矩阵研究量子输运：朗道尔 (Landauer) 形式、朗道尔 (Landauer) 公式及其变形

通过点接触的电导是非局域量子传输的最简单例子. 在这里, 决定电导率 (栅极电位引起的电子波的相干散射) 的物理过程与引起退相干的物理过程, 包括发生在热库中的能量和动量弛豫, 在空间上是分离的, 因此可以不用将这些退相干过程考虑在内. 使得这种极简图像优雅而有威力的原因是, 我们在第 1 章中想要确切描述这些非么正过程带来的一大堆麻烦, 在这里都不需要考虑了.

显然, 这种方法不仅限于 2DEG 中的点接触情况. 任何能够实现电子波相干传播的系统都可以用. 只要电子不经历非弹性散射 (例如, 通过声子、其他电子或杂质), 即电子波不经历随机的相位变化, 是不是弹道传播并不重要.

由于无须明确地引入非么正性, 因此输运的一般性描述 (Landauer 或 Landauer-Büttiker 形式) 是基于系统的么正散射矩阵 (Imry, 2002, 5.2 节) 的.

最初, Landauer(1957) 考虑了一种情况, 即一个理想的具有内部势垒的 1D 导体连接了两个化学势分别为 μ_L 和 $\mu_R = \mu_L - eV$ 的热库 (图 3.5). 如果势垒的透射系数为 $T(E)$, 那么通过导线的电流为 (参见式 (3.23) 和式 (3.24))

$$I = \frac{e}{\pi\hbar} \int_{-\infty}^{\infty} (f(E - \mu_L) - f(E - \mu_R))T(E)\mathrm{d}E \tag{3.34}$$

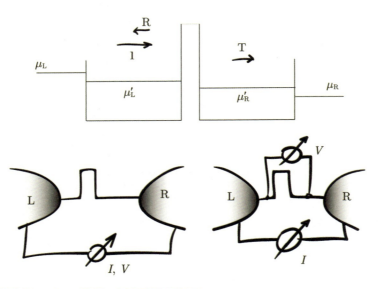

图3.5　1D情况下的Landauer形式：两点和四点电导

在零温极限下, 同时假设透射系数与能量无关, 则得到

$$G = \frac{I}{V} = \frac{eI}{\mu_{\mathrm{L}} - \mu_{\mathrm{R}}} = \frac{e^2}{\pi\hbar}T \tag{3.35}$$

这个结果正是我们已经得到的单个传输通道的量子点接触 (QPC) 情况, 但不是 Landauer 自己最初的推导, 即

$$G^{(4\mathrm{pt})} = \frac{e^2}{\pi\hbar}\frac{T}{1-T} \equiv \frac{e^2}{\pi\hbar}\frac{T}{R} \tag{3.36}$$

(上标 (4pt) 的含义稍后会做解释.) 这种差异是由于电导的定义不同引起的. Landauer 对势垒的电导本身感兴趣. 因此, 他将电导定义为比率

$$G^{(4\mathrm{pt})} = \frac{eI}{\mu'_{\mathrm{L}} - \mu'_{\mathrm{R}}} \tag{3.37}$$

这里的化学势不是库中的, 而是 1D 导线里的. 为了测量这样的量, 我们必须使用 "四点" 法: 两个电极测量库之间的电流, 另外两个测量它们之间的电压. 这与测量式 (3.35) 中电导的两点测量方式不同. 因此, G 和 $G^{(4\mathrm{pt})}$ 在操作层面上定义不同, 式 (3.35) 和式 (3.36) 间的差别也就不足为奇了.

然而, 在测量四点法方案中电极化学势之差前, 我们可以, 也应该问这样一个问题: 化学势——一个本质上是平衡态的属性——怎么能用到非平衡的系统上呢? 为了简单起见, 考虑到零温度的情况, 左电极包含: (a) 能量为 $-\infty$ 到 μ_{L} 的右移电子; (b) 从势垒反射的具有相同能量的左移电子 (它们的数量会更少, 因为一些已经穿过); (c) 从右库中入射的通过势垒的能量为 $-\infty$ 到 μ_{R} 的左移电子. 在右电极中情况类似, 换一下下标即可. (幸运的是, 因为假设了任何到达库中的电子瞬间被完全吸收, 我们无须担心多次反射的情况.) 这一图像确实离平衡很远. 每个点上都有不同的电子 "部落", 它们有着与各自历史相关的化学势.

处理这种情况的一种途径是将有效化学势 μ'_{L}, μ'_{R} 与电极中的电子密度联系起来. 例如, 在左电极中, 密度为

$$\begin{aligned} n_{\mathrm{L}} &= \int N(E) \times \frac{1}{2}(f(E-\mu_{\mathrm{L}}) + Rf(E-\mu_{\mathrm{L}}) + Tf(E-\mu_{\mathrm{R}}))\mathrm{d}E \\ &= \int N(E)f(E-\mu'_{\mathrm{L}})\mathrm{d}E \end{aligned} \tag{3.38}$$

第一行清楚地解释了 (a), (b) 和 (c) 的贡献. 在零温下且假设 $N(E)$ 不变, 与 μ'_{R} 类似, μ'_{L} 的定义会导致

$$\mu'_{\mathrm{L}} = \frac{1}{2}[\mu_{\mathrm{L}}(1+R) + T\mu_{\mathrm{R}}], \quad \mu'_{\mathrm{R}} = \frac{1}{2}[\mu_{\mathrm{R}}(1+R) + T\mu_{\mathrm{L}}] \tag{3.39}$$

并且

$$\mu'_{\mathrm{L}} - \mu'_{\mathrm{R}} = R[\mu_{\mathrm{L}} - \mu_{\mathrm{R}}] \tag{3.40}$$

由于 1D 态密度 $N(E)$ 随能量缓变, 因此它不会在 $\mu_{\mathrm{L}} - \mu_{\mathrm{R}}$ 范围内显著变化, 并且我们对常数 $N(E)$ 的假设在推导上述公式时是合理的. 将式 (3.40) 代入式 (3.37), 我们复现了四点 Landauer 电导式 (3.36).

将式 (3.36) 与式 (3.35) 比较, 可以看到系统的两点电阻, $G^{-1} = (\pi\hbar/e^2)(1/T) = (\pi\hbar/e^2)(R/T+1) = (G^{(4\mathrm{pt})})^{-1} + 2(\pi\hbar/(2e^2))$, 超出四点电阻 $2(\pi\hbar/(2e^2))$, 这部分电阻就是所谓的收缩电阻或沙尔文 (Sharvin) 电阻 (Zagoskin, 1998, 3.6 节). 后者应归因于库和 1D 电极之间的接触点, 在这里电子的运动受到了强烈的限制. 每个接触贡献了半个单位量子电阻. 在经典统计物理中有一个类似现象, 就是稀薄气体通过小孔的流阻 (克努森 (Knudsen) 区域). [①] 没有这样的电阻, 就不可能将两个平衡状态的库维持在各自不同的化学势下.

四点电导提供了势垒透射/反射特性的信息, 但是两点电导是更加基础的量: 它表征了有确定化学势的平衡库之间的电流和电压.

一维导线是特别有用的抽象模型, 因为其中的态密度与速度成反比, 所以抵消了电流定义式中的速度. 可以在式 (3.23) 和式 (3.34) 中看到这一机制是如何运用的. 我们还看到, 在量子点接触中, 这些电极表现为横向模式, 每一个模式都具有自身的纵向波矢、速度和 1D 态密度. 在推导式 (3.29) 和式 (3.30) 时, 我们独立地处理了每个横向模式, 用透射系数 T_n 来表征它们的输运行为. 这种方法已经被 QPC 势的平滑性证明是有效的, 尽管在这种情况下, 不同横向模式之间的散射也是可能的 (Zagoskin, Shekhter, 1994). 对于一般的介观系统, 没有理由来进行这样的简化, 引入完整的散射矩阵是有必要的,

$$S(E) = \begin{pmatrix} r(E) & \bar{t}(E) \\ t(E) & \bar{r}(E) \end{pmatrix} \tag{3.41}$$

这是一个 $2N_\perp \times 2N_\perp$ 的矩阵, 其中 $N_\perp$ 为每个导线中横向通道的数量. $N_\perp \times N_\perp$ 的矩阵块 $t(E), r(E)$ 描述了在能量 E 下从左库入射的电子. 从左侧模式 i 到右侧模式 j 的透射系数因此为 $T_{ij} = |t_{ij}|^2$. S 的单一性确保了电流的守恒 (Fisher, Lee, 1981). 这尤其意味着,

$$\sum_{i,j=1}^{N_\perp} \left(|t_{ij}|^2 + |r_{ij}|^2 \right) = N_\perp \tag{3.42}$$

也就是说, 来自左库的特定能量电子的总电流 (与通道数量成正比) 或者透射到右库, 或

---

① 参见 Pitaevskii, Lifshitz, 1981, 第 15 章.

者反射回左库. 左电极的净电流为 (考虑了自旋简并)

$$I = \int \sum_{i=1}^{N_\perp} 2N_i(E)ev_i(E) \left[\left(1 - \sum_j |r_{ij}(E)|^2 \right) f(E - \mu_L) \right.$$

$$\left. - \left(\sum_j |\bar{t}_{ij}(E)|^2 \right) f(E - \mu_R) \mathrm{d}E \right.$$

$$= \frac{e}{\pi\hbar} \int \sum_{i,j} |\bar{t}_{ij}(E)|^2 (f(E - \mu_L) - f(E - \mu_R)) \mathrm{d}E$$

$$\approx \frac{e(\mu_L - \mu_R)}{\pi\hbar} \int \sum_{i,j} |\bar{t}_{ij}(E)|^2 \left(-\frac{\mathrm{d}f(E)}{\mathrm{d}E} \right) \mathrm{d}E$$

$$= \frac{e(\mu_L - \mu_R)}{\pi\hbar} \int \mathrm{tr}\left(\bar{t}(E)\bar{t}(E)^\dagger \right) \left(-\frac{\mathrm{d}f(E)}{\mathrm{d}E} \right) \mathrm{d}E \tag{3.43}$$

在零温下, 这会产生两点电导, 仅通过费米能级处的幺正散射矩阵的透射子矩阵来表示 (Fisher, Lee, 1981):

$$G = \frac{e^2}{\pi\hbar} \mathrm{tr}\left(\bar{t}(E_F)\bar{t}(E_F)^\dagger \right) = \frac{e^2}{\pi\hbar} \mathrm{tr}\left(t(E_F)t(E_F)^\dagger \right) \tag{3.44}$$

如果 $\bar{t}(E_F)\bar{t}(E_F)^\dagger$ (或 $t(E_F)t(E_F)^\dagger$) 的本征值用 T_n 表示, 那么式 (3.44) 可以写成

$$G = \frac{e^2}{\pi\hbar} \sum_{n=1}^{N_\perp} T_n \tag{3.45}$$

回顾一下式 (3.30). 那里的 T_n 表示单独的、非混合模式的透过率, 但在式 (3.45) 中我们通常不能将任何一个 T_n 归因于某个特定的横向模式.

这种情况下四点电导也可以确定下来 (Imry, 2002, 5.2.2 小节). 像之前一样在电极中通过下式引入有效化学势:

$$n_L = \frac{1}{2} \sum_i \int N_i(E) \left(f(E - \mu_L) \left(1 + \sum_j |r_{ij}(E)|^2 \right) + f(E - \mu_R) \sum_j |\bar{t}_{ij}(E)|^2 \right) \mathrm{d}E$$

$$= \sum_i \int N_i(E) f(E - \mu_L') \mathrm{d}E \tag{3.46}$$

同样对于右电极中的电子密度 n_R, 在零温下

$$G^{(4\mathrm{pt})} = \frac{e^2}{\pi\hbar} \frac{2 \sum_{ij} |t_{ij}|^2 \sum_i v_{F,i}^{-1}}{\sum_i v_{F,i}^{-1} (1 + \sum_j (|r_{ij}|^2 - |t_{ij}|^2))} \tag{3.47}$$

如果所有的纵向费米速度 $v_{F,i}$ 都相同, 这将会简化为 $N_\perp$ 乘以式 (3.36) 的四点电导.

3.1.4 量子点接触作为量子探测器

量子点接触 (QPC) 的重要性并不仅限于它是 2DEG 量子器件很好的入门级案例. 它还可以是一种有用的器件, 可用作电荷的量子探测器. QPC 探测器背后的原理很简单, 如果栅极电压调整到刚好夹断 QPC, 它附近的静电势微扰会将它的电导改变一个有限值, 即电导量子, 而这很容易被测到 (图 3.6). 这是测量连接到量子系统的栅极电荷态的一种很自然的方法, 足以确定 QPC 是否导电. 根据常规的量子力学思想体系, 测量应当导致我们系统状态的量子塌缩:

$$\rho_i = |\psi_i\rangle\langle\psi_i| \equiv \left(\sum c_i|i\rangle\right)\left(\sum c_j^*\langle j|\right) \to \rho_f \equiv \sum |c_j|^2|j\rangle\langle j| \tag{3.48}$$

在 QPC 探测器的情况下, 这是以相当直接的方式发生的.

图3.6　2DEG量子点接触电荷探测器示意
有效势垒透明度取决于栅极电势，因此取决于被测体系的量子态 $|j\rangle$.

我们已经看到, 通过 QPC 的量子输运在 Landauer 形式中可用散射矩阵 S 自然地描述, 而无须散射势的细节, 这使其成为一个非常方便的工具. 在我们的情况中, S 矩阵将取决于被测体系的 $|j\rangle$ 态, $S[|j\rangle] \equiv S_j$, 在输运中具有相应的变化. 实际上, 任何一个介观量子相干系统都能够用相同的方式描述, 并且构成一个介观散射探测器 (Clerk et al., 2003). 具有易操控电导的 QPC 是它最方便的实现方式之一.

我们首先考虑测量对系统的影响, 采用 Averin, Sukhorukov(2005) 的论证, 用散射

矩阵描述 QPC:

$$S_j = \begin{pmatrix} r_j & \bar{t}_j \\ t_j & \bar{r}_j \end{pmatrix} \tag{3.49}$$

我们能够用波函数描述在相互作用之前和之后的"被测系统加探测器":

$$|in\rangle \otimes \sum c_j |j\rangle \rightarrow \sum c_j (r_j |L\rangle + t_j |R\rangle) \otimes |j\rangle \tag{3.50}$$

在这里, $|in\rangle$ 是从左库撞击到 QPC 上的单个电子的初始态, $|L\rangle$ 和 $|R\rangle$ 分别对应相应库中该电子的输出状态. 通过追寻电子态并获得初态 $\bar{\rho}_i$ 和终态 $\bar{\rho}_f$, 我们可以实现系统波函数的约化, 约化密度矩阵为

$$\bar{\rho}_i = \mathrm{tr}_e\{|in\rangle\langle in| \otimes |\psi_i\rangle\langle\psi_i|\} = \rho_i; \tag{3.51}$$

$$\bar{\rho}_f = \mathrm{tr}_e\left\{\left(\sum c_j(r_j|L\rangle + t_j|R\rangle) \otimes |j\rangle\right)\left(\sum c_k^*(r_k^*\langle L| + t_k^*\langle R|) \otimes \langle k|\right)\right\}$$

$$= \sum_{jk} c_j c_k^* (t_j t_k^* + r_j r_k^*)|j\rangle\langle k| \tag{3.52}$$

由于 $|t_j t_k^* + r_j r_k^*| \leqslant 1$(对于 $j \neq k$, 只有当 $S_j = S_k$ 时才有相等关系, 即 QPC 对系统的状态不敏感并且没有进行测量), 式 (3.52) 实际上描述了退相位: 被测体系的密度矩阵的非对角元素被抑制.

测量可以被看成是由于一连串的电子通过 QPC; 最终分析 QPC 的电导反映了这种通道的统计特性, 从而反映了被测体系的态. 撞击 QPC 的电子可以具有任何能量并且来自任何库. 因此, 除了式 (3.52), 我们应当考虑其他可能性, 并且用适当的费米分布函数对它们进行加权 $((f_L(E) = n_F(E - \mu_L), f_R(E) = n_F(E - \mu_R), \mu_L - \mu_R = eV$, 如图 3.3 所示). 例如, 如果具有能量 E 的态在左库被占据而在右库为空, 那么由式 (3.52) 描述的"事件"是可能的, 因此必须用因子 $f_L(1 - f_R)$ 来加权. 由于具有能量为 E 的单电子"事件", 密度矩阵元素 $\bar{\rho}_{jk}$ 中的平均变化为

$$\bar{\rho}_{jk} \rightarrow \bar{\rho}_{jk} a_{jk},$$

$$a_{jk} = \left| f_L(E)(1 - f_R(E))(t_j t_k^* + r_j r_k^*) + f_R(E)(1 - f_L(E))(\bar{t}_j \bar{t}_k^* + \bar{r}_j \bar{r}_k^*) \right.$$

$$\left. + (1 - f_L(E))(1 - f_R(E)) + f_L(E)f_R(E)e^{i\alpha_{jk}} \right| \tag{3.53}$$

模量的第一项为过程式 (3.52); 第二项为反向过程, 当一个电子从右库撞击时; 第三项为当在此能量上没有电子时, 因此没有任何事发生; 最后一项是当左态和右态都被占据时的情况, 仍然没有输运, 但是额外的电子可能改变体系的能量, 因此产生了密度矩阵中的相移. 在足够长的时间间隔 t 内, 在很多这样的事件发生之后, 我们看到平均下来 (假

设具有能量为 E 的 "事件" 发生在特征频率 E/h, 这是具有合适量纲的唯一合理量) 的密度矩阵为

$$\bar{\rho}_{jk}(t) = \bar{\rho}_{jk}(0)\left\langle \prod a_{jk} \right\rangle \approx \bar{\rho}_{jk}(0)\exp\left[\left\langle \sum \ln a_{jk} \right\rangle\right]$$

$$\approx \bar{\rho}_{jk}(0)\exp\left[t \int \frac{\mathrm{d}E}{2\pi\hbar}\Big| f_{\mathrm{L}}(E)(1-f_{\mathrm{R}}(E))(t_j t_k^* + r_j r_k^*)\right.$$

$$+ f_{\mathrm{R}}(E)(1-f_{\mathrm{L}}(E))(\bar{t}_j\bar{t}_k^* + \bar{r}_j\bar{r}_k^*)$$

$$\left.+ (1-f_{\mathrm{L}}(E))(1-f_{\mathrm{R}}(E)) + f_{\mathrm{L}}(E)f_{\mathrm{R}}(E)\mathrm{e}^{\mathrm{i}\alpha_{jk}}\Big|\right] \tag{3.54}$$

因此, 密度矩阵的非对角元在 $t \to \infty$ 极限下实际上呈指数衰减:

$$\bar{\rho}_{jk}(t) \approx \bar{\rho}_{jk}(0)\mathrm{e}^{-\Gamma_{jk}t};$$

$$\Gamma_{jk} = -\int \frac{\mathrm{d}E}{2\pi\hbar}\Big| f_{\mathrm{L}}(E)(1-f_{\mathrm{R}}(E))(t_j t_k^* + r_j r_k^*) + f_{\mathrm{R}}(E)(1-f_{\mathrm{L}}(E))(\bar{t}_j\bar{t}_k^* + \bar{r}_j\bar{r}_k^*) \tag{3.55}$$

$$+ (1-f_{\mathrm{L}}(E))(1-f_{\mathrm{R}}(E)) + f_{\mathrm{L}}(E)f_{\mathrm{R}}(E)\mathrm{e}^{\mathrm{i}\alpha_{jk}}\Big|$$

我们已经通过 QPC 探测器推导出了反作用退相位. 如果要测量的系统为量子比特, 即 $|j\rangle = |0\rangle, |1\rangle$, 那么只有一个退相位速率, $\Gamma_{01} \equiv \Gamma$, 在零温度下变为

$$\Gamma = -\frac{eV}{2\pi\hbar}\ln|t_1 t_2^* + r_1 r_2^*| \tag{3.56}$$

*3.1.5　QPC 探测器的反作用退相位：更严谨的方法

我们获得关键公式 (3.55) 的方式只是粗略的示范. 真正的推导要从总密度矩阵 $\rho(t)$, 以及哈密顿量 $H = H_s + H_e[|j\rangle]$ 的刘维尔方程开始, 其中 H_s 描述了被测体系的演化, $H_e[|j\rangle] \equiv H_0 + H_j$ 是量子点接触的哈密顿量, 包括散射势, 它取决于系统的态 $|j\rangle$. 如通常一样假设初始密度矩阵是可分解的, $\rho(0) = \rho_s(0) \otimes \rho_e(0)$, 并且 $H_s = 0$(即体系在测量的过程中不演化, 除非由于测量过程本身), 使用迹的循环不变性, 我们很容易找出被测量体系的约化密度矩阵 $\bar{\rho}(t) = \mathrm{tr}_e\rho(t)$ 的表达式为

$$\bar{\rho}_{jk}(t) = \bar{\rho}_{jk}(0)\langle \mathrm{e}^{\mathrm{i}H_k t}\mathrm{e}^{-\mathrm{i}H_j t}\rangle \tag{3.57}$$

上式中的平均是对点接触中的无扰电子态进行的. Averin, Sukhorukov(2005) 继续使用来自全计数统计 (Levitov et al., 1996) 的原始方法. 在这里, 基于 Klich 的迹公式

(Klich, 2003), 我们转而应用 Schöhammer 的方法:

$$\mathrm{tr}_{\mathrm{Fock}}\left(\mathrm{e}^{\widetilde{A}}\mathrm{e}^{\widetilde{B}}\right) = \left[\det\left(\hat{1} - \xi\mathrm{e}^{A}\mathrm{e}^{B}\right)\right]^{-\xi} \tag{3.58}$$

这里 $\widetilde{A}$ 是单粒子算符 A 的二次量子化表示, $\hat{I}$ 为单位算符, 玻色子 $\xi = 1$, 费米子为 -1. 左边的迹取自相同费米子 (玻色子) 系统的希尔伯特空间, 即 Fock 空间, 而右边的行列式取自单粒子算符的希尔伯特空间, 相比之下要更简单些. 使用贝克-豪斯多夫 (Baker-Hausdorff) 公式, 这个方程很容易推广到任意个数的算符指数的乘积 (证明见 Gardiner, Zoller, 2004, 附录 4A), 允许我们在 $\mathrm{e}^{\widetilde{A}}\mathrm{e}^{\widetilde{B}}$ 和 $\mathrm{e}^{\widetilde{C}}$ 间来回转换. 下面的公式:

$$\mathrm{e}^{\hat{a}+\hat{b}} = \mathrm{e}^{\hat{a}}\mathrm{e}^{\hat{b}}\mathrm{e}^{-\frac{1}{2}[\hat{a},\hat{b}]} = \mathrm{e}^{\hat{b}}\mathrm{e}^{\hat{a}}\mathrm{e}^{\frac{1}{2}[\hat{a},\hat{b}]} \tag{3.59}$$

对任意两个算符 $\hat{a}$ 和 $\hat{b}$ 成立, 如果它们都与它们的对易子对易的话: $[\hat{a},[\hat{a},\hat{b}]] = [\hat{b},[\hat{a},\hat{b}]] = 0$.

我们还将使用众所周知的公式

$$\ln\det\{M\} = \mathrm{tr}\ln M \tag{3.60}$$

与通常一样, 矩阵或算符的对数应理解为相应展开式的总和. [1]

式 (3.57) 中的指数平均值具有 Klich 公式的形式:

$$\langle\mathrm{e}^{\mathrm{i}H_k t}\mathrm{e}^{-\mathrm{i}H_j t}\rangle = \mathrm{tr}_{\mathrm{Fock}}\left(\mathrm{e}^{\mathrm{i}H_k t}\mathrm{e}^{-\mathrm{i}H_j t}\rho_e(0)\right) = \mathrm{tr}_{\mathrm{Fock}}\left(\mathrm{e}^{\frac{\Omega}{k_B T}}\mathrm{e}^{\frac{H_0'}{k_B T}}\mathrm{e}^{\mathrm{i}H_k t}\mathrm{e}^{-\mathrm{i}H_j t}\right) \tag{3.61}$$

由于固定的是左/右库中的化学势, 而不是它们的电子数, 我们使用巨正则系综; 在式 (3.61) 中, $H_0' = H_0 - \mu N$, Ω 为巨势. 这个公式中的算符相对于来自左/右库的电子 Fock 空间做了二次量子化. 因此将它们视为由 "左-右" 电子态跨越的空间中的 2×2 矩阵是很方便的. 例如,

---

① 式 (3.60) 对于有限维度的矩阵来说很容易证明. 任何一个具有复元素的方阵 M 允许舒尔 (Schur) 分解:

$$M = UM_{\mathrm{S}}U^{\dagger}$$

其中 U 为酉矩阵, M_{S} 为上对角矩阵 (矩阵 M 的 Schur 形式). 对于矩阵的任意函数 F,

$$UF(M)U^{\dagger} = U\left(\sum f_k M^k\right)U^{\dagger} = \sum f_k(UMU^{\dagger})^k = F(UMU^{\dagger})$$

迹是统一不变的. 因此, 对于 M 的 Schur 形式, 我们能够直接计算出式 (3.60) 的两侧. 式 (3.60) 明显成立: $\mathrm{tr}\ln M_{\mathrm{S}} = \sum(\ln\mu_{\mathrm{i}})$, $\ln\det M_{\mathrm{S}} = \ln(\prod\mu_{\mathrm{i}})$, 其中 μ_{i} 为 M_{S}(和 M) 的本征值.

$$H_0' = \begin{pmatrix} H_0 - \mu_{\mathrm{L}} N_{\mathrm{L}} & 0 \\ 0 & H_0 - \mu_{\mathrm{R}} N_{\mathrm{R}} \end{pmatrix} \tag{3.62}$$

$\xi = 1$ 时使用 Klich 公式,

$$\begin{aligned} \mathrm{tr}_{\mathrm{Fock}} \left(\rho_e(0) \mathrm{e}^{\mathrm{i} H_k t} \mathrm{e}^{-\mathrm{i} H_j t} \right) &= \mathrm{e}^{\frac{\Omega}{k_B T}} \mathrm{tr}_{\mathrm{Fock}} \left(\mathrm{e}^{-\frac{H_0'}{k_B T}} \mathrm{e}^{\mathrm{i} H_k t} \mathrm{e}^{-\mathrm{i} H_j t} \right) \\ &= \mathrm{e}^{\frac{\Omega}{k_B T}} \det \left(\hat{1} + \mathrm{e}^{-\frac{H_0'}{k_B T}} \mathrm{e}^{\mathrm{i} H_k t} \mathrm{e}^{-\mathrm{i} H_j t} \right) \\ &= \det \left(\hat{1} + \mathrm{e}^{-\frac{H_0'}{k_B T}} \right)^{-1} \det \left(\hat{1} + \mathrm{e}^{-\frac{H_0'}{k_B T}} \mathrm{e}^{\mathrm{i} H_k t} \mathrm{e}^{-\mathrm{i} H_j t} \right) \\ &= \det \left(\hat{1} + \hat{n}_F \left(\mathrm{e}^{\mathrm{i} H_k t} \mathrm{e}^{-\mathrm{i} H_j t} - \hat{1} \right) \right) \end{aligned} \tag{3.63}$$

其中 $\hat{n}_F = \left(\hat{1} + \mathrm{e}^{-\frac{H_0'}{k_B T}} \right)^{-1} \mathrm{e}^{-\frac{H_0'}{k_B T}}$ 是费米占据数算符.

在式 (3.60) 的帮助下, 我们现在得到

$$\det \left(\hat{1} + \hat{n}_F \left(\mathrm{e}^{\mathrm{i} H_k t} \mathrm{e}^{-\mathrm{i} H_j t} - \hat{1} \right) \right) = \exp \left(\mathrm{tr} \ln \left(\hat{1} + \hat{n}_F \left(\mathrm{e}^{\mathrm{i} H_k t} \mathrm{e}^{-\mathrm{i} H_j t} - \hat{1} \right) \right) \right) \tag{3.64}$$

其中迹将采用单电子态 (例如, 由它们的动量和 "左-右" 原点标记). 在 $t \to \infty$ 的极限里, 指数成为具有给定能量电子的静态散射矩阵, $\mathrm{e}^{-\mathrm{i} H_j t / \hbar} \to S_j$, $\mathrm{e}^{\mathrm{i} H_k t / \hbar} \to S_k^\dagger$. $\langle \mathrm{e}^{\mathrm{i} H_k t} \mathrm{e}^{-\mathrm{i} H_j t} \rangle$ 的表达变为

$$\langle \mathrm{e}^{\mathrm{i} H_k t} \mathrm{e}^{-\mathrm{i} H_j t} \rangle = \exp \left\{ t \int \frac{\mathrm{d} E}{2 \pi \hbar} \ln \det \left[\hat{1} + \hat{n}_F \left(S_k^\dagger S_j - \hat{1} \right) \right] \right\} \tag{3.65}$$

(行列式在 "左-右" 空间, 因此 $\hat{n}_F = \mathrm{diag}(f_{\mathrm{L}}(E), f_{\mathrm{R}}(E))$, 而且 S_j, S_k 由式 (3.49) 给出.) 我们实际上已经得到式 (3.55), 其中 $\mathrm{e}^{\mathrm{i} \alpha_{jk}}$ 被 $\det S_k^\dagger S_j$ 替代 (Averin, Sukhorukov, 2005).

这里描述的测量是弱连续测量的一个例子 (5.5.1 小节): 每一个电子散射事件只轻微干扰了点接触的量子态, 且测量本身需要在许多这样的事件上平均, 这将产生平均电流和 QPC 电导. 在这里我们注意到量子点接触可以被调谐为量子极限探测器. 根据定义, 这样的探测器在测量系统中引起的退相干速率 Γ_{jk} 与测量速率一致 (5.5.4 小节). 换句话说, 系统中的量子相干的消失导致它的态约化到不同测量结果的非相干总和 (1.2.2, 1.3.3 小节), 在这种情况下退相干仅仅是由于测量引起的.

3.2　2DEG 量子点

3.2.1　通过双量子点的线性和非线性传输

如果两个连续的量子点接触间的距离和费米波长相当 (即次微米量级), 那么这两个量子点接触将构成一个 2DEG 量子点. 这种结构包含大量电子, 通常为 $10^3 \sim 10^9$, 但是只有最高占据态对传输有贡献. 因为它们的运动在所有方向上受限, 所以电子能谱是离散的. 因此, 这个零维结构可以被认为是一个人造原子. 这将 2DEG 量子点与超导岛区别开来, 我们在前一章中已经考虑过这一点: 2DEG 中的费米波长与量子点的大小相当. 此外, 电子能谱现在可以通过改变栅极电压重塑 2DEG 区域来进行调谐. 前面我们已经看到足够小体系的能量对即使单个电子的增加或减少也是敏感的. 这当然也适用于 2DEG 量子点. 它们的态可以直接用 QPC 探测器测量, 而 QPC 可以很容易地整合到设计中 (图 3.7).

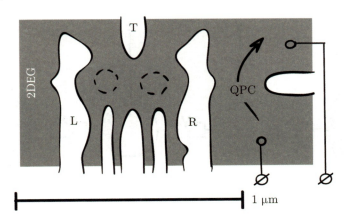

图3.7　2DEG双量子点（Petta et al., 2005）
栅极L和R控制相应点的电子数量，T控制点间隧穿速率. 栅极R右侧的量子点接触充当右点上的电荷探测器.

较大的电子波长会使 2DEG 量子点与人造原子非常类似. 受到栅极电势限制的电子形成壳层, 其中某些电子数是 "神奇的", 也就是能最小化体系的总能量. 为了确定电子组态, 有必要考虑电子间的库仑排斥和栅极中的电荷再分布; 完全的多体问题只能用数值处理. 值得注意的是, Kumar et al.(1990) 发现使用自洽的哈特里 (Hartree) 方法, 方形栅极的电位产生几乎径向对称的、抛物线性限制势. 这证明了使用 2D 简谐限制势作为单个 2DEG 量子点上电子态计算的标准近似的有效性.

由 Reimann, Manninen(2002) 详细评论的这个有趣的主题和我们的目标并不是非常相关的. 在考虑超导电荷量子比特时 (2.4.1 小节), 我们已经讨论了正常和超导体系中的库仑阻塞, 而且我们无须量子点的电子态的细节. 在这里, 我们将立刻继续着手双 2DEG 量子点 (DQD) 的情况 (van der Wiel et al., 2002; Hanson et al., 2007, 综述), 这种情况更丰富并且更有指导性. 另一方面, 这种情况与基于 2DEG 的量子比特的实现直接相关. 如果单个量子点是 "原子", 那么 DQD 是定制的可调 "分子".

我们首先在经典层面对双量子点体系 (图 3.8) 中的输运进行描述. 作为量子点上的额外电子数 N_1, N_2 的函数的体系静电能由下式给出：

$$U(N_1, N_2) = \frac{N_1^2 E_{C1}}{2} + \frac{N_2^2 E_{C2}}{2} + N_1 N_2 E_{Cm} + f(N_{g1}, N_{g2}); \tag{3.66}$$

$$f(N_{g1}, N_{g2}) = \frac{N_{g1}^2 E_{C1}}{2} + \frac{N_{g2}^2 E_{C2}}{2} + N_{g1} N_{g2} E_{C1} - (N_{g1}(N_1 E_{C1} + N_2 E_{Cm})$$

$$+ N_{g2}(N_1 E_{Cm} + N_2 E_{C2})) \tag{3.67}$$

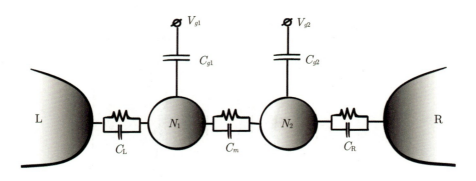

图3.8 双量子点的等效方案
在较大点间电容C_m（较小能量E_{Cm}）的极限下，系统等效于单个量子点.

其中 $(j = 1, 2)$

$$N_{gj} = C_{gj} V_{gj} / |e| \tag{3.68}$$

为栅极处的有效电子数,

$$E_{Cj} = \frac{e^2}{C_j} \left(1 - \frac{C_m^2}{C_1 C_2}\right)^{-1}; \quad E_{Cm} = \frac{e^2}{C_m} \left(\frac{C_1 C_2}{C_m^2} - 1\right)^{-1} \tag{3.69}$$

而且量子点的总电容为

$$C_1 = C_L + C_{g1} + C_m; \quad C_2 = C_R + C_{g2} + C_m \tag{3.70}$$

其化学势则直接遵循它的定义 (每个粒子的热力势):

$$\mu_1(N_1, N_2) = U(N_1, N_2) - U(N_1 - 1, N_2);$$
$$\mu_2(N_1, N_2) = U(N_1, N_2) - U(N_1, N_2 - 1) \tag{3.71}$$

结果为

$$\mu_1(N_1, N_2) = (N_1 - 1/2)E_{C1} + N_2 E_{Cm} - (N_{g1}E_{C1} + N_{g2}E_{Cm});$$
$$\mu_2(N_1, N_2) = (N_2 - 1/2)E_{C2} + N_1 E_{Cm} - (N_{g2}E_{C2} + N_{g1}E_{Cm}) \tag{3.72}$$

现在我们能够更好地理解参数 E_{Cj}, E_{Cm} 的物理意义. 点 1 的附加能定义为由于它上面一个额外的电荷引起的化学势差,

$$\mu_1(N_1 + 1, N_2) - \mu_1(N_1, N_2) = D_{N_1}^2 U(N_1, N_2) = E_{C1} \tag{3.73}$$

在这里, $D^2 f(n) \equiv Df(n) - Df(n-1) \equiv f(n+1) - 2f(n) + f(n-1)$ 为二阶差分, 其与离散变量函数的二阶导数类似 (Bender, Orszag, 1999, 第 2 章). 对于第二个点, 附加能为 $\mu_2(N_1, N_2 + 1) - \mu_2(N_1, N_2) = E_{C2}$. 最后, E_{Cm} 为交叉附加能:

$$E_{Cm} = \mu_1(N_1, N_2 + 1) - \mu_1(N_1, N_2) = D_{N_2}D_{N_1}U(N_1 - 1, N_2)$$
$$= \mu_2(N_1 + 1, N_2) - \mu_2(N_1, N_2) = D_{N_1}D_{N_2}U(N_1, N_2 - 1) \tag{3.74}$$

现在我们来获得 DQD 特有的 "倾斜蜂窝" 稳定 (或充电) 图 (Pfannkuche et al., 1998; van der Wiel et al., 2002). 如果库的能量增长 (μ_L 或 μ_R) 能够被量子点的静电能减少所补偿, 其由 $-\mu_1$ 给出, 那么电子能够从点 1 运动到左 (右) 库; 见式 (3.71). 因此, 稳定性条件为

$$\mu_1(N_1, N_2; N_{g1}, N_{g2}) \leqslant \mu_L, \mu_R; \quad \mu_2(N_1, N_2; N_{g1}, N_{g2}) \leqslant \mu_L, \mu_R \tag{3.75}$$

在左、右库之间没有偏置的情况下, 我们能够测量 $\mu = \mu_L = \mu_R (= 0)$ 以上的能量. 在式 (3.75) 中代入式 (3.72), 我们看到稳定图来自 (N_{g1}, N_{g2})-面内的公式 (图 3.9(a)):

$$N_{g1}(E_{C1}/E_{Cm}) + N_{g2} \geqslant (N_1 - 1/2)(E_{C1}/E_{Cm}) + N_2;$$
$$N_{g2}(E_{C2}/E_{Cm}) + N_{g1} \geqslant (N_2 - 1/2)(E_{C2}/E_{Cm}) + N_1 \tag{3.76}$$

对于零交叉电容, $C_m = 0 (E_{Cm} = \infty)$, 这些方程是解耦的, 稳定图看起来像棋盘格. 任何有限耦合将四重简并 (其中四个不同的电荷配置具有相同能量) 变为三重简并. 图中的

实线对应于这样的 N_{g1}, N_{g2}(或栅极电压) 的选择, 即至少一个点的化学势为零; 沿着虚线, 相邻的电荷配置的化学势重合. 因此, 在 N_{g1}, N_{g2} 位于三相点或虚线的栅极电压处, 电子通过体系的转移不会带来能量损失, 并且电流在线性响应区间流动 (在无穷小偏置 $\mu_L - \mu_R$ 处). 这与在库仑阻塞区域内的通过单量子点的共振电导的机理相同 (2.4.1 小节). 沿着实线, 这种损失是极小的, 并且电流以小的偏置流动. 如图 3.9(b) 所示, 电流对栅极电压的实验图展示了典型的蜂窝状结构. 将此图片与图 3.9(a) 比较, 可以看到体系的参数如何直接从测量中提取出来.

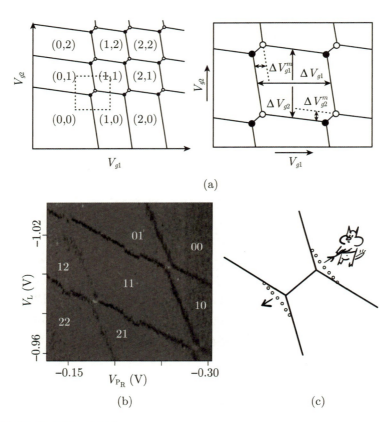

图3.9 稳定图及三相点附近的弯曲

(a) 线性响应区域中的双量子点的经典稳定（充电）图（经van der Wiel et al., 2002, ©2002美国物理学会许可重印）. 单元中的数字表示点上额外电子的数量（N_1, N_2）. 在三相点, $\mu_L=\mu_1(N_1,N_2)=\mu_1(N_1+1,N_2)=\mu_2(N_1,N_2+1)=\mu_2(N_1,N_2)=\mu_R$（黑色）, 或$\mu_L=\mu_1(N_1+1,N_2+1)=\mu_1(N_1+1,N_2)=\mu_2(N_1,N_2+1)=\mu_2(N_1+1,N_2+1)=\mu_R$（白色）, 电子（或空穴）通过体系共振传输. 图中所示的六边形单元的尺寸来自式(3.76)：$\Delta V_{gi}=e/C_{gi}(i=1,2)$；$\Delta V_{g1}^m=eC_m/(C_{g1}C_2)$；$\Delta V_{g2}^m=eC_m/(C_{g2}C_1)$；在这里, C_i为第i个点的总电容. (b) 双量子点的实验稳定图（经Elzerman et al., 2003, ©2003美国物理学会许可重印）. 注意反相电压极性. (c) 由于量子隧穿引起的过渡线在三相点附近的弯曲.

量子工程学：量子相干结构的理论和设计
Quantum Engineering: Theory and Design of Quantum Coherent Structures

到目前为止, 我们还未考虑通过双量子点的量子输运. 由于量子点的尺寸 L 与 2DEG 中的费米波长相当, 因此预计会有电子能级的量子化. 能级间距 $\Delta E \sim E_F(\lambda_F/L)^2 \sim 100 \text{ K} \times (60 \text{ nm}/300 \text{ nm})^2 \sim 4 \text{ K}$ 已足够大, 可以在处理线性传输时仅考虑最低能级 (基态). 因此, 这个区域中的蜂窝图也适用于量子的情况, 几乎不用做修正, 除了在三相点附近点间的隧穿而出现的弯曲 (图 3.9(c)) 之外. 实际上, 在这种情况下, 电子不再局限在单个量子点上, 而是占据成键和反键 "分子轨道", 前者的能量较小, 后者的能量比对应的单点能量之和大 Δ, 即隧穿矩阵元. 因此, 在三相点, 第一个额外的电子能够在较小栅极电压处进入双量子点; 就有效栅极电子数而言, $N_{gj} \to N_{gj} - C_{gj}\Delta/e^2$. 但是第二个电子必须占据反键态, 它可以使第二个三相点转向相反的方向: $N_{gj} \to N_{gj} + C_{gj}\Delta/e^2$. 值得注意的是, 这种情况已在实验中观察到, 即使实际的电子具有自旋, "轨道" 将变为简并的从而无须占据反键态. 原因当然是由于较强的库仑排斥, 当第二个电子加进来时它可以使电子有效地局域化 (Hanson et al., 2007).

3.2.2 2DEG 量子点中的电荷相干操控

2DEG 量子点器件的一个尤为有趣的应用是量子比特. 有两个自由度可使用: 自旋和电荷. 我们从电荷着手, 因为描述和测量会更加直接.

使用电荷态的一个直接的方法是将单电子局限在双量子点里, 并且在左/右量子点上使用最低能量定域态作为量子比特工作态. 它们之间的跃迁由影响点间隧穿的栅极电压所控制. 当然, 应当通过夹断 DQD 与引线之间的量子点接触, 或者通过使 DQD 中的量子化电子态与引线偏共振来实现电隔离. 图 3.10(a) 和图 3.11(a) 显示了这种设备在两个实验上的实现. 在第二种情况下, 2DEG 方法用来形成量子点接触, 在相应量子点旁边作为电荷探测器. 为了专注在体系中电荷的相干行为上, 我们将从第一个更简单的设备开始讨论, 其中读取是通过测量 DQD 本身而不是 QPC 探测器的电流来实现的.

在足够低的温度下, 我们仅需要考虑两个点中任一点上额外电子的基态. 因此, 我们可以立即写出熟悉的哈密顿量

$$H = -\frac{1}{2}\epsilon(t)\sigma_z - \frac{1}{2}\Delta\sigma_x \tag{3.77}$$

其中物理态为 $|L\rangle$, $|R\rangle$, 对应于局限在左 (右) 点上的电子, 并且两者之间的隧穿矩阵元 Δ 可通过栅极 G_C 上的电压来调整.

参数的选择用了这样一种方式, 当左、右电极 (源极和漏极) 的化学势为零时, 没有电流流过 DQD, 并且点的基态是对齐的. 初始化的执行是通过施加矩形电压脉冲将漏极偏置从零变为 -650 μeV 再返回. 由于在 DQD 中和来自 DQD 的快速非弹性隧穿速

率 Γ(与点间的非弹性隧穿速率 Γ_i 相比), 体系处于态 $|L\rangle$. 对于间隔 t_p, 进行量子拍是被允许的 (1.4.2 小节), 之后偏置能够恢复. 由于进入引线的逃逸率高且点上的电子能级未对齐, 因此偏压的施加有效地阻止了振荡, 并且电子逃逸到漏极中——当然, 如果在重新施加偏压的那一刻, 它位于右量子点上. 这和 2.2.2 小节中超导相位量子比特使用的读取属于同一类. 在实验中, 用频率 $f_p = 100$ MHz 来重复长度为 $t_p \leqslant 2$ ns 和上升时间约为 0.1 ns 的偏置脉冲, 并测量通过量子点的平均脉冲感应电流. 由于脉冲序列, 通过 DQD 的平均电子数为 $n_p(t_p) = I_p(t_p)/ef_p$. 另一方面, $n_p(t_p) = P_R(t_p)$ 为在 $t = t_p$ 处于态 $|R\rangle$ 的电子概率, 如果 $t = 0$, 它处于态 $|L\rangle$. 这个概率应当证明了频率 $\Omega = \sqrt{\epsilon^2 + \Delta^2}$ 的振荡, 事实也确实如此 (图 3.10(c)). 从拟合中,

$$n_p(t_p) = A - \frac{1}{2}Be^{-t_p/T_2}\cos\Omega t_p - \Gamma_i t_p \tag{3.78}$$

可以提取出在 $\epsilon = 0$ 的隧穿劈裂值 $\Delta = \Omega \approx 2\pi \times 2.3$ GHz 和退相位率 $T_2 \approx 1$ ns(式 (3.78) 中最后一项与脉冲施加过程中背景非弹性隧穿电流的抑制有关).

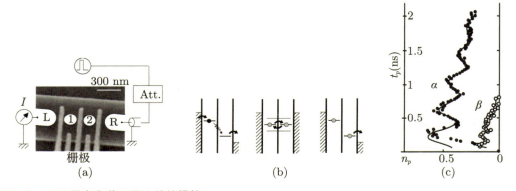

图3.10 双量子点电荷量子比特的操控

(经Hayashi et al., 2003, ©2003美国物理学会许可重印.) (a) GaAs/AlGaAs异质结构中形成的双量子点电荷量子比特. 每个点大约包含25个电子, 充电能约为1.3 meV, 点间耦合约为200 μeV. (b) 初始化、操控和测量的示意图. 在库间施加恒定的偏置电压. 时间为t_p, 偏置电压脉冲使左点的填充电子态与右点的空电子态共振; 通过DQD的电流被截断. 如果在脉冲之后, 电子最终到达右点, 那么它将逃逸至右库, 从而增加通过DQD的平均电流. (c) 每个偏置脉冲通过DQD的平均电子数与延迟时间 t_p 的关系. $n(t_p)$ 的振荡揭示了左、右量子点之间电子的相干量子拍. 曲线$\alpha(\beta)$很可能与左点基态和右点第一（第二）激发态之间的共振有关. 在20 mK（虽然电子温度更高, 约 100 mK）和 0.5 T的外部磁场中进行测量以提升自旋简并.

这种读取 DQD 态的方法要求导线之间通过系统的电子实际转移. 因此, DQD 周期性连接到热库, 从而导致额外的退相干. 相反, 我们可以使用 QPC 探测器来确定每个量子点上的电荷. 在这里, 所有的退相干原则上都能够归因于量子态的测量, 即理论

量子工程学: 量子相干结构的理论和设计
Quantum Engineering: Theory and Design of Quantum Coherent Structures

的最小值. 另外, 当 DQD 中只有几个电子时 (这将使通过 DQD 的直接传输变得困难), 这种方法非常奏效. 它由 Petta et al.(2004) 实现, 当时双点仅包含一个电子.

　　QPC 探测器的电导对相应量子点上的平均过剩电荷敏感. 对于双点上的单电子, 从式 (3.77) 可以得出, 在基态下, 找到左 (右) 点上电子的概率为 $\frac{1}{2}\left(1 \mp \frac{\epsilon}{\Omega}\right)$, 而在激发态下则相反. 因此, 在体系的有限温度下 (即电子气的有效温度, 因为在实验中它通常与晶格温度不同), 左 (右) 点的平均占据数为 (DiCarlo et al., 2004)

$$\langle n_{\mathrm{L, R}}\rangle = \frac{1}{2}\left(1 \pm \frac{\epsilon}{\Omega}\tanh\left(\frac{\Omega}{2k_B T}\right)\right) \tag{3.79}$$

因此, 图 3.10(b) 中左 (右)——或更准确地说下 (上)——QPC 的电导可以写成

$$G_{\mathrm{QPC}} = G_{\mathrm{QPC}}^{(0)}(\epsilon) \pm \delta G \frac{1}{2}\frac{\epsilon}{\Omega}\tanh\left(\frac{\Omega}{2k_B T}\right) \tag{3.80}$$

第一项为背景 QPC 电导, 包括它对用以产生点间偏置 ϵ 所施加的电压的依赖关系. 使用该拟合来测量 QPC 电导, 可以测量图 3.11(a) 中器件上方点上的电子数量. 在频率约为 20 GHz 的微波辐射下, 图 3.11(b) 的占有数曲线显示出尖锐的共振, 对应于 DQD"分子" 的 $(N_1 = 0, N_2 = 1)$-基态和 $(N_1 = 1, N_2 = 0)$-激发态之间的单光子和双光子跃迁.

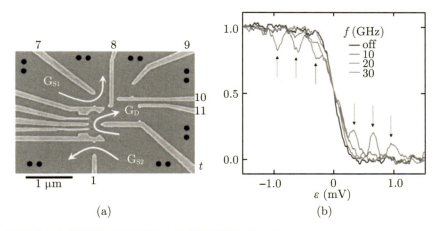

(a)   (b)

图3.11　双量子点电荷量子比特和平均电子数随偏置 ϵ 的变化

（经Petta et al., 2004, ©2004美国物理学会许可重印.）(a) 双量子点电荷量子比特, 其中QPC充当电荷探测器(S1和S2). (b) 在有和没有10 MHz、20 MHz和30 MHz外部微波辐射的情况下, 上方点的平均电子数随偏置 ϵ 的变化, 谷/峰表示量化的电子能级之间的共振光子辅助跃迁.

　　下一步是实现相干的 "分子间" 相互作用, 即在量子计算的背景下两个量子比特的量子门 (见附录). 这是在包含两个并排的图 3.10(a) 的 DQD 量子比特的结构中实现的 (Shinkai et al., 2009), 如图 3.12(a) 所示. 两个 DQD 之间的势垒可防止隧穿, 因此量子

比特是电隔离的, 并且只能进行静电相互作用. 有效哈密顿量可以写为

$$H = -\frac{1}{2}\sum_{j=1,2}\left(\epsilon_j\sigma_z^{(j)} + \Delta_j\sigma_x^{(j)}\right) + \frac{J}{4}\sigma_z^{(1)}\sigma_z^{(2)} \tag{3.81}$$

量子比特–量子比特耦合强度可以根据互电容等来计算, 或更简单一些, 由实验数据确定. 重要的是它是正的, 即更倾向于 "反平行" 配置 $|LR\rangle \equiv |L\rangle_1 \otimes |R\rangle_2$ (其中电子在第一个 DQD 的左点上, 在第二个 DQD 的右点上), 或者 $|RL\rangle$, 而不是 "平行" 配置 ($|LL\rangle$ 和 $|RR\rangle$). "反铁磁" 的来源当然是 DQD 上电子之间的直接库仑排斥.

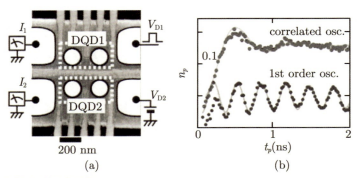

图3.12 两个DQD量子比特实现量子门

（经Shinkai et al., 2009, ⓒ2009美国物理学会许可重印.）(a) 两个DQD电荷量子比特静电耦合, 但电隔离. 每个DQD包含一个单电子. 源–漏电流 I_1, I_2可以独立测量. 测量方案类似于图3.10（Hayashi et al., 2003）. (b) 每个偏置脉冲通过第一个DQD的平均电子数与延迟时间t_p的关系. 下方曲线对应于单量子比特, 上方曲线对应于双量子比特量子拍.

将 $\epsilon_1 = J/2$ 应用在式 (3.81) 中, 可以使态 $|LR\rangle$ 和 $|RR\rangle$ 简并, 从而实现它们之间的隧穿; 在 $\epsilon_1 = -J/2$ 时, $|LL\rangle$ 和 $|RL\rangle$ 之间的共振隧穿和量子拍成为可能. 脉冲的长度使我们能够在其 "左" 和 "右" 态相干旋转第一个量子比特. 同样, 将偏置应用到第二个 DQD, 有可能在不干扰第一个 DQD 的情况下改变它的态. 这种操作称为 CROT(有条件的单量子比特旋转[①]), 是 Δ_1, Δ_2 的一阶效应.

两个 DQD 上的电子也能够同时隧穿, 从而实现例如 SWAP 操作, $|LR\rangle \leftrightarrow |RL\rangle$. 这是隧穿矩阵元中的二阶过程. 对于足够小的 Δ(情况确是如此), 只有当一阶效应被抑制时, 它才能够占据主导地位, $||\epsilon_{1,2}| \pm J/2| \gg \Delta_{1,2}$, 并且 DQD 态是对齐的. 例如, 当 $\epsilon_1 = \epsilon_2 = \epsilon$, 态 $|LR\rangle$ 和 $|RL\rangle$ 在没有隧穿的情况下是简并的. 隧穿 ($\Delta_1 = \Delta_2 = \Delta$) 形成成键和反键态, $\propto (|LR\rangle \pm |RL\rangle)$), 它们之间具有能量分裂 $\frac{1}{2}\Delta^2 J/|\epsilon^2 - J^2/4|$, 并且量子拍的半周期能够产生所需的 SWAP 操作. 类似地, 当 $\epsilon_1 = -\epsilon_2 = \epsilon$ 时, 态 $|LL\rangle$ 和 $|RR\rangle$

[①] 即以另一个量子比特的态为条件: 例如, 如果我们施加偏置 $\epsilon_1 = J/2$, 但是第二个 DQD 处于态 $|L\rangle_2$, 那么什么都不会发生.

量子工程学: 量子相干结构的理论和设计
Quantum Engineering: Theory and Design of Quantum Coherent Structures

通过隧穿混合, 并且跃迁 $|LL\rangle \leftrightarrow |RR\rangle$ 是可能的. Shinkai et al.(2009) 的实验使用与 Hayashi et al.(2003)(图 3.10) 相同的读出和初始化技术, 证明了单量子比特拍和双量子比特拍的存在 (图 3.12).

3.2.3 2DEG 量子点中的自旋相干操控

现在让我们考虑量子点上电子的自旋. 作为可控的量子自由度, 自旋的优点与它们的缺点相同: 与任何其他事物的弱耦合. 这使得它们相对地不受退相干的影响, 并且难以初始化、操控和读出. 通过将自旋耦合到电荷自由度, 量子点提供了一个好机会来解决后一个问题. (当然, 这立即带来了退相干问题, 但这是另一回事了.)

在几种本质上基于泡利原理的自旋到电荷转换的建议方案中, 两种已通过实验实现: 能量选择读出和隧穿速率选择读出 (Hanson et al., 2007, 第 6 章及其中的参考文献). 在这两种情况下, 量子点中一个电子的两个自旋态 (为了简单起见, "向上" 和 "向下") 应当具有不同的能量 (图 3.13), 这将会影响电子从该点隧穿. 在第一种情况下, "向上" 态位于导线化学势之上, "向下" 态位于导线化学势之下, 并且只有 "向上" 态的电子能够离开点. 在第二种情况下, 在能量上都允许 "向上" 和 "向下" 态离开点, 但是 "向上" 态的隧穿速率要高得多, 并且对于有限时间测量, 只有 "向上" 电子会隧穿出去. 测量的是点与导线之间的电荷转移 (例如, 通过 QPC 探测器), 这使我们能够实现单发测量 (5.5.1 小节).

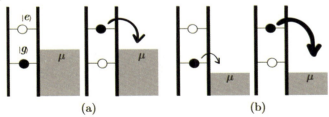

图3.13　量子点中的能量选择(a)和隧穿速率选择(b)的自旋到电荷转换
在这两种情况下, 自旋态的能量差转换为从点到库的电荷电流（化学势为 μ）.

第一种方法是由 Elzerman et al.(2004) 实现的. 该器件由一个 2DEG 量子点和一个相邻的量子点接触组成. GaAs/AlGaAs 异质结构中的 2DEG 密度通常为 2.9×10^{11} cm^{-2}. 在该点中, 密度被栅极电压充分耗尽来产生单电子区 (即该点可以包含一个电子或什么都不包含). 调整点和库之间的隧穿势垒 (大面积的 2DEG 导线) 以确保隧穿速率 $\Gamma \approx 1/(0.05 \text{ ms})$. 施加在 2DEG 面上的 10 T 的磁场在点上产生了塞曼 (Zeeman) 分裂 $\Delta E_Z \approx 200$ μeV, 它超过了热能 (25 μeV), 但小于充电能 (2.5 meV). 首先通过将点中的"向上"和"向下"态的势能增加到库的化学势 μ_0 以上来清空该点, 然后等待约 $1/\Gamma$. 再施加电压使两个态均低于化学势, 并等待约 $1/\Gamma$. 最后, 将电压改为"读出"值, 它将"向上"态置于 μ_0 以上, 将"向下"态置于 μ_0 以下. 现在, 电子只能从"向上"态逃逸到库中. 此逃逸发生在从此刻开始的 $\Gamma_\downarrow^{-1}$ 内 (这里, 当两个态均大于 μ_0 且所有这些速率均处于相同的数量级时, $\Gamma = \Gamma_\downarrow + \Gamma_\uparrow$). 逃逸减少了量子点上的电荷且略微打开了相邻的 QPC(被置于隧穿区, 以增加它对静电势微小变化的敏感性), 从而使额外的电流流过该点, 表明点上的电子处于"向上"态. Elzerman et al.(2004) 的两次 QPC 测量 (对"向上"和"向下"态) 如图 3.14 所示. 这是单次读出的一个很好的例子: 在单次尝试后, 以接近 1 的概率, 点上的"向上"-"向下"自旋叠加态约化到了其相应权重的混合态上.

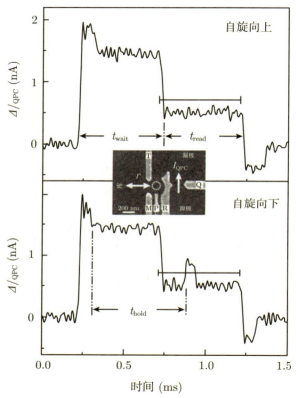

图3.14 2DEG量子点中的能量选择的电子自旋读数

(经*Nature*, Elzerman et al, 2004, ©2004 Macmillan Publishers Ltd许可重印.) 施加在中心栅极 P 的电压脉冲改变了量子点能级. 量子点上的电荷由QPC探测器 (插图) 测量. (下图) 0.8~0.9 ms处的QPC电流脉冲表明库中的电子离开"向下"态 (电流上升), 然后另一个电子从库中填充"向下"态 (电流下降). 处于"向上"态的电子最初不能离开点 (上图).

　　该实验还允许自旋弛豫时间的直接测量. 由于是更加高能的态产生了可观测的电

子到库的转移, 量子点的初始填充与读出脉冲之间的间隔越长 (图 3.14 中的间隔 t_{hold}), "向上" 态越有可能到那个时候弛豫到 "向下" 态. 观察到 "向上" 态的概率应随着 t_{hold} 的增加呈指数衰减 $\exp(-t_{\text{hold}}/T_1)$. 这种依赖性确实已被观察到, 同时 T_1 从 8 T 时的 0.85 ms 改变到 14 T 时的 0.12 ms. 注意, 即使没有特殊措施来抵消弛豫, T_1 与超导量子比特中的弛豫时间相比还是相当大的. 当然, 直到我们将这个时间与量子点上操纵自旋所需的特征时间相比之前, 还不能说明什么.

对于双电子量子点, 隧穿速率选择读出已经实现 (Hanson et al., 2005), 并本质上区分了单重态和三重态. 在三重态中, 一个电子占据了激发的轨道状态, 因而具有更快的通过点的限制势的隧穿速率. 这种方法的优点比较多, 包括对相对于 μ_0 的 "向上" 和 "向下"(在这种情况下, 单重态和三重态) 能级的绝对位置的不敏感, 正是这种敏感性使得之前的方法容易受到局部电势波动的影响; 并且在可分辨的态之间不需要大的能量差, 可将其降至小于 $4k_BT \sim 0.1$ meV. 测得的三重到单重态的弛豫时间也非常长 (在近零场的情况下, $T_1 = 2.58$ ms).

量子点中的电子自旋的操纵可以使用交换相互作用而不是磁场来完成. 让我们回想一下这种电子–电子相互作用,

$$H_{\text{ex}} = -\frac{1}{4}J\boldsymbol{\sigma}_1 \times \boldsymbol{\sigma}_2 \tag{3.82}$$

它不是磁性的而是静电的, 其中泡利矩阵在这里表示实际自旋: 由于泡利原理, 具有相同自旋的电子不能具有相同的空间波函数, 这导致它们在式 (3.82) 中反映的能量的静电贡献不同 (White, 1983, 2.2.7 小节). 因此, 这种相互作用相当强, 而且耦合强度 J 可以具有任一符号, 这取决于系统的构型.

从目前的角度来看, 这是耦合自旋的一个非常好的工具, 因为我们可以直接在相邻量子点周围塑造势垒并通过旋转旋钮来调谐 J. Petta et al.(2005) 用它来操控双量子点上的自旋量子态, 如图 3.11(a) 所示. 对于理论学家来说, 一对各自带有一个自旋电子的量子点已经看起来像是两个量子比特, 但是该结构仍被用作单个量子比特——正是为了利用交换相互作用. 选择栅极电压以允许 DQD 上的 (0, 2) 或 (1, 1) 电荷构型. 在第一种情况下, 栅极电势会将两个电子都推入右侧点, 但仅在自旋单态中, $S = 0$. (由于点的尺寸很小, 自旋三重态 $S = 1$ 具有太多的静电能量而无法起作用.) 在第二种情况下, 两个点上的静电势接近, 因此每个点上都有一个电子, 并且在点间没有隧穿的情况下有四个简并态——单重态和三重态, 这对于量子比特来说太多了. 这一难题已通过施加 100 mT 磁场解决, 该磁场固定了自旋投影的优先方向, 一方面在 $|S = 1, m = -1\rangle$ 的三重态 ($E_Z = -g^*\mu_B B \sim -2.5$ μeV) 和 $|S = 1, m = 1\rangle$ 的三重态 ($E_Z = +g^*\mu_B B$) 之间, 另一方面在 $|S = 1, m = 0\rangle$ 的三重态和 $|S = 0\rangle$ 的单重态 (对于两者来说 $E_Z = 0$) 之间

产生塞曼分裂. [1] 后两个态被用作量子比特态. 通过调节通过栅极电势的两点之间的隧穿来操控它们, 其中 J(1 μeV 量级) 在以 $\{|S=0\rangle, |S=1, m=0\rangle\}$ 为基写出的单量子比特有效哈密顿量中起可调偏置的作用,

$$H_{\text{eff, spin}} = \begin{pmatrix} J & B_{\text{nucl}} \\ B_{\text{nucl}} & 0 \end{pmatrix} \tag{3.83}$$

通过在右点上的自旋-电荷转换, 即再次尝试推动其上的两个电子, 并通过 QPC 检查操作是否成功来进行态的读取. 如果成功, 则我们投影出 $|S=0\rangle$ 和 $|S=1, m=0\rangle$ 的叠加, 并测量其自旋单态.

隧穿的作用允许 $|S=0\rangle$ 和 $|S=1, m=0\rangle$ 之间的跃迁, 由随机的、时间相关的 (数十微秒等级)、描述了电子自旋与原子核的超精细相互作用的超精细磁场 B_{nucl} 发挥作用. 它们也是退相干的潜在危险源 (5.3.3 小节). 尽管如此, 相干运算可以通过用例如存活约 10 ns 的量子拍调谐 J 和使研究人员可以看到长达 1.2 μs 的相干性的自旋回波技术来进行.

3.3 回路、干涉仪和混合结构

3.3.1 2DEG 回路：阿哈罗诺夫–玻姆 (Aharonov-Bohm) 效应

从量子工程学的观点来看, 量子点和量子点接触是最相关的 2DEG 器件, 它提供了创建、维持、操控和测量量子叠加态的方式. 但是, 分裂栅技术也允许我们实现其他量子相干 2DEG 器件, 这可能对未来的技术非常有用, 它展现美丽的物理特性, 并帮助我们引入其他有用的方法.

首先, 我们将考虑 2DEG 传导回路. 它们的实现需要如形成 "悬栅" (hanging gates, 其形成了回路的内部部分) 这样的高级实验技巧, 但是该效应的理论理解非常简单.

当 Aharonov, Bohm(1959) 考虑了如下问题时, 他们预测了 Aharonov-Bohm 效应：是否磁场 $\boldsymbol{B}$ 的矢量电势 $\boldsymbol{A}$,

$$\boldsymbol{B} = \nabla \times \boldsymbol{A} \tag{3.84}$$

---

[1] 对于 GaAs, 电子的 g- 因子 $g* = -0.44$.

具有直接的物理意义. 在他们的思维实验中 (详细的评论和讨论见 Olariu, Popescu, 1985), Aharonov 和 Bohm 提出了在无限长的不可穿透的螺线管中发送包含磁通量 Φ 的电子波. 螺线管外部不存在磁场, 内部不存在电子. 这排除了磁场通过洛伦兹力对电子传播的直接影响. 尽管如此, 电子的行为仍然可能取决于矢量电势, 其不会在螺线管外部消失. 如果为简单起见, 我们考虑沿 z 轴无限细的螺线管的极限, 这样

$$\boldsymbol{B} = \hat{\boldsymbol{e}}_z \Phi \delta(x) \delta(y) \tag{3.85}$$

那么 $\boldsymbol{A}$ 的一个方便的选择由下式给出:

$$\boldsymbol{A}(\boldsymbol{r}) = \hat{\boldsymbol{e}}_y \Phi \theta(x) \delta(y) \tag{3.86}$$

代入式 (3.84), 该表达式显然会产生式 (3.85). 还存在其他等价的表达式 (规范), 不同之处在于某些函数的梯度, 因此产生相同的磁场[①], 但式 (3.86) 对我们的目的而言是最方便的.

看见场在不存在的时候如何起作用, 以及为何仅在量子力学中发生的最直接的方法是使用费曼路径积分法 (Feynman, Hibbs, 1965). 据此, 粒子从点 $A = (\boldsymbol{r}_A, t_A)$ 到达点 $B = (\boldsymbol{r}_B, t_B)$ 的概率幅度由下式给出:

$$K(\boldsymbol{r}_B, t_B | \boldsymbol{r}_A, t_A) = \int_{\boldsymbol{r}_A}^{\boldsymbol{r}_B} \mathcal{D}\boldsymbol{r} \exp\left[\frac{1}{\hbar} \int_{t_A}^{t_B} \mathrm{d}t L(\boldsymbol{r}, \dot{\boldsymbol{r}}, t)\right] \tag{3.87}$$

这里, $\mathcal{D}\boldsymbol{r}$ 表示求和是对连接这两个点的所有经典路径进行的. [②]

指数中的积分是经典作用量 S_{cl}, $L(\boldsymbol{r}, \dot{\boldsymbol{r}}, t)$ 是经典拉格朗日函数, 与经典哈密顿函数 $H(\boldsymbol{P}, \boldsymbol{r})$ 有关 (Goldstein, 1980).

$$L(\boldsymbol{r}, \dot{\boldsymbol{r}}, t) = \boldsymbol{P} \cdot \dot{\boldsymbol{r}} - H(\boldsymbol{P}, \boldsymbol{r}) \tag{3.88}$$

在这里, $\boldsymbol{P}$ 是正则动量, 当哈密顿函数被量子化为量子力学哈密顿量 (Messiah, 2003) 时, 其被 $\frac{\hbar}{\mathrm{i}} \nabla$ 取代. 在一维中, 这将为概率振幅提供一个使人想起波函数的 WKB 型解的表达式, $\sim \exp \frac{\mathrm{i}}{\hbar} \left[\int P \mathrm{d}x - \int E \mathrm{d}t\right]$ (由于经典的哈密顿函数是能量).

---

① 可以立即写出产生式 (3.85) 的矢量势的轴向对称表达式. 如果我们假设 $\boldsymbol{A}(\boldsymbol{r}) = A(r)\hat{\boldsymbol{e}}_\phi$, 其中 r 为 xy 平面中距原点的距离, $\hat{\boldsymbol{e}}_\phi$ 是方位角单位向量, 那么矢量 $\boldsymbol{A}$ 围绕以原点为中心、半径为 r 的圆的环积分为 $\oint \boldsymbol{A} \cdot \mathrm{d}\boldsymbol{s} = 2\pi r A(r) = \int \mathrm{d}x \mathrm{d}y [\nabla \times \boldsymbol{A}]_z$. 另一方面, 根据斯托克斯定理, $\oint \boldsymbol{A} \cdot \mathrm{d}\boldsymbol{s} = \int \mathrm{d}x \mathrm{d}y B_z = \Phi$. 因此 $\boldsymbol{A}(\boldsymbol{r}) = (\Phi/(2\pi r))\hat{\boldsymbol{e}}_\phi$.

② 相应数学过程的细节与我们无关, 其已在 Feynman, Hibbs(1965) 及许多教科书 (如 Zagoskin(1998), 1.2.2 小节; Ryder(1996), 第 5 章; Kleinert(2006)) 中给出. 如果 $K(\boldsymbol{r}_B, t_B | \boldsymbol{r}_A, t_A)$ 是已知的, 则我们能够通过其在 $t_A < t_B$ 处的波函数, 将在 t_B 时刻的粒子波函数表达为常规积分, $\Psi(\boldsymbol{r}_B, t_B) = \int \mathrm{d}\boldsymbol{r}_A K(\boldsymbol{r}_B, t_B | \boldsymbol{r}_A, t_A) \Psi(\boldsymbol{r}_A, t_A)$, 并且标准的量子力学公式很容易遵循.

与磁场的相互作用可以通过下式引入：

$$H = \frac{1}{2m}\left(\boldsymbol{P} - \frac{q}{c}\boldsymbol{A}\right)^2 + V(\boldsymbol{r}) \tag{3.89}$$

其中 q 为粒子的电荷. 该表达式中的第一项是动能, 第二项是静态势. 正则动量 $\boldsymbol{P} = \boldsymbol{p} + \frac{q}{c}\boldsymbol{A} = m\dot{\boldsymbol{r}} + \frac{q}{c}\boldsymbol{A}$, 其中 $\boldsymbol{p}$ 是没有场时的动量. 那么从式 (3.88) 中, 我们发现

$$L(\boldsymbol{r},\dot{\boldsymbol{r}},t;\boldsymbol{A}) = L(\boldsymbol{r},\dot{\boldsymbol{r}},t;\boldsymbol{A}=0) + \frac{q}{c}\boldsymbol{A}\cdot\boldsymbol{r} \tag{3.90}$$

矢量势仅会将项 $\frac{q}{c}\int_{t_A}^{t_B}\mathrm{d}t\dot{\boldsymbol{r}}\cdot\boldsymbol{A} = \frac{q}{c}\int_{t_A}^{t_B}\mathrm{d}\boldsymbol{r}\cdot\boldsymbol{A}$ 增加到作用量, $S_{\mathrm{cl}} = \int L\mathrm{d}t$. 因此, 式 (3.87) 中的指数可以写成 $\left[\frac{\mathrm{i}}{\hbar}\int_{t_A}^{t_B}\mathrm{d}tL(\boldsymbol{r},\dot{\boldsymbol{r}},t;\boldsymbol{A}=0)\right] \times \left[\frac{\mathrm{i}}{c}\frac{q}{\hbar}\int_{t_A}^{t_B}\mathrm{d}\boldsymbol{r}\cdot\boldsymbol{A}\right]$.

现在让我们考虑在螺线管存在的情况下 A 和 B 之间的转变. 它对式 (3.87) 造成的唯一区别是通过指数中的项 $\exp\left[\frac{\mathrm{i}}{c}\frac{q}{\hbar}\int_{t_A}^{t_B}\mathrm{d}\boldsymbol{r}\cdot\boldsymbol{A}\right]$ 体现. 在我们选择的规范式 (3.86) 中, 任何在正 y 方向上穿过半平面 $(x>0, y=0)N_+$ 次且在相反方向上穿过 N_- 次的轨迹将获得相位因子 $\left[\frac{\mathrm{i}}{\hbar}\frac{q}{c}\varPhi(N_+-N_-)\right]$. 在经典力学中, 只有一条轨迹要考虑: 为作用量 S_{cl} 动作提供极值的轨迹 (Goldstein, 1980). 这正是经典力学的轨迹. 螺线管的矢量电势的存在式 (3.86) 只能为作用量增加一个常数, 因此不会影响极值轨迹的形状. 实际上, 在经典力学中, 没有场就没有影响.

在量子情况下事情发生了改变. 举个例子, 如果我们考虑点 A 和 B 之间的两条轨迹, 一条 $N_+-N_-=0$, 另一条 $N_+-N_-=1$(例如, 一条在右侧通过螺线管, 另一条在左侧通过螺线管), 并且为简单起见, 假设它们对概率振幅的贡献相等, 我们发现跃迁概率

$$P(\boldsymbol{r}_B,t_B|\boldsymbol{r}_A,t_A) = |K(\boldsymbol{r}_B,t_B|\boldsymbol{r}_A,t_A)|^2 \propto \left|\exp\left[\frac{\mathrm{i}q}{\hbar c}\varPhi\right]+1\right|^2 \tag{3.91}$$

显然取决于磁通量 $\varPhi$. "非手势" 计算 (Aharonov, Bohm, 1959; Olariu, Popescu, 1985) 表明, 螺线管中的磁通量确实会改变撞击在其上的电子波的干涉图样. 在固态器件和 2DEG 器件中, 该影响以金属环的电导对磁场的周期性依赖的形式被观察到 (例如, Imry, 2002, 3.2 节). 振荡周期为 $2\pi\hbar c/q$. 对于电子, $q=e$, 周期为 $2\varPhi_0 = 2hc/(2e)$, 是 2.1.1 小节中超导磁通量量子的两倍.

对该问题最好的理论处理方法基于 Landauer 形式, 可以将传输问题简化为相干散射之一 (Büttiker, 1986). 在 2DEG 回路中, 我们可以另外利用少量的导电通道, 并将体

系视为一维 (图 3.15) 的. 回路中的散射可由 2×2 矩阵来描述:

$$S_j = \begin{pmatrix} r_j & \bar{t}_j \\ t_j & \bar{r}_j \end{pmatrix} \qquad (3.92)$$

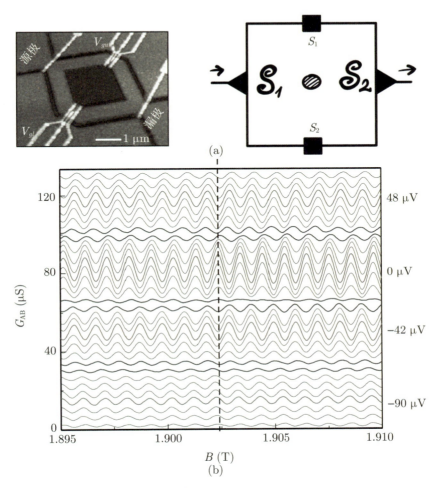

图3.15　2DEG干涉仪中的Aharonov‑Bohm效应

(a) 2DEG回路设备（van der Wiel et al. 2003）和一维模型：2×2 矩阵 S_1，S_2 描述分支中的散射，3×3 矩阵 S_1，S_2 描述结中的散射. 分支中的散射通过栅极电压进行调节. (b) 源极和漏极之间的微分电导随磁场和栅极电压的变化. 对磁场和电场的周期依赖关系反映了磁和静电的Aharonov-Bohm效应.（(a)左图和(b)，经van der Wiel et al.，2003，©2003美国物理学会许可重印.）

如果我们使用类似式 (3.86) 的规范, 矢量势的影响则能够轻易解决, 其中不连续性只与回路的底部分支交叉. 然后, 我们只需要用从左到右沿着该分支的传输幅度乘以相

位因子 $\exp[i\pi\Phi/\Phi_0]$，用从右到左的传输幅度乘以相位因子 $\exp[-i\pi\Phi/\Phi_0]$. 换句话说，磁通量存在的情况下，散射矩阵为

$$S_2 \to S_2(\Phi) = \begin{pmatrix} r_2 & \bar{t}_2 e^{-i\pi\Phi/\Phi_0} \\ t_2 e^{i\pi\Phi/\Phi_0} & \bar{r}_2 \end{pmatrix} \tag{3.93}$$

到目前为止，我们仅讨论了磁性 Aharonov-Bohm 效应. 仍然存在静电效应 (Aharonov, Bohm, 1959)，使用图 3.15 的模型可以更容易地对其进行直接讨论. 假设我们从左到右穿过系统发送电子 (局部波包)，当电子通过回路时，在顶部和底部分支之间打开静电势，持续时间 t_0. 电子不能被电场加速 (分支为水平的)，因此可以没有场产生的效应. 尽管如此，在波包的顶部和底部传播分量之间存在引入的相位差，$\phi = \Delta E t_0/\hbar = eV t_0/\hbar$，这将在传输概率中产生振荡，

$$P(\boldsymbol{r}_B, t_B | \boldsymbol{r}_A, t_A) = |K(\boldsymbol{r}_B, t_B | \boldsymbol{r}_A, t_A)|^2 \propto \left| \exp\left[\frac{ieVt_0}{\hbar}\right] + 1 \right|^2 \tag{3.94}$$

(Aharonov, Bohm(1959) 反而考虑将电子波穿过几个细长的圆柱电极，电场不会在其中穿透.) 这可以通过将相应的相对相位因子 $\exp(\pm i\phi/2)$ 放入散射矩阵 S_1, S_2 来解决. 这里 t_0 是电子通过回路的某些特征传播时间.

回到图 3.15 的模型，我们需要将环路耦合到源极和漏极导线. 这是通过使用正交 3×3 矩阵完成的 (Shapiro, 1983)：

$$S = \begin{pmatrix} 0 & -1/\sqrt{2} & -1/\sqrt{2} \\ -1/\sqrt{2} & 1/2 & -1/\sqrt{2} \\ -1/\sqrt{2} & -1/2 & 1/2 \end{pmatrix} \tag{3.95}$$

其中对角线项给出反射幅度，非对角线项给出传输幅度. 我们看到，例如，从结反射回左 (右) 导线的反射概率为零，在回路的右侧或左侧通过的概率相等. 这种简化并不重要，因为可以始终将额外的散射体添加到模型中. 求解通过环的传输幅度，可以得到

$$t_{\text{ring}} = 2\frac{t_1 t_2(\bar{t}_1 + \bar{t}_2) + t_1(r_2 - 1)(1 - \bar{r}_2) + t_2(r_1 - 1)(1 - \bar{r}_1)}{(t_1 + t_2)(\bar{t}_1 + \bar{t}_2) - (2 - r_1 - r_2)(2 - \bar{r}_1 - \bar{r}_2)} \tag{3.96}$$

那么自然有

$$G_{\text{ring}} = \frac{e^2}{\pi\hbar}|t_{\text{ring}}|^2 \tag{3.97}$$

图 3.15 显示了 2DEG 干涉仪中对 Aharonov-Bohm 效应进行的其中一项实验的结果. 在 GaAs/AlGaAs 2DEG 中通过蚀刻形成的环路分支被栅极夹紧，形成了强散射势垒. 对磁场的周期依赖性清楚地证明了 Aharonov-Bohm 磁效应. 此外, van der Wiel et al.(2003) 还进行了在源极和漏极之间施加有限电压 V 时的测量. 这产生了额外的电子 Aharonov-Bohm 相位 $eVt_0/\hbar$，其中在回路中的电子传播时间估计为 $t_0 = 45$ ps. 非线性电导对电压的周期依赖性也如图 3.15 所示.

*3.3.2 混合 2DEG 超导结构：朗道尔–朗伯 (Landauer-Lambert) 形式

另一种有趣的可能性是 2DEG 层可以与超导体 (例如, 用作超导约瑟夫森结构中的常规势垒) 接触. 一个这样的装置如图 3.16 所示. 对铌接触下的区域的特殊处理可以形成透明的 Nb-2DEG 界面. 因此, 流经界面的电流几乎不受阻碍, 并通过 Andreev 反射来传导 (2.6 节). [①] 正常区域的静电成形将因此直接控制系统中的约瑟夫森临界电流.

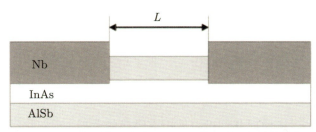

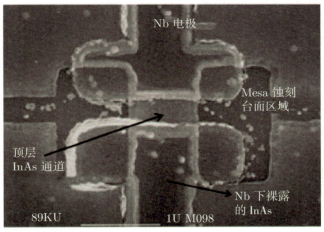

图3.16　混合超导体2DEG装置：SNS约瑟夫森结
Nb超导电极与在InAs/AlSb异质结构中形成的2DEG接触, 电子密度$n=2\times10^{12}$ cm^{-2}（经Heida et al., 1998, ©1998美国物理学会许可重印）.

实验的一个出乎意料的结果 (Heida et al., 1998) 是约瑟夫森临界电流对通过接触区的磁通量的依赖性不为 Φ_0(正如理论所预期并得到所有标准实验证实的, 例如, Tinkham, 2004, 6.4 节), 而是 $\Phi_0/2$. 原因在于结的正常部分较大的电子散射长度. 这意

---

① 这很好地证明了这样一个事实: 只要退相干过程足够弱, 量子相干就会在正常导体中存活. 在这种特殊情况下, 存活的量子关联是电子与 Andreev 反射空穴之间的关联, 反之亦然, 其起源于超导库. 正如 C. W. J. Beenakker 对作者所说: "就超导关联而言, 普通金属是中性的. "

味着通过它的电子传输是弹道的, 而且必须考虑 2DEG 通道的有限宽度.

Furusaki(1999) 考虑了约瑟夫森电流流过短而窄的 QPC 的情况. 通过使用比我们在这里想要介绍的更先进的技术 (例如, 超导体的松原格林 (Matsubara Green) 函数), 他在短但平滑的对称量子点接触 (S-QPC-S 接触) 中得到了约瑟夫森电流的下列表达式:

$$I_J(\varphi) = -N\frac{e\Delta_0}{\hbar}\sin\frac{\varphi}{2}\tanh\left[\frac{\Delta_0}{2k_BT}\cos\frac{\varphi}{2}\right] \tag{3.98}$$

在这里, N 是 QPC 中开放通道的数量 $\Big($ 因此它在正常状态下的 Landauer 电导为 $N\frac{e^2}{\pi\hbar}\Big)$, Δ_0 是远在超导库内部的超导能隙的大小. 由于开路通道的数量随栅极电压而变化, 约瑟夫森临界电流也应当随之变化. Takayanagi et al.(1995a, b) 确实观察到了这种量化效应.

现在让我们考虑与图 3.16 所示的装置直接相关的情况. 在这里, 2DEG 区域的大小远远超过了电子波长, 这使得我们可以使用准经典的考虑. 正如我们在 2.6 节中所看到的, 干净的一维 SNS 结中的约瑟夫森电流由 Andreev 能级携带, 并且对超导相位差具有特征性的锯齿形依赖. 在二维情况下会发生什么? 在准经典图像中, 从超导库中出现并进入 2DEG 的电子沿直线传播, 并且可能在势垒多次反射后 (横向限制 2DEG) 到达另一个超导体. 在那里, 它经历了 Andreev 反射, 并作为一个空穴被反射回来, 该空穴将沿最初的电子轨迹原路返回, 并最终到达第一个超导体. 在这里, 它再次被 Andreev 转换成为电子, 从而形成了 Andreev 能级. 我们可以将其视为 Andreev 管, 其特征直径为 λ_F. 这个准一维 "管" 就像一个一维 SNS 结一样输送约瑟夫森电流, 我们只需要对所有可能的电子–空穴轨迹的贡献求和来得出总的约瑟夫森电流. [①] 通过向超导体之间的超导相位差添加沿 Andreev 管的附加相位增益, 可以考虑通过 2DEG 区域的法向磁场 $\boldsymbol{H}$ 的影响:

$$\varphi \to \varphi + \frac{2\pi}{\Phi_0}\int_{\tau_1}^{0}\mathrm{d}\tau\boldsymbol{A}(\boldsymbol{r} - \upsilon_F\tau\boldsymbol{n})\cdot\boldsymbol{n} \tag{3.99}$$

在这里, $\boldsymbol{n}$ 是沿着管的单位矢量, 矢量势必须在 Landau 规范中获取,

$$\boldsymbol{A} = Hy\hat{\boldsymbol{e}}_z \tag{3.100}$$

(当然, 我们可以选择其他规范, 但随后我们必须使超导库的相位依赖于位置; 这不会改变结果, 那为什么要给计算增加不必要的困难呢?) 那么, 在零温度下, 通过 2DEG-S 边

---

① 这种漫不经心的方法实际上可以在 Green 函数形式中得到证明 (Barzykin, Zagoskin, 1999). 它提供了一种计算法向层中约瑟夫森电流的便利方法, 并且可以考虑有限的温度和杂质引起的弱弹性散射.

界 (图 3.16) 的电流由下式给出：

$$I(\varphi, H) = \frac{ev_F}{W\lambda_F L} \int\int_{-W/2}^{W/2} \frac{\mathrm{d}y_1 \mathrm{d}y_2}{[1+((y_1-y_2)/L)^2]^{3/2}}$$
$$\cdot \frac{2}{\pi} \sum_{k=1}^{\infty} (-1)^{k+1} \frac{\sin k[(\pi\Phi/W\Phi_0)(y_1+y_2)+\varphi]}{k} \tag{3.101}$$

在这个表达式中，为简单起见，仅考虑了直接连接两个超导体的轨迹. 右边的求和是我们之前遇到的锯齿形，式 (2.165). 临界电流是该表达式在 φ 介于 $0\sim 2\pi$ 之间的最大值，并且在无限宽或无限窄接触的极限内，可以明确地计算出来 (Barzykin, Zagoskin, 1999)：

$$I_c\left(\frac{\Phi}{\Phi_0}\right) = \frac{2W}{\lambda_F} \frac{ev_F}{L} \frac{\left(1-\left\{\frac{\Phi}{\Phi_0}\right\}\right)\left\{\frac{\Phi}{\Phi_0}\right\}}{\left|\frac{\Phi}{\Phi_0}\right|}, \quad L \ll W; \tag{3.102}$$

$$I_c\left(\frac{\Phi}{\Phi_0}\right) = \frac{W}{\lambda_F} \frac{ev_F}{L} \frac{\left(1-\left\{\frac{\Phi}{2\Phi_0}\right\}\right)^2\left\{\frac{\Phi}{2\Phi_0}\right\}^2}{\left|\frac{\Phi}{2\Phi_0}\right|^2}, \quad L \gg W \tag{3.103}$$

这里，$\{x\}$ 是 x 的小数部分；第一个表达式是 Φ_0-周期性的，并再现了宽 SNS 结的已知结果，而第二个表达式是 $2\Phi_0$-周期性的，与 Heida et al.(1998) 的测量结果一致.

在通过混合结构处理了超导电流之后，询问超导库的存在是否会以及如何影响系统中的正常电导是符合逻辑的. 答案是肯定的，以一种非常有趣的方式. Lambert(1991)(Zagoskin, 1998，附录 1) 考虑源库和漏库之间的正常输运，并假设系统的相干部分也连接到超导库 (图 3.17). 与正常导体的情况 (3.1.3 小节) 相比，情况立刻变得更加复杂，因为我们必须分别考虑电子和空穴，并考虑到 Andreev 反射的可能性. 因此，我们需要一个 4×4 的概率矩阵，而不是简单的跃迁和反射系数，$T+R=1$：

$$\boldsymbol{P} = \begin{pmatrix} \boldsymbol{R} & \overline{\boldsymbol{T}} \\ \boldsymbol{T} & \overline{\boldsymbol{R}} \end{pmatrix}; \tag{3.104}$$

$$\boldsymbol{R} = \begin{pmatrix} R_{e\to e} & R_{h\to e} \\ R_{e\to h} & R_{h\to h} \end{pmatrix}; \quad \boldsymbol{T} = \begin{pmatrix} T_{e\to e} & T_{h\to e} \\ T_{e\to h} & T_{h\to h} \end{pmatrix} \tag{3.105}$$

这里，块矩阵 $\boldsymbol{T}, \boldsymbol{R}(\overline{\boldsymbol{T}}, \overline{\boldsymbol{R}})$ 描述了从左库 (右库) 入射的电子和空穴的透射/反射. 幺正性要求 $\boldsymbol{P}$ 的每一列和每一行加起来等于 1，例如

$$R_{e\to e} + R_{h\to e} + \overline{T}_{e\to e} + \overline{T}_{h\to e} = 1; \quad R_{e\to e} + R_{e\to h} + T_{e\to e} + T_{e\to h} = 1 \tag{3.106}$$

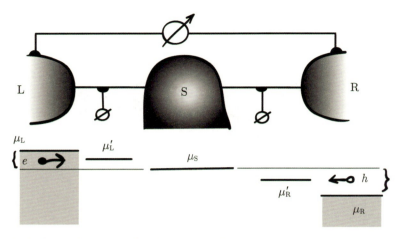

图3.17 正常−超导混合（NSN）系统中的Landauer电导

第一个方程式意味着电子只能以四种方式到达左库：由系统法向反射回来; Andreev 反射; 从右库法向透射; 或 Andreev 透射. 第二个方程式同样计算了电子离开左库的方式: 法向或 Andreev 反射到左侧, 法向或 Andreev 透射到右侧.

我们将计算在电压降较小的极限内正常库之间的电导. 这允许我们为 1D 导线中的态密度使用一个恒定值 $1/(\pi\hbar v_F)$, 左导线中的电流可写为

$$I = e v_F \frac{1}{\pi\hbar v_F} \left[(\mu_L - \mu_S)(1 - R_{e\to e} + R_{e\to h}) + (\mu_S - \mu_R)(\bar{T}_{h\to h} - \bar{T}_{h\to e}) \right] \tag{3.107}$$

在化学势为 μ_S 的超导体存在下, 分别考虑能量低于和高于 μ_S 的准粒子是很方便的. 因此我们可以说, 左库向系统中注入能量在 μ_S 和 μ_R 之间的电子, 而右库注入能量在 μ_L 和 μ_S 之间的空穴, 这反映在式 (3.107) 中. 从左库流入系统的总电流由在能带 $[\mu_S, \mu_L]$ 内的电子携带, 并等于

$$I_L = \frac{e}{\pi\hbar}(\mu_L - \mu_S)(1 - R_{e\to e} + R_{e\to h} - T_{e\to e} + T_{e\to h}) = \frac{2e}{\pi\hbar}(\mu_L - \mu_S)(R_{e\to h} + T_{e\to h}) \tag{3.108}$$

其中我们使用了幺正性条件式 (3.106). 同样, 来自右库的电流由在 $[\mu_R, \mu_S]$ 能带中的空穴携带:

$$I_R = -\frac{2e}{\pi\hbar}(\mu_S - \mu_R)(\bar{R}_{h\to e} + \bar{T}_{h\to e}) \tag{3.109}$$

μ_S 的值必须由流入或流出超导体的净电流确定. 如果这个电流为零 (通常是这种情况), 即如果 $I_L + I_R = 0$, 那么 μ_S 很容易从式 (3.107) 中排除, 并且两点电导为

$$G = \frac{eI}{\mu_L - \mu_R}$$

$$= \frac{e^2}{\pi\hbar} \frac{(\bar{R}_{h\to e} + \bar{T}_{h\to h})(R_{e\to h} + T_{e\to h}) + (\bar{R}_{h\to e} + \bar{T}_{h\to e})(R_{e\to h} + T_{e\to e})}{\bar{R}_{h\to e} + \bar{T}_{h\to e} + R_{e\to h} + T_{e\to h}} \tag{3.110}$$

如果存在粒子–空穴对称性, 即电子和空穴的法向和 Andreev 反射/透射相同 $(R_{e\to e} = R_{h\to h} = R_N, R_{e\to h} = R_{h\to e} = R_A,$ 等等$)$, 那么式 (3.3.1) 简化为

$$G = \frac{e^2}{\pi\hbar} \frac{(\bar{R}_A + \bar{T}_N)(R_A + T_A) + (\bar{R}_A + \bar{T}_A)(R_A + T_N)}{\bar{R}_A + \bar{T}_A + R_A + T_A} \tag{3.111}$$

另外, 如果系统是空间对称的, 即阻塞系数和非阻塞系数之间没有差异, 则电导变为

$$G = \frac{e^2}{\pi\hbar}(T_N + R_A) \tag{3.112}$$

注意 Andreev 过程通过电子–空穴转换打开了一条额外的电导通道.

为了完整起见, 让我们给出四点电导的表达式:

$$G^{(4\mathrm{pt})} = \frac{eI}{\mu'_L - \mu'_R} \tag{3.113}$$

其中导线的有效化学势 μ'_L, μ'_R 的确定方法与式 (3.39) 相同. 对于粒子–空穴和空间对称, 可以发现

$$G^{(4\mathrm{pt})} = \frac{e^2}{\pi\hbar} \frac{T_N + R_A}{T_A + R_N} \tag{3.114}$$

其在没有超导体的情况下给出正确的极限 $G^{(4\mathrm{pt})} = \frac{e^2}{\pi\hbar} \frac{T}{R}$.

3.4 结语

我们已经描述了基于二维电子气的几种主要的、当前可用的量子相干器件, 它们的理论, 以及更具普适性的有用的理论公式推导. 我们已经看到, 它们的设计灵活且可扩展, 并且在实验中可以改变结构的参数和形状. 这使得这类器件既适合用作量子阻塞元件 (例如横向量子点), 也适合用作量子探测器. 作为后者, 2DEG 器件能够实现电荷和自旋自由度的电测量, 包括单发测量区域. 在 (InAs/AlSb)/Nb 结构中可获得的透明超导体-2DEG 边界, 提供了另外一种基于 2DEG 和基于超导体的量子相干器件之间的直接接口的可能性. 2DEG 和 2DEG-超导体结构中的传输自然地在 Landauer 形式的框架中描述, 这将问题简化为一种相干散射, 并使我们可以避免引入密度矩阵和非幺正演化.

第 4 章

超导多量子比特器件

用技巧征服, 而不是数字.

——苏沃洛夫 (A. V. Suvorov),《军事格言》, 约 1795 年, 根据俄文翻译

4.1 量子比特耦合的物理实现

4.1.1 采用线性被动元件耦合: 电容耦合

仅仅有好的基础元件是不够的, 我们还必须要能够可控地将它们连接起来, 同时保持量子相干性. 任何简单的等效耦合哈密顿量 (如式 (3.81), 式 (3.82)) 必须以某种形式 "在金属中" 实现. 超导量子电路提供了很多可供选择的耦合形式 (Wendin, Shumeiko, 2005). 我们将从最简单的情况开始, 此时量子比特之间通过线性元件 (传统的电容和

电感) 来耦合, 耦合电路始终处于其基态, 并且随量子比特做绝热演化 (Averin, Bruder, 2003)——也就是说, 耦合电路是保持"被动"的. 为了让这种情况发生, 耦合器的激发能 $\hbar\omega_{\text{res}}$ 必须远高于量子比特的能级差 (这里 ω_{res} 是耦合器的共振频率). 换句话说, 耦合器的演化速度必须远远高于量子比特, 因此耦合器总能随着量子比特态的变化而及时调整. 对于纯的电容或电感耦合, 这个条件是自动满足的, 因为此时 $\omega_{\text{res}} \to \infty$.

作为例子, 考虑两个相位量子比特通过电容耦合在一起 (图 4.1). 系统的哈密顿量可以约化为如下形式 (Blais et al., 2003):

$$H = \frac{c^2 \Pi_1^2}{2\widetilde{C}_1} - E_J^{(1)} \cos 2\pi \frac{\Phi_1}{\Phi_0} - \frac{I_b^{(1)}\Phi_1}{c} + \frac{c^2\Pi_1^2}{2\widetilde{C}_2}$$
$$- E_J^{(2)} \cos 2\pi \frac{\Phi_2}{\Phi_0} - \frac{I_b^{(2)}\Phi_2}{c} + \frac{c^2\Pi_1\Pi_2}{\widetilde{C}_c} \tag{4.1}$$

这里的等效电容为

$$\widetilde{C}_1 = C_{J,1} + (C_{J,2}^{-1} + C_c^{-1})^{-1};$$
$$\widetilde{C}_2 = C_{J,2} + (C_{J,1}^{-1} + C_c^{-1})^{-1}; \tag{4.2}$$
$$\widetilde{C}_c = C_{J,1}C_{J,2}(C_{J,1}^{-1} + C_{J,2}^{-1} + C_c^{-1}) \tag{4.3}$$

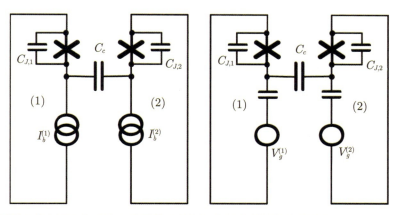

图4.1 相位量子比特之间 (左) 和电荷量子比特之间 (右) 的直接电容耦合

相位量子比特是一个非线性振子, 因此, 它可以很方便地将节点磁通和电荷算符表达为玻色算符的形式, 如式 (2.106):

$$\hat{\Phi}_j = \frac{a_j + a_j^\dagger}{2}\Lambda_j, \quad \hat{\Pi}_j = \hbar\frac{a_j - a_j^\dagger}{\mathrm{i}\Lambda_j}, \quad \Lambda = \sqrt{\frac{2\hbar}{\widetilde{C}_j\omega_j}} \quad (j = 1,2) \tag{4.4}$$

这里 $\omega_j = \omega_{0,j}(1 - (I_{b,j}/I_{c,j})^2)^{1/2}$, 其中 $\omega_{0,j} = [E_{J,j}E_{C,j}(1 - (I_{b,j}/I_{c,j})^2)]^{1/2}/\hbar$ 为 "未软化" 的约瑟夫森等离子体振荡频率，电荷能 $E_{C,j} = 2e^2/\widetilde{C}_j$. 再假设两个量子比特具有相同的参数 $(\widetilde{C}_1 = \widetilde{C}_2 = \widetilde{C})$ 并将式 (4.4) 代入式 (4.1)，我们看到哈密顿量变成

$$H = \sum_{j=1}^{2} \hbar\omega_j\left(a_j^\dagger a_j + \frac{1}{2}\right) + (\cdots) - 2g\left(a_1 - a_1^\dagger\right)\left(a_2 - a_2^\dagger\right) \tag{4.5}$$

这里的省略号表示被省略掉的高阶项，而耦合系数为

$$g = \frac{\widetilde{C}}{2\widetilde{C}_c}\hbar\sqrt{\omega_1\omega_2} \tag{4.6}$$

因为存在非线性，我们可以将问题限定在最低的两个 Fock 态上，并写出等效的哈密顿量

$$H_{\text{int}}^{(\text{eff})} = -\frac{1}{2}\sum_{j=1}^{2}\hbar\omega_j\sigma_z^{(j)} + g\sigma_y^{(1)}\sigma_y^{(2)} \tag{4.7}$$

这正是我们连接两个量子比特所想要的哈密顿量.

即便不做式 (4.7) 那样的近似，也可以直接在 Fock 态 (光子数态) 基 $\{|n_1\rangle \otimes |m_2\rangle$, $(m, n = 0, 1, \cdots)\}$ 下将式 (4.5) 中的哈密顿量写成矩阵形式. 在子空间 $\{|0\rangle \otimes |1\rangle, |1\rangle \otimes |0\rangle\}$ (也就是两个比特的态同时翻转的子空间) 中，我们得到

$$H_2 = \begin{pmatrix} E_0^{(1)} + E_1^{(2)} & g \\ g & E_1^{(1)} + E_0^{(2)} \end{pmatrix} \tag{4.8}$$

这与式 (4.7) 中的 $\sigma_y\sigma_y$ 项是等价的. 在共振情况下，也就是两个比特能级间距 $E_1^{(1)} - E_0^{(1)} = E_1^{(2)} - E_0^{(2)}$ 通过调节偏置电流变得相等时，式 (4.8) 中的对角项就可以丢掉了 (它们只贡献一个整体的相位因子)，于是我们得到这个哈密顿量的本征态为

$$|\Psi_\pm\rangle = \frac{|0\rangle \otimes |1\rangle \pm |1\rangle \otimes |0\rangle}{\sqrt{2}} \tag{4.9}$$

其能量差 (劈裂) 为 g. 这两个态是纠缠的，也就是说，如果系统整体处于一个纯态 $|\Psi_\pm\rangle$，而比特 1 在基 $\{|0\rangle, |1\rangle\}$ 下做测量 (1.2.3 小节)，系统将不再处于纯态，而是一个混合态，其密度矩阵为

$$\rho = \frac{1}{2}|0\rangle\langle 0| \otimes |1\rangle\langle 1| + \frac{1}{2}|1\rangle\langle 1| \otimes |0\rangle\langle 0| \tag{4.10}$$

如果我们将系统初始化在一个纯的绝热态，比如 $|0\rangle \otimes |1\rangle$，比特 1 处于 $|0\rangle$(或 $|1\rangle$) 的概率将以频率 $\omega = 2g/\hbar$ 做振荡. 这就是 1.4.2 节中讨论过的量子拍，不同的是这次不是在一个量子比特中，而是在两个耦合的量子比特之间[①]. 图 4.2 显示了 McDermott et al.(2005) 在实验上对这一现象的验证.

---

① 在 Blais et al.(2003) 的论文中，它们的周期被称为 T_{Rabi}. 我们将在 4.2.3 小节中看到，在什么意义上这种量子拍可以被称为 "真空 Rabi 振荡".

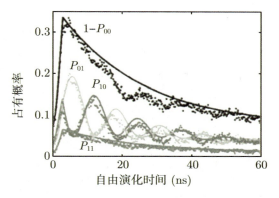

图4.2 两个电容耦合的相位量子比特之间的量子拍

（McDermott et al., 2005；经AAAS许可重印.）两个量子比特被调成共振（$E_1^{1,2}-E_0^{1,2}/h$=8.65 GHz）并初始化到$|1\rangle \otimes |0\rangle$态上. 多次重复测量可以得到系统经过时间$t_{\text{free}}$的自由演化之后处于态$|11\rangle$，$|01\rangle$，$|10\rangle$和$|00\rangle$）的概率. 从$P_{01}$和$P_{10}$的振荡行为中显然可以看到量子拍. P_{00}的曲线反映了系统弛豫到基态的过程，单比特弛豫时间为T_1=25 ns. 图中实线为数值模拟的结果，考虑了5 ns的态制备时间（图中左侧的上升部分），有限的测量保真度70%，以及微波交叉耦合（施加到量子比特1上的微波脉冲对量子比特2的影响，这种串扰导致量子比特2发生一定概率的激发）.

另一个两比特纠缠态式 (4.9) 形成的直接证据是观察非绝热能级间的免交叉, 比如图 2.7 中单个量子比特的隧穿劈裂. 这可以通过比如能谱测量来实现, 其优势是不需要时序精确的时域操作. 值得注意的是, 在 Berkley et al.(2003)(图 4.2) 的实验中, 用来建立纠缠态的两个量子比特间隔了毫米量级的一个宏观距离.

回到式 (4.8), 我们看到在共振情况下这一块哈密顿量在子空间 $\{|0\rangle \otimes |1\rangle, |1\rangle \otimes |0\rangle\}$ 中表现为 $\exp[-ig\sigma_x t/\hbar]$, 而对其他能态而言只是产生了一个相位因子. 当两个量子比特偏离共振位置时, 由于式 (4.8) 中的本征态趋于非绝热态 (式 (1.133)), 耦合因子 g 此时变得微不足道.

两个电荷量子比特, 或一个电荷、一个相位量子比特, 或 quantronium 量子比特之间等的直接电容耦合与上面得到的形式没有什么区别. 比如, 对两个电荷量子比特 (图 4.1, 图 4.3), 耦合哈密顿量为

$$H_{\text{int}} = \frac{e^2}{2C_x}\sigma_x^{(1)}\sigma_x^{(2)} \tag{4.11}$$

通过强偏置其中一个比特 (也就是将其锁定在一个给定的电荷态), 我们可以操控另一个比特, 并且式 (4.11) 的比特-比特间耦合只有在它们都在共同简并点 $n_{g1} = n_{g2} = 0.5$ 时起作用. 采用这种耦合方式, Yamamoto et al.(2003) 在电荷量子比特之间实现了一个两比特 CNOT 门 (见附录).

理论上, 纯的电容耦合是不可能的, 因为连接元件总是有一定的几何电感的 (大约

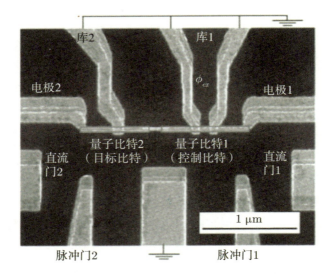

图4.3　电容耦合的电荷量子比特（采用AlO$_x$制备）

（经*Nature*，Yamamoto et al.，2003，©2003 Macmillan出版社许可重印.）量子比特1的约瑟夫森能可以通过磁通 ϕ_{ex} 来调节. 当其中一个量子比特被偏置到远离共同简并点时，它对另一个量子比特的演化几乎不会造成影响. 两个量子比特的基态和激发态都是对应电荷态的线性叠加，$|g(e)\rangle = (|0\rangle \pm |1\rangle)/\sqrt{2}$.

1 nH/μm, 考虑超导动态电感的话还会更大). 假设电感 $L \sim 1$ nH 而特征电容 $C \sim 1$ fF，我们得到这个电容连接的激活能约为 100 GHz. 只要量子比特的能级间隔及其他特征能量远低于这个水平, 这个电容耦合就可以当成是被动的.

4.1.2　磁通量子比特的被动电感耦合

这种耦合看起来非常简单明了：穿过磁通量子比特环孔的外磁通改变了顺/逆时针方向持续电流态的能量，从而影响量子比特哈密顿量式 (1.85) 中的 σ_z 项. 如果第 j 个量子比特的环流大小是 I_j，相互之间的互感为 M, 则耦合项在"物理"(非绝热) 基下可以写为

$$H_{\text{int}} = 2MI_1I_2\sigma_z^{(1)}\sigma_z^{(2)} \equiv J\sigma_z^{(1)}\sigma_z^{(2)} \tag{4.12}$$

简单地从磁力线角度考虑，这是一种"反铁磁"耦合. 与 xx-耦合或 yy-耦合 (式 (4.7),式 (4.11)) 相比, zz-耦合 (式 (4.12)) 的一个缺点是, 现在没办法将其中一个量子比特偏置到远离共同简并点. 图 4.4 给出了这种耦合的一个示意图. 我们将推后到 5.3 节和 5.5 节再来讨论这种设计的另一个重要特征.

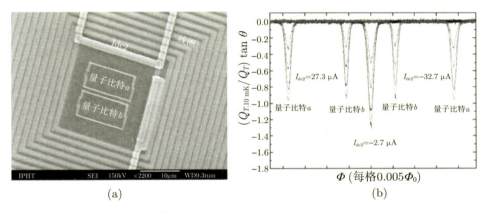

(a)

(b)

图4.4 磁通量子比特之间的电感耦合

（经Izmalkov et al.，2004b，©2004美国物理学会许可重印.）(a) 器件的电镜照片，两个铝的持续电流量子比特被放置在一个铌的拾取线圈内. 量子比特的参数如下：自感$L_{a,b} \approx 39$ pH，两个大结的临界电流$I_c \approx 400$ nA，库仑能$E_C \approx 6.4$ GHz，小结的压缩参数$\alpha \approx 0.8 \sim 0.9$，估算的互感$M_{ab} \approx 2.7$ pH；两个量子比特的持续电流$I_p = 320$ nA，并且隧穿劈裂$\Delta_{a,b} \approx 1$ GHz. 铌线圈的电感$L_T \approx 130$ nH，连接到一个外部的电容$C_T \approx 470$ pF上，形成一个高Q的LC电路（储能电路），其谐振频率为$\omega_T/(2\pi) = 20.139$ MHz，并且在10 mK下的品质因数为$Q_T = \omega_T \tau_T = 1680$（$\tau_T = R_T C_T$为弛豫时间）. LC电路在这里还起到了滤波器的作用，保护量子比特免受外部噪声影响（5.3节）. 量子比特环路中的偏置磁通由拾取线圈中的直流电流I_{dc1}和额外环路（照片中的Π形电路）中的直流电流I_{dc2}共同产生. 测到的比特间耦合常数（式(4.12)）为$j/h = 420$ MHz 并对应于"反铁磁"耦合. (b) 量子比特的量子电感依赖于其量子态并且影响到LC电路的等效电感. 因此，这个储能电路对近共振激发的响应可以用来测量量子比特的状态（阻抗测量技术IMT，见5.5.3小节）. 这里给出了不同温度下储能电路的电流和电压之间的正规化相位角的正切随外磁通偏置的变化曲线（曲线从低到高，对应的名义温度分别为10 mK，50 mK，90 mK，160 mK）. 外磁通Φ通过I_{dc1}来调节，而I_{dc2}则用于产生一个相对偏置，也就是穿过比特a和b之间的磁通有一个差. $\tan\theta$正比于系统等效电感的负倒数，这个等效电感包含了量子比特态敏感的量子电感项（式(2.145)，式(2.146)）：$\tan\theta \sim -\partial^2_{\Phi\Phi} E(\Phi)$，这里$E(\Phi) = \langle H \rangle$为磁通依赖的能量. 因此，$\tan\theta$将在靠近简并点（也就是基态和激发态之间出现免交叉）时出现尖锐的谷. 谷的尖锐程度取决于隧穿矩阵元Δ和温度. 图中的三组曲线对应于比特之间不同的相对偏置. 中间的一组曲线对应于两个比特同时处于简并点，反映出两比特系统形成了纠缠基态，否则这个谷应该是单比特谷的简单相加.

当讨论持续电流磁通量子比特的电感耦合时，我们陷入了矛盾的境地. 一方面，比特之间的互感必须非零，另一方面，它又不能超过比特的自感——我们在讨论这一器件的时候可是忽略了自感项的 (式 (2.110)，式 (2.112) 和式 (2.114)). 在拉格朗日量中，自感是以 $1/L$ 的形式体现的，而正确地处理 $L \to 0$ 是用了点技巧的. 所幸的是，这一冲突不会导致严重的问题[①].

①对于具有有限但很小自感的单个或电感耦合的持续电流量子比特，Maasen van den Brink(2005)开发出一套自洽的微扰理论. 这一理论中，耦合式 (4.12) 在互感重整化之后依然成立. 每个量子比特的自感和等效约瑟夫森耦合也将重整化. 一般来说，这种修正很小，低于目前实验对器件参数表征的不确定性.

为了增强耦合强度, 持续电流量子比特可以被制备成共边的 (即所谓 "电流耦合" (Majer et al., 2005)), 从而将这个边的动态电感加到 (几何的) 互感中去 (Schmidt, 2002, 第 10 章).

4.1.3　通过非线性被动元件耦合、可调耦合

让两个磁通量子比特共享一个约瑟夫森结可以显著地提高其电感耦合强度. 这种方式将在哈密顿量中加入一个 E_J 量级的耦合项, 并对两个比特的状态都敏感. 物理上, 这种耦合使用了约瑟夫森电感 (式 (2.27))[①] .

我们假设了这个耦合是被动的, 因此不需要把 2.3.3 小节中的动力学分析都进行一遍来寻找这一耦合在一阶近似下的强度. 分析一下共享一个结的两比特系统 (图 4.5(a)) 的势能就足够了:

$$U = U_a(\phi_{a1}, \phi_{a2}, \widetilde{\phi}_a + \varphi) + U_b(\phi_{b1}, \phi_{b2}, \widetilde{\phi}_b + \varphi) - E_c \cos\varphi \qquad (4.13)$$

(这里采用相位变量 $\phi_j = 2\pi\Phi_j/\Phi_0$ 更为便利.) 我们忽略了比特的自感和互感, 这样就可以丢掉两个相位变量 ϕ_{a3} 和 ϕ_{b3}, 只包含约瑟夫森耦合项. 此外, 我们还利用了一个便利, 那就是根据 2.3.3 小节中方程的规则, 相位 φ 与外磁通 $\widetilde{\phi}_{a,b} = 2\pi\widetilde{\Phi}_{a,b}/\Phi_0$ 一起进入比特的势能 $U_{a,b}$ 中.

假定耦合约瑟夫森能 $E_c \gg E$, 这里 $E \sim U_{a,b}$ 是磁通量子比特中大结的约瑟夫森能. 我们现在来通过对 (E/E_c) 做展开来求式 (4.13) 对 φ 的极小值. 先写出极小条件:

$$\sin\varphi + \frac{1}{E_c}\frac{\partial}{\partial\varphi}U_a(\phi_{a1}, \phi_a, \widetilde{\phi}_a + \varphi) + \frac{1}{E_c}\frac{\partial}{\partial\varphi}U_a(\phi_{b1}, \phi_b, \widetilde{\phi}_b + \varphi) = 0 \qquad (4.14)$$

我们看到 $\varphi_{\min} = (E/E_c)\varphi^{(1)} + \cdots$, 因此, 当计算下一阶的项时, 我们可以取量子比特势能在 $\varphi = 0$ 处的导数, 以及单比特势能取极小时对应的比特内部相位. 这些导数推出比特中的持续电流 $I_{pa,b}$ 大小, 以及

$$\varphi^{(1)} = \pm\frac{I_{pa}\Phi_0}{2\pi c E_c} \pm \frac{I_{pb}\Phi_0}{2\pi c E_c} \qquad (4.15)$$

正负号取决于量子比特处于其 "左" 态还是 "右" 态. 将上式代入式 (4.13), 得到有效的耦合项为

$$-E_c\cos(\varphi^{(1)} + \cdots) = -E_c + \frac{\Phi_0^2}{8\pi^2 c^2 E_c}(I_{pa} \pm I_{pb})^2 + \cdots \qquad (4.16)$$

---

① 这一方法被用在了第一个四超导量子比特器件中 (Grajcar et al., 2006).

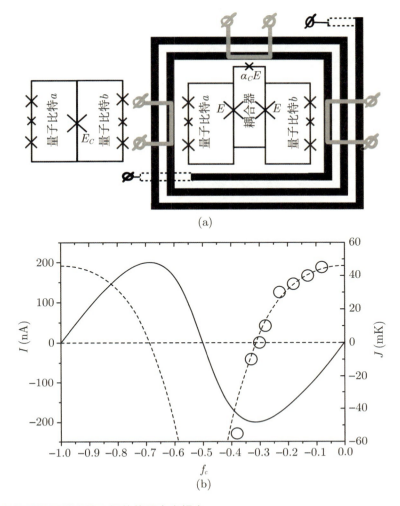

图4.5 持续电流磁通量子比特之间的约瑟夫森耦合

(a) 持续电流磁通量子比特之间的约瑟夫森耦合：左侧为简单的通过共享一个约瑟夫森能为E_c的结实现耦合；右侧的结构则通过一个耦合环路来实现可调耦合. 在实验中，量子比特和耦合器都是用铝制备的. 黑色的螺旋线是铌的拾取线圈的一部分，Ⅱ形的灰色线用来独立地偏置各个量子比特. (b) 理论拟合与实验数据（经van der Ploeg et al.，2007，©2007美国物理学会许可重印）. 图中给出了耦合环路中的环流（实线）和耦合能式(4.18)（虚线）随耦合环路中外磁通 $\widetilde{\phi}_c = 2\pi f_c$的变化曲线. 理论计算选取$\alpha_c = 0.2 I_c = 1~\mu\text{A}$，$J_c(f_c)$的实验数据为空心圆点.

很明显这种耦合是"反铁磁"的，因为如果两个比特持续电流的方向相反，能量会更低. 由此可以得到耦合项的哈密顿量为

$$H_{\text{eff}} = J\sigma_z^{(a)}\sigma_z^{(b)}; \quad J = \frac{\Phi_0^2}{4\pi^2 c^2 E_c}I_{pa}I_{pb} + \cdots \tag{4.17}$$

这一理念的一种合理外推是用一个耦合环路来替代单个约瑟夫森结 (图 4.5(a))，这时耦

合环路的约瑟夫森能可以通过一个外磁通 $\widetilde{\phi}_c$ 来调节. (如果耦合环路比较小, 为了实现有效的调节, 还需要在耦合环路中增加一个约瑟夫森能为 $\alpha_c E$ 的小结, 否则由于耦合环路中的磁通量子化条件, 其中的磁通将直接影响到量子比特.)

忽略掉所有的互感和自感, 并且按照前面得出式 (4.17) 同样的步骤, 只是这次耦合强度依赖于耦合环路磁通 $\widetilde{\phi}_c$(van der Ploeg et al., 2007), 可以得到

$$J(\widetilde{\phi}_c) = \frac{\hbar}{2e} \frac{I'(\widetilde{\phi}_c)}{I_c^2 - I^2(\widetilde{\phi}_c)} I_{pa} I_{pb} + \cdots \tag{4.18}$$

这里 $I_c = (2e/(\hbar c))E$ 为耦合环路中与量子比特共享的约瑟夫森结临界电流, 而耦合环路中的环流为 $I(\widetilde{\phi}_c) = I_c \sin\bar{\varphi}$. 这里的相位 $\bar{\varphi}$ 与共享的结上的相位差是一样的, 可以通过下面的关系式得到:

$$\sin\bar{\varphi} = \alpha_c \sin\left(\widetilde{\phi}_c - 2\bar{\varphi}\right) \tag{4.19}$$

(也就是电流守恒和磁通量子化关系.) 显然, 式 (4.18) 中的耦合系数可以改变符号, 也就是可以在铁磁和反铁磁耦合之间切换 (当然, 同时也允许我们完全关断两个比特之间的耦合). 这一结论并不依赖于我们所做的各种近似, 事实上, 实验结果 (图 4.5) 表明式 (4.18) 是一个很好的近似.

比特–比特之间的可调被动式耦合, 以至可以改变符号, 并不局限于共享约瑟夫森结这一种耦合方式. 与图 4.5(a) 等价的耦合形式最早提出是通过一个中间的 rf SQUID 来进行纯电感耦合 (Maassen van den Brink et al., 2005), 并由 Zakoserenko et al.(2007) 在经典区域做了演示, 进而确认了与可调耦合相关的非线性约瑟夫森电感不是一个量子现象. (也就是说, 这一行为不依赖于超导相位和库珀对数这两个变量是否是量子的, 当然块超导体本身是一种 (多体) 量子现象.) 在量子区域的演示由 Allman et al.(2010) 实现 (图 4.6). 另一方面, 我们在 2.5 节中已经看到, 在量子区域, 电容和电感都是对系统状态敏感的. 这一性质被用在 "可变静电变压器" 中 (Averin, Bruder, 2003), 如图 4.7 所示. 系统的哈密顿量为

$$H = \sum_{i=1,2} \left[-E_{Ji}\cos\phi_i + E_{Ci}\left(\hat{N}_i - n_i^*\right)^2 \right] - E_J\cos\varphi + E_C\left[\hat{N} - \hat{n}^*(\hat{N}_1, \hat{N}_2)\right]^2 \tag{4.20}$$

这里的 $\hat{N}, \hat{N}_i$ 是库珀对数算符. 电荷量子比特和耦合器 ("变压器结") 的电荷能由等效的电容决定:

$$E_C = \frac{2e^2}{C_\Sigma - \sum_i C_{mi}^2/C_{\Sigma i}}; \quad E_{Ci} = \frac{2e^2}{C_{\Sigma i}};$$
$$C_{\Sigma i} = C_i + C_{gi} + C_{mi}; \quad C_\Sigma = C + C_{m1} + C_{m2} \tag{4.21}$$

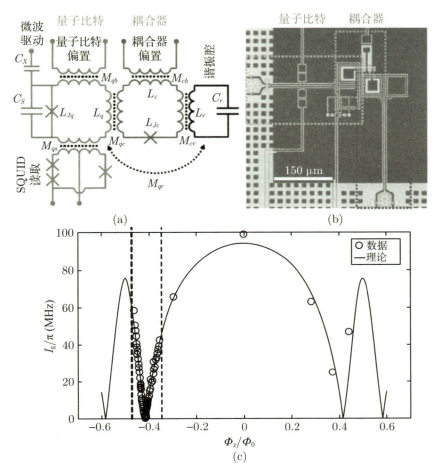

图4.6　一个相位量子比特与谐振腔之间的可调电感耦合

（经Allman et al.，2010，ⓒ2010美国物理学会许可重印.）(a) 器件的等效电路图. 量子比特参数为 $L_{Jq} \approx 550$ pH, $I_{q0} \approx 0.6$ μA, $L_q \approx 1000$ pH, $C_S \approx 0.3$ pF, $M_{qc} \approx 60$ pH. 耦合器的参数为 $L_{Jc} \approx 370$ pH, $I_{c0} \approx 0.9$ μA, $L_c \approx 200$ pH, $C_{Jc} \approx 0.3$ pF. 谐振腔的参数为 $L_r \approx 1000$ pH, $C_r \approx 0.4$ pF, $M_{cr} \approx 60$ pH. (b) 电路的光学显微镜照片. (c) 测量的耦合强度随耦合器上施加的磁通变化曲线（圆点），实线为理论拟合曲线.

由比特上的外加电压、门电容和变压器结引起的等效电荷 (以 $2e$ 为单位) 分别为

$$n_i^* = \frac{C_{gi}V_i}{2e}, \quad n_g^* = \left[\sum_i C_{mi}\left(1 - \frac{C_{mi}}{C_{\Sigma i}}\right) \right] \frac{V_g}{2e},$$

$$\hat{n}^* = n_g^* - \sum_i \left(\hat{N}_i - n_i^*\right) \frac{C_{mi}}{C_{\Sigma i}}$$

(4.22)

最后一个戴个帽子, 因为它依赖于库珀对数算符. Averin, Bruder(2003) 指出, 由于耦合器的动力学远快于与其耦合的量子比特, 因此前者会相对后者做绝热调整. 换句话说,

如果耦合器的基态和第一激发态能级差远大于量子比特的能级差,

$$\Delta E_{\mathrm{coupl}} \gg \Delta E_{\mathrm{qb}} \tag{4.23}$$

根据绝热近似理论 (1.5.1 小节), 我们可以假定耦合器一旦处于其基态, 就将一直保持在基态. 在电荷量子比特中, 能级劈裂取决于其约瑟夫森能 E_{Ji}, 而"变压器"的能级劈裂如果在电荷区 ($E_C \ll E_J$), 则由 E_J 决定, 否则由 $\sqrt{E_J E_C}$ 决定.

当电荷量子比特偏离其简并点 ($n_{1,2}^* \sim 1/2$) 不远时, 其动力学由两个紧邻的电荷态 $\hat{N}_i = (1 + \sigma_i^z)/2$ 所限定. 为简便起见, 假设图 4.7 中的结构是对称的 ($C_{mi}/C_{\Sigma i} = c$), 我们可以将"变压器"对哈密顿量式 (4.20) 的贡献替换成

$$\nu \sigma_1^z \sigma_2^z + \delta(\sigma_1^z + \sigma_2^z) + \mu \tag{4.24}$$

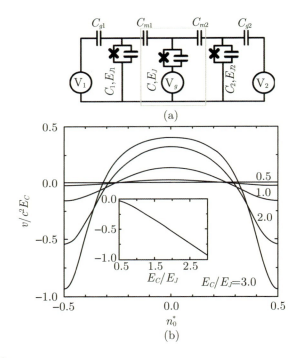

图4.7 可调的电容耦合

(a) 两个电荷量子比特通过一个可变静电变压器（灰色框线标识）耦合起来. (b) 耦合能 ν 随变压器结上诱导的准电荷变化关系. 插入小图: 耦合能随变压器结参数的变化关系.（经Averin，Bruder，2003，©2003美国物理学会许可重印.）

这里的耦合因子

$$\nu = \frac{1}{4}[\epsilon_0(n_0^* + c) + \epsilon_0(n_0^* - c) - 2\epsilon_0(n_0^*)] \tag{4.25}$$

量子工程学: 量子相干结构的理论和设计
Quantum Engineering: Theory and Design of Quantum Coherent Structures

是"变压器"结基态能 $\epsilon(n^*)$ 相对准电荷 (以 $2e$ 为单位) 的"离散二阶微分", 取值点 $n_0^* = n_g^* + c\sum_i(n_i^* - 1/2)$[1]. 它确实与电容倒数的量子部分有关, 见式 (2.155). 式 (4.24) 中另外两个系数分别为 $\delta = (1/4)[\epsilon_0(n_0^* + c) - \epsilon_0(n_0^* - c)]$ 及不相关的常量[2] $\mu = \epsilon_0(n_0^* + c) + \epsilon_0(n_0^* - c) + 2\epsilon_0(n_0^*)$. 函数 $\epsilon_0(n^*)$ 是一个准电荷 $2en^*$ 的周期函数式 (2.136), 因此, 耦合因子 ν, 式 (4.25), 可以通过调节门电压 V_g 来改变符号 (图 4.7). 显然, 这也意味着两个量子比特可以完全解耦. 这一方法可以应用到其他类型的量子比特 (比如 quantronium 或相位量子比特等). 当更多的量子比特通过这种方式耦合在一起时, 式 (4.24) 中的常数项 μ 不再是可忽略的, 因为它对于不同的比特对取不同的值, 并在量子态之间引入一个含时的相位差.

4.1.4　量子总线

除了建立两两之间的耦合, 有人还提出了将所有量子比特耦合到一个共享的被动单元——一个"量子总线"上的方案 (Makhlin et al., 1999, 2001). 例如, M 个相同的电荷量子比特可以通过电容耦合到一个共享的电感上, 由此导致的 LC 电路中的电容是各量子比特门电极和约瑟夫森结电容的总和 (图 4.8(a))[3]. 这一系统的哈密顿函数通过节点电荷和磁通写出来为

$$\mathcal{H} = \frac{Q^2}{2NC_{\text{qb}}} + \frac{\Phi^2}{2L} + \sum_{i=1}^{M}\left\{\frac{(Q_i - C_g V_{gi})^2}{2(C_J + C_g)} - E_J(\widetilde{\Phi}_i)\cos\left[\frac{2\pi}{\Phi_0}\left(\Phi_i - \frac{C_{\text{qb}}}{C_J}\Phi\right)\right]\right\} \tag{4.26}$$

这里 Φ 为总线电感的磁通, $\widetilde{\Phi}_i$ 为调节第 i 个比特约瑟夫森能的外磁通, 而 $C_{\text{qb}} = (C_J^{-1} + C_g^{-1})^{-1}$. 将电荷替换为正则动量, 磁通替换为算符, 从式 (4.26) 可以得到量子的哈密顿量. 假设总线的激发能 $\hbar\omega_{LC} = \hbar c\sqrt{MLC_{\text{qb}}}$ 要高于各量子比特的能量, 并限定总线处于基态, 量子比特处于两个电荷态, 则等效的哈密顿量变为 (Makhlin et al., 1999, 2001)

$$H = -\frac{1}{2}\sum_{i=1}^{M}\left(\epsilon_i\sigma_z^i + E_J(\widetilde{\Phi}_i)\sigma_x^i\right) - \sum_{i<j}\frac{E_J(\widetilde{\Phi}_i)E_J(\widetilde{\Phi}_j)}{E_L}\sigma_y^i\sigma_y^j + \text{const.} \tag{4.27}$$

这里单个电荷量子比特的偏置 ϵ_i 通过门电压式 (2.129) 调控, 并且

$$E_L = \left(\frac{C_J}{C_{\text{qb}}}\right)^2\frac{\Phi_0^2}{\pi^2 L} \tag{4.28}$$

---

[1] 它其实是 $\widetilde{\epsilon}_0(n^*/c) \equiv \epsilon_0(c\cdot(n^*/c))$ 的二阶微分, 可对比式 (3.73).

[2] 不相关是因为尽管它通过 n_0^* 依赖于门电压, 但它对两个比特而言总是相等的.

[3] 引入一个额外的电容是相当费力不讨好的, 因为我们希望谐振模式的频率越高越好.

式 (4.27) 中的耦合项, 从物理上讲是 LC 电路中交流电流 (也就是流过比特、门电容和地的电流) 的磁场能. 我们已经假设其激发能 $\hbar\omega_{LC}$ 远高于系统中其他能量, 因此这是基态下的电流. 这一要求限制了可以通过这种形式耦合的最大比特数 M: 系统总的电容正比于 M, 而且随着 M 的增长, 耦合线也会变长, 导致其总的电感也会随之增加.

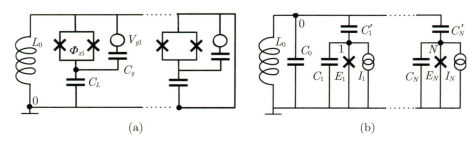

图4.8 一组量子比特耦合到一个共同的量子总线（LC 电路）上
(a) 可调电荷量子比特（Makhlin et al., 1999）.(b) 相位量子比特（Zagoskin et al., 2006）.

上述架构的优点是每个比特都可以通过调节其约瑟夫森能到零来实现与其他比特完全隔离. 而它的缺点是每次只能有两个比特同时耦合. 另外, 要求完全的零耦合有点太严格了. 如果第 i 个和第 j 个比特的耦合能 E_J^2/E_L 远小于单个量子比特能量 E_J, E_C, 则这种耦合只引起一个小的微扰 (必要的话, 可以通过单比特操作来抵消掉)——除非两个比特发生共振 (Makhlin et al., 1999).

我们在一组相位量子比特耦合到 LC 电路的系统中考虑后一种情况 (Zagoskin et al., 2006). 系统的拉格朗日量为

$$
\begin{aligned}
\mathcal{L} &= \frac{C_{\text{bus}}\dot{\Phi}_{\text{bus}}^2}{2c^2} + \sum_{j=1}^{M}\left(\frac{C_j\dot{\Phi}_j^2}{2c^2} + \frac{C_j'(\dot{\Phi}_j - \dot{\Phi}_{\text{bus}})^2}{2c^2}\right) - \frac{\Phi_{\text{bus}}^2}{2L} \\
&\quad - \sum_{j=1}^{M}\left(-\frac{I_{cj}\Phi_j}{c} - E_{Jj}\cos 2\pi\frac{\Phi_j}{\Phi_0}\right) \\
&\equiv \frac{1}{2c^2}\sum_{j,k=\text{bus},1,2,\cdots}^{M}\mathcal{C}_{jk}\dot{\Phi}_j\dot{\Phi}_k - U(\Phi_j)
\end{aligned}
\tag{4.29}
$$

上式的量子哈密顿量为

$$
H = \sum_{j,k=\text{bus},1,2,\cdots}^{M} c^2\frac{\mathcal{C}_{jk}^{-1}\hat{\Pi}_j\hat{\Pi}_k}{2} + \sum_{j=\text{bus},1,2,\cdots}^{M}\frac{\omega_j^2\hat{\Phi}_j^2}{2c^2\mathcal{C}_{jj}^{-1}} + \cdots
\tag{4.30}
$$

这里 $\mathcal{C}^{-1}$ 是电容矩阵的逆, ω_j 是第 j 个相位比特的等离子体频率, 它依赖于偏置, 省略号则表示非线性项. 采用二次量子化表示, 式 (2.106)(或式 (4.4)), 并设

$\Lambda_j = [2\hbar \mathcal{C}_{jj}^{-1}/\omega_j]^{1/2}$，我们可以将式 (4.30) 约化到如下方便的形式：

$$H = \sum_{j=\text{bus},1,2\ldots}^{M} \hbar\omega_j \left(a_j^\dagger a_j + \frac{1}{2}\right) - \sum_{k>j} g_{jk}\left(a_j - a_j^\dagger\right)\left(a_k - a_k^\dagger\right) + \cdots \quad (4.31)$$

其中耦合因子 (如式 (4.6))

$$g_{jk} = \frac{\hbar(\omega_j\omega_k)^{1/2}\mathcal{C}_{jk}^{-1}}{2\left(\mathcal{C}_{jj}^{-1}\mathcal{C}_{kk}^{-1}\right)^{1/2}} \quad (4.32)$$

到这里为止，我们没做任何假设，除了认为非线性项是相对小量以外 (需要的话，可以以任意精度恢复到式 (4.31) 中去). 现在如果我们采用条件 $\omega_{\text{bus}} \gg \omega_j$，迫使哈密顿量式 (4.31) 处于总线的基态，同时，考虑相位量子比特的非线性，将其限制在它们的两个最低能态 $|0\rangle_j$ 和 $|1\rangle_j$，我们将进一步得到如下哈密顿量：

$$H = -\frac{1}{2}\sum_{j=1}^{M} \hbar\omega_j \sigma_z^j + \sum_{k>j=1}^{M} g_{jk} \sigma_y^j \sigma_y^k \quad (4.33)$$

毫无惊喜，这个哈密顿量与前面得到的 (式 (4.7)，式 (4.27)) 几乎一样. 当然，这里我们不能将耦合因子压到零，就像在可调电荷量子比特中那样 (式 (4.27))，因为那样意味着 $\omega_j = 0$，也就是把想要的量子比特态抹掉了. 不过，我们很容易发现从哈密顿量的单比特项来看，$H_0 = -\sum_j (\hbar\omega_j \sigma_z^j/2)$，采用相互作用表示，$\sigma_y$ 算符变成

$$\sigma_y^j \to \sigma_y^j(t) = \mathrm{e}^{\frac{\mathrm{i}}{\hbar}H_0 t} \sigma_y^j \mathrm{e}^{-\frac{\mathrm{i}}{\hbar}H_0 t} = \sigma_y^j(0)\cos\,\omega_j t - \sigma_x^j(0)\sin\,\omega_j t \quad (4.34)$$

如果耦合强度 g_{jk} 较小，其效应可忽略 (相当于一个以相对较高的频率 $|\omega_j - \omega_k|$ 振荡的微扰)，除非两个量子比特共振，$\omega_j = \omega_k$ (显然，这就是旋波近似 RWA). 共振情况下，等效的相互作用项为

$$\widetilde{H}_{\text{int,eff}}^{jk} = g_{jk} \frac{\sigma_x^j \sigma_x^k + \sigma_y^j \sigma_y^k}{2} \quad (4.35)$$

从量子计算的角度来讲，这是一个完美的耦合项，可以进行所有通用的两比特操作，因为 $(\sigma_x^j \sigma_x^k + \sigma_y^j \sigma_y^k)/2$ 项就相当于作用于 $|0\rangle_j \otimes |1\rangle_k$ 和 $|1\rangle_j \otimes |0\rangle_k$ 展开的子空间上的 σ_x 算符，而在这个子空间以外则作用为零.

连接到同一个量子总线的任意数量的量子比特对可以通过这种方式进行同时耦合. 当然，这里的"任意"还是要求不同比特对的频率不能重叠，也就是 $\Delta\omega \gg \Gamma$，这里 Γ 是量子比特的等效线宽. 此外，连接到同一总线上的量子比特对数 M，跟前面一样，受限于"被动"条件 $\omega_{\text{bus}} \gg \omega_j$.

4.1.5 主动耦合

一旦耦合电路的激活能不再远大于系统中其他能量 (比如各个量子比特的约瑟夫森能和电荷能), 我们就不能忽略其自身的动力学了. 考虑, 比如一个电荷或相位量子比特与一个可调 LC 电路 (可以是一个大的约瑟夫森结) 的耦合 (Blais et al., 2003). 我们可以采用上一小节中推导式 (4.31)、式 (4.32) 的相同步骤, 以节约一些时间. 不过, 现在我们不再将所有的问题投影到总线的基态了, 而是会确切地考虑总线的动力学. 采用主动式总线的总体思路是将其依次调到与各个比特共振, 从而实现先将第 j 个量子比特与总线的激发态交换, 然后再将总线激发态交换给第 k 个量子比特. 这与在一个比特链中进行两比特操作有所不同, 有两个重要的不同点: 第一, 量子比特共享一个总线, 因此上述操作对任一比特而言只包含一次中间交换 (与总线); 第二, 总线不必是一个二能级系统. 事实上, 总线采用一个几乎线性的谐振腔 (LC 电路) 有特定的优势, 不过我们还是首先考虑 Blais et al.(2003) 的方案, 其中的总线是一个 (非线性的) 电流偏置的约瑟夫森结, 并且总线和相位量子比特各自只有三个亚稳能级: $|0\rangle_{bus(qb)}, |1\rangle_{bus(qb)}, |2\rangle_{bus(qb)}$. 从最上能态 $|2\rangle$ 到连续统的弛豫率 $\Gamma_{2,bus(qb)}$ 较大, 因而从 $\{|0\rangle_{bus}, |1\rangle_{bus}\} \otimes \{|0\rangle_{qb}, |1\rangle_{qb}\}$ 向这些态的泄露将导致系统的非幺正演化 (相比之下, 两个低能态向连续统的直接弛豫则可以忽略). 同时, 我们还需要考虑比特和总线的弛豫时间和退相位时间, $T_{1,bus(qb)}$ 和 $T_{2,bus(qb)}$.

我们其实已经在两个相位量子比特通过电容耦合的部分讨论过这种情况了, 只需要将其中一个比特换成总线: $1 \to$ 比特, $2 \to$ 总线. 可以看到, 哈密顿量式 (4.8) 允许我们将比特态和总线调成共振, 并保持一段时间来做交换操作. 如果几个量子比特 (处于任意态) 与一个总线耦合, 我们可以通过将其依次与总线交换, 在任意两两之间构建一个两比特门 (所谓 $\sqrt{\text{SWAP}}$, 见附录), 最终总线还停留在其初始状态 (Blais et al., 2003).

到目前为止, 我们还不关心这样一个问题: 不考虑量子态从 "量子比特" 子空间 $\{|0\rangle_{qb}, |1\rangle_{qb}\} \otimes \{|0\rangle_{bus}, |1\rangle_{bus}\}$ 泄露是否合理. 这一泄露是由哈密顿量式 (4.1) 中的耦合项 $c^2 \Pi_{1(qb)} \Pi_{2(bus)} / \tilde{C}_c$ 引起的, 并且受限于约瑟夫森电路的非线性. 图 4.9[①] 给出了数值模拟的合理电路参数选择范围, 并表明在这种特定情况下泄露效应是可忽略的. 当然, 这并不是纵容我们在一般的情况下都可以忽略它.

---

① 其中显示的退相干时间是通过退相干模型计算出来的, 我们将在下一章讨论.

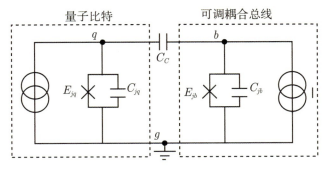

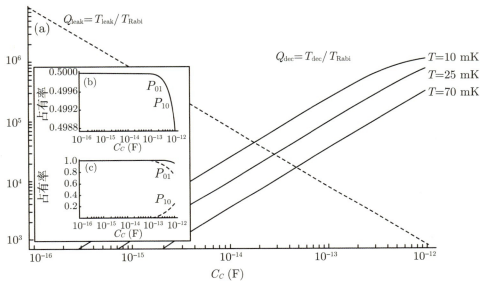

图4.9 相位量子比特与可调主动耦合器耦合

（经Blais et al.，2003，©2003美国物理学会许可重印.）（上图）一个相位量子比特耦合到一个主动的可调耦合器上.（下图）系统品质因数的数值模拟，这里设量子比特和总线具有相同的参数（C_j= 6 pF，I_c=21 μA）.(a) 退相干时间T_{dec}（实线）和泄漏时间T_{leak}（虚线）随耦合电容C_c的变化，两个特征时间以真空Rabi振荡周期T_{rabi}为单位（对于C_c=25 fF，计算得到$T_{Rabi} \approx 40$ ns）.量子比特与总线处于共振（$I_{bias,qb}=I_{bias,bus}$=20.8 μA），并且每个阱中包含三个亚稳能级.泄漏时间$T_{leak}^{-1}=\Gamma_2(1-P_{01}-P_{10})$，这里$\Gamma_2$为计算的亚稳态$|2\rangle$的弛豫时间，这个态很接近势垒的顶部.我们用$P_{jk}$来标记态$|j\rangle_{qb} \otimes |k\rangle_{bus}$的占有率.退相干时间$T_{dec}^{-1}=T_1^{-1}+T_2^{-1}$通过振子浴模型（5.3.2小节）来计算，其中阻抗$Z(\omega) \approx 560$ kΩ，对于所选参数可以得到25 mK时的$T_1 \sim T_2 \sim 1$ ms.(b) 共振时的占有率P_{01}，P_{10}.(c) 非共振时的占有率P_{01}，P_{10}. $I_{bias,qb}$=20.8 μA，$I_{bias,bus}$=20.43 μA（实线），$I_{bias,bus}$=20.74 μA（虚线）.

4.2 量子光学：概览

4.2.1 Fock 空间与 Fock 态

我们采用式 (4.4) 中的玻色产生/湮灭算符将哈密顿量式 (4.1) 简化成了等效哈密顿量式 (4.7) 的形式, 这一过程反映了我们处理的量子比特与量子电路的耦合问题 (也就是与量子化的电流和电压的相互作用) 与量子光学之间的密切联系. 量子光学处理原子/分子与量子化的电磁场相互作用的问题. 抛开一些不重要的细节差别 (量子比特是人工的、介观或宏观尺度的, 而原子/分子是微观的; 量子光学以处理自由场或三维谐振腔为主, 而在这里电磁场是电路中的电流; 频率差别等), 这二者还真的是处理同一类问题: 有少量自由度的量子系统与一个玻色场之间的相互作用. 量子光学的一个分支, 腔量子电动力学 (c-QED), 在量子工程学中甚至有一个对应的部分——电路量子电动力学. 因此, 我们可以直接使用很多在量子光学中已经发展得很好的工具.

电磁场 (或其他任何量子场) 量子化的困难在于, 不像量子粒子, 它有无穷多个自由度. 解决的办法是采用二次量子化的产生/湮灭算符 $(a^\dagger, a)$ 作用于一个特殊的希尔伯特空间——Fock 空间中的态. 这些玻色算符可以通过一个频率为 ω、质量为 m 的简谐振子的动量和位置算符的无量纲参量化引入. 让我们简要概述一下它们的性质[①]:

$$a = \frac{m\omega\hat{X} + i\hat{P}}{\sqrt{2m\hbar\omega}}; \quad a^\dagger = \frac{m\omega\hat{X} - i\hat{P}}{\sqrt{2m\hbar\omega}} \tag{4.36}$$

这一对算符的对易关系为

$$[a, a^\dagger] = 1 \tag{4.37}$$

谐振子的哈密顿量变为

$$H = \frac{\hat{P}^2}{2m} + \frac{m\omega^2\hat{X}^2}{2} \equiv \hbar\omega\left(a^\dagger a + \frac{1}{2}\right) \tag{4.38}$$

其能量本征态称为 Fock 态:

$$H|n\rangle = \hbar\omega\left(n + \frac{1}{2}\right)|n\rangle \tag{4.39}$$

[①] 见 Landau, Lifshitz, 2003, 64 节; Orszag, 1999, 第 3 章.

它们同时也是粒子 (激发) 数算符的本征态,

$$\hat{N}|n\rangle \equiv a^\dagger a|n\rangle = n|n\rangle \tag{4.40}$$

因此, Fock 态也称为粒子数态. 电磁场的激发就是光子. 产生/湮灭算符在 Fock 态基下的矩阵元为

$$\langle n|a|n+1\rangle = \sqrt{n+1}, \quad \langle n+1|a^\dagger|n\rangle = \sqrt{n+1} \tag{4.41}$$

而其他元素为零. 任意 Fock 态可以通过产生算符对真空态 $|0\rangle$ 连续作用来获得:

$$|n\rangle = \frac{(a^\dagger)^n}{\sqrt{n!}}|0\rangle \tag{4.42}$$

前面的系数是保持归一化条件所必需的.

$$\langle n|m\rangle = \delta_{mn} \tag{4.43}$$

湮灭算符可以将真空态湮灭掉,

$$a|0\rangle = 0 \tag{4.44}$$

对于一个单一模式的谐振子, 其 Fock 空间是由 $|0\rangle, |1\rangle, \cdots, |n\rangle, \cdots$ 展开的 Hilbert 空间, 这里的激发数 n 可以为任意大的整数. 对于一个包含无数个模式分量 (也就是其空间傅里叶变换项) 的玻色场——比如电磁场, 每一个模式可以表示为一个量子化的谐振模式, 最终的 Fock 空间则是这些单一模式的 Fock 空间的外积, 而其中任意一个量子态可以表示为如下的展开式:

$$|\Psi\rangle = \sum C_{n_1,n_2,\cdots,n_q,\cdots}|n_1,n_2,\cdots,n_q,\cdots\rangle \equiv \sum C_{n_1,n_2,\cdots,n_q,\cdots}|n_1\rangle \otimes |n_2\rangle \cdots \otimes |n_q\rangle \cdots \tag{4.45}$$

需要注意的是, 上式中的 n_j 可以任意大, 并且求和项也可以任意多, 但事实上它们并不是真正的无穷大, 这一细微差别对于解决场的量子化问题非常重要 (Umezawa et al., 1982), 不过对于我们在这里即将展开的讨论而言不是必需的. 实际上, 当你用二次量子化方法进行数值计算时, 无论如何 Fock 空间都是要截断到某个可处理的大小的. 举例来说, 图 4.9 的计算结果就只有一个模式, 并且 $n \leqslant 20$[①].

---

① Quantum Optics Toolbox 是 MATLAB 中一个非常有用的插件 (Tan, 2002), 可以从互联网上免费获取. 它可以自动完成带 Lindblad 项的主方程求解——直接从二次量子化的哈密顿量或刘维尔量形式, 可与几个数值计算和可视化工具配合使用, 并包含很多有用的例程.

4.2.2 J-C(Jaynes-Cummings) 模型

现在我们来考虑一个量子比特与一个场模式相互作用的情况. 举个例子, 如果一个具有式 (2.129) 形式哈密顿量的超导电荷量子比特, 它包含一个可调的结, 那么这个结的约瑟夫森能就依赖于穿过结环路的磁通, 其形式为 $E_J(\widetilde{\Phi}) = E_{J,\max}\cos\pi\dfrac{\Phi_{\mathrm{dc}}+\widetilde{\Phi}}{\Phi_0}$ (式 (2.32)), 这里的 Φ_{dc} 是静态偏置磁通, 而 $\widetilde{\Phi}$ 则是由量子场模式产生的含时磁通量——也就是与比特相连的量子电路中电流产生的磁通. 于是, 在线性近似下, 场–比特相互作用项可以写成

$$H_{\mathrm{int}} = \hbar g(a + a^\dagger)\sigma_x \tag{4.46}$$

把这一项加到量子比特和振子能量项中去, 我们就得到了量子光学教科书中的 (两能级) 原子–场系统的哈密顿量 (Orszag, 1999, 式 (8.23)),

$$H = \left[-\frac{\hbar\Omega}{2}\sigma_z\right]_{\mathrm{qubit}} + \left[\frac{\hbar\omega}{2}\left(a^\dagger a+\frac{1}{2}\right)\right]_{\mathrm{field}} + \hbar g(a + a^\dagger)\sigma_x \tag{4.47}$$

前面 (式 (1.64)) 我们引入了矩阵 σ_+ 和 σ_-,

$$\sigma_+ = \frac{\sigma_x + \mathrm{i}\sigma_y}{2} = \begin{pmatrix} 0 & 1 \\ 0 & 0 \end{pmatrix}; \quad \sigma_- = \frac{\sigma_x - \mathrm{i}\sigma_y}{2} = \begin{pmatrix} 0 & 0 \\ 1 & 0 \end{pmatrix} \tag{4.48}$$

这两个矩阵算符会导致量子比特翻转:

$$\sigma_-\begin{pmatrix} 1 \\ 0 \end{pmatrix} = \begin{pmatrix} 0 \\ 1 \end{pmatrix}; \quad \sigma_+\begin{pmatrix} 0 \\ 1 \end{pmatrix} = \begin{pmatrix} 1 \\ 0 \end{pmatrix} \tag{4.49}$$

很显然, $\sigma_x = \sigma_+ + \sigma_-$. 引入这两个算符, 相互作用项式 (4.46) 描述了四个可能的过程: (A) 吸收一个光子, 同时量子比特被激发 $(a\sigma_-)$[①]; (B) 放出一个光子, 同时量子比特被激发 $(a^\dagger\sigma_-)$; (C) 吸收一个光子, 同时量子比特弛豫到基态 $(a\sigma_+)$; (D) 放出一个光子, 同时量子比特弛豫到基态 $(a^\dagger\sigma_+)$.

现在切换到相互作用表象, 无扰哈密顿量为 $H_0 = H_{\mathrm{qubit}} + H_{\mathrm{field}}$. 上述玻色算符变为 $a \to a(t) = a\exp[-\mathrm{i}\omega t]; a^\dagger \to a^\dagger(t) = a^\dagger\exp[\mathrm{i}\omega t]$. 对于 $\sigma_\pm$ 算符, 我们得到

$$\sigma_\pm(t) = \mathrm{e}^{-\mathrm{i}\Omega t\sigma_z/2}\sigma_\pm \mathrm{e}^{\mathrm{i}\Omega t\sigma_z/2} \tag{4.50}$$

---

① 需要注意的是, 我们一直采用一个惯例: 量子比特的哈密顿量写成 $-\hbar\Omega\sigma_z/2 + \cdots$. 因此, "最高" 态 $\begin{pmatrix} 1 \\ 0 \end{pmatrix}$ 实际上是基态, 能量为 $-\hbar\Omega/2$. 这样做的便利之处在我们准备写出多能级系统中算符的确切矩阵形式时就体现出来了.

量子工程学: 量子相干结构的理论和设计
Quantum Engineering: Theory and Design of Quantum Coherent Structures

这里采用了

$$e^{iq\sigma_z} = \cos q + i\sigma_z \sin q \tag{4.51}$$

(可以通过泰勒展开快速检验, 因为 $\sigma_z^2 = \hat{I}$, 见式 (1.96)), 以及

$$\sigma_z \sigma_{x,y} \sigma_z = -\sigma_{x,y} \tag{4.52}$$

于是

$$\sigma_\pm(t) = \cos \Omega t \sigma_\pm \mp i \sin \Omega t \sigma_\pm = e^{\mp i\Omega t} \sigma_\pm \tag{4.53}$$

在相互作用表象下, 式 (4.47) 的哈密顿量变成

$$\widetilde{H} = e^{i\frac{H_0}{\hbar}t} H e^{-i\frac{H_0}{\hbar}t} - H_0 = \hbar g(a(t) + a^\dagger(t))(\sigma_+(t) + \sigma_-(t))$$

$$= \hbar g(a\sigma_+ e^{-i(\omega+\Omega)t} + a^\dagger \sigma_- e^{i(\omega+\Omega)t} + a\sigma_- e^{-i(\omega-\Omega)t} + a^\dagger \sigma_+ e^{i(\omega-\Omega)t}) \tag{4.54}$$

式 (4.54) 依照一个哈密顿量的含时幺正变换的一般表示: 如果我们想保持薛定谔方程不变, 波函数的变换 $|\psi\rangle \to \left|\widetilde{\psi}\right\rangle$ 必须伴随

$$H \to \widetilde{H} = U(t) H U^\dagger(t) - i\hbar U(t) \frac{\partial}{\partial U^\dagger(t)} \tag{4.55}$$

对比式 (1.102), 它描述了一个 Bloch 矢量在旋转坐标系下的演化.

回到式 (4.54), 我们看到第二行中包含了两个 "快" 项, 其频率为 $\omega + \Omega$, 以及两个频率为 $\omega - \Omega$ 的 "慢" 项. 当量子比特与场模式接近共振, 也就是 $|\omega - \Omega| \ll \omega, g$ 时, 我们可以采用旋波近似, 丢掉快项. 留下来的就是 Jaynes-Cummings 哈密顿量:

$$\widetilde{H}_{JC} = \hbar g[a\sigma_- e^{-i(\omega-\Omega)t} + a^\dagger \sigma_+ e^{i(\omega-\Omega)t}] \tag{4.56}$$

由于只包含了 (A)(吸收光子并激发量子比特) 和 (D)(量子比特弛豫并放出光子) 这两个过程, 因此这个哈密顿量在任意时刻都是能量守恒的. 在实验室坐标系下, 我们同样能做这个近似:

$$H_{JC} = \left[-\frac{\hbar\Omega}{2}\sigma_z\right]_{\text{qubit}} + \left[\hbar\omega\left(a^\dagger a + \frac{1}{2}\right)\right]_{\text{field}} + \hbar g(a\sigma_- + a^\dagger \sigma_+) \tag{4.57}$$

4.2.3 量子 Rabi 振荡、真空 Rabi 振荡

式 (4.57) 哈密顿量的本征态可以从无相互作用哈密顿量 H_0 的本征态 $|s,n\rangle \equiv |s\rangle_{\text{qubit}} \otimes |n\rangle_{\text{field}}$ 得到. 这里 $s = 0(1)$ 代表量子比特处在基态 (激发态), 而 n 为光子数.

根据 Jaynes-Cummings 哈密顿量的结构, 只有态 $|0, n+1\rangle$ 和 $|1, n\rangle$ 之间的跃迁是允许的[①]. 此外, 接近共振时, 这些态几乎是简并的: 量子比特向下翻转放出能量 $-\hbar\Omega$, 产生一个能量为 $\hbar\omega$ 的额外光子, 相反的过程也成立.

只取作用于子空间 $\{|0, n+1\rangle, |1, n\rangle\}$ 的一小块 Jaynes-Cummings 哈密顿量, 我们得到

$$
\begin{aligned}
H_n &= \begin{pmatrix} -\hbar\Omega/2 + (n+1/2+1)\hbar\omega & \hbar g\sqrt{n+1} \\ \hbar g\sqrt{n+1} & \hbar\Omega/2 + (n+1/2)\hbar\omega \end{pmatrix} \\
&= \begin{pmatrix} \hbar\delta/2 + (n+1)\hbar\omega & \hbar g\sqrt{n+1} \\ \hbar g\sqrt{n+1} & -\hbar\delta/2 + (n+1)\hbar\omega \end{pmatrix}
\end{aligned} \tag{4.58}
$$

这里的失谐量 $\delta = \omega - \Omega$(式 (1.104)).

这个矩阵可以很容易地对角化, 其本征值为

$$
E_{n,\pm} = \hbar\omega(n+1) \pm \left[\left(\frac{\hbar\delta}{2} \right)^2 + \hbar^2 g^2 (n+1) \right]^{1/2} \tag{4.59}
$$

以及本征态为

$$
\begin{aligned}
|n+\rangle &= \cos\theta_n |1, n\rangle + \sin\theta_n |0, n+1\rangle; \\
|n-\rangle &= -\sin\theta_n |1, n\rangle + \cos\theta_n |0, n+1\rangle; \\
\tan 2\theta_n &= \frac{2g\sqrt{n+1}}{\delta}
\end{aligned} \tag{4.60}
$$

这些修饰态就是量子比特与场模式相互作用问题 (在 Jaynes-Cummings 模型下) 的解. 换句话说, 它们描述了量子化的电磁场作用下的 Rabi 振荡. 确实, 从式 (4.59) 和式 (4.60) 可以看到, 在场模式频率 ω 接近量子比特能级差时, 我们的二能级系统将不再停留在一个给定态 ($|0\rangle$ 或 $|1\rangle$), 因为现在的态是修饰态 $|n+\rangle$, $|n-\rangle$ 的线性叠加了. (原来的简并态 $|0, n+1\rangle$ 和 $|1, n\rangle$ 分裂为一对修饰态 $|n\pm\rangle$, 被称为动力学斯塔克 (Stark) 分裂.) 找到量子比特, 比如在基态的概率 $P_0(t)$, 将以如下的频率振荡:

$$
\omega_R = \frac{E_{n,+} - E_{n,-}}{\hbar} = \left[\delta^2 + 4g^2(n+1) \right]^{1/2}; \quad \omega_R|_{\omega=\Omega} = 2g\sqrt{n+1} \tag{4.61}
$$

将上式与式 (1.110) 做比较, 且回想一下场的幅值是正比于光子数的平方根的[②], 我们看出这确实是量子 Rabi 频率. 与式 (1.110) 相比, 我们得到上述结果的简洁性, 从某种意

---

① 这一情况与电荷量子比特在简并点附近的情况是一样的, 在那里, 只有 n 和 $n+1$ 个库珀对的跃迁是允许的, 见式 (2.124).

② 因为在经典极限下, 场的能量 $n\hbar\omega$ 正比于场幅值的平方.

义上说，是一种幻觉：关键的旋波近似已经包含在 Jaynes-Cummings 哈密顿量的结构里了.

式 (1.110) 只有当电磁场的幅值至少与失谐量相当时才适用. 在没有场的情况下，我们当然不会期待出现任何 Rabi 振荡. 但正相反，在量子情况下，场的幅值永远不会为零：零点振荡会造成真空 Rabi 振荡，其频率为

$$\omega_R^{\text{vac}} = \left[\delta^2 + 4g^2\right]^{1/2} \tag{4.62}$$

现在，我们可以将量子 Rabi 振荡看成一个特殊情况的量子拍——由"量子比特 + 电磁场"组成的复合系统中量子态之间的拍.

已经有好几个实验在超导量子比特系统中观测到了真空 Rabi 分裂和 Rabi 振荡，包括一个磁通量子比特与一个 LC 电路通过电感耦合 (Johansson et al., 2006c)，一个电荷/磁通量子比特与一个一维传输线谐振腔电容耦合 (Wallraff et al., 2004; Abdumalikov et al., 2008)，以及一个相位量子比特与一个谐振腔耦合 (Hofheinz et al., 2008, 2009) 等. Johansson et al.(2006c) 的结果如图 4.10 所示.

4.2.4 色散区域、施里弗–沃尔夫 (Schrieffer-Wolff) 变换

由于超导量子比特或者与其耦合的 LC 电路在很大的频率范围内可调 (这是它们的一个优点)，上面的结果在远离共振点的情况下不适用. 为了处理失谐量超过耦合能的色散区域，

$$|\omega - \Omega| \gg g \tag{4.63}$$

我们需要其他的办法. 我们先对场–量子比特系统哈密顿量做正则变换：

$$H \rightarrow \widetilde{H} = e^S H e^{-S} \equiv e^S (H_0 + H_{\text{int}}) e^{-S} \tag{4.64}$$

选择 S 的方法是设法去掉耦合常数 g 的线性项，从而将相互作用项式 (4.46) 参数化. 这种变换由 Schrieffer, Wolff(1966) 在解决另一个问题的时候引入.

将式 (4.64) 展开，并选择合适的 S 以确保 $[S, H_0] = -H_{\text{int}}$，我们看到 H_{int} 项被抵消了，量子比特–场相互作用只出现在二阶及更高阶项中. 对以下方程：

$$[S, H_0] = -H_{\text{int}} \tag{4.65}$$

如果 S 的形式为

$$S = (u\sigma_x + v\sigma_y)a + (\widetilde{u}\sigma_x + \widetilde{v}\sigma_y)a^\dagger \tag{4.66}$$

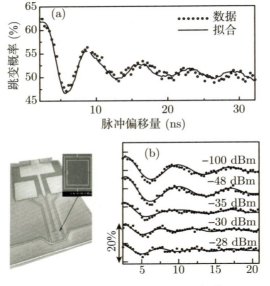

图4.10 与LC电路耦合的持续电流磁通量子比特的量子Rabi振荡

（经Johansson et al.，2006c，©2006美国物理学会许可重印．）持续电流磁通量子比特（在STM显微照片的中间）被一个用作读出的dc SQUID环包围．与dc SQUID平行的导线构成了LC电路的一部分，量子比特与它们形成电感耦合．（图片上方大的方块电极和绝缘衬底下方的大电极板共同构成了LC电路的电容．）LC电路的参数为$L=140$ pH, $C=40$ pF，量子比特-谐振腔互感为$M=5.7$ pH. 在测量温度$T=20$ mK时量子比特参数为$\Delta/h=2.1$ GHz（隧穿分裂），$I_p=350$ nA. 量子比特和谐振腔的弛豫率和退相位率，以及量子比特-谐振腔耦合常数从实验数据中拟合提取出来，分别为$\Gamma_{qb}=0.2$ MHz, $\Gamma_{qb,\phi}=0.1$ GHz, $\Gamma_{osc}=0.02$ GHz, $\Gamma_{osc,\phi}=0.3$ GHz, $g/(2\pi)=0.22$ GHz. (a) 真空Rabi振荡. LC电路可以弛豫到基态，量子比特首先制备到激发态，然后移动到$|1\rangle_{qubit}\otimes|0\rangle_{field}$和$|0\rangle_{qubit}\otimes|1\rangle_{field}$的简并点．偏移脉冲的上升时间$\tau_{rise}=0.8$ ns，远小于Rabi振荡的周期，但大于量子比特和谐振腔的特征时间（$1/\Delta, LC/c^2$），因此可以确保在这个过程中系统被激发．量子比特转变到基态的概率随脉冲宽度的变化与式(4.62)可以定量地符合．(b) 在谐振腔模式存在有限占有情况下的量子Rabi振荡. 图中的拟合曲线与理论预计的对Rabi频率的$\sqrt{n+1}$-依赖（式(4.61)）符合得很好．

我们就可以精确求解．利用对易关系 $[a^\dagger a, a]=-a, [a^\dagger a, a^\dagger]=a^\dagger, [\sigma_z,\sigma_x]=2i\sigma_y$，以及 $[\sigma_z,\sigma_y]=-2i\sigma_x$，我们得到

$$u=\frac{g\omega}{\Omega^2-\omega^2}, \quad v=-iu\frac{\Omega}{\omega}=-i\frac{g\Omega}{\Omega^2-\omega^2};$$

$$\widetilde{u}=-u, \quad \widetilde{v}=i\widetilde{u}\frac{\Omega}{\omega}=v;$$

$$S=\frac{g\omega}{\Omega^2-\omega^2}\left[\left(\sigma_x-i\frac{\Omega}{\omega}\sigma_y\right)a-\left(\sigma_x+i\frac{\Omega}{\omega}\sigma_y\right)a^\dagger\right] \tag{4.67}$$

如果我们足够远离谐振点，但又不是太远，也就是$\omega,\Omega\gg|\Omega-\omega|\gg g$，我们可以将上式做进一步简化：

$$S\approx\frac{g\omega}{2\omega(\Omega-\omega)}\left[(\sigma_x-i\sigma_y)a-(\sigma_x+i\sigma_y)a^\dagger\right]=\frac{g}{\Omega-\omega}\left[\sigma_-a-\sigma_+a^\dagger\right] \tag{4.68}$$

(很显然式 (4.68) 用到了 RWA, 而式 (4.67) 没有.) 从式 (4.67) 和式 (4.68) 我们看出, Schrieffer-Wolff 变换的作用就是将展开参量从 g 变成了 g^2/δ(失谐量 $\delta = \omega - \Omega$), 当远离共振点时, $|\delta| \gg g$, 这个量确实变得非常小.

将式 (4.64) 中的指数项展开, 并保留到 g 的最低阶项 (二阶项), 我们发现

$$\widetilde{H} = H_0 + [S, H_{\text{int}}] + \frac{1}{2}\{S^2, H_0\} - SH_0S + \cdots \approx H_0 + \frac{\hbar g^2}{\delta}\sigma_z\left(a^\dagger a + \frac{1}{2}\right) \tag{4.69}$$

现在可以清楚地看到, 当远离共振点时, 场与量子比特的相互作用不会引起 Rabi 振荡, 却导致了相互的频移: 随着量子比特态的不同, 场模式频率频移了 $\pm g^2/|\delta|$, 而量子比特的能级差现在包含了一个与光子数相关的修正项 $(\hbar g^2/\delta)(n+1/2)$. 由于我们可以对一个高品质因数的腔的谐振频率做很精确的测量, 这一效应提供了一种测量量子比特状态的方法 (Blais et al., 2004; Gambetta et al., 2006)[①].

4.3 电路量子电动力学

4.3.1 腔量子电动力学的电路实现

一个 "原子"——也就是一个具有分立能级的量子对象——与电磁场的一个单一模式 (或少量模式) 相互作用的问题是腔量子电动力学 (cavity QED) 的典型处理对象 (Walther et al., 2006). 腔量子电动力学是量子光学中专门研究谐振器 (腔) 中原子行为的一个分支. 频率范围取决于原子跃迁能级差, 可以处在光波段或者微波波段 (后者对应于里德伯 (Rydberg) 原子, 也就是处于高激发态的原子 (Scully, Zubairy, 1997, 第 5 章, 第 13 章)). 一个量子比特或者一组量子比特, 与一个高品质因数的 LC 电路耦合给出的物理图像是相同的, 不过有些正向的扭曲 (表 4.1). 在这里, "腔" 是一维的, 这就导致了更小的等效场体积, 以及更强的相对场强——相比腔量子电动力学中的三维腔而言. 量子比特–场之间的耦合在绝对数值上更强或相当, 而相对强度则强得多. (这一定程度上补偿了超导电路相对较低的品质因数, 以及——就目前而言——介观尺度固态量子比特相比自然原子更短的退相干时间.) 在这里, "原子" 可以进行设计和制备, 并且在很宽的参数范围内进行调节. 最后但同样重要的一点, 在腔量子电动力学中, 必须要

---

① 振子作用于量子比特的另一个重要的效应是, 它既可以压制也可以提升量子比特的退相干性, 取决于失谐量, 见 5.4.4 小节.

让原子束流从腔中飞过, 如此一来飞过的时间就限制了相互作用时间, 并且原子穿过的区域场强肯定是变化的. 而在电路量子电动力学中, "原子" 是不动的, 而且其位置可以选择在与特定场模式的耦合强度最大的地方. 放在同一个谐振腔中的几个量子比特可以通过它们与场模式的相互作用而实现相干耦合与纠缠 (Blais et al., 2007), 等等.

表4.1　不同腔/电路–量子电动力学系统的比较

参数		3D 光学[a]	3D 微波[b]	1D cQED[c]	1D cQED[d]	1D cQED[e]
谐振频率	$\omega/(2\pi)$	350 THz	51 GHz	10 GHz	9.907 GHz	6.94 GHz
真空 Rabi 频率	g/π	220 MHz	47 kHz	100 MHz	240 MHz	308 MHz
耦合强度	g/ω	3×10^{-7}	1×10^{-7}	5×10^{-3}	0.012	0.022
跃迁偶极矩	d/ea_0	~ 1	1×10^3	2×10^4		
振子寿命	$1/\kappa$	10 ns	1 ms	$\geqslant 160$ ns	110 ns	180 ns
振子品质因数	Q	3×10^7	3×10^8	$\geqslant 1\times10^4$	7×10^3 ns	180 ns
"原子" 寿命	$1/\Gamma$	61 ns	30 ms	2 μs	14 ns[f]	1.57 μs*
"原子" 跃迁时间	t_{tran}	$\geqslant 50$ μs	100 μs	∞	∞	∞
真空 Rabi 振荡次数	$n_R=\dfrac{2g}{\kappa+\gamma}$	~ 10	~ 5	$\sim 10^2$	$\sim 10^2$	$\sim 10^2$

*: 受transmon弛豫时间限制, transmon退相位时间 ≈ 3 μs, 见5.4.3小节.
对比3D腔量子电动力学 (a,b)和典型1D电路量子电动力学(cQED)参数, 包含电荷(c)、磁通(d)和transmon(e)量子比特耦合到一个传输线谐振腔(图4.11(a)(b)).
来源: (a) Hood et al., 2000; (b) Raimond et al., 2001; (c) Blais et al., 2004; (d) Abdumalikov et al., 2008; (e) Fink et al., 2008; (f) Abdumalikov et al., 2010. 数据(a,b,c)由Blais et al.(2004, 表1)整理.

采用图 4.11 所示的传输线谐振器作为腔 (或者总线), 有一系列电路 QED 相关的实验. 这种系统与我们在 2.3 节中提到的集总型电路不同, 但在数学推导上需要进行的变化很少. 我们采用标准的集总近似来描述一个传输线 (图 4.11(c)), 在波长很长时这一近似很合理. 假设有一段均匀的、直的传输线, 长度为 l, 其约化的电感为 $\widetilde{L}=L/l$, 约化的电容为 $\widetilde{C}=C/l$. 图 4.11(c) 中的每一小段具有电容 $\Delta C=\widetilde{C}\Delta x$ 和电感 $\Delta L=\widetilde{L}\Delta x$. 一个超导量子比特, 不管是电荷的还是磁通的, 尺度大约为 10 μm, 因而可以放心地看成一个点状对象. 取极限 $\Delta x\to 0$, 我们立刻得到式 (2.84) 的连续形式:

$$\mathcal{L}(\Phi(x,t),\dot{\Phi}(x,t))=\int_{-l/2}^{l/2}\mathrm{d}x\left[\frac{\widetilde{C}(\dot{\Phi}(x,t))^2}{2c^2}-\frac{(\nabla\Phi(x,t))^2}{2\widetilde{L}}\right] \tag{4.70}$$

当我们对 $\Phi(x)$ 在区间 $[-l/2,l/2]$ 内进行傅里叶变换时, 我们必须认为谐振腔的两端是不会有电荷泄露的. 由于每个传输线小段中的电流为 $c(\Phi(x+\Delta x)-\Phi(x))/\Delta L$, 因此相应的边界条件为

$$\nabla\Phi|_{x=\pm l/2}=0 \tag{4.71}$$

量子工程学: 量子相干结构的理论和设计
Quantum Engineering: Theory and Design of Quantum Coherent Structures

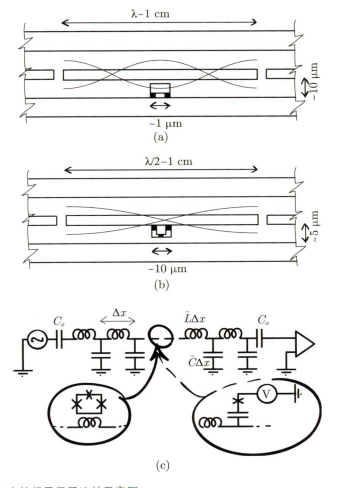

图4.11　电路QED中的超导量子比特示意图

细实线标出了一维传输线谐振腔（全波或半波共面波导）中心导体中基模的电压幅值振荡. (a) 电荷量子比特（Blais et al.，2004）与谐振腔中心导体在电压节点处通过电容耦合. (b) 磁通量子比特（Abdumalikov et al.，2008）与谐振腔中心导体在电压反节点（也就是电流的节点）处通过动态电感耦合. (c) 与磁通或电荷量子比特耦合的一维传输线谐振腔的集总电路模型.

进而得到

$$\Phi(x,t) = \frac{\phi_0(t)}{2} + \sum_{k=1}^{\infty}\left[\phi_k^{(c)}(t)\cos\frac{2\pi kx}{l} + \phi_k^{(s)}(t)\sin\frac{(2k-1)\pi x}{l}\right] \tag{4.72}$$

每个场模式 $\phi_k^{(c,s)}(t)$ 对应一个频率为 $\omega_k^{(c)} = 2\pi kc/l\sqrt{\widetilde{L}\widetilde{C}} = 2\pi kc/\sqrt{LC}$ 或 $\omega_k^{(s)} = (2k-1)\pi c/l\sqrt{\widetilde{L}\widetilde{C}} = (2k-1)\pi c/\sqrt{LC}$ 的谐振模式，并可以采用通常的方式进行二次量子化. 回顾一下 $\dot{\Phi}(x,t)/c = V(x,t)$，也就是中心导体和地之间的局部电压值，我们得

到 $\phi_1^{(c)}$ 的量子化模式 (Blais et al., 2004)[①]

$$\hat{V}(x,t) = \sqrt{\frac{\hbar\omega}{C}} \cos\frac{2\pi x}{l} \left(\frac{a^\dagger(t) - a(t)}{i} \right) \tag{4.73}$$

这里 $\omega = \omega_1^{(c)}$, $a^\dagger$ 和 a 分别对应场模式的频率和玻色产生/湮灭算符. 式 (4.73) 中选择的特定模式 (最低的偶数模式, 电压的波腹在腔的正中间) 是由实验中电容耦合的电荷量子比特 (Wallraff et al., 2004, 2005; Schuster et al., 2005, 2007) 决定的, 如图 4.11(a) 所示. 对于一个放在中心位置的磁通量子比特, 与谐振腔通过共边耦合 (图 4.11(b)), 相应的场模式则应选择最低的奇数模式 $\phi_1^{(s)}$ (Abdumalikov et al., 2008; Bourassa et al., 2009). 一般来说, 我们必须根据量子比特 (其尺寸相对于波长而言可忽略不计) 的位置来替换恰当模式的场幅值, 如图 4.12 所示.

现在, 我们可以将电荷量子比特与场模式耦合的哈密顿量在量子比特的绝热基下写出来:

$$H_{\mathrm{qb+int}} = -\frac{E_C}{2}\left(1 - 2n_g^{*(\mathrm{dc})}\right)\sigma_z - \frac{E_J}{2}\sigma_x - e\frac{C_g}{C_\Sigma}\sqrt{\frac{\hbar\omega}{C}}\left(\frac{a^\dagger - a}{i}\right)\left(1 - 2n_g^* - \sigma_z\right) \tag{4.74}$$

这里, $2en_g^* = -C_g V_g$ 为门电压引起的岛上的等效电荷; $C_\Sigma = C_J + C_g$ 为量子比特的总电容; 并且我们在这里明确地加入了量子比特与场模式的耦合. 转换到前两项的本征基下, 并将这组基下的 Pauli 矩阵记为 σ_z', σ_x', 然后加入场的哈密顿量, 我们得到 (Blais et al., 2004)

$$H = \hbar\omega\left(a^\dagger a + \frac{1}{2}\right) - \frac{\hbar\Omega}{2}\sigma_z' - e\frac{C_g}{C_\Sigma}\sqrt{\frac{\hbar\omega}{C}}\left(\frac{a^\dagger - a}{i}\right)\left(1 - 2n_g^* + \sigma_z'\cos\Theta - \sigma_x'\sin\Theta\right) \tag{4.75}$$

这里的混合角 Θ 和量子比特的能级差 Ω 分别为

$$\Theta = \arctan\left[\frac{E_J}{E_C(1 - 2n^{*(\mathrm{dc})})}\right]; \quad \Omega = \frac{\left[E_J^2 + E_C^2(1 - 2n^{*(\mathrm{dc})})^2\right]^{1/2}}{\hbar} \tag{4.76}$$

通过调节门电压, 我们可以使得 Θ 为 π 的整数倍并去掉 σ_x' 项. 于是, 式 (4.75) 的哈密顿量可以很容易地约化为熟悉的 Jaynes-Cummings 哈密顿量形式 (同时我们将去掉 Pauli 矩阵上的撇号以简化公式形式). 在这种系统上, 实验已经演示了所有理论预测的效应, 比如真空 Rabi 分裂 (Wallraff et al., 2004)、光子数态制备 (Schuster et al., 2007)、$\sqrt{n+1}$- 依赖的 Rabi 频率 (Fink et al., 2008). 当然, 磁通量子比特也表现出相同的效应 (Abdumalikov et al., 2008).

---

① Blais et al.(2004) 采用了不同的变量 (电荷作为位置, 电流作为动量). 正如 2.3 节中所说, 这只是导致重新标记势能和动能, 拉格朗日量改变符号, 并且在保持我们原来约定的 Φ 量子化方式下, 式 (4.73) 及后面的公式中 $(a^\dagger - a)/i$ 改成 $a + a^\dagger$.

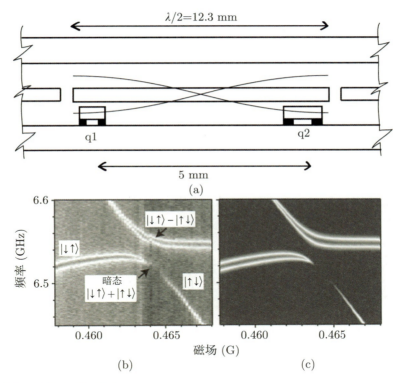

图4.12 两个电荷量子比特的耦合

(a) 两个电荷量子比特通过一个传输线谐振腔耦合起来. 在实际的器件中（Majer et al.，2007），由于半波谐振腔中间部分的弯折设计，量子比特之间的距离达到了大约5 mm长. 谐振腔的谐振频率为 $\omega/(2\pi)=5.19$ GHz，线宽为 $\kappa/(2\pi)=33$ MHz. 采用transmon结构的电荷量子比特（大 E_J/E_C 比的可调电荷量子比特（5.3节）），其中 $E_{C1}/h=1.7$ GHz,$E_{J1}^{max}/h=14.9$ GHz，并且 $E_{C2}/h=1.77$ GHz,$E_{J2}^{max}/h=18.9$ GHz. 两个量子比特中的dc SQUID环路被设计成不一样的（面积比 $\approx 5/8$），从而能够差额调节两个比特的约瑟夫森能. 从场模式的劈裂中可以得出两个比特与腔的耦合常数均为 $g/(2\pi)\approx 105$ MHz.（b，c）两比特态能谱（经*Nature*，Majer et al.，2007，©2007Macmillan出版社许可重印）.(b) 测到的腔传输特性显示两量子比特系统对称和反对称本征态之间形成了免交叉，最小间距 $2g/h=26$ MHz. 能谱信号是反对称的，导致了简并点附近对称态变成了"暗态".(c) 实验数据的理论拟合，采用了基于马尔科夫过程的密度矩阵主方程，并考虑了谐振腔的高次谐振.

4.3.2　量子比特通过谐振腔耦合

　　如果同时有多个量子比特耦合到同一个谐振腔，如图 4.12 所示，我们可以通过实的光子交换来将它们主动耦合起来，或者也可以通过虚过程将它们被动耦合起来. 第二种情况下，量子比特之间需要调节到共振状态，但偏离谐振腔的频率与前面讨论过的情况（式 (4.29)∼ 式 (4.35)）相似，只是形式略有不同. 谐振腔与这样两个量子比特的等效哈密顿量要么通过谐振腔真空态的直接投影得到，要么以更好的方式通过式 (4.64) 和式

167

4 第4章
超导多量子比特器件

(4.68) 的 Schrieffer-Wolff 变换得到. 于是, 不管谐振腔处在什么态, 我们都能得到

$$H_{jk}^{\text{eff}} = \left[\hbar\omega\left(a^\dagger a + \frac{1}{2}\right)\right]_{\text{field}} + \left[-\frac{\hbar\Omega}{2}\left(\sigma_z^{(j)} + \sigma_z^{(k)}\right)\right]_{\text{qubits}}$$

$$+ \frac{\hbar g^2}{\delta}\left(a^\dagger a + \frac{1}{2}\right)\left(\sigma_z^{(j)} + \sigma_z^{(k)}\right) - \frac{\hbar g^2}{\delta}\left(\sigma_+^{(j)}\sigma_-^{(k)} + \sigma_-^{(j)}\sigma_+^{(k)}\right) \tag{4.77}$$

方括号中的项对应无扰的腔模式和量子比特; 下一项是谐振腔和量子比特因为相互作用而导致的频移, 它与整个系统的量子态有关, 与式 (4.69) 一样. 最后一项, 回顾式 (4.35), 是 j, k 两个量子比特之间的等效耦合. 在量子比特共振频率 Ω 的旋转坐标系下 (也就是取 H_0 为式 (4.77) 中量子比特项时的相互作用表示), 哈密顿量式 (4.77) 引起量子比特 j, k 在其量子态张成的 4×4 子空间内演化 (Blais et al., 2004):

$$U(t) = \mathrm{e}^{-\mathrm{i}t\frac{g^2}{\delta}\left(a^\dagger a + \frac{1}{2}\right)\left(\sigma_z^{(j)} + \sigma_z^{(k)}\right)} \begin{pmatrix} 1 & 0 & 0 & 0 \\ 0 & \cos\dfrac{g^2 t}{\delta} & \mathrm{i}\sin\dfrac{g^2 t}{\delta} & 0 \\ 0 & \mathrm{i}\sin\dfrac{g^2 t}{\delta} & \cos\dfrac{g^2 t}{\delta} & 0 \\ 0 & 0 & 0 & 1 \end{pmatrix} \tag{4.78}$$

显然, 这个演化不会改变谐振腔模式的态, 但会引起量子比特之间发生态的交换, 对于典型的电路参数 (Blais et al., 2004), 这种 $\sqrt{\text{iSWAP}}$ 操作所需的时间为 (见附录)

$$t = \frac{\pi|\delta|}{4g^2} \approx 50 \text{ ns} \tag{4.79}$$

*4.4 量子光学在相空间中的形式

4.4.1 相干态

二次量子化是描述常规电磁场特别是电路中电磁场, 以及它们与原子或量子比特相互作用非常有效的数学工具. 但是, 它给出的物理图像并不是最清晰的, 也不是最方便的数学工具. 一个等效的而且在很多情况下更有优势的方法是基于相干态的, 它最早是在量子光学中发展出来的 (Glauber, 1963). 我们也有很好的理由来用它. 作为玻色子的

量子工程学: 量子相干结构的理论和设计
Quantum Engineering: Theory and Design of Quantum Coherent Structures

光子, 在经典极限下就是波. 因此, 我们需要一种更合适的、能够结合相位来描述这种波动行为, 同时能够在各方面跨越量子-经典界限的描述工具. 这些相空间方法可以找到很多的应用, 具体可见 Scully, Zubairy(1997), Orszag(1999), Gardiner, Zoller(2004), Perelomov(1986), Schleich(2001) 等, 这里我们只做一个基础的概述.

重新考虑一个一维的谐振子, 或者一个单一的电磁场模式, 其频率为 ω:

$$H = \hbar\frac{\omega}{2}(aa^{\dagger} + a^{\dagger}a) \tag{4.80}$$

如果这个振子表示, 比如一个 LC 谐振电路, 我们就可以用式 (2.106) 中的 $a, a^{\dagger}$ 来表示电路参数 (电荷和磁通), 这里 $\Lambda = [2\hbar/(C\omega)]^{1/2}$, $\omega = c[LC]^{-1/2}$. (当然, 我们也可以替换为电压和电流.) 回顾一下 Fock 态 $|n\rangle$, 它是激发粒子数算符的本征态:

$$\hat{N}|n\rangle = a^{\dagger}a|n\rangle = n|n\rangle$$

而 $\langle n|a|n\rangle = \langle n|a^{\dagger}|n\rangle = 0$. 因此, 在任何 Fock 态下, 磁通和电荷 (或者电压和电流) 算符的观测值将是零:

$$\langle n|\hat{\Phi}|n\rangle = 0; \quad \langle n|\hat{Q}|n\rangle = \langle n|c\hat{\Pi}|n\rangle = 0 \tag{4.81}$$

只有均方差不是零. 另一方面, 一个 LC 电路的任何经典态都将有确定的磁通和电荷 (或者电流和电压). 为了描述它们, 就需要无穷多个 Fock 态, 就像 BCS 波函数那样 (式 (2.5)), 而且从量子转换到准经典和经典情况变得非常笨拙.

为此, 我们引入一个相干态作为湮灭算符的本征态:

$$a|\alpha\rangle = \alpha|\alpha\rangle; \quad \langle\alpha|\alpha\rangle = 1 \tag{4.82}$$

这里 α 是一个复数.

现在我们将 $|\alpha\rangle$ 在 Fock 态上做展开, 并代入式 (4.82):

$$|\alpha\rangle = \sum_{n=0}^{\infty} c_n|n\rangle; \quad a|\alpha\rangle = \sum_{n=0}^{\infty} c_n a|n\rangle = \sum_{n=0}^{\infty} c_{n+1}\sqrt{n+1}|n\rangle \tag{4.83}$$

这给出了一个系数的递归关系:

$$c_{n+1} = \frac{\alpha}{\sqrt{n+1}}c_n = \cdots = \frac{\alpha^{n+1}}{\sqrt{(n+1)!}}c_0 \tag{4.84}$$

归一化条件固定了 c_0(有一个相因子), 于是最终

$$|\alpha\rangle = e^{-\frac{1}{2}|\alpha|^2}\sum_{n=0}^{\infty}\frac{\alpha^n}{\sqrt{n!}}|n\rangle; \quad \langle n|\alpha\rangle = e^{-\frac{1}{2}|\alpha|^2}\frac{\alpha^n}{\sqrt{n!}} \tag{4.85}$$

从这个表达式看出，$|\alpha\rangle$ 显然不是产生算符 $a^\dagger$ 的本征态，并且产生算符也不能有本征态，因为它作用在如式 (4.85) 的展开式上会导致缺少真空态 $|0\rangle$ 的项. 这与我们在 2.2.1 小节中不能引入相位算符面临的困难是一样的. 当然，我们可以从右边定义 $a^\dagger$ 对共轭态 $\langle\alpha|$ 的作用，

$$\langle\alpha|a^\dagger = \langle\alpha|\alpha^* \tag{4.86}$$

根据式 (4.85), 两个不同相干态的内积是

$$\langle\beta|\alpha\rangle = e^{\beta^*\alpha - \frac{1}{2}|\beta|^2 - \frac{1}{2}|\alpha|^2} = e^{-\frac{1}{2}|\alpha-\beta|^2}e^{i\mathrm{Im}(\beta^*\alpha)} \neq \delta(\beta-\alpha) \tag{4.87}$$

因此，它们不是正交的. 另一方面，它们却构成了一个完备的 (确切地说，是过完备的) 状态集，任何振子的量子态都可以在其上展开. 让我们将式 (4.85) 反过来，用相干态来展开粒子数态 $|n\rangle$，我们应该得到一个类似 $|n\rangle = \text{“}\sum_\beta\text{”}\,|\beta\rangle\langle\beta|n\rangle$ 的形式. 不过，这里的 "求和" 实际上是一个积分，$C\int \mathrm{d}\beta\mathrm{d}\beta^* \equiv C\int \mathrm{d}x\mathrm{d}y$，这里 $\beta = x+iy, \beta^* = x-iy$，而 C 是一个归一化因子. 利用式 (4.85), 我们得到

$$|n\rangle = C\int \mathrm{d}\beta\mathrm{d}\beta^*\,|\beta\rangle\langle\beta|n\rangle = C\sum_m\left[\int \mathrm{d}\beta\mathrm{d}\beta^*\,\frac{e^{-|\beta|^2}}{\sqrt{m!n!}}\beta^m(\beta^*)^n\right]|m\rangle \tag{4.88}$$

在极坐标 $\beta = x+iy = re^{i\theta}$ 下，

$$\int \mathrm{d}\beta\mathrm{d}\beta^*(\cdots) = \int \mathrm{d}x\mathrm{d}y(\cdots) = \int_0^\infty \mathrm{d}r r\int_0^{2\pi} \mathrm{d}\theta(\cdots) \tag{4.89}$$

并且

$$C\sum_m\left[\int_0^\infty \mathrm{d}r r\int_0^{2\pi} \mathrm{d}\theta\,\frac{e^{-r^2}}{\sqrt{m!n!}}r^{m+n}e^{i(n-m)\theta}\right]|m\rangle = C\pi|n\rangle = |n\rangle \tag{4.90}$$

如果取 $C = 1/\pi$ 的话. 于是，我们成功地将式 (4.85) 反转：

$$|n\rangle = \frac{1}{\pi}\int \mathrm{d}\beta\mathrm{d}\beta^*\,|\beta\rangle\langle\beta|n\rangle = \frac{1}{\pi}\int \mathrm{d}\beta\mathrm{d}\beta^*\,|\beta\rangle\left[e^{-\frac{1}{2}|\beta|^2}\frac{(\beta^*)^n}{\sqrt{n!}}\right] \tag{4.91}$$

既然 Fock 态构成了 Fock 空间的基，任何有意义的态都可以以之展开，而每个 Fock 态又能够用相干态来展开，因此我们可以确定相干态集的完备性.

表示相干态完备性的闭包关系可以写为

$$\hat{I} = \frac{1}{\pi}\int \mathrm{d}\alpha\mathrm{d}\alpha^*\,|\alpha\rangle\langle\alpha| \tag{4.92}$$

这里 $\hat{I}$ 是一个单位算符. 利用它可以将任何量子态或算符自动转换到相干态基下：

$$|\Psi\rangle = \hat{I}|\Psi\rangle = \frac{1}{\pi}\int \mathrm{d}\alpha\mathrm{d}\alpha^*\,|\alpha\rangle\langle\alpha|\Psi\rangle \tag{4.93}$$

$$A = \hat{I} A \hat{I} = \frac{1}{\pi^2} \int \mathrm{d}\alpha \mathrm{d}\alpha^* \int \mathrm{d}\beta \mathrm{d}\beta^* |\alpha\rangle \langle\alpha|A|\beta\rangle \langle\beta| \tag{4.94}$$

相应的系数 $\langle\alpha|\Psi\rangle$ 及矩阵元 $\langle\alpha|A|\beta\rangle$ 可直接由式 (4.85) 来计算.

相干态基的过完备性表现在, 式 (4.91) 对式 (4.85) 的反转是过度的. 事实上不需要对整个复平面积分, 而只需要在一个任意直径 $|\beta| \equiv r$ 的圆上积分就够了:

$$|n\rangle = \frac{\sqrt{n!} r^{-n} \mathrm{e}^{\frac{1}{2}r^2}}{2\pi} \int_0^{2\pi} \mathrm{d}\theta \, |r\mathrm{e}^{\mathrm{i}\theta}\rangle \mathrm{e}^{-\mathrm{i}n\theta} \tag{4.95}$$

这个等式可以通过将相干态 $|r\mathrm{e}^{\mathrm{i}\theta}\rangle$ 按照式 (4.85) 的展开式代入其中并积分进行快速检验. 过完备性的另一个结果是, 尽管展开式 (4.94) 包含了所有复数 α,β 对应的矩阵元 $\langle\alpha|A|\beta\rangle$, 但算符 A 的所有信息 (在 Fock 态基下的所有矩阵元 $\langle m|A|n\rangle$) 可以从其对角矩阵元 $\langle\alpha|A|\alpha\rangle$ 得到 (Gardiner, Zoller, 2004, 4.3 节).

4.4.2　相干态的物理意义

我们首先引入一对正交算符:

$$\hat{X} = \frac{a + a^\dagger}{2}, \quad \hat{Y} = \frac{a - a^\dagger}{2\mathrm{i}} \tag{4.96}$$

对比式 (4.4) 我们看出, 对于一个 LC 电路, $\hat{X}$ 正比于磁通 (也就是电流), 而 $\hat{Y}$ 则正比于其正则共轭动量, 也就是电荷. 对于一个机械振子, 相应地对应于位置和动量. 在一个相干态 $|\alpha\rangle$ 下, $\hat{X}, \hat{Y}$ 的期望值为 (采用式 (4.82) 和式 (4.86) 的定义)

$$\langle X \rangle_\alpha = \mathrm{Re}\,\alpha \equiv x; \quad \langle Y \rangle_\alpha = \mathrm{Im}\,\alpha \equiv y \tag{4.97}$$

因此, 不像 Fock 态, 一个相干态描述的系统状态有非零的平均位置和平均共轭动量. 另外, 一个相干态 $|\alpha\rangle \equiv |r\mathrm{e}^{\mathrm{i}\theta}\rangle$ 可以通过其幅值 $r = \sqrt{|\alpha|^2} = \sqrt{x^2 + y^2}$ 和相位 $\theta: \tan\theta = y/x$ 来描述, 与一个经典振子非常相似.

简谐振子的薛定谔方程解可以写成式 (1.2) 的形式:

$$|\psi(t)\rangle = \mathrm{e}^{-\frac{\mathrm{i}}{\hbar}Ht} |\psi(0)\rangle$$

其中哈密顿量为式 (4.80) 的形式. 如果系统初态为一个相干态 $|\alpha\rangle$, 则我们可以写出

$$a |\psi(t)\rangle = a\mathrm{e}^{-\frac{\mathrm{i}}{\hbar}Ht} |\psi(0)\rangle = \mathrm{e}^{-\frac{\mathrm{i}}{\hbar}Ht} \left[\mathrm{e}^{\frac{\mathrm{i}}{\hbar}Ht} a \mathrm{e}^{-\frac{\mathrm{i}}{\hbar}Ht}\right] |\alpha\rangle$$

$$= \mathrm{e}^{-\frac{\mathrm{i}}{\hbar}Ht} \left[\mathrm{e}^{-\mathrm{i}\omega t} a\right] |\alpha\rangle = \alpha \mathrm{e}^{-\mathrm{i}\omega t} |\psi(t)\rangle \tag{4.98}$$

因此，我们可以将 $|\psi(t)\rangle$ 与含时相干态 $|\alpha e^{-i\omega t}\rangle$ 等价起来. 注意仅当相干态是简谐振子的一个具有 (几乎) 确定幅值和相位的态时, 才会正确演化, 描述这个态在一个给定幅值的圆上以振子频率旋转.

当然, 一个经典的振子可以用 α 复平面上的一个点来表示, 但量子的却不行, 因为海森伯不确定关系. 对易关系为

$$[\hat{X}, \hat{Y}] = i/2 \tag{4.99}$$

因此

$$\Delta X \Delta Y \equiv \sqrt{\left\langle \left(\hat{X} - \langle \hat{X} \rangle\right)^2 \right\rangle} \sqrt{\left\langle \left(\hat{Y} - \langle \hat{Y} \rangle\right)^2 \right\rangle} \leqslant \frac{1}{2} \left| \left\langle \frac{1}{i} [\hat{X}, \hat{Y}] \right\rangle \right| = \frac{1}{4} \tag{4.100}$$

通过计算相干态 $|\alpha\rangle$ 的正交不确定性,

$$\Delta X_\alpha = \left\langle \alpha \left| (\hat{X} - \langle X \rangle_\alpha)^2 \right| \alpha \right\rangle^{1/2} = \frac{1}{2}, \quad \Delta Y_\alpha = \left\langle \alpha \left| (\hat{Y} - \langle Y \rangle_\alpha)^2 \right| \alpha \right\rangle^{1/2} = \frac{1}{2} \tag{4.101}$$

并结合式 (4.100) 看出, 相干态是一个最小不确定态：

$$\Delta X_\alpha \Delta Y_\alpha = \frac{1}{4} \tag{4.102}$$

与式 (4.97) 一起, 就看出了相干态的意义：它们描述了一个给定幅值期望值和相位的振子状态, 并且具有量子力学允许的最小不确定性. 在复平面内, 这个态可以用一个位置为 α, 直径为 $1/2$ 的圆斑表示. 在经典极限下, 由于对易子式 (4.99) 消失[①], 它收缩为一个点. 一个量子振子的时间演化可以描述为这个点 (圆斑) 围绕原点以 ω 的圆频率旋转.

$\alpha = 0$ 的相干态毫无疑问可以记为 $|0\rangle$, 它确实就是真空态, 从定义式 (4.82) 或者展开式 (4.85) 得出. 任何相干态 $|\alpha\rangle$ 可以认为是一个真空态的位移：

$$|\alpha\rangle = D(\alpha) |0\rangle \tag{4.103}$$

这里的位移算符为

$$D(\alpha) = e^{\alpha a^\dagger - \alpha^* a} \tag{4.104}$$

按照惯常的方式理解, 就是前面的泰勒展开式. 利用 Baker-Hausdorff 公式 (3.59), 我们可以将其简化为

$$D(\alpha) = e^{\alpha a^\dagger} e^{-\alpha^* a} e^{\alpha a^\dagger - \alpha^* a} e^{-\frac{1}{2}[\alpha a^\dagger, -\alpha^* a]} = e^{-\frac{1}{2}|\alpha|^2} e^{\alpha a^\dagger} e^{-\alpha^* a} \tag{4.105}$$

---

① 用量纲化的磁通-电荷变量 $\hat{\Phi} \propto \hat{X}, \hat{\Pi} \propto \hat{Y}$ (式 (2.106)), 而不是无量纲的正交变量重写式 (4.96)~式 (4.102), 将使得右边对易子中的 $\hbar$ 回归, 并使得量子–经典转换变得更显著些.

由于 $a|0\rangle = 0$, 于是 $\exp[-\alpha^* a]|0\rangle = |0\rangle$. 因此, 将式 (4.105) 代入式 (4.103) 并将 $\exp[\alpha a^\dagger]$ 展开, 我们看到式 (4.103) 与前面相干态 $|\alpha\rangle$ 的展开式 (4.85) 是一样的.

利用 Baker-Hausdorff 公式, 我们还可以直接验证

$$e^{\alpha a^\dagger - \alpha^* a} e^{\beta a^\dagger - \beta^* a} = e^{(\alpha+\beta)a^\dagger - (\alpha^* + \beta^*)a} e^{\frac{1}{2}[\alpha a^\dagger - \alpha^* a, \beta a^\dagger - \beta^* a]}$$

$$= e^{(\alpha+\beta)a^\dagger - (\alpha^* + \beta^*)a} e^{\frac{1}{2}(\alpha\beta^* - \alpha^* \beta)} \tag{4.106}$$

因此

$$D(\alpha + \beta) = e^{-\mathrm{i}\mathrm{Im}\,\alpha\beta^*} D(\alpha)D(\beta) \tag{4.107}$$

4.4.3 振子状态的 Wigner 函数

我们可以使用定义式 (1.22), 以及产生/湮灭算符的位置动量表示, 类似式 (2.106), 来引入这个函数. 不过, 一个更简单也更直接的方法是通过特征函数, 它定义为位移算符的期望值:

$$\chi w(\eta, \eta^*) = \langle D(\eta) \rangle = \left\langle e^{\eta a^\dagger - \eta^* a} \right\rangle = \mathrm{tr}\left[\rho e^{\eta a^\dagger - \eta^* a}\right] \tag{4.108}$$

于是 Wigner 函数就是它的傅里叶变换, 即

$$W(\alpha, \alpha^*) = \frac{1}{\pi^2} \int \mathrm{d}\eta \mathrm{d}\eta^* e^{-\eta a^\dagger + \eta^* a} \chi w(\eta, \eta^*) \tag{4.109}$$

我们可以验证 $W(\alpha, \alpha^*)$ 具有性质式 (1.27), 也就是

$$\int \mathrm{d}\alpha \mathrm{d}\alpha^* W(\alpha, \alpha^*) \alpha^m (\alpha^*)^n = \left\langle \left\{ a^m (a^\dagger)^n \right\}_{\mathrm{sym}} \right\rangle \tag{4.110}$$

对式 (4.109) 做分部积分, 我们得到以下关系:

$$\int \mathrm{d}\alpha \mathrm{d}\alpha^* W(\alpha, \alpha^*) \alpha^m (\alpha^*)^n = \left[\frac{\partial^m}{\partial(-\eta^*)^m} \frac{\partial^n}{\partial \eta^n} \chi w(\eta, \eta^*) \right]_{\eta, \eta^*=0} \tag{4.111}$$

注意到

$$(\eta a^\dagger - \eta^* a)^{n+m} = \sum_{m,n} \left\{ a^m (a^\dagger)^n \right\}_{\mathrm{sym}} (-\eta^*)^m \eta^n \tag{4.112}$$

因此

$$\chi w(\eta, \eta^*) = \sum_{m,n} \frac{(-\eta^*)^m \eta^n}{m! n!} \left\langle \left\{ a^m (a^\dagger)^n \right\}_{\mathrm{sym}} \right\rangle \tag{4.113}$$

我们得到式 (4.110). 利用此式, 我们可以, 比如找到一个量子态的平均能量:

$$\langle E \rangle = \frac{\hbar\omega}{2}\langle aa^\dagger + a^\dagger a \rangle = \hbar\omega \int d\alpha d\alpha^* |\alpha|^2 W(\alpha, \alpha^*) \tag{4.114}$$

或者其平均的量子数:

$$\langle n \rangle = \frac{1}{2}\langle aa^\dagger + a^\dagger a \rangle - \frac{1}{2} = \int d\alpha d\alpha^* |\alpha|^2 W(\alpha, \alpha^*) - \frac{1}{2} \tag{4.115}$$

Wigner 函数还可以很方便地提供振子状态的可视化[①]. 举例来说, 一个相干态 $|\beta\rangle$ 的密度矩阵为 $|\beta\rangle\langle\beta|$, 它的特征函数是

$$\chi_W(\eta, \eta^*) = \mathrm{tr}(|\beta\rangle\langle\beta|D(\eta)) = \mathrm{tr}(\langle\beta|D(\eta)D(\beta)|0\rangle)$$
$$= e^{i\mathrm{Im}\,\eta\beta^*}\langle\beta|\eta+\beta\rangle = e^{-\frac{1}{2}|\eta|^2 - \eta^*\beta + \eta\beta^*} \tag{4.116}$$

这里我们用到了式 (4.107) 和式 (4.87). 将式 (4.116) 代入式 (4.109), 得到一个高斯函数:

$$W(\alpha, \alpha^*) = \frac{1}{\pi^2}\int d\eta d\eta^* e^{-\eta(\alpha^*-\beta^*) + \eta^*(\alpha-\beta) - \frac{1}{2}|\eta|^2} = \frac{2}{\pi}e^{-2|\alpha-\beta|^2} \tag{4.117}$$

其离散度由式 (4.102) 的量子不确定关系决定 (图 4.13(a)).

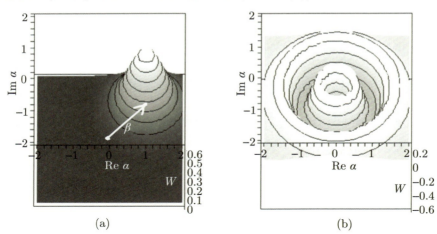

图4.13　相干态和Fock态的Wigner函数

(a) $\beta=1+i$ 对应相干态的Wigner函数；(b) $n=3$ 的Fock态的Wigner函数.

---

① 除了 Wigner 函数, 也有其他基于相干态的密度矩阵表示方法 (P-和 Q-分布函数), 对于某些特定问题会更为方便些 (zorszag, 1999, 第 7 章; Schleich, 2001; Gardiner, Zoller, 2004). Wigner 函数的优势是, 它对于任何密度矩阵来说都是一个足够平滑的函数 (没有比 δ 函数更糟的奇异性), 并且每个这样的 Wigner 函数都对应某个密度矩阵.

通过直接计算 (Gardiner, Zoller, 2004, 4.4.2 小节), 可以得到一个热态:

$$\rho = (1 - \exp[-\hbar\omega/(k_B T)]) \sum_n \exp[-n\hbar\omega/(k_B T)] |n\rangle\langle n| \tag{4.118}$$

的 Wigner 函数也是一个高斯型函数:

$$W(\alpha, \alpha^*) = \frac{2}{\pi} \tanh \frac{\hbar\omega}{2k_B T} e^{-2|\alpha|^2 \tanh \frac{\hbar\omega}{2k_B T}} \tag{4.119}$$

而一个 Fock 态 $\rho = |n\rangle\langle n|$ 的 Wigner 函数为

$$W(\alpha, \alpha^*) = \frac{2}{\pi} (-1)^n e^{-2|\alpha|^2} L_n(4|\alpha|^2) \tag{4.120}$$

这里的 $L_n(x)$ 为 n 阶拉盖尔 (Laguerre) 多项式 (Gradshteyn, Ryzhik, 2000, 8.970 节):

$$L_0 = 1, \quad L_1 = -x + 1, \quad L_2 = \frac{1}{2}(x^2 - 4x + 2), \quad \cdots, \quad L_n = \sum_{m=0}^{n} (-1)^m \frac{n!}{(n-m)!(m!)^2} x^m \tag{4.121}$$

注意上面的 Wigner 函数可以取负值 (图 4.13(b)), 显示了 Fock 态的量子特性. 真空态的 Wigner 函数, 从式 (4.117)、式 (4.119) 或者式 (4.120) 都可以简单地得到

$$W(\alpha, \alpha^*) = \frac{2}{\pi} e^{-2|\alpha|^2} \tag{4.122}$$

4.4.4 压缩态

对于一个振子态, 要想是非经典的, 只要它的 Wigner 函数在 α 面内的某些区域是负的就行了. 但这并不是一个必要条件. 举例来说, 压缩态, 这种 "最量子" 的态之一, 就有非负的 Wigner 函数.

压缩态是另一种最小不确定态: $\Delta X \Delta Y = \frac{1}{4}$, 但是 $\Delta X \neq \Delta Y$. 这让它们能够打败标准量子极限 (SQL)——至少在一个轴上, 其不确定度减小正好被另一个轴上不确定度增加所补偿, 也就是

$$\Delta X = \frac{e^{-r}}{2}, \quad \Delta Y = \frac{e^r}{2} \tag{4.123}$$

这种态对量子测量而言很重要 (Braginsky, Khalili, 1992, 第 12 章). 当我们试图绕开放大过程中海森伯原理的限制时, 这种态就自然地出现了. 假设有一个理想的放大器, 能够同时放大一个量子的 LC 谐振电路的电流和电压. 用正交算符 $\hat{X}, \hat{Y}$ 来表示的话, 意味着放大后 $\hat{X}$ 乘上了 g_X, 而 $\hat{Y}$ 乘上了 g_Y. 可以证明, 如果放大器的唯一噪声来源是

量子涨落 (量子极限放大器) 的话, 一般来说两个方向上的噪声都必须增加, 只有一个例外: 当 $g_X = 1/g_Y$ 时, 可以在不增加任何额外噪声的情况下满足海森伯不确定关系 (Caves, 1982), 这从式 (4.123) 可以很显然地看出来. 这种相位敏感放大器已经被实现了, 最近的例子是基于可调约瑟夫森超材料的微波参量放大器 (Castellanos-Beltran et al., 2008).

数学上, 一个压缩态可以从一个真空压缩态得到

$$|0, \xi\rangle = S(\xi) |0\rangle \tag{4.124}$$

这里的幺正压缩算符

$$S(\xi) = e^{\frac{1}{2} \xi^* a^2 - \frac{1}{2} \xi (a^\dagger)^2} \tag{4.125}$$

而 $\xi = r \exp[i\theta]$ 为复的压缩参数. 由于 $[a^2, (a^\dagger)^2]$ 是一个算符并且与 a^2 和 $(a^\dagger)^2$ 不对易, Baker-Hausdorff 公式在这里不适用. 为此, 我们修改一下产生/湮灭算符并引入

$$A = S(\xi) a S^\dagger(\xi); \quad A^\dagger = S(\xi) a^\dagger S^\dagger(\xi) \tag{4.126}$$

根据这个定义, 很显然

$$A |0, \xi\rangle = S(\xi) a |0\rangle = 0; \quad \langle 0, \xi| A^\dagger = \langle 0| a^\dagger S^\dagger(\xi) = 0; \quad [A, A^\dagger] = 1 \tag{4.127}$$

也就是说, 这一对新的算符是真空压缩态 $|0, \xi\rangle$ 的产生/湮灭算符. 注意到

$$\frac{1}{2} [a^2, a^\dagger] = a; \quad \frac{1}{2} [(a^\dagger)^2, a] = -a^\dagger \tag{4.128}$$

于是, 我们可以使用以下算符公式 (Orszag, 1999, 附录 A, 方程 (A.1)):

$$e^{\epsilon A} B e^{-\epsilon A} = B + \epsilon [A, B] + \frac{\epsilon^2}{2!} [A, [A, B]] + \cdots + \frac{\epsilon^n}{n!} [A, [A, \cdots [A, B]]] + \cdots \tag{4.129}$$

这里 ϵ 是一个数. 应用到式 (4.126) 中的 A 和 $A^\dagger$ 去, 我们看到, 因为式 (4.128) 中的关系, 展开式中将只包含 (交替地) 正比于 a 和 $a^\dagger$ 的项. 换句话说, 式 (4.126) 定义了一个线性变换:

$$A = u^* a + v a^\dagger; \quad A^\dagger = u a^\dagger + v^* a \tag{4.130}$$

与其合并展开式中的项, 我们不如直接利用幺正条件, 特别是对易关系必须满足, $[A, A^\dagger] = [a, a^\dagger]$. 因此, 要求 $|u|^2 - |v|^2 = 1$, 于是我们可以写成 (全局相位因子是无意义的)[①]

$$u = \cosh v; \quad v = e^{i\theta} \sinh v \tag{4.131}$$

---

① 式 (4.130) 是 Bogoliubov 变换的一个例子. 这种变换中原来的产生/湮灭算符变成了新的产生和湮灭算符的线性组合, 因此在超导理论中扮演着非常重要的角色. 特别是, 它们对应 bogolon 的出现, 我们在讨论 Andreev 反射和 BCS 波函数式 (2.5) 的时候简单地遇到过. 相干因子式 (2.6) 对应于式 (4.130) 中的 u, v, 不同点是它们必须保持费米算符的反对易关系.

将上式展开并保留到 v 的二次项，与式 (4.126) 对 ξ 展开中的对应项比较，我们建立了如下关系：

$$v = |\xi| = r; \quad \theta = \arg\xi \tag{4.132}$$

这里的 θ 与压缩参数 x_i 定义中的角度是一样的. 对式 (4.130) 做反变换，我们得到

$$a = A\cosh r - A^\dagger \sinh r \mathrm{e}^{\mathrm{i}\theta}, \quad a^\dagger = A^\dagger \cosh r - A\sinh r \mathrm{e}^{-\mathrm{i}\theta}; \tag{4.133}$$

$$
\begin{aligned}
\hat{X} &= \frac{1}{2}\left[(\cosh r - \sinh r \mathrm{e}^{-\mathrm{i}\theta})A + (\cosh r - \sinh r \mathrm{e}^{\mathrm{i}\theta})A^\dagger\right]; \\
\hat{Y} &= \frac{1}{2\mathrm{i}}\left[(\cosh r + \sinh r \mathrm{e}^{-\mathrm{i}\theta})A - (\cosh r + \sinh r \mathrm{e}^{\mathrm{i}\theta})A^\dagger\right]
\end{aligned}
\tag{4.134}
$$

现在，我们就可以很容易地求得真空压缩态两个正交分量的期望值和方差了：

$$\langle X \rangle = \langle Y \rangle = 0; \tag{4.135}$$

$$\langle \Delta X^2 \rangle = \frac{1}{4}(\cosh 2r - \sinh 2r \cos\theta); \tag{4.136}$$

$$\langle \Delta Y^2 \rangle = \frac{1}{4}(\cosh 2r + \sinh 2r \cos\theta) \tag{4.137}$$

满足不确定关系

$$\Delta X \Delta Y = \frac{1}{4}\sqrt{\cosh^2 2r - \sinh^2 2r \cos\theta} \leqslant \frac{1}{4} \tag{4.138}$$

当 $\theta = 0$ 或 π 时，上式取最小值，相应地，$\Delta X = \mathrm{e}^{-r}/2, \Delta Y = \mathrm{e}^{r}/2$；反之亦然.

如果我们看一下真空压缩态的 Wigner 函数 (图 4.14)，它的特性就很清楚了：

$$W(\alpha, \alpha^*) = \frac{2}{\pi}\exp\left\{-2\left[\mathrm{e}^{2r}\left(\mathrm{Re}[\alpha \mathrm{e}^{-\mathrm{i}\theta/2}]\right)^2 + \mathrm{e}^{-2r}\left(\mathrm{Im}[\alpha \mathrm{e}^{-\mathrm{i}\theta/2}]\right)^2\right]\right\} \tag{4.139}$$

这里圆对称性没了：一个轴被压缩了，而另一个轴被拉长了. 整个 "高斯雪茄" (Schleich, 2001, 4.3.1 小节) 则转了角度 $\theta/2$：式 (4.138) 中的角度依赖来源于我们在一个错误的参考系下计算方差，这个参考系的坐标轴与这个 "雪茄" 的对称轴不平行.

真空压缩态的能量无论如何不会是振子零点涨落能——半个量子：从 $|0, \xi\rangle$ 的定义中就能看到，它包含了任意高占有数的 Fock 态. 从式 (4.114) 我们看到

$$\langle E \rangle_{\mathrm{sq.vac.}} = \frac{\hbar\omega}{2}\cosh 2r \leqslant \frac{\hbar\omega}{2} \tag{4.140}$$

在无穷压缩极限下，真空压缩态将具有确定的相位和完全不确定的粒子数. 而具有确定粒子数的态，当然就是 Fock 态 $|n\rangle$，它的 Wigner 函数是圆对称的，因此具有完全不确定的相位. 这二者之间的转换可以让我们想到块超导体 BCS 基态到具有确定粒子数的有限超导体基态之间的转换.

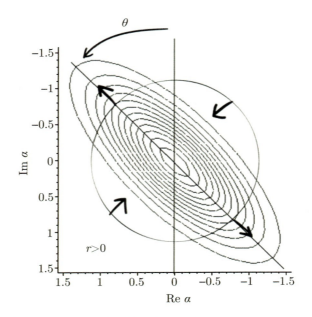

图4.14　一个真空压缩态的Wigner函数（"高斯雪茄"，式(4.139)）

其中$r=0.5$, $\theta=\dfrac{\pi}{2}$. 当r取负值时，压缩和拉伸的方向调换一下. 图中的圆形标出了未压缩的真空态的形状.

一个任意的压缩态可以从一个真空压缩态得到, 方法与一个相干态从常规真空态得到是一样的——通过位移算符:

$$|\alpha,\xi\rangle = D(\alpha)\,|0,\xi\rangle = D(\alpha)S(\xi)\,|0\rangle \tag{4.141}$$

得到的态的 Wigner 函数是式 (4.139) 中心点平移到了复数点 α.

利用式 (4.129), 我们可以证明

$$S^{\dagger}(\xi)D(\alpha)S(\xi) = D(\beta) \tag{4.142}$$

这里

$$\beta = \alpha\cosh r + \alpha^{*}\sinh r\,e^{\mathrm{i}\theta} \tag{4.143}$$

从这里可以继续推出

$$A\,|\alpha,\xi\rangle = AD(\alpha)S(\xi)\,|0\rangle = AS(\xi)D(\beta)\,|0\rangle = S(\xi)a\,|\beta\rangle = \beta S(\xi)a\,|\beta\rangle = \cdots$$
$$= \beta\,|\alpha,\xi\rangle = (\alpha\cosh r + \alpha^{*}\sinh r\,e^{\mathrm{i}\theta})\,|\alpha,\xi\rangle \tag{4.144}$$

有了式 (4.144), 加上 $A^{\dagger}$ 的共轭方程, 我们就可以计算, 比如式 (4.134) 中正交算符的期望值:

$$\langle X\rangle = \langle\alpha,\xi|\hat{X}|\alpha,\xi\rangle = \mathrm{Re}\,\alpha; \quad \langle Y\rangle = \langle\alpha,\xi|\hat{Y}|\alpha,\xi\rangle = \mathrm{Im}\,\alpha \tag{4.145}$$

可以看到, 它确实就是那个平移了的 "高斯雪茄" 的中心点.

一个一般形式的压缩态可以认为是一对共轭变量 (正交算符) 本征态的中间态. 正交算符本征态可以想象为 "高斯雪茄" 的极限情况——在一个方向上压缩到零, 同时在正交方向上拉伸到无穷大 (但在这种情况下保持 $\Delta X \Delta Y$ 为常量). 严格来说, 这不适用于, 比如一个自由粒子的位置和动量, 因为它们对应的本征函数 $\propto \exp[\pm ipx/\hbar]$ 无法归一化 (也就是说, 它们只能归一化到一个 δ 函数 (Landau, Lifshitz, 2003, 第 5 章)), 但是我们可以考虑一个任意弱的简谐势, 来看这种类比是怎样的.

4.4.5　Wigner 函数的运动方程

采用相空间方法特别是 Wigner 函数的一个重要优势是密度矩阵的主方程可以简化为几个变量的偏微分方程, 从而更容易求解或者能够提供更深刻的物理洞察力. 举例来说, 一个 LC 电路的准经典模式与量子比特耦合, 其中可测量的电路中电流的相位和幅值, 可以很简单地用一个复数 α 来表示.

产生/湮灭算符作用到密度矩阵上, 可以通过算符对应来转换到对 Wigner 函数的微分. 它们最终基于式 (4.82) 和式 (4.86), 如下 (Gardiner, Zoller, 2004, 4.5 节):

$$
\begin{aligned}
a\rho &\longleftrightarrow \left(\alpha + \frac{1}{2}\frac{\partial}{\partial\alpha^*}\right)W(\alpha,\alpha^*); \\
\rho a &\longleftrightarrow \left(\alpha - \frac{1}{2}\frac{\partial}{\partial\alpha^*}\right)W(\alpha,\alpha^*); \\
a^\dagger\rho &\longleftrightarrow \left(\alpha^* - \frac{1}{2}\frac{\partial}{\partial\alpha}\right)W(\alpha,\alpha^*); \\
\rho a^\dagger &\longleftrightarrow \left(\alpha^* + \frac{1}{2}\frac{\partial}{\partial\alpha}\right)W(\alpha,\alpha^*)
\end{aligned}
\tag{4.146}
$$

这里, 跟通常一样,

$$
\begin{aligned}
\frac{\partial}{\partial\alpha} &= \frac{\partial x}{\partial\alpha}\frac{\partial}{\partial x} + \frac{\partial y}{\partial\alpha}\frac{\partial}{\partial y} = \frac{1}{2}\left[\frac{\partial}{\partial x} - \mathrm{i}\frac{\partial}{\partial y}\right]; \\
\frac{\partial}{\partial\alpha^*} &= \frac{1}{2}\left[\frac{\partial}{\partial x} + \mathrm{i}\frac{\partial}{\partial y}\right]; \\
\alpha &= x + \mathrm{i}y, \quad \alpha^* = x - \mathrm{i}y
\end{aligned}
\tag{4.147}
$$

举个例子, 考虑一个振子与热库接触的密度矩阵主方程:

$$
\begin{aligned}
\frac{\mathrm{d}}{\mathrm{d}x}\rho &= \frac{\omega}{2\mathrm{i}}[aa^\dagger + a^\dagger a, \rho] - \frac{\kappa}{2}(\overline{n(\omega)} + 1)\left[a^\dagger a\rho + \rho a^\dagger a - 2a\rho a^\dagger\right] \\
&\quad - \frac{\kappa}{2}\overline{n(\omega)}\left[aa^\dagger\rho + \rho aa^\dagger - 2a^\dagger\rho a\right]
\end{aligned}
\tag{4.148}
$$

最后两项是 Lindblad 项式 (1.3.2), 这里 $B_+ \to a^\dagger, B_- \to a$, 并且玻色热库的热平均为

$$\overline{n(\omega)} = \frac{1}{e^{\hbar\omega/k_B T} - 1} \tag{4.149}$$

利用式 (4.146) 的对应关系, 我们可以把式 (4.148) 转换为

$$\begin{aligned}
\frac{\partial}{\partial t} W(\alpha, \alpha^*) &= \frac{\omega}{\mathrm{i}} \left[\alpha^* \frac{\partial}{\partial \alpha^*} - \alpha \frac{\partial}{\partial \alpha} \right] W(\alpha, \alpha^*) \\
&+ \frac{\kappa}{2} \left[\frac{\partial}{\partial \alpha} (\alpha W(\alpha, \alpha^*)) + \frac{\partial}{\partial \alpha^*} (\alpha^* W(\alpha, \alpha^*)) \right] \\
&+ \frac{\kappa}{2} (2\overline{n(\omega)} + 1) \frac{\partial^2}{\partial \alpha \partial \alpha^*} W(\alpha, \alpha^*)
\end{aligned} \tag{4.150}$$

这本质上就是一个二维的福克尔–普朗克 (Fokker-Planck) 方程 (Gardiner, Zoller, 2004, 5.3 节), 通常在处理经典的概率分布时得到[①]. 式 (4.150) 用变量 $x = \mathrm{Re}\,\alpha, y = \mathrm{Im}\,\alpha$ 改写更为方便:

$$\begin{aligned}
\frac{\partial}{\partial t} W(x, y) &= \omega \left[x \frac{\partial}{\partial y} - y \frac{\partial}{\partial x} \right] W(x, y) + \frac{\kappa}{2} \left[x \frac{\partial}{\partial x} + y \frac{\partial}{\partial y} \right] W(x, y) \\
&+ \frac{\kappa}{8} (2\overline{n(\omega)} + 1) \left(\frac{\partial^2}{\partial x^2} + \frac{\partial^2}{\partial y^2} \right) W(x, y)
\end{aligned} \tag{4.151}$$

这里, 第一行描述了 Wigner 函数绕其中点以角频率 ω 旋转, 这从式 (4.98) 也能看出来; 第二行则描述了它的弛豫过程. 读者可以直接检验一下, 式 (4.119) 的热态 Wigner 函数就是式 (4.151) 的稳态解.

4.4.6 参量生成压缩态

相空间形式在量子光学中有广泛的应用 (Schleich, 2001; Gardiner, Zoller, 2004), 并且在电路 QED 和其他相关问题中应用越来越多 (Gambetta et al., 2006). 例如, 一个可变频率的线性谐振子, 如果它一开始处在一个相干态, 随后我们改变其频率, 它会变成什么态? 考虑一个机械振子, 将式 (4.36) 的位置和动量算符表示为

$$\hat{X} = \sqrt{\frac{\hbar}{2m\omega}} (a + a^\dagger); \quad \hat{P} = \frac{\sqrt{2m\hbar\omega}}{2\mathrm{i}} (a - a^\dagger) \tag{4.152}$$

我们看到, 随着振子频率的增加, 量子态, 比如真空态的位置不确定度将逐渐减小, 相应的动量不确定度随之增加. 物理上这是不言而喻的: 一个更硬的振子位置自然更为确

[①] 如果系统包含一些其他的量子对象 (比如量子比特), 它们耦合到一个或多个振子模式, 则系统的密度矩阵可以变换到 $W_{mm',nn',\cdots}(\alpha, \alpha^*; \beta, \beta^*; \cdots)$, 这里的矩阵下标考虑了非振子的自由度. 它的主方程将约化到一组类似于式 (4.150) 的微分方程.

定. 假如有一个振子处在相干态, 然后它的频率突然改变了, 振子的 $|0\rangle$ 态不会改变, 但是它现在必须在一个新的也就是改变后的频率 ω_f 对应的 Fock 态空间中展开了. 从这个新的空间来看, 原来的 $|0\rangle$ 态不再是真空态: 如果 $\omega_f > \omega$, 这个态的位置不确定度更大, 而动量不确定度则小于新的真空态 $|0\rangle_f$; 如果 $\omega_f < \omega$, 情况则相反. 事实上, 这种突然的频率变化将导致一个相干态转变成一个压缩态, 而压缩比正比于 $|\omega_f/\omega|$——参量压缩, 而缓慢的、绝热的变化则不会 (Graham, 1987; Agarwal, Kumar, 1991; Janszky, Adam, 1992; Kiss et al., 1994). 振子频率快速和缓慢地反复变化, 可以产生很高的压缩比, 哪怕频率变化并不大 (Abdalla, Colegrave, 1993; Averbukh et al., 1994). 当我们有这种可以进行相干调节的电路时, 比如与一个约瑟夫森电感耦合的超导谐振腔, 这种可能性就变得很有意思了.

这里我们考虑一个一般的情况, 一个频率随时间变化的线性振子, 其频率为 $\omega(t)$. 同时, 我们记频率 $\omega(t=0)$ 时振子 Fock 态对应的产生/湮灭算符分别为 $a_0, a_0^\dagger$, 而对应频率为 $\omega(t)$ 的分别为 $a_\omega, a_\omega^\dagger$, 稍微有点不一致. 为了保持哈密顿量为标准形式

$$H(t) = \hbar\omega(t)\left(a_\omega^\dagger a_\omega + \frac{1}{2}\right) \tag{4.153}$$

以及 $a_\omega, a_\omega^\dagger$ 的对易关系, 我们可以得到

$$a_\omega = \frac{(\omega(t)+\omega(0))a_0 - (\omega(t)-\omega(0))a_0^\dagger}{2\sqrt{\omega(t)\omega(0)}} \tag{4.154}$$

以及厄米共轭 $a_\omega^\dagger$ 的表达式. 这是熟悉的 Bogoliubov 变换的一个例子, 就像式 (4.130). 也可以显式地写成一个幺正变换 (Graham, 1987):

$$a_0 = V^\dagger(t)a_\omega V(t); \quad a_0^\dagger = V^\dagger(t)a_\omega^\dagger V(t) \tag{4.155}$$

这里

$$V(t) = e^{-\frac{1}{4}\left(\ln\frac{\omega(0)}{\omega(t)}\right)\left(a_\omega^2 - (a_\omega^\dagger)^2\right)}; \quad V^\dagger(t) = e^{\frac{1}{4}\left(\ln\frac{\omega(0)}{\omega(t)}\right)\left(a_\omega^2 - (a_\omega^\dagger)^2\right)} \tag{4.156}$$

从这里可以直接看出来, 改变频率能产生压缩态, 因为变换算符 $V(t)$ 看起来与压缩算符 S(式 (4.125)) 太像了.

在一个不断变化的基下操作实在不是一件令人愉快的事, 为此我们将所有的东西都转换到 $t=0$ 时的初始 Fock 空间中去——通过变换 $V^{-1}(t) = V^\dagger(t)$. 处理哈密顿量时我们得小心, 因为这个变换是含时的 (比较式 (1.102)):

$$\begin{aligned} H(t) \rightarrow \widetilde{H}(t) &= V(t)H(t)V^\dagger(t) - i\hbar V(t)\frac{\partial}{\partial t}V^\dagger(t) \\ &= \hbar\omega(t)\left(a_0^\dagger a_0 + \frac{1}{2}\right) + i\hbar\frac{\dot{\omega}(t)}{\omega(t)}\left(a_0^2 - (a_0^\dagger)^2\right) \end{aligned} \tag{4.157}$$

现在我们可以写出 Wigner 函数的主方程了, 这里 α, α^* 总是表示相同 Fock 空间 ($t = 0$ 时刻) 的相干态. 我们得到 (Zagoskin et al., 2008)

$$\frac{\partial}{\partial t}W(\alpha, \alpha^*) = 2\omega(t)\mathrm{Im}\left(\alpha^* \frac{\partial}{\partial \alpha^*}\right)W(\alpha, \alpha^*) + \frac{\partial \ln \omega(t)}{\partial t}\mathrm{Re}\left(\alpha\frac{\partial}{\partial \alpha^*}\right)W(\alpha, \alpha^*) \quad (4.158)$$

或者

$$\frac{\partial}{\partial t}W(x, y) = \omega(t)\left(x\frac{\partial}{\partial y} - y\frac{\partial}{\partial x}\right)W(x, y) + \frac{1}{2}\frac{\partial \ln \omega(t)}{\partial t}\left(x\frac{\partial}{\partial x} - y\frac{\partial}{\partial y}\right)W(x, y) \quad (4.159)$$

如果时间远小于退相干时间, 我们可以忽略非幺正的 Lindblad 项, 这样我们可以找出两种极限情况下的简单解来: 频率快变和慢变. 式 (4.159) 是一个一阶线性方程, 可以用特征方法来求解 (Courant, Hilbert, 1989, 2.1 节): 假设 $W(x, y, t) \equiv W(x(t), y(t))$, 我们从式 (4.159) 得到以下特征方程:

$$\frac{\mathrm{d}x}{\mathrm{d}t} = \frac{\dot{\omega}}{2\omega}x - \omega y; \quad \frac{\mathrm{d}y}{\mathrm{d}t} = \omega x - \frac{\dot{\omega}}{2\omega}y \quad (4.160)$$

解这组方程, 我们就得到了特征曲线, 或者说轨迹 $x(t), y(t)$, 它们由初始条件 $x(0), y(0)$ 决定. 等效地, 在任意给定时间 t, 对于任意 x, y, 我们都可以沿着穿过这一点的特征曲线找到起始点 x_0, y_0. 因此 Wigner 函数 $W(t)$ 可以由 $W(x_0(x, y, t), y_0(x, y, t))$ 来表示: 它的时间演化相当于其初始分布沿着特征曲线 "拉长" 了 (图 4.15). 这是一个幺正过程: 系统占据的总的相体积显然不会在演化过程中变化. 当然, 一旦引入了非幺正过程, 这一图像就被打破了, 正如前面老早就提过的.

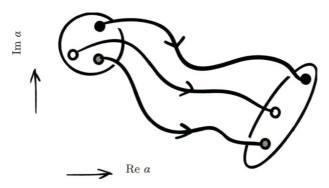

图4.15　没有退相干的情况下Wigner函数的幺正演化 $W(\alpha, \alpha^*)$ 的初始值沿着特征曲线拉伸.

在慢变极限下, 对振子频率的求导项就可以忽略了, 于是

$$\frac{\mathrm{d}x}{\mathrm{d}t} \approx -\omega(t)y; \quad \frac{\mathrm{d}y}{\mathrm{d}t} \approx -\omega(t)x \quad (4.161)$$

很明显这组方程描述了旋转特征, 所以在振子频率绝热变化的情况下, Wigner 函数将简单地以频率 $\omega(t)$ 做整体旋转.

在快变极限下, 相反地, 振子频率的导数项将占主导, 于是式 (4.160) 可以分离变量:

$$\frac{\mathrm{d}x}{\mathrm{d}t} \approx \frac{\dot{\omega}}{2\omega}x; \quad \frac{\mathrm{d}y}{\mathrm{d}t} \approx -\frac{\dot{\omega}}{2\omega}y \tag{4.162}$$

它的解是 $x(t) = x(0)[\omega(t)/\omega(0)]^{-1/2}, y(t) = y(0)[\omega(t)/\omega(0)]^{-1/2}$, 并且可以直接检验. 如果起始态为一个相干态, 我们确实最终能得到一个压缩态 (或者也可以解压缩一个压缩态, 如果非要那么做的话).

第 5 章

噪声与退相干

我怎么了？一点声音都让我心惊肉跳.

——莎士比亚 (William Shakespeare),《麦克白》, 第 II 幕, 场景 ii

5.1 量子噪声

5.1.1 自相关函数和谱密度

任何可观测量通常都伴随着涨落 (与外部世界不可控的相互作用, 以及在量子情况下海森伯不确定性原理表述的量子内在的随机性所引起的). 这些涨落与系统的量子相干性消失有密切的关系, 因此是我们关心的一个首要主题: 是什么影响了我们所关注的系统的退相干时间以及该如何延长, 哪怕最终的结果已提前预知.

描述涨落的标准而便利的方式是通过所关注量的自相关函数给出的, 我们在 1.2 节中实际上已经用过了 (式 (1.2.7)),[1] 一般地,

$$K_A(t+\tau,t) = \langle A(t+\tau)A(t)\rangle \equiv \mathrm{tr}\left[A(t+\tau)A(t)\rho(t)\right] \tag{5.1}$$

对于稳态涨落——我们将只讨论这种情况 (也具有足够的普遍性)——其自相关函数只依赖于时间差:

$$K_A(t+\tau,t) \equiv K_A(\tau) \tag{5.2}$$

这并不意味着密度矩阵本身必须是时间无关的 (尽管通常确是如此). 如果 $A(t)$ 的平均值为零 (或者将 $A(t)$ 减去其平均值, 并采用自协变量替代自相关量), 则 $K_A(t+\tau,t)$ 在 $|\tau| \gg \tau_c$ 后通常变得可忽略, 这里 τ_c 被称为相关时间.

由于可观测量是一个算符, $[A(t+\tau),A(t)] \neq 0$, 并且 $A(t+\tau)A(t)$ 可以写成一个厄米算符和一个反厄米算符之和:

$$A(t+\tau)A(t) = \frac{1}{2}\{A(t+\tau),A(t)\} + \mathrm{i}\frac{1}{2\mathrm{i}}[A(t+\tau),A(t)] \tag{5.3}$$

因此, 自相关函数 $K_A(t+\tau,t)$ 是一个复数, 可通过对称和反对称相关因子来表示:

$$\begin{aligned}
K_A(t+\tau,t) &= \mathrm{Re}\,K_A + \mathrm{i}\mathrm{Im}\,K_A \equiv K_{A,s}(t+\tau,t) + K_{A,a}(t+\tau,t); \\
K_{A,s(a)}(t+\tau,t) &= \frac{\langle A(t+\tau)A(t) \pm A(t)A(t+\tau)\rangle}{2}
\end{aligned} \tag{5.4}$$

在经典极限下, 自相关因子只剩下对称的部分, 对应于一个可直接测量的量——经典的涨落谱密度. 考虑一个经典电路的例子, 其中电流或电压 (我们选其中之一作为可观测量 $A(t)$) 被连续监测. 在稳态情况下, 瞬态值将围绕某一平均值 $\langle A\rangle$ 而涨落, 我们先假设这个平均值为零以简化问题. 在记录 T 时长的 $A(t)$ 数据之后, 我们就可以计算其傅里叶变换:

$$\widetilde{A}_T(\omega;t_0) = \int_{t_0}^{t_0+T} \mathrm{d}t\,\mathrm{e}^{\mathrm{i}\omega t}A(t) \equiv \int_{-\infty}^{+\infty} \mathrm{d}t\,\mathrm{e}^{\mathrm{i}\omega t}A_T(t;t_0) \tag{5.5}$$

这里 $A_T(t;t_0) = A(t)\theta(t-t_0)\theta(t_0+T-t)$ 是一个 "加窗" 的变量. 根据傅里叶分析的 Parseval 理论, 对任意两个绝对可积函数[2]:

$$\int_{-\infty}^{+\infty} \mathrm{d}t\,f(t)g^*(t) = \int_{-\infty}^{+\infty} \frac{\mathrm{d}\omega}{2\pi}\tilde{f}(\omega)\tilde{g}^*(\omega) \tag{5.6}$$

---

[1] 作为我们讨论噪声的基础, 随机过程和随机场的数学理论在很多教科书中都有严格、详细且多角度的讨论和描述 (Buckingham, 1983; Rytov et al., 1987, 1988, 1989; Gardiner, 2003; Gardiner, Zoller, 2004 等).

[2] 如果一个函数在一个 (无限或有限的) 区间内的绝对值积分是有限的, 就称该函数绝对可积.

令上式中 $f(t) = g(t) = A_T(t; t_0)$, 我们得到

$$\int_{-\infty}^{+\infty} \mathrm{d}t\, A_T^2(t; t_0) = \int_{-\infty}^{+\infty} \frac{\mathrm{d}\omega}{2\pi} \left| \widetilde{A}_T(\omega; t_0) \right|^2 \tag{5.7}$$

我们所采用的加窗变量 (也就是有限观测时间) 确保了式 (5.6) 所要求的绝对可积性. 左边的表达式决定了观测时间 T 内涨落的总能量. (比方说, 如果在电路中包含一个电阻 R, 那么该电阻上瞬时的耗散功率为 $I^2(t)R$ 或者 $V^2(t)/R$.) 于是, 平均的功率可以由下式表征:

$$\frac{1}{T}\left\langle \int_{-\infty}^{+\infty} \mathrm{d}t\, A_T^2(t; t_0) \right\rangle = \int_{-\infty}^{+\infty} \frac{\mathrm{d}\omega}{2\pi} \frac{\left\langle \left| \widetilde{A}_T(\omega; t_0) \right|^2 \right\rangle}{T} \tag{5.8}$$

当观测时间 $T \to \infty$ 时, 由于稳态假定, 上式将不再依赖于 t_0. 于是, 我们得到涨落的谱密度为

$$S_A(\omega) = \lim_{T \to \infty} \frac{\left\langle \left| \widetilde{A}_T(\omega; t_0) \right|^2 \right\rangle}{T} \tag{5.9}$$

这是一个直接可测量: 将一台经典的频谱仪 (也就是一个带通滤波器加一个经典的平方探测器) 连接到电路上, 我们就能测量信号的功率, 它正比于 $S_A(\omega_0)\Delta\omega$, 这里 ω_0 为滤波器的中心频率, 而 $\Delta\omega$ 为滤波器的带宽. 为了与我们的符号保持一致, 需要同时考虑正、负两个边带, 中心频率分别为 $\pm|\omega_0|$.

另一方面, 式 (5.6) 中令 $f(t) = A_T(t+\tau; t_0)$, $g(t) = A_T(t; t_0)$, 我们看到

$$\lim_{T \to \infty} \frac{1}{T} \int_{-\infty}^{\infty} \mathrm{d}t\, \langle A_T(t+\tau; t_0) A_T(t; t_0) \rangle = \int_{-\infty}^{\infty} \frac{\mathrm{d}\omega}{2\pi} \mathrm{e}^{-\mathrm{i}\omega\tau} \lim_{T \to \infty} \frac{\left\langle | \widetilde{A}_T(\omega; t_0) |^2 \right\rangle}{T} \tag{5.10}$$

也就是维纳–欣钦 (Wiener-Khinchin) 定理

$$K_A(\tau) = \int_{-\infty}^{\infty} \frac{\mathrm{d}\omega}{2\pi} \mathrm{e}^{-\mathrm{i}\omega\tau} S_A(\omega) \tag{5.11}$$

它将自相关函数与涨落的谱密度联系了起来. [1] 注意到经典的自相关是实的, 因此谱密度是频率的偶函数, 这使得我们可以只考虑频率为正的部分 (在电子工程中经常就是这么做的[2]).

---

[1] 见 Buckingham(1983), 2.5 节; Gardiner(2003), 1.4.2 小节. 严格的数学处理可以参见 Richtmyer(1978), 4.6 节.

[2] 对于谱密度的 "电子工程学" 定义, 采用线性频率 $f = \omega/(2\pi)$, 我们将得到

$$K_A(\tau) = \int_0^{\infty} \mathrm{d}f\, S_A^{\mathrm{EE}}(f) \cos 2\pi f\tau; \quad S_A^{\mathrm{EE}}(f) = 4 \int_0^{\infty} \mathrm{d}\tau\, K_A(\tau) \cos 2\pi f\tau$$

如果我们将式 (5.11) 重写一下[①]：

$$K_A(\tau) = \langle A(\tau)A(0)\rangle = \left\langle \int_{-\infty}^{\infty}\frac{\mathrm{d}\omega}{2\pi}\widetilde{A}(\omega)\mathrm{e}^{-\mathrm{i}\omega\tau}\int_{-\infty}^{\infty}\frac{\mathrm{d}\omega'}{2\pi}\widetilde{A}^*(\omega')\right\rangle$$

$$= \int_{-\infty}^{\infty}\frac{\mathrm{d}\omega}{2\pi}\int_{-\infty}^{\infty}\frac{\mathrm{d}\omega'}{2\pi}\left\langle\widetilde{A}(\omega)\widetilde{A}^*(\omega')\right\rangle\mathrm{e}^{-\mathrm{i}\omega\tau}$$

并与式 (5.11) 对比, 我们得到了谱密度的另外一种表达形式, 有些时候它比式 (5.9) 更为方便:

$$2\pi\delta(\omega - \omega')S_A(\omega) = \left\langle\widetilde{A}(\omega)\widetilde{A}^*(\omega')\right\rangle \tag{5.12}$$

方程的右侧应该理解为 $\lim\limits_{T\to\infty}\left\langle\widetilde{A}_T(\omega)\widetilde{A}_T^*(\omega')\right\rangle$. 白噪声的谱密度 $S_A(\omega)$ 为常数, 相应的 $K_A(\tau) \approx \delta(\tau)$. 这是对具有短相关时间的稳定随机过程的一种方便的数学抽象. 对于白噪声, 涨落的均方 $\overline{A^2} = K(0) = \int_{-\infty}^{\infty}\frac{\mathrm{d}\omega}{2\pi}S(\omega)$ 将发散. 真实的物理过程总是有某个最小的相关时间 (换句话说, 有限的截止频率) 的, 注意这一点之后, 白噪声是一个非常有用的模型.

在量子的情况下, 涨落的谱密度可以通过直接反转方程式 (5.11) 来引入:

$$S_A(\omega) = A_{A,s}(\omega) + S_{A,a}(\omega) = \int_{-\infty}^{\infty}\mathrm{d}\tau\mathrm{e}^{\mathrm{i}\omega\tau}K_A(\tau); \tag{5.13}$$

$$S_{A,s(a)}(\omega) = \int_{-\infty}^{\infty}\mathrm{d}\tau\mathrm{e}^{\mathrm{i}\omega\tau}K_{A,s(a)}(\tau) \tag{5.14}$$

我们已经看到量子谱密度中对称的部分 $S_{A,s}(\omega) = S_{A,s}(-\omega)$ 出现在了涨落-耗散理论式 (1.46) 中, 这个原理将系统对外部微扰的响应与平衡态涨落密度关联了起来. 在经典极限下, 相关因子 K_A 显然会趋于经典的相关因子, 因此 S_A 也就趋于经典的谱密度式 (5.9), 并且 $S_{A,a}/S_{A,s} \to 0$.

从定义式 (5.13) 可以很容易地得到比如一个谐振频率为 ω_0 的 LC 电路的平衡态谱密度. 首先, 将可观测量通过产生/湮灭算符进行展开. 举例来说, 如果 A 是电路的磁通 (或者电流), 则 $A \propto (a + a^\dagger) \propto \hat{X}$, 正交算符 (式 (4.4), 式 (4.96)); 如果 A 是电压 (或者电荷), 则 $A \propto (a - a^\dagger)/\mathrm{i} \propto \hat{Y}$. 简单起见, 设 $A = \hat{X} = (a + a^\dagger)/2$. 跟往常一样, 当讨论平衡态问题的时候, 如果不涉及具体细节, 我们通常假设系统与一个恒定温度 T 的热库有一个弱耦合. 对于一个 LC 电路, 这个热库可以是环境的黑体辐射.

对于无扰动的振子 $a(t) = a\exp[-\mathrm{i}\omega_0 t]$, $a^\dagger(t) = a^\dagger\exp[\mathrm{i}\omega_0 t]$, 在温度为 T 的平衡态下, 平均值 $\langle a^\dagger a\rangle$ 是玻色分布, $n_B(\hbar\omega_0/(k_B T)) = (\exp(\hbar\omega_0/(k_B T)) - 1)^{-1}$. 因此, 我们直接得到相关函数为

$$K_X(\tau) = \left\langle\hat{X}(\tau)\hat{X}(0)\right\rangle = [2n_B(\hbar\omega_0/(k_B T)) + 1]\cos\omega_0\tau - \mathrm{i}\sin\omega_0\tau$$

[①] 严格来讲, 我们需要先将 $A(t)$ 替换为加窗的 $A_T(t)$, 以使得积分式收敛, 然后再取极限 $T \to \infty$.

$$\equiv K_{X,s}(\tau) + K_{X,a}(\tau) \tag{5.15}$$

做傅里叶变换, 我们得到

$$S_{X,s}(\omega) = [2n_B(\hbar\omega_0/(k_BT)) + 1]\pi(\delta(\omega - \omega_0) + \delta(\omega + \omega_0)); \tag{5.16}$$

$$S_{X,a}(\omega) = \pi(\delta(\omega - \omega_0) - \delta(\omega + \omega_0)) \tag{5.17}$$

对比总的谱密度中的正、负频率部分,

$$S_X(|\omega|) = 2\pi[n_B(\hbar\omega_0/(k_BT)) + 1]\delta(\omega - \omega_0);$$

$$S_X(-|\omega|) = 2\pi n_B(\hbar\omega_0/(k_BT))\delta(-|\omega| + \omega_0) \tag{5.18}$$

前一个式子描述的是系统向热库释放光子, 而后一个式子则描述的是吸收过程. 因此, 量子谱密度的反对称项和量子发射和吸收系数的反对称是同源的: 存在自发辐射, 由括号中的单位 1 表示, 最早反映在爱因斯坦的 A 和 B 系数中 (Saleh, Teich, 2007, 13.3 节). 在高温下, $k_BT \gg \hbar\omega_0$, 相比于 $n_B \gg 1$, 单位 1 可以忽略, 反对称项就可以略掉了, 然后我们回到了经典的情况——频率对称的谱密度. 在零温下 $n_B = 0$, 谱密度 $S_X(\omega)$ 的反对称部分意味着能量不能从真空电磁场中吸收光子, 但可以向其中发射.

从式 (5.17) 中我们看到

$$S_{X,s}(\omega) = [2n_B(\hbar|\omega|/k_BT) + 1]\sin\omega S_{X,a}(\omega) = \coth\frac{\hbar\omega}{2k_BT}S_{X,a}(\omega) \tag{5.19}$$

这是一般关系式 (1.44) 的一个特殊情况, 我们在证明涨落–耗散定理式 (1.46) 的时候推导过, 在平衡态下是有效的. 回顾那里, 我们知道谱密度 (以及自相关因子) 的反对称部分是与系统对外部扰动 (比如阻尼) 的线性响应的虚部相关的.

在电子工程学中, 普遍采用式 (5.16) 或者其经典对应, 以近似描述给定频率下涨落的谱密度, 哪怕是明显的非平衡情况:

$$S_{X,s}(\omega)\Delta\omega = \pi\left[2n_B\left(\frac{\hbar\omega}{k_BT^*}\right) + 1\right] = \pi\coth\frac{\hbar\omega}{2k_BT^*} \tag{5.20}$$

这里的"温度"

$$T^*(\omega) = \frac{\hbar\omega}{2k_B\operatorname{arccot}(S_{X,s}(\omega)\Delta\omega/\pi)} \tag{5.21}$$

被称为噪声温度, 它只是一个参数, 表征给定频率带的噪声情况. 在经典极限下, $S_{X,s}(\omega)\Delta\omega/\pi \gg 1$, 上式简化为

$$T^*(\omega) \sim \frac{\hbar\omega}{2k_B}\frac{S_{X,s}(\omega)\Delta\omega}{\pi} \gg \frac{\hbar\omega}{k_B} \tag{5.22}$$

如果我们想描述噪声谱正、负频率的不对称性, 我们可以引入另一种等效温度. 从式 (5.18) 我们发现 $S_X(|\omega|)/S_X(-|\omega|) = \exp[\hbar|\omega|/(k_BT)]$, 因此, 可以引入 (Clerk et al., 2010)

$$T^{**}(\omega) = \frac{\hbar\omega}{k_B \ln[S_X(\omega)/S_X(-\omega)]} \tag{5.23}$$

当 $S_X(\omega) \approx S_X(-\omega)$ (也就是 $S_{X,s}(\omega) \gg S_{X,a}(\omega)$) 时, 上式简化为

$$T^{**}(\omega) \approx \frac{\hbar\omega}{2k_B} \frac{S_{X,s}(\omega)}{S_{X,a}(\omega)} \tag{5.24}$$

5.1.2 量子涨落谱密度的物理意义

我们已经看到经典的谱密度是可以直接测量的, 至少在理想情况下如此. 在量子情况下, 事实也是如此. 当然, 前提是我们必须采用某种量子谱仪, 也就是一个能够与噪声源耦合的量子系统, 该系统的能量本征态占有概率依赖于噪声, 但噪声对本征态本身的影响是可忽略的 (Schwinger, 1961; Dykman, 1978; Aguado, Kouwenhoven, 2000; Gavish et al., 2000; Schoelkopf et al., 2003). 这样谱密度的正 (负) 频率分量就反映在系统的稳定弛豫 (激发) 率中了, 而理论上这是我们可以测量的. 在这里, 我们将沿着 Schoelkopf et al.(2003) 和 Clerk et al.(2010) 的思路来讨论.

一个量子谱仪的哈密顿量可以写为

$$H(t) = H_0 - \hat{f}(t)\hat{B} \tag{5.25}$$

这里 H_0 是无扰情况下的谱仪哈密顿量, 第二项则表示其 (量子比特) 与噪声系统的耦合. 不像在式 (1.36) 中那样, 这里的广义力 $\hat{f}$ 是一个算符, 表示噪声系统中的涨落, 它将影响量子比特. 我们不关心 $\hat{f}(t)$ 超出相关函数和谱密度之外的动力学问题, 并假定这些不会受到与谱仪相互作用的影响. 因此, 我们没必要在式 (5.25) 中包含相应的项. 同时假设我们的谱仪有着分立的能谱, $\{|m\rangle\}, m = 0, 1, \cdots$.

在相对于无扰谱仪哈密顿量 H_0 的相互作用表象中, 一阶近似下谱仪的波函数为

$$|\psi(t)\rangle = |\psi(0)\rangle + \frac{\mathrm{i}}{\hbar} \int_0^t \mathrm{d}\tau \hat{f}(\tau)\hat{B}(\tau)|\psi(0)\rangle \tag{5.26}$$

现在算符 $\hat{B}$ 变成了含时的, $\hat{B}(\tau) = \mathrm{e}^{\mathrm{i}H_0\tau/\hbar}\hat{B}\mathrm{e}^{-\mathrm{i}H_0\tau/\hbar}$. 于是在时间 t 谱仪处于本征态 $|m\rangle$ 的概率为

$$\langle m|\psi(t)\rangle = \langle m|\psi(0)\rangle + \frac{\mathrm{i}}{\hbar} \int_0^t \mathrm{d}\tau \langle m|\hat{f}(\tau)\hat{B}(\tau)|\psi(0)\rangle \tag{5.27}$$

假设 $|\psi(0)\rangle = |n\rangle, n \neq m$, 我们得到跃迁概率为

$$
\begin{aligned}
P_{n\to m}(t) &= \left\langle \left. |\langle m|\psi(t)\rangle|^2 \right|_{|\psi(0)\rangle=|n\rangle} \right\rangle_{\text{noise}} \\
&= \frac{1}{\hbar^2} \int_0^t \int_0^t \mathrm{d}\tau'\mathrm{d}\tau \langle n|\hat{B}(\tau')|m\rangle \langle m|\hat{B}(\tau)|n\rangle \left\langle \hat{f}(\tau')\hat{f}(\tau) \right\rangle \\
&= \frac{1}{\hbar^2} \int_0^t \int_0^t \mathrm{d}\tau\mathrm{d}\tau' \mathrm{e}^{-\mathrm{i}(E_m-E_n)(\tau'-\tau)/\hbar} \left| \langle m|\hat{B}|n\rangle \right|^2 K_f(\tau'-\tau)
\end{aligned}
\tag{5.28}
$$

我们一开始已经假设了涨落 $\hat{f}(t)$ 的稳定性, 式 (5.2)[①], 现在将积分变量变成 $\bar{\tau} = (\tau'+\tau)/2, \xi = \tau'-\tau$, 我们得到

$$
\begin{aligned}
P_{n\to m}(t) = \frac{1}{\hbar^2} \left| \langle m|\hat{B}|n\rangle \right|^2 \Bigg[&\int_0^{t/2} \mathrm{d}\hat{\tau} \int_{-2\hat{\tau}}^{2\hat{\tau}} \mathrm{d}\xi \, \mathrm{e}^{-\mathrm{i}(E_m-E_n)\xi/\hbar} K_f(\xi) \\
&+ \int_{t/2}^t \mathrm{d}\hat{\tau} \int_{-2(t-\hat{\tau})}^{2(t-\hat{\tau})} \mathrm{d}\xi \, \mathrm{e}^{-\mathrm{i}(E_m-E_n)\xi/\hbar} K_f(\xi) \Bigg]
\end{aligned}
\tag{5.29}
$$

如果时间 t 远长于噪声的相关时间, 但对于式 (5.26) 的微扰项而言又足够短, 不至于使微扰失效, 那么我们就可以把对 ξ 积分的上、下限延伸到 $\pm\infty$. 接下来回顾式 (5.13) 中的定义, 我们最终就得到了谱仪跃迁弛豫率的表达式:

$$
\Gamma_{n\to m} \equiv \frac{\mathrm{d}}{\mathrm{d}x} P_{n\to m}(t) = \frac{1}{\hbar^2} \left| \langle m|\hat{B}|n\rangle \right|^2 S_f\left(-\frac{E_m-E_n}{\hbar} \right)
\tag{5.30}
$$

现在, 很明显谱密度正、负频率值的量子非对称性表现在谱仪两个能级之间激发和弛豫率的不对称上了: 如果 $m > n, E_m - E_n = \hbar\Omega > 0$, 则

$$
\begin{aligned}
\Gamma_\uparrow &= \Gamma_{n\to m} = \frac{1}{\hbar^2} \left| \langle m|\hat{B}|n\rangle \right|^2 S_f(-\Omega); \\
\Gamma_\downarrow &= \Gamma_{m\to n} = \frac{1}{\hbar^2} \left| \langle m|\hat{B}|n\rangle \right|^2 S_f(\Omega)
\end{aligned}
\tag{5.31}
$$

这与我们之前从式 (5.18) 得到的结论非常符合, 比率

$$
\frac{\Gamma_\uparrow}{\Gamma_\downarrow} = \frac{S_f(-\Omega)}{S_f(\Omega)} \equiv \mathrm{e}^{-\frac{\hbar\Omega}{k_B T^{**}}}
\tag{5.32}
$$

不依赖于谱仪, 只反映噪声谱的量子非对称性.

我们把式 (5.30) 用于两个特别相关的案例, 此时量子谱仪由一个二能级系统 (也就是一个量子比特) 或一个线性谐振子 (即 LC 电路) 来扮演. 一个能级差为 $\hbar\Omega$ 的量子

---

① 在式 (5.28) 中我们已经写为 $\langle n|\hat{B}(\tau')|m\rangle \langle m|\hat{B}(\tau)|n\rangle$, 而不是 $\langle m|\hat{B}(\tau)|n\rangle \langle n|\hat{B}(\tau')|m\rangle$(同时会调换 $\hat{f}(\tau)$ 和 $\hat{f}(\tau')$), 因为系统的初态为 $|n\rangle$, 由算符序列 $(\hat{f}(\tau')\hat{B}(\tau'))^\dagger \hat{f}(\tau)\hat{B}(\tau)$ 所表示的演化必须从它开始, 到它结束. 要想得到一个更为清晰的回答, 我们将陷入冗长的非平衡 (Keldysh) 格林函数中 (Zagoskin, 1998, 3.4 节).

比特谱仪可以通过如下算符与噪声耦合：

$$\hat{B} = g\sigma_x \tag{5.33}$$

这里 g 是一个合适的耦合强度, 取决于量子比特和噪声算符 $\hat{f}(t)$ 的特性. 于是, 矩阵元 $\langle 0|\hat{B}|1\rangle = \langle 1|\hat{B}|0\rangle = g$, 并且

$$\Gamma_\uparrow = \Gamma_{0\to1} = \frac{g^2}{\hbar^2}S_f(-\Omega); \quad \Gamma_\downarrow = \Gamma_{1\to0} = \frac{g^2}{\hbar^2}S_f(\Omega) \tag{5.34}$$

对于一个共振频率为 ω_0 的谐振子谱仪, 我们可以有

$$\hat{B} = g(a+a^\dagger) \tag{5.35}$$

在我们的惯例中, 式 (4.4) 和式 (4.96) 往往对应于噪声算符与 LC 电路中的磁通或电流的耦合; 也就是如果 $\hat{f}(t)$ 正比于电流或磁通的涨落, 式 (5.35) 就是合适的. 如果是电荷涨落, 我们就需要用 $(a-a^\dagger)/\mathrm{i}$ 来替代[①]. 此时不为零的矩阵元只有

$$\langle n|\hat{B}|n+1\rangle = \langle n+1|\hat{B}|n\rangle = g\sqrt{n+1}, \quad n = 0,1,\cdots \tag{5.36}$$

因此, 与式 (5.34) 类似,

$$\Gamma_{n,\uparrow} = \Gamma_{n\to n+1} = \frac{g^2}{\hbar^2}(n+1)S_f(-\omega_0); \quad \Gamma_{n,\downarrow} = \Gamma_{n+1\to n} = \frac{g^2}{\hbar^2}(n+1)S_f(\omega_0) \tag{5.37}$$

更多关于量子谱仪及其物理实现的讨论可以在文献 (Schoelkopf et al., 2003; Clerk et al., 2010, 第 2 章和附录 B) 中找到. 在这里, 我们看到不管是谱密度的正频率还是负频率部分, 都与量子谱仪辐射 (吸收) 量子有关, 并且理论上是可以直接测量的. 对我们来说, 这就够了.

*5.1.3 量子回归定理

如果系统是封闭的, 也就是其演化是幺正的, 那么直接计算它的量子自相关因子式 (5.1) 是很直观的. 我们可以采用海森伯表示, 此时密度矩阵是不含时的, 但算符含时:

$$A(t) = U^\dagger(t)AU(t) = \mathrm{e}^{\mathrm{i}Ht/\hbar}A\mathrm{e}^{-\mathrm{i}Ht/\hbar} \tag{5.38}$$

(如果总的哈密顿量不显式地含时). 但是, 我们最感兴趣的是开放系统的演化, 此时系统会与不可控的外部环境 (浴、库) 相互作用, 这些需要通过求迹来去掉. 因此, 系统自身

[①] 当然, 所有这些只是一个习惯问题.

的密度矩阵 $\rho_S(t)$ 将随时间做非幺正演化 (1.3 节). 为了从式 (5.1) 得到包含 $\rho_S = \mathrm{tr}_E[\rho]$ 而不是系统和环境总的密度矩阵 ρ 的表达式, 我们将其写为 (Gardiner, Zoller, 2004, 5.2 节)

$$K_A(\tau) = \mathrm{tr}\left[U^\dagger(t+\tau)AU(t+\tau)U^\dagger(t)A\left(U(t)\rho U^\dagger(t)\right)U(t)\right]$$
$$= \mathrm{tr}\left[AU(\tau)A\rho(t)U^\dagger(\tau)\right] = \mathrm{tr}_S\left[A\,\mathrm{tr}_E\left(U(\tau)A\rho(t)U^\dagger(\tau)\right)\right] \tag{5.39}$$

最后一步是合理的, 因为算符 A 只作用在系统的希尔伯特空间, 不作用在环境上. 现在, 对于量 $\mathcal{A}(\tau,t) \equiv \left(U(\tau)A\rho(t)U^\dagger(\tau)\right)$, 我们可以写出运动方程:

$$i\hbar\frac{\partial}{\partial\tau}\mathcal{A}(\tau,t) = [H,\mathcal{A}(\tau,t)] \tag{5.40}$$

然后采用马尔可夫近似 (与我们推导式 (1.53) 时一样), 将其约化到 $\mathrm{tr}_E[\mathcal{A}(\tau,t)]$ 的主方程, 其中环境相关的自由度都被求迹去掉了. 在系统希尔伯特空间中算符 O 从时刻 t_i 到 t_f 的非幺正演化用算符 $\mathcal{S}(t_f,t_i)[O]$ 来描述 (式 (1.75)), 它给出了主方程的解. 因此, 最终

$$K_A(\tau) = \mathrm{tr}_S(A\mathcal{S}(t+\tau,t)[A\rho_S(t)]) \tag{5.41}$$

需要注意, 这里的演化算符作用在 $A\rho_S(t)$ 的整体上. 如果我们想要多点相关因子 $\langle A(t_1)B(t_2)\cdots C(t_n)\rangle$, 则发现

$$\langle A(t_1)B(t_2)\cdots C(t_{n-1}D(t_n))\rangle$$
$$= \mathrm{tr}_S(A\mathcal{S}(t_1,t_2)[B\mathcal{S}(t_2,t_3)[\cdots C\mathcal{S}(t_{n-1},t_n)[D\rho_S(t_n)]\cdots]]) \tag{5.42}$$

这里的演化算符 $\mathcal{S}$ 依赖于环境的细节, 计算起来可能相当复杂. 一个很受欢迎的简化方式由量子回归定理 (Lax, 1963, 1968; Gardiner, Zoller, 2004, 5.2.3 小节) 提供. 这个定理使得我们可以从已知的 (比如唯象的) 求可观测量期望值的方程中找到相关因子. 假设一组可观测量 $A_1, A_2, \cdots$ 的期望值满足以下线性方程组:

$$\frac{\mathrm{d}}{\mathrm{d}t}\langle A_i(t)\rangle = \sum_j G_{ij}(t)\langle A_j(t)\rangle \tag{5.43}$$

因为

$$\langle A_i(t)\rangle = \mathrm{tr}_S(A_i\rho_S(t)) = \mathrm{tr}_S(A_i\mathcal{S}(t,t_0)[\rho_S(t_0)]) \tag{5.44}$$

所以

$$\frac{\mathrm{d}}{\mathrm{d}t}\langle A_i(t)\rangle = \mathrm{tr}_S\left(A_i\frac{\partial}{\partial t}\mathcal{S}(t,t_0)[\rho_S(t_0)]\right), \quad t_0 < t \tag{5.45}$$

求迹是一个线性操作, 并且

$$\frac{\partial}{\partial t}A_i\mathcal{S}(t,t_0)[\rho_S(t_0)] = \sum_j G_{ij}(t)A_j\mathcal{S}(t,t_0)[\rho_S(t_0)] \tag{5.46}$$

因此, 对于相关因子

$$K_{ij}(t+\tau,t) = \langle A_i(t+\tau)A_j(t)\rangle \equiv \mathrm{tr}_S(A_i\mathcal{S}(t+\tau,t)[A_j\rho_S(t)]) \tag{5.47}$$

我们发现

$$\begin{aligned}
\frac{\partial}{\partial\tau}K_{ij}(t+\tau,t) &= \mathrm{tr}_S\left(\frac{\partial}{\partial\tau}A_i\mathcal{S}(t+\tau,t)[A_j\rho_S(t)]\right)\\
&= \mathrm{tr}_S\left(\sum_k G_{ik}(t+\tau)A_k\mathcal{S}(t+\tau,t)[A_j\rho_S(t)]\right)\\
&= \sum_k G_{ik}(t+\tau)K_{kj}(t+\tau,t)
\end{aligned} \tag{5.48}$$

如果各期望值满足的方程组是非线性的但可以线性化, 那么这个定理也是可用的. 需要注意的是, 式 (5.48) 的初值, 也就是一个时间的相关因子 $K_{ij}(t,t)$, 必须通过其他办法来得到 (举例来说, 可以通过平衡涨落的均方值来估计).

作为一个简单的经典演示, 我们考虑一个有漏的电容上的电荷 (或者黏滞液体中粒子的速度): $A(t) = Q(t)$ 或 $A(t) = v(t)$. 此时期望值 $\langle A(t)\rangle$ 满足如下的唯象方程:

$$\frac{\mathrm{d}\langle A(t)\rangle}{\mathrm{d}t} = -\gamma\langle A(t)\rangle \tag{5.49}$$

因此, 根据式 (5.48) 我们得到相关因子:

$$\frac{\mathrm{d}K_A(t)}{\mathrm{d}t} = -\gamma K_A(t); \quad K_A(t) = K_A(0)\mathrm{e}^{-\gamma|t|} \tag{5.50}$$

这里我们考虑了相关因子的瞬时对称性. 涨落的谱密度为

$$S_A(\omega) = K_A(0)\frac{2\gamma}{\omega^2+\gamma^2} \tag{5.51}$$

这是典型的洛伦兹型谱密度, 对应于相关性随时间指数衰减. 系数 $K_A(0)$ 依然是未定的. 对于足够高温度 T 下电容中电荷的平衡涨落, 这个值应该满足均分定理, 因此 $K_A(0) \equiv \overline{\delta Q^2} = 2C \times k_B T/2$. 这种情况下的弛豫率为 $\gamma = 1/(RC)$, 这里的 R 为漏电阻, 我们得到电容上电荷和电压 ($V = Q/C$) 的涨落谱密度分别为

$$S_Q(\omega) = \frac{2k_B T R C^2}{1+(\omega RC)^2}; \quad S_V(\omega) = \frac{2k_B T R}{1+(\omega RC)^2} \tag{5.52}$$

低频极限下 $\omega \ll 1/(RC)$, 上式中的频率依赖可以忽略, 我们得到 $S_Q = 2k_B T R C^2$, $S_V = 2k_B T R$. 下一节我们将更详细地考虑这些式子描述的平衡热噪声. 这里要注意的是, 从唯象方程式 (5.49) 得出的平衡噪声对弛豫率的依赖关系式 (5.51) 和式 (5.52), 实际上是一般的涨落–耗散定理式 (1.46) 的结果.

5.2 固态系统中的噪声源

5.2.1 热噪声

在上一节中我们已经看到, 量子比特的激发和弛豫率正比于噪声谱密度, 因此一个量子比特就可以用作一个量子噪声谱仪. 当然, 这同时也意味着噪声环境中的量子比特最终会失去其量子相干性. 从这个角度看, 了解固态器件中普遍存在的噪声类型是非常重要的, 这样才能设法将噪声影响降到最低, 并延长系统的量子相干演化时间.

固态器件有很多种, 这里不可能涵盖其中的所有细节. 关于这个主题已经有很多的书籍讨论过 (比如, Buckingham, 1983; Van Der Ziel, 1986). 我们将集中在三类最重要、最基本也是最普遍的噪声类型上, 包括热噪声、散粒噪声和 $1/f$ 噪声.

热噪声, 也叫 Johnson 或 Johnson-Nyquist 噪声, 最早由 Johnson(1927, 1928) 在多种电阻器 (金属的、电解质的、 "纸上的印度墨水" (实际上是中国墨水)、碳丝等等) 的电压涨落中发现, 它正比于电阻值和温度. Nyquist(1928) 将这一现象解释为电路中普遍存在平衡态涨落的表现. 他从热力学的角度推导出了它的谱密度表达式, 证明了所谓的 Nyquist 定理. 实际上, 它是涨落–耗散定理式 (1.46) 的一个特殊情况. 因此, 我们可以直接使用式 (1.46)[①] :

$$S_{A,s}(\omega) = \hbar \text{Im } \chi(\omega) \coth(\hbar\omega/(2k_B T)) \tag{5.53}$$

这是一个严格量子关系式, 完全描述了平衡态噪声. 谱密度的非对称部分总是可以利用式 (1.44) 从对称部分 $S_{A,s}(\omega)$ 中恢复出来. 剩下的唯一问题就是如何确定合适的广义极化率 $\chi(\omega)$.

我们已经在前面引入了 $\chi(\omega)$ 作为可观测量 A 在频率 ω 处平均值随该频率的 (非算符) 广义力[②] 的变化率:

$$\chi(\omega) = \overline{\Delta A}(\omega)/f(\omega) \tag{5.54}$$

系统因广义力的作用而引起的平均能量耗散率为 $Q(t) = \langle dH(t)/dt \rangle = -\langle B \rangle \, df(t)/dt$,

---

① Nyquist 的最原始推导见 Buckingham(1983, 附录 2) 的文章.

② 因为我们在考虑可观测量 $A(t)$ 的涨落, 而不是广义力 $f(t)$, 如式 (5.25), 所以我们可以将后者变成一个 c-数函数: $H(t) = H_0 - f(t)B$, 这里 B 是一个含时的算符.

因此 $f(\omega) = Q(\omega)/(\mathrm{i}\omega\langle B\rangle)$，并且

$$\chi(\omega) = \frac{\mathrm{i}\omega\overline{\Delta A(\omega)}\langle B\rangle}{Q(\omega)} \tag{5.55}$$

举个例子，比如考虑一个电路中的平衡态电流涨落. 在一个无穷小的电压 $V(t)$ 下，平均电流 (一个量子算符) 将为 $I(t) \equiv \langle \hat{I}\rangle$，它的傅里叶变换为

$$\overline{\Delta I}(\omega) \equiv I(\omega) = Y(\omega)V(\omega) \tag{5.56}$$

这里 $Y(\omega) = 1/Z(\omega)$ 为电路的导纳 (而 $Z(\omega)$ 为阻抗). 能量耗散率 $Q = IV$，因此广义的极化率为

$$\chi(\omega) = \mathrm{i}\omega Y(\omega) \equiv \mathrm{i}\omega(G(\omega) + \mathrm{i}B(\omega)) \tag{5.57}$$

最后，我们得到平衡态电流噪声为

$$S_{I,s}(\omega) = \hbar\omega G(\omega)\coth(\hbar\omega/(2k_BT)) \tag{5.58}$$

这里 $G(\omega)$ 为电路的电导，在经典极限下，$k_BT \gg \hbar\omega$，上式就约化为 Nyquist 方程

$$S_{I,s}(\omega) = 2k_BTG(\omega) \tag{5.59}$$

(这个公式的 "电子工程" 版表达式为 $S_I^{\mathrm{EE}}(f) = 4k_BTG$，因为只用了正频率).

对于电压涨落，我们需要从平均电压对外电流的响应开始，

$$\overline{\Delta V}(\omega) \equiv V(\omega) = Z(\omega)I(\omega) \tag{5.60}$$

这当然会引入一个不同的极化率

$$\chi(\omega) = \mathrm{i}\omega Z(\omega) \equiv \mathrm{i}\omega(R(\omega) + \mathrm{i}X(\omega)) \tag{5.61}$$

以及噪声谱

$$S_{V,s}(\omega) = \hbar\omega R(\omega)\coth(\hbar\omega/(2k_BT)); \tag{5.62}$$

$$S_{V,s}(\omega) = 2k_BTR(\omega), \quad k_BT \gg \hbar\omega \tag{5.63}$$

当阻抗或者导纳对频率依赖可以忽略，并且 $\hbar\omega \ll k_BT$ 时，热噪声就是白噪声.

上面热噪声的表达式不依赖于导纳或阻抗是如何进入方程里的[①]. 举例来说，2DEG 点接触会看到电流或电压噪声 (依赖于实验设置) 由量子电导 nG_Q 或电阻

[①] 作为参考，$Y = G + \mathrm{i}B$ 为导纳，G 为电导，B 为电纳 (感性或容性的)；$Z = R + \mathrm{i}X$ 为阻抗，R 为电阻，X 为电抗. 这些项大多是由 Heaviside 创造的 (Bolotovskii, 1985).

$1/(nG_Q)$ 决定, 即便点接触本身不存在弛豫或者耗散. 通过散射方法计算的量子电导的一般形式中, 确切的计算 (Büttiker, 1990) 也在合适的极限下得到式 (5.59), 其中 $G = (2e^2/h)\,\text{tr}(t^\dagger t)$, 这里的 t 是散射矩阵式 (3.41) 的子矩阵. 这看起来矛盾的地方来源于系统的输运性质由其中一部分 (瓶颈) 决定, 而平衡则发生在其他部分 (热库), 它们在空间上是分开的.

5.2.2 经典的散粒噪声

在非平衡下, 会出现额外的涨落来源 (有时候也叫作过量噪声), 其中最重要的一种是散粒噪声, 当有一个离散的实体 (比如导体或真空中的电流, 到达探测器的光子, 高速路上的一辆辆汽车, 等等) 流动时, 这种噪声就会出现. 这种现象最早在真空管中的电流中被发现 (Schottky, 1918; Buckingham, 1983; van Der Ziel, 1986), 其来源为随机的、独立的阴极电子发射事件, 很像子弹涌入盒子里那样. 散粒噪声涨落对应的经典可观测量 $A(t)$, 可以写成一组具有同样形状和单位面积的脉冲序列, 在随机的时间点触发:

$$A(t) = a \sum_n f(t - t_n) \tag{5.64}$$

每个脉冲对应于比如光子触发的探测器电流, 或者一个电子携带的电荷. $f(t)$ 的形状取决于物理条件, 可以是任意的, 除了要求 $f(t < 0) = 0$(因果关系), 并且 t 足够大时 $f(t) \to 0$(否则它就不会具有特定的, 或者说有限的面积了). 如果事件是独立的 (光子在光源处不存在关联, 电子在真空管中飞行时电子–电子相互作用可以忽略, 等等), 式 (5.64) 中的随机时间点 t_n 满足泊松分布 (Buckingham, 1983, 附录 I):

$$P(m,t) = \frac{(\nu t)^m}{m!} e^{-\nu t} \tag{5.65}$$

这里 $P(m,t)$ 为时间间隔 $[0,t]$ 内发生 m 个事件的概率, 而 ν 为单位时间内脉冲的平均数量. 事实的确如此,

$$\langle m \rangle = \sum_{m=1}^{\infty} m P(m,t) = \nu t \left(\sum_{m=1}^{\infty} \frac{(\nu t)^{m-1}}{(m-1)!} \right) e^{-\nu t} = \nu t \tag{5.66}$$

也可以很容易地得出事件数量的散布也是 νt:

$$\langle \delta m^2 \rangle \equiv \langle (m - \langle m \rangle)^2 \rangle = \langle m \rangle = \nu t \tag{5.67}$$

如果我们引入法诺 (Fano) 系数——散布和均值的比,

$$F = \frac{\langle \delta m^2 \rangle}{\langle m \rangle} \tag{5.68}$$

则泊松分布的 $F = 1$.

利用这些性质, 我们得到散粒噪声的平均值为

$$\overline{A} \equiv \langle A(t) \rangle = \nu a \int_{-\infty}^{\infty} \mathrm{d}t \, f(t) = \nu a \tag{5.69}$$

这里使用式 (5.12) 直接找出噪声谱密度更为方便, 然后从 Wiener-Khintchin 定理得出自相关因子. 根据式 (5.64),

$$\widetilde{A}(\omega) = a \sum_n \widetilde{f}(\omega) \mathrm{e}^{\mathrm{i}\omega t_n} \tag{5.70}$$

因此

$$\langle \widetilde{A}(\omega)\widetilde{A}^*(\omega') \rangle = a^2 \widetilde{f}(\omega)\widetilde{f}^*(\omega') \left[\left\langle \sum_n \mathrm{e}^{\mathrm{i}(\omega-\omega')t_n} \right\rangle + \left\langle \sum_n \mathrm{e}^{\mathrm{i}\omega t_n} \right\rangle \left\langle \sum_m \mathrm{e}^{-\mathrm{i}\omega' t_m} \right\rangle \right]$$
$$= 2\pi\nu a^2 |\widetilde{f}(\omega)|^2 \delta(\omega-\omega') + a^2 |\widetilde{f}(0)|^2 (2\pi\nu)^2 \delta(\omega)\delta(\omega') \tag{5.71}$$

$\left(\text{在这里我们考虑了} \left\langle \sum_{n=-\infty}^{\infty} \exp(\mathrm{i}\omega t_n) \right\rangle = \int_{-\infty}^{\infty} \mathrm{d}t\nu \exp(\mathrm{i}\omega t). \right)$ 将上式代入式 (5.12), 我们得到散粒噪声的谱密度[1] 为

$$S_A(\omega) = \nu a^2 |\widetilde{f}(\omega)|^2 + 2\pi\nu^2 a^2 |\widetilde{f}(0)|^2 \delta(\omega) \tag{5.72}$$

上式是描述脉冲过程的谱密度的卡森 (Carson) 定理 (Buckingham, 1983) 的一个特殊情况. 其中第二项直观地反映了噪声变量 $A(t)$ 的非零均值. 接下来又可以得到散粒噪声的自相关函数:

$$K_A(\tau) = \nu a^2 \int_{-\infty}^{\infty} \frac{\mathrm{d}\omega}{2\pi} \mathrm{e}^{\mathrm{i}\omega\tau} |\widetilde{f}(\omega)|^2 + \nu^2 a^2 |\widetilde{f}(0)|^2 \tag{5.73}$$

我们看到散粒噪声的谱密度取决于脉冲的形状. 对于无结构的脉冲 (也就是当 $f(t) = \delta(t)$ 且 $\widetilde{f}(\omega) = 1$ 时), 上面的方程简化为

$$S_A(\omega) = \nu a^2 + 2\pi\nu^2 a^2 \delta(\omega) \equiv a\overline{A} + 2\pi(\overline{A})^2 \delta(\omega); \tag{5.74}$$

$$K_A(\tau) = \nu a^2 \delta(\tau) + \nu^2 a^2 \equiv a\overline{A}\delta(\tau) + (\overline{A})^2 \tag{5.75}$$

注意式 (5.72) 和式 (5.74) 中散粒噪声谱密度的非平凡项 (也就是其中的非静态项) 正比于噪声变量的平均值. 举个例子, 电流散粒噪声正比于系统流过电流的平均值, $\overline{I} = \nu e$:

$$S_I(\omega \neq 0) = e\overline{I} \tag{5.76}$$

---

[1] 这个表达式跟 "电子工程学" 的表达式相差一个因子 2, 在那里只考虑频率为正的部分.

这是散粒噪声的典型性质, 不同于热噪声 (与电流无关)[①] 和 $1/f$ 噪声(通常正比于平均电流的平方, 后面会进一步讨论).

式 (5.74) 和式 (5.76) 描述的噪声或者其等价形式, 被称为泊松型噪声, 原因很显然. 如果脉冲之间有正或负的关联 (也就是脉冲之间会有聚集或相互排斥的趋向), 脉冲分布要通过所谓亚泊松 (或超泊松) 统计分布来描述, 并导致亚泊松或超泊松散粒噪声. 对于电流而言, 我们将得到

$$S_I(\omega \neq 0) = eF\overline{I} \tag{5.77}$$

这里的 F 是 Fano 系数.

5.2.3 量子的散粒噪声

在经典情况下, 非 1 的 Fano 系数意味着存在相互作用: 比如在真空管中, 这种散粒噪声可能来源于不可忽略的电子之间库仑排斥相互作用; 在光子探测器中, 可能来源于探测器有限的恢复时间. 在量子情况下, 由于量子统计性, 会存在特定的关联, 即便没有这些相互作用, 也会偏离 $F = 1$. 我们在这里会考虑这种情况, 为了具体一点, 我们考虑电流的量子散粒噪声 (Khlus, 1987; Lesovik, 1989; Büttiker, 1990, Levitov, Lesovik, 1992)[②]. 首先让我们跟随 Lesovik(1989) 来探讨 2DEG 点接触中的散粒噪声. 根据 3.1 节中的讨论, 我们可以写出如下的电流算符:

$$\hat{I}(x,t) = \frac{ie\hbar}{2m^*} \int dy \left[\hat{\Psi}^\dagger(x,y,t) \frac{d}{dx} \hat{\Psi}(x,y,t) - \left(\frac{d}{dx} \hat{\Psi}^\dagger(x,y,t) \right) \hat{\Psi}(x,y,t) \right] \tag{5.78}$$

其中的二次量子化电子波函数为

$$\hat{\Psi}(x,y,t) = \sum_{\alpha=L,R} \sum_n \int dk \chi_{\alpha n k}(x,y,t) a_{\alpha n k};$$

$$\hat{\Psi}^\dagger(x,y,t) = \sum_{\alpha=L,R} \sum_n \int dk \chi^*_{\alpha n k}(x,y,t) a^\dagger_{\alpha n k} \tag{5.79}$$

通过正交完备的散射态集 $\chi_{\alpha n k}(x,y,t)$ 来展开, 每个散射态对应于一个横模为 n、动量为 $\hbar k$(能量为 $\epsilon(k)$) 的电子从无穷远处 (式 (3.14)) 的一个平衡态电子库 α 中入射过来.

[①] 它们的频率依赖关系的差别经常不明显, 因为式 (5.59) 和式 (5.76) 都有平坦的白噪声形式.

[②] 在光子计数统计中对应的效应 (聚束和反聚束) 在量子光学中很早就被研究了, 见综述 (Smirnov, Troshin, 1987; Teich, Saleh, 1989; Dodonov, 2002) 或者教科书 (Scully, Zubairy, 1997; Orszag, 1999, Schleich, 2001).

费米算符 $a^\dagger$ 和 a 在这些态中产生和湮灭电子.

$$\left\langle a_{\alpha nk}^\dagger a_{\alpha nk} \right\rangle = f(\epsilon(k) - \mu_\alpha) \tag{5.80}$$

这里 f 为费米分布, μ_α 为第 α 个电子库的化学势, $\mu_L - \mu_R = eV$.

对于平滑的约束势, 不同横模之间不会发生散射, 因此远离结区的散射态可以写成

$$\chi_{Lnk}(x,y,t) = \varphi_n(x,y) e^{\frac{\mathrm{i}t}{\hbar}(\epsilon(k)-\mu_L)} \begin{cases} e^{\mathrm{i}kx} + r_{nn}e^{-\mathrm{i}kx}, & x \ll 0, \\ t_{nn}e^{\mathrm{i}kx}, & x \gg 0; \end{cases} \tag{5.81}$$

$$\chi_{Rnk}(x,y,t) = \varphi_n(x,y) e^{\frac{\mathrm{i}t}{\hbar}(\epsilon(k)-\mu_R)} \begin{cases} e^{-\mathrm{i}kx} + \bar{r}_{nn}e^{\mathrm{i}kx}, & x \gg 0, \\ \bar{t}_{nn}e^{-\mathrm{i}kx}, & x \ll 0 \end{cases} \tag{5.82}$$

这里 $\varphi_n(x,y)$ 是哈密顿量横向部分的本征函数式 (3.17), 而 t 和 r 分别是 ($\epsilon(k)$-依赖的) 传输和反射系数, 是散射矩阵的矩阵元 (式 (3.41)).

电流噪声谱密度的对称部分由下式给出:

$$S_I(\omega) = \int \mathrm{d}t e^{\mathrm{i}\omega t} \left(\frac{1}{2}\left\{ \hat{I}(x,t), \hat{I}(x,0) \right\} - \left\langle \hat{I} \right\rangle^2 \right) \tag{5.83}$$

由于上式是噪声自协方差的傅里叶变换, 这个式子不会包含正比于 $\delta(\omega)$ 的静态项. 另外, 它会自动包含平衡热噪声. 于是散粒噪声由 $S_{\text{shot}}(\omega) = S_I(\omega) - S_{I,0}(\omega)$ 给出, 这里的 $S_{I,0}(\omega)$ 由式 (5.83) 在 $\mu_L = \mu_R = E_F$ 时算出.

电流是守恒的, 因此我们可以在通道中的任何一点计算电流及其相关因子, 比如在 $x \ll 0$ 处, 使用式 (5.81) 和式 (5.82) 的渐近表达式. 将它们代入式 (5.78) 中, 我们就得到了零温、低频极限、小电压下 (小到可以忽略传输和反射系数的能量依赖, $eV \ll E_F$) 的简化形式 (Lesovik, 1989):

$$S_{\text{shot}}(\omega) = \frac{2e^2}{h}eV \sum_n T_n(1-T_n) = G_Q eV \sum_n T_n(1-T_n) \tag{5.84}$$

这里 $T_n = |t_n(E_F)|^2 = |\bar{t}_n(E_F)|^2$ 为点接触的透过率, 而 G_Q 为单位量子电导. 在低透过率极限下, 这个式子进一步简化为

$$S_{\text{shot}}(\omega)|_{T_n \ll 1} = eV\left(G_Q \sum_n T_n \right) = e(VG) = e\bar{I} \tag{5.85}$$

也就是经典的散粒噪声式 (5.76). 但是, 如果通道要么打开要么关闭, 也就是 $T_n = 1$ 或 0, 式 (5.84) 预言了散粒噪声精确为零. 这一令人惊讶的结果可以从基于 Pauli 不相容原理的电子的量子反关联性来理解. 降低透过率使得这种反关联性降低 (电子流动变得太稀疏), 并最终趋于泊松散粒噪声.

Levitov, Lesovik(1992, 1993) 给出了式 (5.84) 一个颇具启发性的统计解释. 我们将在此给出它的简单直观解释, 沿用 Beenakker, Schonenberger(2003) 的思路, 电流噪声可以被认为是 δ- 相关的 (式 (5.59)、式 (5.75)), 所以

$$S_I(\omega) = \int \mathrm{d}t \mathrm{e}^{\mathrm{i}\omega t} \langle \delta I(t)\delta I(0)\rangle = \overline{\delta I^2} \tag{5.86}$$

但是, 对于时间段 τ 内转移的电荷 Q, 我们发现其方差为

$$\overline{\delta Q^2} = \int_0^\tau \mathrm{d}t \int_0^\tau \mathrm{d}t' \langle \delta I(t)\delta I(t')\rangle = \tau\overline{\delta I^2} = \tau S_I(\omega) \tag{5.87}$$

这个式子对于足够低的频率 $\omega \ll 1/\tau$ 都是成立的. 在零温下, 只有能量在 $[E_F - eV/2, E_F + eV/2]$ 范围内的电子参与了电流输运. 在时间段 τ 内, 试图在两个电子库之间穿行的电子数在 $N_\tau = \tau eV \gg 1$ 量级[①]. 在零温下, 每个能态只能有一个电子 (也就是它们是理想的反关联的), 因此, 电子的转移过程可以看作 N_τ 次独立的传输, 每次携带电荷 e, 成功的概率为 T. 这符合二项式分布 (Rytov et al., 1987, 第 3 章), 在 N_τ 次尝试中传输 ne 电荷的概率为

$$P_n = \frac{N_\tau!}{n!(N_\tau - n)!} T^n(1-T)^{N_\tau - n} \tag{5.88}$$

平均传输的电荷为

$$\overline{Q} = \sum_n neP_n = N_\tau e \tag{5.89}$$

而方差为

$$\overline{\delta Q^2} = \overline{Q^2} - \overline{Q}^2 = e^2 N_\tau T(1-T) \tag{5.90}$$

如果存在好几个模式, 则每个模式会独立地贡献电荷. 因此, 总的量子散粒噪声谱密度为

$$S_I(\omega) = \overline{\delta Q^2}/\tau = \frac{e^2}{h} eV \sum_n T_n(1-T_n) \tag{5.91}$$

(根据之前的假定, 平衡态对噪声的贡献, 式 (5.58), 可以忽略.) 到目前为止, 我们得到的结果看起来并不依赖于系统是一个平滑的 2DEG 点接触. 我们得到式 (5.91) 大而化之的论证, 除了不同 "传输模式" 之间的独立性, 显然并没有用到关于系统的任何细节. 事实上, 这一个条件也是多余的. 延续 Büttiker(1990) 的理论, 我们将导体看成一个散射体, 它与外部处于确定化学势 $\mu_\alpha(\alpha = 1, 2, \cdots)$ 的电子库通过电极相连 (与我们在 3.1 节中采用的方法是一样的), 如图 5.1 所示. 每个散射态对应一个从无穷远的第 α 个平衡电子库入射过来的横模为 n、波矢为 k、能量为 $E = \epsilon(k)$ 的电子波 (式 (3.14)、式 (5.81)、式 (5.82)), 其渐近行为可以写为

① 特征频率 eV/h 在概念上与 "尝试频率" 相似, 它用在出势阱的隧穿率的准经典描述上 (Price, 1998).

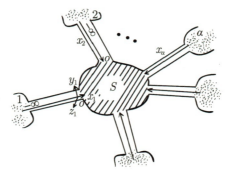

图5.1 量子散粒噪声的散射理论描述(式(5.92))

$$\chi_{\alpha n E}(x,y,z,t) \sim \mathrm{e}^{-\frac{\mathrm{i}t}{\hbar}(E-\mu_\alpha)}\mathrm{e}^{\mathrm{i}k_{\alpha n}(E)x}\varphi_{\alpha n}(y,z)$$

$$+ \sum_{\beta,m}\left[\frac{v_{\alpha n}(E)}{v_{\beta m}(E)}\right]^{1/2} s_{\beta m,\alpha n}(E)\mathrm{e}^{-\mathrm{i}k_{\alpha m}(E)x}\varphi_{\beta m}(y,z), \quad |x| \gg 0 \quad (5.92)$$

这里 $\varphi_{\alpha n}(y,z)$ 为横模的波函数[①]. 纵向波矢 $k_{\alpha n}(E,x) = (1/\hbar)\sqrt{2m^*(E-\epsilon_{\alpha n}(x))}$, $\epsilon_{\alpha n}(x)$ 为横模能量 (式 (3.19)、式 (3.20)). 模式 (α,n) 的纵向速度为 $v_{\alpha n}(E) = \hbar[\mathrm{d}k_{\alpha n}(E)/\mathrm{d}E]$; 式 (5.92) 中的速度比用于将波函数归一化到单位概率通量. 最后, 散射矩阵元 $s_{\beta m,\alpha n}(E)$ 现在包含了模式之间的散射. (这里我们用了小写 s 来标记散射矩阵元, 为的是避免与噪声谱密度发生混淆.)

将二次量子化波函数用上述散射态式 (5.92) 进行展开, 我们可以写出第 γ 个电极上的电流算符

$$\hat{I}_\gamma(x,t) = \frac{e\hbar}{2m^*i}\int_{(\gamma)}\mathrm{d}y\mathrm{d}z\left[\hat{\Psi}^\dagger(x,y,z,t)\frac{\mathrm{d}}{\mathrm{d}x}\hat{\Psi}(x,y,z,t) - \left(\frac{\mathrm{d}}{\mathrm{d}x}\hat{\Psi}^\dagger(x,y,z,t)\right)\hat{\Psi}(x,y,z,t)\right] \quad (5.93)$$

这里的积分是在远离散射区的第 γ 个电极的一个截面上进行的, 在这个截面上满足式 (5.92) 的渐近条件. 在零温、低频极限下, 散粒噪声的最终表达式为 (Büttiker, 1990)

$$S_{\alpha\beta,\mathrm{shot}}(\omega) = \frac{2e^2}{h}\sum_{\gamma\neq\delta}\int\mathrm{d}Ef(E-\mu_\gamma)(1-f(E-\mu_\sigma))\mathrm{tr}\left[s^\dagger_{\alpha\gamma}s_{\alpha\delta}s^\dagger_{\beta\delta}s_{\beta\gamma}\right] \quad (5.94)$$

(求和对所有电极上的横模进行; 由于态密度是一维的, 速度相互抵消了, 如 3.1 节). 这里 $S_{\alpha\beta}(\omega)$ 为对称协方差

$$K_{\alpha\beta}(\tau) = (1/2)\left\langle\left\{\hat{I}_\alpha(\tau) - \left\langle\hat{I}_\alpha\right\rangle, \hat{I}_\beta(0) - \left\langle\hat{I}_\beta\right\rangle\right\}\right\rangle$$

---

① 为了整理这些方程, 我们不明确标出第 α 个电极的坐标 $x_\alpha, y_\alpha, z_\alpha$. 坐标 x 沿着每个电极从负无穷 (第 α 个库) 到零 (散射区域内).

的傅里叶变换. 对于一个两端的导体, 式 (5.94) 简化为

$$S_{\text{shot}}(\omega) = \frac{2e^2}{h} eV \, \text{tr} \left[r^\dagger r t^\dagger t \right] \tag{5.95}$$

这里的 r, t 为散射矩阵的子矩阵, 式 (3.41), 它们描述了不同横模之间的跃迁. 散射矩阵的幺正性要求 $r^\dagger r + t^\dagger t = \hat{I} (N_\perp \times N_\perp$ 的单位矩阵, 其中 $N_\perp$ 为每个电极的横模数量), 因此

$$S_{\text{shot}}(\omega) = \frac{2e^2}{h} eV \, \text{tr} \left[t^\dagger t (1 - t^\dagger t) \right] = \frac{2e^2}{h} eV \sum_n T_n (1 - T_n) \tag{5.96}$$

跟式 (3.45) 一样, 这里的 T_n 现在是矩阵 $t^\dagger t$ 的本征值, 不能一般性地看成某个特定横向通道的透过率[①].

5.2.4　$1/f$ 噪声

在热噪声和散粒噪声以外, 所有实际系统中的实际测量量都会表现出 $1/f$ 噪声[②]. 这一综合项涵盖了所有谱密度近似为 $|\omega|^\alpha$ 形式的涨落, $\alpha \approx -1$, 并存在于一个非常广的频率范围 (从 10^{-6} Hz 到 10^6 Hz) 内. 这些涨落在低频范围内占主导, 并引起一系列问题, 特别是当我们需要在固态量子比特中保持好的量子相干性的时候.

在很多 (但远不是所有的) 情况下, 电的 (电流或电压)$1/f$ 噪声可以用以下经验公式来近似 (Hooge, 1969):

$$S_A(\omega) = \frac{\alpha_H \overline{A}^2}{N_c} \left| \frac{2\pi}{\omega} \right|^\alpha \tag{5.97}$$

这里的 $\alpha_H \approx 2 \times 10^{-3}$, 称为霍格 (Hooge) 系数, 对温度弱依赖, 而 N_c 为样品中总的电荷载流子数. 这种对信号均值的 (近似) 平方依赖关系可以定性地将其区分于热噪声和散粒噪声.

$1/f$ 噪声最有意思的一个特点是它的标度性质: 每个频率量级对总的涨落功率的贡献

$$\langle \delta A^2 \rangle_{[\omega_{\min}, 10\omega_{\min}]} \propto 2 \int_{\omega_{\min}}^{10\omega_{\min}} \frac{\mathrm{d}\omega}{2\pi} \frac{1}{\omega} = \frac{1}{\pi} \ln \frac{10\omega_{\min}}{\omega_{\min}} \tag{5.98}$$

是相同的. 总的噪声功率 $\langle \delta A^2 \rangle = \int_0^\infty \left(\frac{\mathrm{d}\omega}{2\pi} \right) S_A(\omega)$ 是发散的, 不过, 这带来的麻烦不会比白噪声在积分上限 $\omega \to \infty$ 时总功率发散的问题更严重. 在现实系统中, 总是存在某个由于最小物理相关时间所限的高频截止频率. 对于 $1/f$ 噪声, 在低频极限 $\omega = 0$ 也

---

① 在 2DEG 和原子尺度金属点接触中量子散粒噪声抑制的实验证据在 van Ruitenbeek(2003) 和 Agrait et al.(2003) 的综述中给出.

② 这个效应由 Johnson(1925) 首次报道. 有时候这种噪声也被称为闪烁噪声 (Schottky, 1926).

会导致发散, 不过这也不是问题, 因为总的观测时间总是有限的, 势必给低频端加一个截止.

具有 $1/f$ 能谱的涨落出现在各种非常不相关的随机过程中, 并且引出了不少有意思的数学研究 (Mandelbrot, 1982). 这个问题的研究依然很活跃, 讨论各种实验数据和关于它在不同物理体系中的起源的各种理论——它们是否是稳定的, 是否存在一个 $1/f$ 噪声的普适机制, 等等——已经超出本书的目的和范围. 这些在 Dutta, Horn(1981), Bochkov, Kuzovlev(1983), Buckingham(1983), Kogan(1985), Klimontovich(1986), Van Der Ziel(1986) 和 Weissman(1988) 等的书中都有综述性的讨论. 在用于实现固态量子比特的固态系统中, 起决定性的 $1/f$ 噪声来源于二能级系统 (TLS) 隧穿的慢弛豫过程. 这些 TLS 有着跨越多个数量级的宽泛的弛豫时间, 我们将会看到, 这一理论与所有的实验数据都是符合的, 并且在相位量子比特中被实验直接验证了.

形式上, $1/f$ 噪声谱可以通过洛伦兹谱式 (5.51) 加权叠加得到:

$$\int_{\gamma_{\min}}^{\gamma_{\max}} d\gamma \frac{2\gamma w(\gamma)}{\omega^2 + \gamma^2} = 2w_0 \frac{\arctan[\gamma_{\max}/|\omega|] - \arctan[\gamma_{\min}/|\omega|]}{|\omega|} \tag{5.99}$$

我们假设 $w(\gamma) = w_0/\gamma$ 在 $[\gamma_{\min}, \gamma_{\max}]$ 范围以内. 对于频率范围 $\gamma_{\min} \ll |\omega| \ll \gamma_{\max}$, 上面的谱密度确实约化到 $\pi w_0/|\omega|$. 为了验证这个模型, 我们需要一个能够在一个指数级范围 $[\gamma_{\min}, \gamma_{\max}]$ 内给出特征比率 γ 的 $1/\gamma$ 分布特征的物理机制. 确实存在好几种这样的机制 (Kogan, 1985). 与我们比较相关的是 TLS 的存在, 这是无序固体中存在的缺陷、原子或原子团, 它们可能占据着两个或多个几乎简并的能态, 在配位空间中可以表示为处于双势阱底部的能级 (图 5.2). 由于量子隧穿或热激活, 能态可以在阱间自发跃迁, 导致系统某些宏观参数发生涨落 (包括电阻率、约瑟夫森临界电流等), 进而引起电流和电压的缓慢涨落. [①]

---

① 这种过程的一个简单模型是随机电报噪声 (RTS). RTS 是一个随时间变化的随机函数 $A(t)$, 它只能取两个值 $A_1 = -a$ 和 $A_2 = a$. 跳变率 ν 为一个常数并且对 $A_1 \to A_2$ 和 $A_2 \to A_1$ 都是一样的, 跳变事件为独立无关联. 因此, 在时间范围 $[0, t]$ 内跳变 m 次的概率满足泊松分布 $P(m, t)$(式 (5.65)). (很容易推广到 $\nu_{12} \neq \nu_{21}$ 或 $A_1 \neq A_2$ 的情况, 不过在这里不必要.)RTS 的自相关函数可以直接计算出来:

$$K_A^{\text{RTS}}(t) = \langle A(t)A(0) \rangle = a^2 P(m = \text{even}, t) - a^2 P(m = \text{odd}, t)$$

$$= a^2 \sum_{k=0}^{\infty} (P(2k, t) - P(2k+1, t)) = a^2 e^{-2\nu|t|} \tag{5.100}$$

于是其谱密度为洛伦兹型的

$$S_A^{\text{RTS}}(\omega) = \frac{4a^2\nu}{\omega^2 + 4\nu^2} \tag{5.101}$$

对比式 (①) 和式 (5.101)、式 (5.51), 我们看到两种不同的随机过程 (在这里是弛豫和 RTS) 可以有相同的关联函数和谱密度.

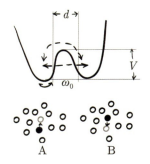

图5.2　在无序固体中二能级系统（TLS）的隧穿

两种原子排列结构（A，B）具有相近的能量，被一个势垒所隔开. 不管是热激活还是隧穿导致的A、B之间的跳变率 γ，都指数依赖于势垒参数 V, d.（也可能有更多的原子和缺陷参与.）一个合理的假设是TLS的参数在一个特定范围内是均匀分布的，由此导致隧穿率 $1/\gamma$ 分布在指数级宽泛的频率范围内.

在这个模型中, 跃迁概率以一种很自然的方式分布在指数级的宽广范围内 (Kogan, 1985). 举例来说, 对于热激活导致的阱间跃迁, 其特征跃迁率 $\gamma \sim \omega_0 \exp[-V/(k_B T)]$（图 5.2）. 做一个应该还算合理的假设, 等效的势垒高度在一个足够宽的范围 $[V_{\min}, V_{\max}]$ 内是均匀分布的, 于是我们发现

$$w(\gamma) = w_V(V)\left|\frac{\mathrm{d}V}{\mathrm{d}\gamma}\right| = \frac{k_B T \overline{w_V}}{\gamma}\bigg|_{\gamma_0 e^{-V_{\max}/(k_B T)} \ll \gamma \ll \gamma_0 e^{-V_{\min}/(k_B T)}} \tag{5.102}$$

当温度足够低, $k_B T \ll V$ 时, 热激活跃迁被排除掉, TLS 转变主要由隧穿率决定

$$\gamma \sim \omega_0 e^{-\lambda}; \quad \lambda = d(2MV)^{1/2}/\hbar \tag{5.103}$$

这里的 d 为等效的势垒厚度, M(在原子尺度上可能会很大) 为复杂隧穿过程的总体"质量". 我们再次假定 λ 的分布是均匀的, 于是我们发现转变率 $w(\gamma) = w_0/\gamma$ 是一个指数级的范围 $[\omega_0 e^{-\lambda_{\max}}, \omega_0 e^{-\lambda_{\min}}]$, 最终导致等效的 $1/f$ 噪声. 然而, 当与系统发生相互作用的活跃 TLS 数量减少后, $1/f$ 噪声谱可以表示为几个洛伦兹谱的叠加, 正如在电荷量子比特中观测到的 (Kafanov et al., 2008) 那样.

上述 TLS 理论的一个直接验证由相位量子比特中的一系列实验结果给出 (在所有类型的约瑟夫森量子比特中都确认有 TLS, 参见 Simmond et al.(2009) 的文章及其中的引用文献), 在这些实验中, 各个 TLS 的贡献可以从能谱中逐一解析出来. 实验结果表明, (约瑟夫森结) 隧穿势垒层中的 TLS 数量, 可以通过改善势垒层的质量或改变其成分 (Oh et al., 2006; Kline et al., 2009) 来极大地降低 (相应地提升量子比特的退相干时间). 此外, 一些实验 (Simmonds et al., 2004; Martinis et al., 2005) 表明有些 TLS 有着很长的退相干时间 (超过 1 μs), 当它们与量子比特共振时, 会发生量子 Rabi 振荡. 这不足为奇, 毕竟 TLS 本身是一个微观尺度的对象 (比如, 在相位量子比特中观测到跳变

率与单个电子电荷移动一个原子键长的结果是一致的), 它们与环境自由度 (比如声子) 的耦合自然也就很小. 于是, 这种微观的 TLS 本身就可以用作量子比特, 并通过其所在的相位量子比特来打交道 (Zagoskin et al., 2006)[①] .

约瑟夫森量子比特中的一个量子的 TLS 是隧穿势垒中的一个电偶极子, 它既可以通过与约瑟夫森结上的电荷之间的静电相互作用 (Martinis et al., 2005), 也可以通过调制结的临界电流 (Simmonds et al., 2004) 来影响量子比特的状态. 这两种情况的耦合都是 $\sigma_x \tilde{\sigma}_x$ 型的 (这里的波浪用于标记 TLS), 在旋波近似下, 忽略相位量子比特中能级间距的变化, 我们得到量子比特 -TLS 耦合系统的哈密顿量 (Zagoskin et al., 2006)

$$H = -\frac{\hbar\omega_{10}}{2}\sigma_z - \sum_j \left(\frac{\Delta_j}{2}\tilde{\sigma}_z^j + \lambda_j \sigma_x \tilde{\sigma}_x^j \right) \tag{5.104}$$

当耦合系数 $\lambda_j \ll \hbar\omega_{10}, \Delta_k$ 时, 上式是有效的. 耦合项只有在近共振的情况下有效, 也就是当 $|\hbar\omega_{10} - \Delta_j| < \lambda_j$ 时 (4.1.4 小节). 因此, 通过改变偏置电流 (磁通), 可以控制其开和关. 量子比特的态于是可以 "暂存" 于 TLS(量子存储器) 中一段时间 (大致为量子存储器的寿命), 与此同时在量子比特上进行其他的操作. 量子比特 -TLS 耦合系统的这种共振特性还允许我们标记其中某个特定的 TLS, 只要 (TLS 的) 隧穿劈裂 Δ_j, Δ_k 挨得不要太近. 我们还可以对处于同一个相位量子比特中的不同 TLS 进行量子操作, 此时相位量子比特将扮演量子总线的角色 (图 5.3). 利用 TLS 作为量子存储器的可能性

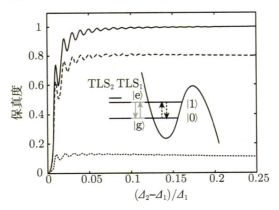

图5.3　一个相位量子比特中两个TLS的iSWAP门保真度随TLS之间相对失谐量的变化关系

这里的保真度 F 定义为矩阵元 $\langle\Psi_{\mathrm{initial}}| U^\dagger \rho_{\mathrm{final}} |\Psi_{\mathrm{initial}}\rangle$ 在所有系统初态 Ψ_{initial} 中的最小值, 其中 $U = U_{\mathrm{iSWAP}}$ 为想要的幺正操作, ρ_{final} 为系统末态的密度矩阵. iSWAP操作可以通过将量子比特拉到与TLS$_1$共振并保持时长 $\hbar/(2\lambda_1)$, 随后再与TLS$_2$共振时长 $\hbar/(2\lambda_2)$, 然后再次与TLS$_1$共振时长 $\hbar/(2\lambda_1)$. 最终量子比特会与两个TLS都保持脱耦、无纠缠. 数值计算选择 $\lambda_1 = \lambda_2 = \lambda = 0.05\Delta_1$, 而相位量子比特的退相干率为 $\Gamma_1 = \Gamma_2/2 = 0$ (实线)、$\lambda/(20\pi)$ (虚线) 和 $\lambda/(2\pi)$ (点线). TLS中的退相干被忽略了. 插入的小图显示了量子比特与TLS$_2$脱耦时与TLS$_1$之间的量子拍. (经Zagoskin et al., 2006, ©美国物理学会许可重印.)

---

① 这种 "自然形成的量子比特" 可能是 "猫的胡须探测器" 的量子对应——早期的半导体晶体管.

在 Neeley et al.(2008)(图 5.4) 的实验中得到了确认, 因此, 如果发展出某种在超导量子比特中可控地制造 "好" 的 TLS 的方法的话, 这将为我们建造量子设备添加一个新的工具.

然而, 总的来说, 量子比特中自然发生的 TLS 是非常讨厌的, 一般来说它们是各种 $1/f$ 噪声的来源. 在电荷量子比特中它们格外不讨人喜欢, 因为它们与相关的自由度直接耦合, 并且 TLS 系统表现为一种额外的退相干来源 (Martinis et al., 2005). 我们将在下一节中讨论这个问题.

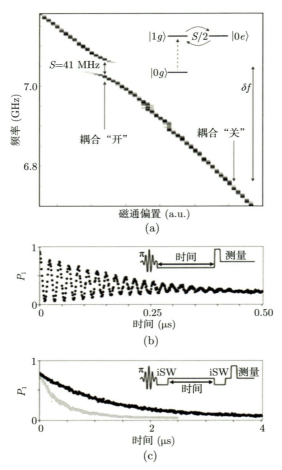

(a)

(b)

(c)

图5.4 作为量子存储器, 一个相位量子比特中的二能级系统与量子比特之间的隧穿

(a) 相位量子比特的激发概率随微波频率和磁通偏置的二维谱. 与7.05 GHz 的TLS耦合导致了一个能谱分裂, 交换频率 (分裂) 为$S=41$ MHz. 插入图: "量子比特+TLS" 复合系统中的量子态相干振荡示意图. (b) 与TLS共振耦合导致的自由振荡. iSWAP操作对应的时间 (第一个极小点) 为12 ns. (c) TLS的能量弛豫. 量子比特首先初始化在激发态, 然后把态存储在TLS中 (通过iSWAP操作), 经过一段时间之后再用另一个iSWAP操作将态取出, 然后测量. 测量结果 (黑点) 相比量子比特态自身衰减时间 (灰点, $T_{1,qb}=0.4$ μs) 要长 ($T_{1,TLS}=1.2$ μs). (经*Nature Physics*, Neeley et al., 2008, ©Macmillan出版社许可重印.)

5.3 噪声与退相干

5.3.1 外部噪声和退相干率

我们已经看到, 一个与外部系统 (噪声源) 耦合的量子比特 (如式 (5.25)) 的弛豫率和激发率, 正比于其能级差频率处的噪声谱密度, 见式 (5.31). 这是合理的, 因为这些过程涉及量子比特与热库之间的能量交换 $\hbar\Omega$, 但这不是唯一的退相干机制. 与热库的耦合可以引起量子比特能级差 Ω 的涨落, 而不吸收或发射能量量子 (纯退相位或相位衰减): 量子比特 (或一个一般的量子系统) 受到热库中能量量子的 "散射", 获得一个随机的相位 (Gardiner, Zoller, 2004, 6.1.2 小节). 这个过程不会影响密度矩阵的对角项, 但相干性依赖于相应的能级差 (比如, $\rho_{12}(t) \approx \exp\left[\mathrm{i}\Omega t + \mathrm{i}\int_0^t \mathrm{d}t'\delta\Omega(t')\right]$). (在密度矩阵的 Bloch 矢量表示下, 如图 5.5(a) 所示, 涨落 $\delta\Omega(t)$ 对应于 Bloch 矢量绕 z 轴旋转的角速度的涨落, 这种涨落引入随机的相位, 并最终压制 Bloch 矢量在 xy 平面内的分量 $\mathcal{R}_\perp$.) 假设涨落 $\delta\Omega(t)$ 是高斯分布的并且均值为零 (这足够合理), 对其平均后, 我们将得到非对角项的衰减为

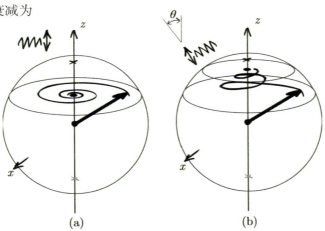

图5.5　外部噪声引起的量子比特退相位过程
系统基矢选择为比特无扰情况下 $\left(H_0 = -\frac{\hbar}{2}\Omega\sigma_z\right)$ 的本征态. Bloch矢量的演化由式(1.88)给出. (a) 纯退相位: 外部噪声 $-\frac{\hbar}{2}\delta\Omega(t)\sigma_z$ 改变了Bloch矢量旋转角速度的绝对值, 但不改变其方向, 最终擦除了相干性 ($\propto \mathcal{R}_\perp$). (b) 退相位和弛豫: 哈密顿量中的经典噪声项 $f(t)[\sigma_z\cos\theta + \sigma_x\sin\theta]$ 与 z 轴成 θ 角, 擦除 $\mathcal{R}_\perp$ 的同时也影响到 $\mathcal{R}_z$.

$$\left|\frac{\rho_{12}(t)}{\rho_{12}(0)}\right| = \left|\left\langle e^{i\int_0^t dt' \delta\Omega(t')}\right\rangle\right| = e^{-\frac{1}{2}\int\int_0^t dt_1 dt_2 \langle \delta\Omega(t_1)\delta\Omega(t_2)\rangle} \equiv e^{-\eta(t)} \tag{5.105}$$

这一高斯型随机过程特征泛函 (Rytov et al., 1989) 的标准结果可以很容易地通过初等数学方法得到.[①] 其中的指数项可以确切地计算出来 (Makhlin, Shnirman, 2004),

$$\eta(t) = \frac{1}{2}\int\int_0^t dt_1 dt_2 \langle\delta\Omega(t_1)\delta\Omega(t_2)\rangle = \frac{1}{2}\int_{-\infty}^{\infty}\frac{d\omega}{2\pi}S_{\delta\Omega}(\omega)\int\int_0^t dt_1 dt_2 e^{-i\omega(t_1-t_2)}$$

$$= \frac{1}{2}\int_{-\infty}^{\infty}\frac{d\omega}{2\pi}S_{\delta\Omega(\omega)}(\omega)\frac{\sin^2(\omega t/2)}{(\omega/2)^2} = \frac{|t|}{2}\int_{-\infty}^{\infty}\frac{d\omega}{2\pi}S_{\delta\Omega}(\omega)\frac{\sin^2(\omega t/2)}{|t|(\omega/2)^2} \tag{5.106}$$

利用如下极限公式 (Landau, Lifshitz, 2003, 第 42 章, 式 (42.2))[②]:

$$\lim_{t\to\infty}\frac{\sin^2\alpha t}{\alpha^2 t} = \pi\delta(\alpha) \tag{5.107}$$

我们看到式 (5.106) 中最后的积分式确实导出了因能级差涨落引起的指数退相位, 其特

---

① 高斯随机过程是由很多相互独立的作用共同影响导致的, 因此, 它自然地描述了很多——但不是所有!——随机过程. 作为一个反例, 股价的变化是由很多、很微小但不可能独立的事件引起的, 因此, 它无论如何不会是高斯的. 从数学的角度看, 高斯随机过程是所有的相关因子约化到一阶和二阶关联因子 (也就是均值和协方差) 的乘积之和的随机过程. 特别地, 马尔钦凯维奇 (Marcinkiewicz) 定理 (Titulaer, 1975) 指出, 这也是唯一的有有限个非零不可约 n 阶关联因子的随机过程: 要么 $n = 1, 2$, 过程为高斯的, 要么一定存在任意高阶数的不可约关联因子. 我们假设 $\langle\delta\Omega\rangle = 0$, 则平均值

$$\left\langle e^{i\int_0^t dt' \delta\Omega(t')}\right\rangle = \sum_{n=0}^{\infty}\frac{i^n}{n!}\int_0^t dt_1 \cdots \int_0^t dt_n \langle\delta\Omega(t_1)\cdots\delta\Omega(t_n)\rangle$$

可以写为

$$\sum_{n=0}^{\infty}\frac{i^{2n}}{(2n)!}\sum_{\text{pairs}}\int_0^t dt_1 \cdots \int_0^t dt_{2n}\langle\delta\Omega(t_1)\delta\Omega(t_k)\rangle\cdots\langle\delta\Omega(t_m)\delta\Omega(t_n)\rangle$$

$$= \sum_{n=0}^{\infty}\frac{i^{2n}}{(2n)!}N_{\text{pair}}\left(\int_0^t dt_1 \int_0^t dt_2 \langle\delta\Omega(t_1)\delta\Omega(t_2)\rangle\right)^n$$

$2n$ 个项的配对数 N_{pair} 可以按照如下的方式数出来: 我们从 $2n$ 个中选择两个 $\delta\Omega$, 然后从 $2n-2$ 个中再选两个, 以此类推, 最终得到

$$N_{\text{pair}} = \frac{2n!}{(2n-2)!2!}\cdot\frac{(2n-2)!}{(2n-4)!2!}\cdots\cdot\frac{4!}{2!2!}\cdot\frac{2!}{0!2!}\cdot\frac{1}{n!} = \frac{(2n)!}{2^n n!}$$

最后的因子 $1/n!$ 用来补偿配对的 $n!$ 种重排, 否则我们就重复计数了. 将这个数值代入前式中, 我们就得到了

$$\sum_{n=0}^{\infty}\frac{(-1)^n}{2^n n!}\left(\int_0^t dt_1 \int_0^t dt_2 \langle\delta\Omega(t_1)\delta\Omega(t_2)\rangle\right)^n = e^{-\frac{1}{2}\int_0^t dt_1 \int_0^t dt_2 \langle\delta\Omega(t_1)\delta\Omega(t_2)\rangle}$$

② 回顾一下 $\int_{-\infty}^{\infty}dz\frac{\sin^2 z}{z^2} = \pi$.

征退相位率为

$$\Gamma_{\delta\Omega} = \frac{1}{2}S_{\delta\Omega}(0) \tag{5.108}$$

这里的 $S_{\delta\Omega}(0) = \int_{-\infty}^{\infty} d\tau \langle \delta\Omega(\tau)\delta\Omega(0)\rangle$ 为这些涨落在零频下的谱密度. 换句话说, 所有时间尺度上的涨落对退相位的贡献是相同的.

要考虑环境影响的一般形式, 需要用到路径积分 (Feynman, Vernon, 1963; Feynman, Hibbs, 1965; Caldeira, Leggett, 1983; Leggett et al., 1987; Weiss, 1999) 或者图解技术 (Schoeller, Schon, 1994; Shnirman, Schon, 2003) 等 "重型武器". 不过在弱退相干极限下, 可以作为微扰论的二阶项 (也就是最低的幸存项) 来处理. (这正是我们真正需要的: 在强退相干的情况下尝试建立量子设备是没有意义的.) 我们从如下哈密顿量开始:

$$H = H_0 - \hat{f}(t)B + H_E \equiv -\frac{\hbar\Omega}{2}\sigma_z + (\sigma_x\sin\theta + \sigma_z\cos\theta)\hat{f}(t) + H_E \tag{5.109}$$

这里的 Pauli 矩阵采取量子比特的能量基, 并且我们利用混合角 θ 将耦合算符 B 参数化. 其中的 σ_x 部分会导致量子比特发生能级间跃迁, 而 σ_z 项则引起纯的退相位. "环境" 项 H_E 描述了热库变量 $\hat{f}(t)$ 的动力学性质[①]. 现在我们可以重复——经必要修改后——我们在 1.3 节中关于线性响应理论的操作. 首先我们采用 H_0 的相互作用表示, 受影响的算符只有一个 B:

$$\begin{aligned}
B \to \widetilde{B}(t) &= \mathrm{e}^{\mathrm{i}H_0t/\hbar}B\mathrm{e}^{-\mathrm{i}H_0t/\hbar} \\
&= \left(\sigma_+\mathrm{e}^{-\mathrm{i}\Omega t} + \sigma_-\mathrm{e}^{\mathrm{i}\Omega t}\right)\sin\theta + \sigma_z\cos\theta \\
&\equiv \sigma_\Omega(t)\sin\theta + \sigma_z\cos\theta
\end{aligned} \tag{5.110}$$

在相互作用表示下反复迭代刘维尔方程 (并且丢掉波浪号使得方程更加整洁), 我们发现, 对环境做平均后, 并假设 $\langle \hat{f}(t)\rangle_E = 0$:

$$\begin{aligned}
\rho(t) &= \rho(0) - \frac{1}{\mathrm{i}\hbar}\int_0^t dt_1 \left\langle [\hat{f}(t_1)B(t_1), \rho(0)]\right\rangle_E \\
&\quad + \frac{1}{(\mathrm{i}\hbar)^2}\int_0^t dt_1 \int_0^{t_1} dt_2 \left\langle [\hat{f}(t_2)B(t_2), [\hat{f}(t_1)B(t_1), \rho(0)]]\right\rangle_E + \cdots \\
&= \rho(0) + \frac{1}{(\mathrm{i}\hbar)^2}\int_0^t dt_1 \int_0^{t_1} dt_2 \left\langle [\hat{f}(t_2)B(t_2), [\hat{f}(t_1)B(t_1), \rho(0)]]\right\rangle_E + \cdots
\end{aligned} \tag{5.111}$$

[①] 如果 $\hat{f}(t)$ 是一个 c-数 (经典的外噪声), 式 (5.109) 将对应图 5.5(b).

因此, 取最低阶项时, 退相干率由以下方程得到:

$$\dot{\rho}(t) \approx -\frac{1}{\hbar^2} \int_0^t dt' \left\langle [\hat{f}(t')B(t'), [\hat{f}(t)B(t), \rho(0)]] \right\rangle_E$$

$$\approx -\frac{1}{\hbar^2} \int_0^t dt' \left\{ \sin^2\theta \left\langle [\hat{f}(t')\sigma_\Omega(t'), [\hat{f}(t)\sigma_\Omega(t), \rho(t)]] \right\rangle_E \right.$$

$$+ \cos^2\theta \left\langle [\hat{f}(t')\sigma_z, [\hat{f}(t)\sigma_z, \rho(t)]] \right\rangle_E$$

$$+ \sin\theta\cos\theta \left(\left\langle [\hat{f}(t')\sigma_\Omega(t'), [\hat{f}(t)\sigma_z, \rho(t)]] \right\rangle_E \right.$$

$$\left. \left. + \left\langle [\hat{f}(t')\sigma_z, [\hat{f}(t)\sigma_\Omega(t), \rho(t)]] \right\rangle_E \right) \right\} \tag{5.112}$$

(在上式中将后面对易式中的 $\rho(0)$ 替换为 $\rho(t)$ 只引入高阶修正.) 将密度矩阵表示为 Bloch 矢量形式, $\rho = \frac{1}{2}[1 + \mathcal{R}_\alpha\sigma_\alpha]$, 从矩阵方程式 (5.3.1) 中取右边的部分, 并且重复式 (5.30) 的操作, 我们最终得到弛豫率和总的退相位 (也就是退相干) 率

$$\Gamma = \frac{S_{f,s}(\Omega)}{\hbar^2}\sin^2\theta = \frac{1}{T_1}; \quad \Gamma_\varphi = \frac{\Gamma}{2} + \gamma \equiv \frac{\Gamma}{2} + \frac{S_{f,s}(0)}{\hbar^2}\cos^2\theta = \frac{1}{T_2} \tag{5.113}$$

这里弛豫率和激发率的差别被忽略掉了. 这里的 $T_{1,2}$ 就是我们之前在 Bloch 方程式 (1.90) 中唯象地引入的两个特征时间. 式 (5.113) 可以用更严密的方式得到, 包括可精确求解的情况 $\theta = 0$(Leggett et al., 1987; Weiss, 1999, Makhlin et al., 2001; Shnirman, Schon, 2003). 它们也跟我们之前的分析一致, 包括弛豫率对退相位的贡献部分 $\Gamma/2$(在式 (1.72) 中是从我们选择的 Lindblad 算符式 (1.64)、式 (1.65) 得来). 在这里我们注意到, 由于弛豫率是依赖于量子比特的跃迁频率 Ω 的, 而纯退相位没有, 因此理论上我们可以通过调节量子比特来影响前者但不影响后者.

对方程式 (5.113) 的乐观解读是, 要想得到一个量子系统的退相干时间, 我们不需要知道关于环境的任何细节, 而只需要知道广义力 $\hat{f}(t)$(我们在式 (5.109) 中选择的 B 导致的耦合强度已经包含到了 $\hat{f}(t)$ 的定义中了) 的噪声谱. 后面我们会看到在什么样的程度上这种乐观是合理的.

5.3.2 环境的玻色型库模型

通过求迹去掉环境部分影响这种对量子系统退相干的一般性处理已经由 Feynman, Vernon(1963) 实现 (也可参见 Feynman, Hibbs, 1965, 12.8 节). 他们采用路径积分的方法, 结果表明, 特别是当系统与环境的耦合足够弱时, 后者可以表示为一系列的谐振子 (称为振子或玻色浴). 于是, "迹掉" 玻色自由度会导致系统的非幺正演化. 我们在前面

已经见过这样的一个例子了, 当时我们在推导一个系统与单个玻色模式耦合的主方程 (1.3.2).

对于一个量子比特与一个 LC 电路的单个模式耦合的情况而言, 这样的处理足够好了. 但是, 这种情况下我们不能简单地迹掉振子的模式: 相反, 我们已经看到, 量子比特和谐振腔之间发生了量子相干 Rabi 振荡, 式 (4.61), 其寿命取决于量子比特的本征退相干以及振子的耗散, 而这种耗散必须以某种方式放到整个图像中去.

Feynman, Vernon(1963) 指出, 当振子的频谱为连续的时, 会出现耗散. 此时没人能够控制它们, 而且由于系统与环境耦合较弱, 环境振子中的每一种模式都只会受到与系统相互作用的轻微影响, 反之则不然. 因此对环境求迹是合理的.[①] 我们还需要意识到环境不可能是 "完全" 线性的, 因为无相互作用的振子模式不可能交换能量并达到平衡. 它们之间必然在某处——有可能离系统无穷远——存在某些极小的相互作用, 以确保它们能够达到平衡. (这在某种意义上与我们在 3.1.3 小节中遇到的输运散射理论相似, 在那里散射后的电子回到无穷远处的平衡热库并且永远——也就是, 直到庞加莱回归时间——也不会回来.)

做了这些说明之后, 我们就可以通过自旋-玻色子模型来描述二 (或多) 能级量子系统 ("自旋") 的退相干行为了, 将量子系统的退相干归因于其与连续频谱的线性振子浴相互作用. 这一模型常被称为卡尔代拉–列格特 (Caldeira-Leggett) 模型, 因为是 Caldeira, Leggett(1983)(也可参见 Leggett et al., 1987) 将其发展出来并用于描述存在耗散时的量子隧穿行为的.[②]

沿着 Devoret(1997) 的思路, 让我们看看这一方法是如何在一个线性电路中应用的. 考虑一个经典的有耗散 LC 电路 (图 5.7). 这里只有一个变量——节点磁通 Φ, 修正的

---

① 在经典的统计物理中也面临同样的问题. 为了保持一致性, 我们应该将热库看成一个足够大但是有限的机械系统; 并且要研究的系统和库的总能量是守恒的. 庞加莱定理 (Mayer, Mayer, 1977) 指出任何机械系统从一个初始状态出发, 经过某个时间 T_0(庞加莱回归时间) 之后总能回归到与初态无限接近的状态. 这意味着, 无论系统丢失多少能量到热库中, 经过 T_0 时间后总会回到系统中. 一个与有限振子浴耦合的阻尼振子, 其振动幅值将如图 5.6 所示, 其中最初的衰减——由式 (2.94) 近似描述——最终将增长并基本回到初态, 几乎呈周期性变化 (Tatarskii, 1987). 对于足够大的热库, T_0 实际上是无穷大的, 举例来说, 1 mol Ne 在标准状态下的 $T_0 \sim \exp[10^{25}]$ s, 远超过宇宙的寿命 $\sim \exp[40]$ s(Mayer, Mayer, 1977). 当然, 这个情况比较极端了. 实际上, 一个包含 20 个线性振子的浴, 其回归时间 T_0 就已经是 "几乎无穷大" 了 (Weiss, 1999, 3.1.3 小节).

② 要想区分 "自旋–玻色子" 模型与 "Caldeira-Leggett" 模型, 那么它涉及的是 "中心系统" 而不是浴: "自旋–玻色子" 于是对应于一个具有有限维 Hilbert 空间 (如自旋的态空间, 或截断到几个最低本征态的介观量子比特) 的量子系统的情况.

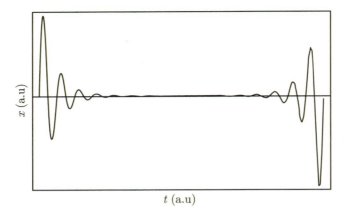

图5.6 一个经典振子与一个包含离散等间距频率模式的振子浴耦合

$\omega_n = n\Omega$, $n = 1, \cdots, \infty$: $x(t) \propto \{\cosh[\gamma(T_0/2-t)]\sin \omega t\}/\{\omega\cosh(\gamma T_0/2)\}$,在时间间隔$[0, T_0]$以外,振子的行为是周期的(Tatarskii,1987).在这个特殊情况下,庞加莱循环是精确周期性的.

拉格朗日运动方程式 (2.94) 如下:

$$\frac{C_0}{c^2}\ddot{\Phi} + \frac{1}{L_0}\Phi = -\frac{G}{c^2}\dot{\Phi} \tag{5.114}$$

其中 G 为漏电导. 采用傅里叶分量,

$$-\omega^2\frac{C_0}{c^2}\Phi(\omega) + \frac{1}{L_0}\Phi(\omega) = i\omega\frac{Y(\omega)}{c^2}\Phi(\omega) \tag{5.115}$$

这里我们将漏电导替换为更一般的、频率依赖的导纳 $Y(\omega) = G(\omega) + iB(\omega)$.

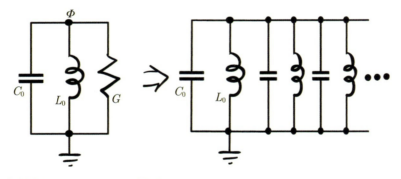

图5.7 LC 电路的 Caldeira-Leggett 模型

参考Devoret,1997.耗散元件被替换为一个无耗散振子模式的连续统,见式(5.116).

下面,我们将 $Y(\omega)$ 换成有限个纯的被动元件:

$$Y(\omega) = \sum_m Y_m(\omega) = -\sum_m \left(\frac{i\omega L_m}{c^2} + \frac{1}{i\omega C_m}\right)^{-1} \tag{5.116}$$

对于实频率而言, 上面的每一项都是纯虚数, 从而 $Y(\omega) = iB(\omega)$. 现在让我们将频率从实轴向上移动一个无穷小量: $\omega \to \omega + i\epsilon$, 这里 $\epsilon \to 0$. 之所以可以这么做, 是因为导纳的定义 (这里 $\widetilde{Y}(t) = \int (d\omega/2\pi) \exp[-i\omega t] Y(\omega)$),

$$I(t) = \int_{-\infty}^{\infty} d\tau \widetilde{Y}(t-\tau) V(\tau) \equiv \int_{-\infty}^{t} d\tau \widetilde{Y}(t-\tau) V(\tau) \tag{5.117}$$

或者 $\widetilde{Y}(t) \equiv \widetilde{Y}(t)\theta(t)$. 因果律不允许任何时间的电流受到未来时间[1]的电压影响. 于是导纳

$$Y(\omega) = \int_{-\infty}^{\infty} dt e^{i\omega t} \widetilde{Y}(t) \equiv \int_0^{\infty} dt e^{i\omega t} \widetilde{Y}(t) \tag{5.118}$$

在 ω 有一个正的虚部时仍是有意义的[2]. 利用 Weierstrass 公式 (1.58), 我们发现

$$
\begin{aligned}
Y_m(\omega + i\epsilon) &= \frac{i\omega_m^2 C_m}{2}\left[\frac{1}{\omega + i\epsilon - \omega_m} + \frac{1}{\omega + i\epsilon + \omega_m}\right] \\
&\xrightarrow{\epsilon \to 0} \frac{\mathcal{Y}_m}{2}\left[i\left(\mathcal{P}\frac{\omega_m}{\omega - \omega_m} + \mathcal{P}\frac{\omega_m}{\omega + \omega_m}\right) + \pi\omega_m(\delta(\omega - \omega_m) + \delta(\omega + \omega_m))\right]
\end{aligned}
\tag{5.119}
$$

这里 $\omega_m = c/\sqrt{L_m C_m}$ 为第 m 个 LC 电路的谐振频率, 而 $\mathcal{Y}_m = c\sqrt{C_m/L_m}$ 为其 "名义" 导纳. 于是, 我们从纯的被动元件中构建出了一个主动元件的电导:

$$
\begin{aligned}
G(\omega) &= \frac{\pi}{2}\sum_m \mathcal{Y}_m \omega_m [\delta(\omega - \omega_m) + \delta(\omega + \omega_m)] \\
&= \frac{\pi}{2}\sum_m \frac{1}{L_m}[\delta(\omega - \omega_m) + \delta(\omega + \omega_m)]
\end{aligned}
\tag{5.120}
$$

为了模拟电导 $G(\omega)$, 我们还需要将离散的振子模式组替换成一个连续统 (也就是一个振子浴)[3]. 于是求和变成了一个对频率的积分, 其中模式密度为 $D(\omega)$:

$$\sum_m F_m[\delta(\omega - \omega_m) + \delta(\omega + \omega_m)] \to \int \frac{d\omega'}{2\pi} D(\omega') F(\omega') \tag{5.121}$$

---

[1] 对比线性响应理论的式 (1.37)、式 (1.38).

[2] 换句话说, 导纳 $Y(\omega)$ 可以被解析地延伸到上半复平面内. 这和其他约束物理响应过程 (色散关系) 的数学因果关系在 Nussenzveig(1972) 的著作中有很详细的讨论.

[3] 如果选择节点电荷而不是磁通为正则变量 (Wells, 1967, 15.2.A 小节), 则我们需要用电路阻抗 $Z(\omega) = R(\omega) + iX(\omega) = \sum_m Z_m(\omega)$ 来处理 (图 5.7). 不同于式 (5.119), 我们得到

$$Z_m(\omega + i\epsilon) \xrightarrow{\varepsilon \to 0} \frac{1}{2\mathcal{Y}_m}\left[i\left(\mathcal{P}\frac{\omega_m}{\omega - \omega_m} + \mathcal{P}\frac{\omega_m}{\omega + \omega_m}\right) + \pi\omega_m(\delta(\omega - \omega_m) + \delta(\omega + \omega_m))\right]$$

等等.

现在我们可以在拉格朗日量中加入表示导纳的项, 而不是使用耗散函数修正的拉格朗日方程:

$$\mathcal{L}_Y = \sum_m \left[\frac{C_m \dot{\Phi}_m^2}{2c^2} - \frac{(\Phi_m - \Phi)^2}{2L_m} \right] \tag{5.122}$$

系统与振子浴之间的耦合来源于上式括号中的最后一项, 并且可以约化为对如下势能函数的贡献:

$$U_{\text{int}} = -\left(\sum_m \frac{\Phi_m}{L_m} \right) \Phi \tag{5.123}$$

现在就可以切换到哈密顿力学形式, 进行量子化, 取连续振子分布式 (5.121) 极限, 对振子态求平均, 并最终得到 LC 电路可观测量 Φ 的非幺正量子动力学. 需要注意振子浴也会通过式 (5.119) 中的纯虚数项对非耗散动力学重整化 (就像方程式 (1.3.2) 中第一行那样). 对于足够小的泄露, 这一贡献可忽略, 并且总是可以通过 L_0 和 C_0 的偏移来补偿掉.

Caldeira-Leggett 模型通常用质点 M_0 来表示 (Caldeira, Leggett, 1983; Leggett et al., 1987; Weiss, 1999), 其位置 q——假定它处在一个抛物线势中——将满足如下阻尼衰减率 $\gamma(\omega)$ 随频率变化的唯象运动方程:

$$-\omega^2 M_0 q(\omega) + M_0 \omega_0^2 q(\omega) = \mathrm{i}\omega M_0 \gamma(\omega) q(\omega) \tag{5.124}$$

而不是方程式 (5.115). 经典的方程式 (5.114) 可以从下面的哈密顿系统得到:

$$H = \frac{p^2}{2M_0} + \frac{M_0 \omega_0^2 q^2}{2} + \sum_m \left(\frac{p_m^2}{2M_m} + \frac{M_m \omega_m^2 q_m^2}{2} \right) - \left(\sum_m \lambda_m q_m \right) q \tag{5.125}$$

于是, 经过与导纳类似的推导计算, 我们得到衰减率为

$$\gamma(\omega) = \frac{1}{M_0} \frac{J(\omega)}{\omega} \tag{5.126}$$

其中环境耦合的谱密度 (对于正频率 ω) 为

$$J(\omega) = \frac{\pi}{2} \sum_m \frac{\lambda_m^2}{M_m \omega_m} \delta(\omega - \omega_m) \rightarrow \frac{\pi}{2} \int_0^\infty \frac{\mathrm{d}\omega'}{2\pi} D(\omega') \frac{\lambda^2(\omega')}{M(\omega')\omega'} \tag{5.127}$$

对比式 (5.114) 和式 (5.124), 我们发现如下的对应关系:

$$\begin{aligned} q_\alpha &\leftrightarrow \Phi_\alpha; \quad M_\alpha \leftrightarrow C_\alpha/c^2; \quad M_\alpha \omega_\alpha^2 \leftrightarrow 1/L\alpha; \\ M_\alpha \omega_\alpha &\leftrightarrow \Upsilon_\alpha; \quad \lambda_\alpha \leftrightarrow 1/L_\alpha; \quad M_0 \gamma(\omega) \leftrightarrow G(\omega)/c^2 \end{aligned} \tag{5.128}$$

并且可以检验上述对应关系可将式 (5.126) 和式 (5.127) 转换到式 (5.3.2).

谱密度 $J(\omega)$ 由振子的参数分布和耦合系数决定——如果我们考虑一个现实的振子库 (比如晶体中的声子模式), 反之亦然, 如果我们从衰减的唯象方程开始, 并引入一个虚

拟的振子浴以便使用哈密顿方程. 两种情况下, $J(\omega)$ 的行为都很大程度上影响了系统与浴相互作用的动力学. 特别地, 涨落–耗散定理将 $J(\omega)$ 与量子化的广义力 $\hat{f} = \sum_m \lambda_m \hat{q}_m$ 的平衡态涨落谱关联起来, 这一广义力将系统与浴耦合起来:

$$S_{f,s}(\omega) = \hbar J(\omega) \coth \frac{\hbar\omega}{2k_B T} \tag{5.129}$$

跟往常一样, 这里的 $S_{f,s}(\omega)$ 是对称化相关因子 $K_{f,s}(t) = \left\langle \left\{ \hat{f}(t), \hat{f}(0) \right\} \right\rangle \big/ 2$ 的傅里叶变换. 因此, $J(\omega)$ 决定了系统的弛豫率和退相位率 (如式 (5.113)).

高频截止频率 ω_c(大大高于所考虑问题中所有的特征频率; 当 $\omega > \omega_c$ 时, $J(\omega) \to 0$) 处 $J(\omega)$ 的行为并不那么重要: 退相干性取决于 $S(\omega = 0)$ 和 $S(\omega = \Omega)$, 都远离截止频率. 对于一个玻色子浴, $J(\omega)$ 在低频下通常具有幂指数行为, 可以写为 (Leggett et al., 1987; Weiss, 1999)

$$J(\omega) = \frac{\pi}{2} \alpha \hbar \omega_r^{1-s} \omega^s e^{-\omega/\omega_c} \tag{5.130}$$

这里的无量纲参数 α 表征了系统–浴之间的相互作用强度, 而 "参考频率" ω_r 的引入是为了保证量纲的正确性. $s = 1$ 的情况被称为欧姆型摩擦力, 因为此时衰减率 $\gamma \propto J(\omega)/\omega$ 是频率无关的, 在式 (5.114) 和式 (5.115) 中会产生一个常数的电阻性电导 $G = 1/R$, 这是最普遍的情况[①]. 举例来说, 约瑟夫森结中由于热激发准粒子导致的固有退相干率可以用噪声谱式 (5.58) 的欧姆型浴来描述, 其中等效的结旁路电导 G 在温度 $k_B T$ 低于超导能隙 Δ 后随温度指数下降.

5.3.3　自旋浴

玻色子浴模型是建立在我们研究的量子系统与浴中的大数量振子弱相互作用这一假设上的. 对于非局域的模式——比如声子——这确实很合理, 每个振子模式都扩展到整个库体, 并且它们与系统的相互作用强度随模式数而降低, $\sim \mathcal{N}^{-1/2}$. 但是, 当环境自由度是局域的, 比如原子核或顺磁自旋, 或 TLS, 情况就不是这样了. 这种环境称为自旋浴. 由于每个环境 "自旋" 的耦合不依赖于总的数量 $\mathcal{N}$, 情况会变得很复杂 (Prokof'ev, Stamp, 2000; Stamp, 2008), 除非耦合从一开始就很弱 (此时自旋浴等价于振子浴, 见

[①] $s > 1(0 < s < 1)$ 的情况下, 当然, 称为超 (次) 欧姆摩擦力. 超欧姆浴相比欧姆的来说不那么麻烦, 因为浴在低频下的影响被压制了. 次欧姆浴对应, 比如系统耦合到一个 RC-传输线的情况 (Weiss, 1999, 3.4.2 小节)(其中 $s = 1/2$), 并且其退相干效应定性来讲要强于 LC-传输线的欧姆情况 (Weiss, 1999, 20.3.2 小节). Shnirman 和 Schon(2003) 给出了退相干和一个二能级系统与次欧姆、欧姆和超欧姆玻色浴相互作用响应函数的详细分析.

Feynman, Vernon, 1963; Weiss, 1999, 3.5 节; Prokof'ev, Stamp, 2000, 4.2 节).

复杂性源于自旋浴中至少有某些自旋是与系统强耦合的, 因此, 它们的演化不可以通过微扰的方式得到, 自旋浴的态随着系统状态演化, 它们之间的相互影响非常显著. 这会引入额外的退相干 (Weiss, 1999; Prokof'ev, Stamp, 2000): 由自旋浴受系统动力学影响而引入的系统相位随机化导致的 "拓扑退相干"; 当系统状态之间的共振隧穿受到浴引起的能量失配而导致的 "简并阻塞"; 由于自旋浴初态和末态之间极小的重叠而引起的 "正交性阻塞"; 以及自旋浴固有的动力学引起的 "浴涨落". 幸运的是, 我们不需要走入描述这些效应的理论中 (这需要更强大的数学工具), 因为我们考虑的这些介观尺度的量子比特用弱耦合极限下的描述就够用了, 也就是用玻色子浴模型[①].

5.3.4　$1/f$ 噪声引入的退相干

$1/f$ 噪声对式 (5.113) 的弛豫率和弛豫引起的退相位率通常可以忽略: 其在量子比特跃迁频率处的噪声谱将远低于热噪声. 但对于纯退相位而言, 情况就大不相同了. 从式 (5.108) 和式 (5.113) 看起来, $1/f$ 噪声对于固态系统的量子相干性就像是死亡丧钟: 由于退相位率取决于零频处的噪声谱密度 $S(0)$, 一个 $S(\omega) \propto 1/|\omega|^{\alpha}, \alpha \approx 1$ 形式的噪声谱将导致瞬间的退相位. 哪怕我们允许有一个低频截止频率 $\omega_{\min}$(也就是, 假定任何实验都有一个很长但有限的时间间隔), 退相位率也会 $\propto |\omega_{\min}|^{-\alpha}$, 也就是会很大. 假定 $1/f$ 噪声普遍存在, 前面几章中提到的那些实验能取得成功就显得很奇怪了.

对 $1/f$ 噪声物理意义的一个即兴推理应该能在某种程度上减轻这样的疑虑. 如果噪声是, 比如由一组 TLS 的随机电报信号叠加而产生的, 在量子比特发生翻转的长周期内, 量子比特仍将保持在一个静态势中 (如果 TLS 是经典的), 或者与其中一些 TLS 发生量子拍演化 (当它们正好与量子比特共振时), 这两种情况都不会导致任何相干性的瞬时丧失.

事实上, 方程式 (5.108) 和式 (5.113) 大大高估了低频噪声的影响, 甚至给出了退相干性随时间的错误函数形式. 现在让我们回到式 (5.106), 我们当时用了极限 $t \to \infty$, 在现实中, 这意味着 $|t| \gg 1/|\omega|$. 对于这样的时间尺度, 相干性随时间衰减为

---

① 对于这种微观系统如 "分子磁子", 情况有所不同——具有几个磁性离子的分子, 其自旋被锁在了一起 (Gatteschi et al., 2006). 两种不同的 Rabi 振荡 (频率分别为 4.5 MHz 和 18.5 MHz) 对应不同的共振跃迁, 在这种磁子中被 Bertaina et al.(2008) 观测到 (钒阴离子团簇 $\left[V_{15}^{IV} As_6^{III} O_{42}(H_2O) \right]^{6-}$)(也可参考 Stamp, 2008). 它们在 4 K 下的退相干 (分别为 800 ns 和 340 ns) 主要是由分子磁体自身的钒核自旋组成的自旋浴引起的, 氢核自旋的贡献比较小, 晶格声子玻色浴的贡献则可以忽略 (小两个数量级).

$\sim \exp[-\Gamma_{\delta\Omega}|t|]$. 这对于平直的噪声谱而言是没问题的, 但是当 $|\omega t| \gg 1$ 时, 很明显这种推导不适用于当噪声谱随频率降低而增长甚至发散的情况. 因此, 为了分析 $1/f$ 噪声对退相干效应的贡献, 我们需要直接使用方程式 (5.106). 我们将采用下式来近似 $1/f$ 噪声的噪声谱密度:

$$S_{\delta\Omega}(\omega) = \left(\frac{\partial \Omega}{\partial A}\right)^2 C \overline{A}^2 \left|\frac{2\pi}{\omega}\right| \theta \quad (\omega_{\min} \leqslant |\omega| \leqslant \omega_{\max}) \tag{5.131}$$

这里 A 是 $1/f$ 涨落参数, C 是一个无量纲常数, 而红端和蓝端截止频率则分别选择为远低于和远高于所讨论问题的所有特征频率. 将上式代入式 (5.106), 我们得到 (Ithier et al., 2005)

$$\eta(t) = \frac{t^2}{2} \cdot \left(\frac{\partial \Omega}{\partial A}\right)^2 C \overline{A}^2 \cdot 2 \int_{\omega_{\min}}^{\omega_{\max}} \frac{d\omega}{\omega} \frac{\sin^2(\omega t/2)}{(\omega t/2)^2} \approx t^2 \left(\frac{\partial \Omega}{\partial A}\right)^2 C \overline{A}^2 \ln\left(\frac{1}{\omega_{\min} t}\right) \tag{5.132}$$

这里的近似是由于时间 $t \ll 1/\omega_{\min}$ 时积分中低频部分占主导. 我们发现, 不但在这种时间尺度上退相干对红端截止的依赖可以忽略[①], 而且退相位行为变成了高斯的而非指数的: $\sim \exp[-at^2]$[②].

5.4 退相干抑制

5.4.1 退相干的动力学抑制

由 $1/f$ 噪声和其他慢涨落引起的退相位可以采用所谓量子砰砰控制 (Viola, Lloyd, 1998; Viola et al., 1999a, b; Gutmann et al., 2005) 来显著地缓解. 我们先回到量子比特密度矩阵的 Bloch 矢量表示, 并考虑一个经典的由 TLS 引起的纯退相位. 于是, Bloch 矢量绕轴 O_z 进动的角速度为

$$\Omega(t) = \frac{2}{\hbar}|\mathcal{H}(t)| = \Omega + A(t) \tag{5.133}$$

这里 $A(t)$ 是一个幅值为 a, 相关函数为 $a^2 \exp[-2\nu|t|]$(式 (①)) 的随机电报信号. TLS 不同翻转之间的进动角 (也就是相干演化的相位增益) 近似为 $(\Omega \pm a)/(2\nu)$. 我们先将

---

① "对数不是一个函数, 它增长得太慢了." (L. D. Landau).

② 这与量子齐诺 (Zeno) 效应直接相关, 我们将在 5.5.6 小节中讨论.

Bloch 矢量的横向分量放在 x 轴上, 经过一定的时间 t_0 后对系统施加一个很强但持续时间 t_π 很短的扰动 (所谓 π-脉冲):

$$H_\pi(t) = \frac{\pi\hbar}{2t_\pi}\theta(t_0 < t < t_0 + t_\pi)\sigma_x \to \frac{\pi\hbar}{2}\delta(t - t_0)\sigma_x \qquad (5.134)$$

其效果将使得 Bloch 矢量绕 x 轴做了一个翻转:

$$\begin{pmatrix} \mathcal{R}_x \\ \mathcal{R}_y \\ \mathcal{R}_z \end{pmatrix} \to \begin{pmatrix} \mathcal{R}_x \\ -\mathcal{R}_y \\ -\mathcal{R}_z \end{pmatrix} \qquad (5.135)$$

同时, 还使得 Bloch 矢量绕 O_z 进动的方向发生了反转 (图 5.8). 如果这个 TLS 在时间间隔 $[0, 2t_0]$ 内不发生跳变, 经过时间 $2t_0$ 后, Bloch 矢量在 xy 面内的投影 $\mathcal{R}_\perp$ 将回到其起始位置, 再打一个 π-脉冲后, $\mathcal{R}_z$ 也可以恢复. 由此, 在时间间隔 $2t_0$ 内从 TLS 获得的相位将完全抵消. 如果在时间 $[0, 2t_0]$ 内 TLS 确实跳变了, 进动的速度会发生变化, 随机电报信号对相位的贡献就无法完全抵消了. 但是, 这个额外的相位最坏也就是 $\pm at_0$, 而不会是 $\pm a/(2\nu)$. 因此, 周期性施加 π-脉冲可以压制退相位, 只要其周期 t_0 小于 TLS 的特征跳变时间, 或者更一般地说, 小于纵向涨落的相关时间. 这与 NMR(核磁共振) 中

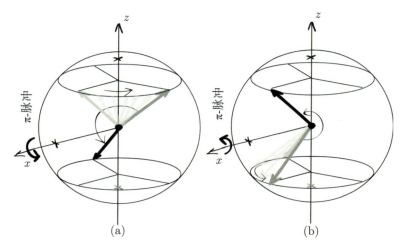

图5.8　量子砰砰（自旋回波）方法

用于降低由于低频涨落引起的退相位. (a) 由于存在随机的、静态的外部场, 量子比特Bloch矢量绕z轴的进动角会附加一个随机项. 经过时间t_0之后, 打一个π-脉冲将Bloch矢量翻转, 其进动方向也随之发生了翻转. (b) 因此, 经过了另一个t_0之后, 总的进动角会变为零, 意味着另一个π-脉冲能够将Bloch矢量恢复到原来的位置, 对量子比特的随机相位贡献完全抵消（常规进动角也是）. 如果随机势在时间$[0, 2t_0]$内发生了变化, 改变了进动频率, 则这一方法只能部分抵消随机相位.

的再聚焦技术 (Abraham et al., 1988, 6.6 节) 本质上是同样的概念, 这种技术可以压制核自旋绕之进动的磁场涨落 (空间或者时间的) 引起的弛豫. 如果我们有一个真实自旋的系综而不是 Bloch 矢量, 在磁场中进动, 时间 $t = 0$ 时, 它们都朝向同一个方向, 经过时间 $t = t_0$ 后, 它们会转不同的角度, 取决于其局部的磁场变化. 但是经过一个 π-脉冲并等待 t_0 后, 这些自旋全都会重新对齐, 产生一个自旋回波 (Hahn, 1950; Abraham et al., 1988, 第 7 章; Blum, 2010, 8.4.2 小节).

对于经典的高斯噪声, 我们可以很容易地算出回波实验中的退相位. 将时间 $[0, 2t_0]$ 内获得的相位增益代入方程式 (5.105) 中, 得到

$$\Delta\phi_{\text{echo}}(2t_0) = \int_0^{t_0} \mathrm{d}t' \delta\Omega(t') - \int_{t_0}^{2t_0} \mathrm{d}t' \delta\Omega(t') \tag{5.136}$$

我们发现 (Ithier et al., 2005)

$$\eta_{\text{echo}}(2t_0) = -\ln\left\langle e^{i\Delta\phi_{\text{echo}}(2t_0)}\right\rangle = \frac{(2t_0)^2}{2}\int_{-\infty}^{\infty}\frac{\mathrm{d}\omega}{2\pi}S_{\delta\Omega}(\omega)\frac{\sin^4(\omega t_0/2)}{(\omega t_0/2)^2} \tag{5.137}$$

对比式 (5.137) 和式 (5.106), 我们看到, 现在噪声谱低频部分 ($|\omega| < \pi/t_0$) 的贡献不是加重, 而是压制了——跟物理上的预期是一致的. 更精确地, 我们还需要知道噪声谱. 式 (5.137) 中的积分将取决于高频截止 $\omega_{\max}$ 附近的 $S_{\delta\Omega}(\omega)$ 行为, 举个例子, 矩形截止的 $1/f$ 噪声 (也就是 $S_{\delta\Omega}(\omega) \propto |\omega|^{-1}\theta(\omega_{\max} - \omega)$) 将得到 $\eta_{\text{echo}}(2t_0) \propto (\omega_{\max}t_0)^2 t_0^2$, 而对于高频下 $1/\omega^2$ 衰减的谱, 我们则得到 $\eta_{\text{echo}}(2t_0) \propto (\omega_{\max}t_0)t_0^2$(Ithier et al., 2005). 任何情况下, 低频涨落引起的退相干都被小的参数 $\omega_{\max}t_0$ 压制了. 相反, 对于白噪声, 由于 $\int_{-\infty}^{\infty} \mathrm{d}x\frac{\sin^4 x}{x^2} = \frac{\pi}{2}$, 我们发现

$$\eta_{\text{echo}}(2t_0) = S_{\delta\Omega}^{\text{white}} \cdot |t_0| = \frac{1}{2}S_{\delta\Omega}^{\text{white}} \cdot |2t_0| \tag{5.138}$$

退相位率与没有再聚焦的情况是一模一样的, 也就是式 (5.108). 这个不足为奇, 因为白噪声包含高频涨落, 而再聚焦对此是没有效果的 (尽管完全相同更像是一种巧合).

Gutmann et al. (2005) 的数值模拟和解析计算显示, 对于长的观测时间, 通过砰砰方式[①] (周期为 τ_{bb} 的 π-脉冲序列) 对单个经典涨落引起的退相位抑制正比于 $\tau_{\text{bb}}/\tau_{\text{bfl}}$, 这里的 τ_{bfl} 为平均的 (TLS) 翻转时间, 至少在 $10 < \tau_{\text{bb}}/\tau_{\text{bfl}} < 10^5$ 的范围内是这样. 对于更复杂也更有意思的情况, 比如当涨落环境本身也是量子的, 量子砰砰控制 (又称动力学再聚焦) 也是有效的, 只要 $\tau_{\text{bb}}/\tau_c \ll 1$, 其中 τ_c 为环境的相关时间; 在连续 π- 脉冲极限 ($\tau_{\text{bb}} \to 0$) 下, 不仅噪声的效应会被彻底消除, 而且量子比特的动力学也将被完全冻结 (Viola, Lloyd, 1998). 这依然不足为奇, 因为此时哈密顿量除了砰砰控制项, 其他的项都可以忽略, Bloch 矢量将绕着 x 轴不停地翻转.

---

① "砰砰控制" 一词来源于经典的控制理论, 它表示要么施加最大控制, 要么完全没有.

实验上, 量子比特的退相干时间在采用自旋回波技术之后系统地超过了直接测量的结果, 确认了这一方法的有效性. Byrd, Lidar(2002) 给出了一个量子砰砰控制的一般性数学观点.

5.4.2　通过设计压制退相干：最佳工作点

动力学再聚焦方法的缺点是, 它需要主动干涉系统的动力学, 从而不可避免地会引入额外的噪声、耗散和退相干. 相反, 我们可以采用被动的方法, 通过抑制量子比特与噪声的耦合, 来达到抑制退相干的目的. 其中一个办法是, 确保在一阶近似下, 环境的微小涨落不会对量子比特造成影响. 考虑物理 (非绝热) 基下一个量子比特的哈密顿量 (分别采用两个独立的算符来描述横向 ($\hat{f}_x$) 和纵向 ($\hat{f}_z$) 噪声):

$$
\begin{aligned}
H &= -\frac{1}{2}(\Delta\sigma_x + \epsilon\sigma_z) - \hat{f}_x(t)\sigma_x - \hat{f}_z(t)\sigma_z \\
&= -\frac{1}{2}\Big[(\Delta + 2\hat{f}_x(t))\sigma_x + (\epsilon + 2\hat{f}_z(t))\sigma_z\Big]
\end{aligned}
\tag{5.139}
$$

这里我们已经丢掉了环境哈密顿量 H_E, 认为量子比特对环境的影响可以忽略不计. 在绝热基下, 式 (5.4.2) 可以写为

$$
\begin{aligned}
H &= -\frac{1}{2}\Big[(\Delta + 2\hat{f}_x(t))^2 + (\epsilon + 2\hat{f}_z(t))^2\Big]^{1/2}\widetilde{\sigma}_z \\
&= -\frac{\hbar\Omega(\Delta,\epsilon)}{2}\widetilde{\sigma}_z - \frac{\Delta\hat{f}_x(t) + \epsilon\hat{f}_z(t)}{\hbar\Omega(\Delta,\epsilon)}\widetilde{\sigma}_z - \Bigg[\frac{\hat{f}_x^2(t)}{\hbar\Omega(\Delta,\epsilon)}\left(1 - \frac{\Delta^2}{(\hbar\Omega(\Delta,\epsilon))^2}\right) \\
&\quad - \frac{\Delta\epsilon\big\{\hat{f}_x(t),\hat{f}_z(t)\big\}}{(\hbar\Omega(\Delta,\epsilon))^3} + \frac{\hat{f}_z^2(t)}{\hbar\Omega(\Delta,\epsilon)}\left(1 - \frac{\Delta^2}{(\hbar\Omega(\Delta,\epsilon))^2}\right)\Bigg]\widetilde{\sigma}_z + o(\hat{f}^2)
\end{aligned}
\tag{5.140}
$$

其中 $\hbar\Omega(\Delta,\epsilon) = \sqrt{\Delta^2 + \epsilon^2}$ 为无扰动情况下量子比特的能级间隔, 算符的函数, 跟往常一样, 可以理解为其泰勒展开式 (如果存在的话), 而 $o(\hat{f}^2)$ 表示噪声的三阶以上的项. 将偏置量 ϵ 调到零的话, 我们得到

$$
H = -\left[\frac{\Delta}{2} + \hat{f}_x(t) + \frac{\hat{f}_z^2(t)}{\Delta}\right]\widetilde{\sigma}_z + o(\hat{f}^2)
\tag{5.141}
$$

上式在小噪声情况下是有效的, 也就是当 $\langle\hat{f}_x\rangle \ll \Delta$ 以及 $\langle\hat{f}_z^2\rangle \ll \Delta^2$ 时. 我们看到, 通过设置偏置 $\epsilon = 0$, 纵向噪声的一阶影响可以消除. 如果由于某种原因横向噪声可忽略, 则退相干性只受二阶项影响, 因此也就被压制了. 这就是将量子比特设置在参数空间的最佳工作点的思想所在. 这种方法并不是对所有的量子比特类型都适用. 举个例子, 相

量子工程学: 量子相干结构的理论和设计
Quantum Engineering: Theory and Design of Quantum Coherent Structures

位量子比特式 (2.68) 在没有外加交流场的情况下其哈密顿量只有 σ_z-项, 也就是不存在最佳工作点. 但是, 对于量子态是通过隧穿混合而来的量子比特 (比如超导电荷和磁通量子比特, 或者 2DEG 量子点量子比特等) 是有效的[①].

Makhlin, Shnirman(2004) 研究了最佳工作点处纵向噪声引起的退相干 (将式 (5.141) 中的 $\hat{f}_x$ 设为零), 这个过程于是约化为一个二次方耦合形式的纯退相位

$$\mathrm{e}^{-\eta(t)} = \left\langle \widetilde{\mathcal{T}} \exp\left[\frac{\mathrm{i}}{\hbar} \int_0^t \mathrm{d}t' \frac{\hat{f}_z^2(t')}{\Delta} \right] \mathcal{T} \exp\left[\frac{\mathrm{i}}{\hbar} \int_0^t \mathrm{d}t' \frac{\hat{f}_z^2(t')}{\Delta} \right] \right\rangle \tag{5.142}$$

这里 $\mathcal{T}(\widetilde{T})$ 为时间顺 (逆) 序算符 (Zagoskin, 1998, 1.3.1 小节和 3.4.2 小节). 在最低阶微扰论中, 上式约化为式 (5.106), 其中 $S_{\delta\Omega}$ 替换为

$$S_{f^2,s}(\omega) = \int_{-\infty}^{\infty} \mathrm{d}t \mathrm{e}^{\mathrm{i}\omega t} \frac{1}{2} \left\langle \left[\frac{\hat{f}_z^2(t)}{\Delta}, \frac{\hat{f}_z^2(0)}{\Delta} \right] \right\rangle \tag{5.143}$$

对于欧姆型浴, $\hat{f}_z$(不是 $\hat{f}_z^2$!) 的谱涨落 $S_{f,s}(\omega) \propto \omega \coth(\hbar\omega/(k_B T))$, 衰减是指数的

$$\eta_{\mathrm{ohmic}}(t) = \frac{t}{T_2} \propto t T^3 \tag{5.144}$$

退相位时间随温度降低的增长速度 ($\propto T^{-3}$) 要快于线性耦合的 T^{-1}(也就是总在最佳工作点). 对于红端截止频率为 $\omega_{\min}$ 的 $1/f$ 噪声, 我们得到

$$\eta_{1/f}(t) = \left(\frac{\gamma_f}{\pi} t \ln(\omega_{\min}t) \right)^2 \tag{5.145}$$

这里 γ_f 正比于 $1/f$ 噪声的幅值. 在这个近似以外, 欧姆浴的结果形式也不变, 只要把式 (5.145) 改为

$$\eta_{1/f}(t) = \begin{cases} \frac{1}{4} \ln\left[1 + \left(\frac{2}{\pi} \gamma_f t \ln(\omega_{\min}t) \right)^2 \right], & \gamma_f t \ll 1; \\ \gamma_f/2, & \gamma_f t \gg 1 \end{cases} \tag{5.146}$$

上式表明, 在长时间极限下, 退相位仍然是指数的.

5.4.3 Transmon

在 quantronium 量子比特 (2.4.4 小节), 特别是所谓 transmon 量子比特 (Koch et al., 2007; Schreier et al., 2008; Houck et al., 2008, 2009) 的设计中, 都用到了最佳工作

[①] 一个磁通量子比特通过环绕其回路的持续电流来与外界电磁场耦合, 其算符在物理基下为 $\hat{I}_p \propto \sigma_z$. 因此, 在最佳工作点处它与这些场完全脱耦, 因为不管在基态还是激发态, 此时的 $\langle\sigma_z\rangle = 0$.

点保护的方法. 类似于"差分电荷量子比特"(DCQ)(Shnirman et al., 1997; Bladh et al., 2002; Shaw et al., 2007), transmon 由两个超导岛组成, 它们与其他部分是电隔离的. 系统的哈密顿量为

$$H(n^*) = E_C(\hat{N} - n^*/2)^2 - E_J \cos\phi \tag{5.147}$$

这里的 $\hat{N}$ 是两个超导岛之间传输的库珀对粒子数算符, 而 ϕ 是它们之间的规范不变相位差. 在标准的电荷量子比特情况下, 库珀对可以在 SSET 岛和块超导体之间隧穿; 系统的总电荷是不守恒的, 因此允许我们固定岛的超导相位. 在 DCQ 或 transmon 中, 总电荷是守恒的, 但这并没有使得岛之间相位差变得不确定, 尽管存在粒子数–相位不确定关系 (式 (2.47)). 这是因为两个岛上库珀对总粒子数算符 $\hat{N}_{\text{tot}}$ 和相位差 ϕ 是对易的, 事实上

$$\hat{N} = \frac{\hat{N}_1 - \hat{N}_2}{2}, \quad \hat{N}_{\text{tot}} = \hat{N}_1 + \hat{N}_2, \quad \phi = \phi_1 - \phi_2 \tag{5.148}$$

我们看到

$$[\hat{N}_{\text{tot}}, \phi] = [\hat{N}_1, \phi_1] - [\hat{N}_2, \phi_2] = 0; \quad [\hat{N}, \phi] = \frac{[\hat{N}_1, \phi_1] + [\hat{N}_2, \phi_2]}{2} = -\text{i} \tag{5.149}$$

岛上的平均相位 $\bar{\phi} = (\phi_1 + \phi_2)/2$ 是不确定的, 但不会影响任何可观测量, 是一个无意义的因子[①].

transmon 和常规的 SSET(还有 DCQ) 最关键的差别是, transmon 被设计工作在 $E_J/E_C \gg 1$ 的区域 (一般在几十到几百的区间), 而不是电荷量子比特常用的 $E_J/E_C \leqslant 1$. 这是通过在岛上加一个大的旁路电容 C_B 来实现的, 类似地也增加了门电容 C_g(图 5.9). 在这个参数区间, 我们不能再像 SSET 那样处理哈密顿量 (式 (2.122)) 了: 将它限制在 N 和 $N+1$ 个库珀对的子空间内, 本质上就是在两种电荷能量抛物线交叉点 (在图 5.9 中圈出) 附近对 E_J/E_C 的展开. 我们在 2.4 节中提到过 (式 (2.134)), 式 (5.147) 的本征函数和本征值可以通过 Mathieu 函数的形式精确给出 (Koch et al., 2007, 那里给出了 transmon 的详细理论). 在极限 $E_J/E_C \gg 1$ 下, 第 m 个本征态的 "电荷色散" (也就是第 m 个能量本征值 $E_m(n^*)(m = 0, 1, \cdots)$ 的最大值和最小值之差) 随门电荷 n^*e 的关系由下式给出:

$$\Delta E_m \approx (-1)^m \frac{E_C}{4} \frac{2^{4m+5}}{m!} \sqrt{\frac{2}{\pi}} \left(\frac{2E_J}{E_C}\right)^{\frac{m}{2}+\frac{3}{4}} \text{e}^{-4\sqrt{\frac{2E_J}{E_C}}} \tag{5.150}$$

这个式子表明, 在最佳工作点附近 (也就是 $n^* = 1$) 的能量曲线随着 E_J/E_C 的增长而

---

① 这种情形让人回想起玻尔对 EPR 佯谬的回复 (Bohr, 1935), 当时他指出, 描述一个两分裂 (或任意) 量子体系的可观测量完全集不是固定的 (任意线性无关组合都如此), 而实际的选择由物理情景支配, 也就是给定设置下那些实际可测量的量.

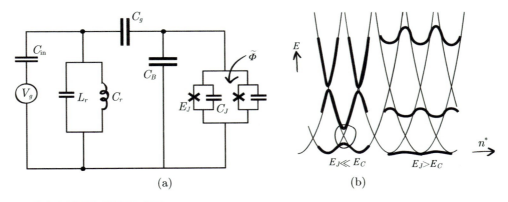

图5.9 等效电路图与能级示意图

(a) transmon量子比特的等效电路图（Koch et al.，2007）. (b) 电荷量子比特不同约瑟夫森能/电荷能比值下的能级示意图.

变得指数级平坦. 而在最佳工作点处由于电荷涨落 (由外场引起, 或更一般的局域 TLS 系统) 引起的退相位率正比于 $\left(\partial^2(E_1 - E_0)/\partial n^{*2}\right)^2$, 因此也就随之而被指数级压制了. 此外, 由于 $E_{0,1}(n^*)$ 变得平坦, 即使在偏离最佳工作点的位置, 退相位也被强烈地压制了[①]. 而即使在 $E_J/E_C \gg 1$ 的情况下, transmon 仍能保留足够的非谐性:

$$E_{m+1} - E_m \approx \sqrt{2E_C E_J} - E_C(m+1) \tag{5.151}$$

所以其 Hilbert 空间可以截取出最低的两个本征态式 (5.147), 作为一个有效的二能级系统 (量子比特) 使用. 在 transmon 中, 目前测到最高的弛豫和退相位时间分别为 $T_1 = 1.57\ \mu s$ 和 $T_2 = 2.94\ \mu s \approx 2T_1$. 因此, 纯的退相位确实被大大压制了 ($T_\phi > 35\ \mu s$), 而弛豫仍然是最主要的退相干来源 (Houck et al., 2009).

5.4.4 通过失谐来压制退相干

跟纯退相位不同, 量子比特的弛豫率 (式 (5.31), 式 (5.113)) 显式地依赖于其能级间距. 因此, 正如我们之前提到过的, 我们可以通过调节量子比特频率, 使之与主要的噪声源共振或失谐来增强或压制弛豫. 当外场被过滤时正对应着这种情况: 如果噪声谱密度集中在一个宽度为 $\Delta\omega$ 的带内, 则将量子比特调到远离这个带将压制弛豫. 将磁通量子比特放到一个高品质因数的 LC 谐振电路中 (图 4.4), 就会出现这种情况; 或者在电路

[①] 电荷 $1/f$ 涨落引起的 transmon 的退相位时间理论预测高达 $T_\phi \sim 25\,\mathrm{ms}$, 使得约瑟夫森临界电流的 $1/f$ 涨落 ($T_\phi \sim 35\,\mu s$) 和弛豫的贡献成为退相干的主要原因 (Houck et al., 2009).

QED 系统中, 此时电荷量子比特被放到一个高品质因数的带状线谐振腔中 (图 4.11). 不过, 当量子比特和这个有耗散的谐振腔 (有限指数衰减或泄露率 κ) 处于共振时, 量子比特的弛豫率和退相干率将增大 Q 倍, Q 为谐振腔的品质因数 (Blais et al., 2004). 在量子光学中, 这一现象被称为珀塞尔 (Purcell) 效应 (Purcell, 1946)[①] . 谐振腔必须足够地差 ($\kappa > g$, g 为量子比特和谐振腔的耦合常数, 见式 (4.46)), 否则量子比特和腔的态将发生混合并形成修饰态式 (4.61), 其弛豫率在正好共振的时候为 $(\kappa + \Gamma_i)/2$(这里 Γ_i 为除了向谐振腔中辐射光子以外所有其他因素引起的量子比特弛豫率, 见 Blais et al., 2004).

对于一个频率为 ω_0, 泄露率为 κ 的谐振腔, 涨落的谱密度由式 (5.18) 给出, 其中的 δ 函数替换为洛伦兹函数:

$$
S_X(|\omega|) = [n_B(\hbar\omega_0/(k_B T)) + 1]\frac{\kappa/2}{(\omega - \omega_0)^2 + (\kappa/2)^2};
$$
$$
S_X(-|\omega|) = n_B(\hbar\omega_0/(k_B T))\frac{\kappa/2}{(\omega - \omega_0)^2 + (\kappa/2)^2}
$$
(5.152)

在零温和大失谐情况下 (色散区域, $|\Omega - \omega_0| \equiv |\delta| \gg \kappa, g$, 这里 $\hbar\Omega$ 为量子比特的能级差), 这导致量子比特向谐振腔自发辐射引起的弛豫率为 (Blais et al., 2004)

$$
\Gamma_\kappa \approx \frac{g^2}{\delta^2}\kappa \ll \kappa
$$
(5.153)

相应地, 量子比特与谐振腔总的弛豫率分别为 (Blais et al., 2004; Houck et al., 2007)

$$
\Gamma_{\text{tot}} \approx \Gamma_i + \frac{g^2}{\delta^2}\kappa; \quad \kappa_{\text{tot}} \approx \kappa + \frac{g^2}{\delta^2}\Gamma_i
$$
(5.154)

看待方程式 (5.153) 和式 (5.154) 的另一个方式是, 回想一下每个修饰态式 (4.61) 都是一部分量子比特激发和一部分腔光子态的混合态, 而混合角 θ_n 取决于二者的失谐量. 当 $\delta = 0, \theta_n = \pi/4$ 时, 混合达到最大化 (相应的弛豫率为 $(\kappa + \Gamma_i)/2$). 在色散区域, $\theta_n \approx g\sqrt{n+1}/\delta \ll 1$, 因此, 在二阶微扰论下, 我们得到量子比特和腔相互的弛豫率贡献正比于 $(g/\delta)^2$.

---

① Purcell(1946) 指出, 在一个谐振腔内自发辐射一个波长为 λ 的谐频光子的辐射率相比自由空间以一个因子 $f = 3Q\lambda^3/(4\pi^2 V)$ 增加, 这里 Q 为谐振腔的品质因数, V 为体积. 这一效应的物理原因是谐振腔内只有一个振子, 对应频率范围 ν/Q. Purcell 关注辐射率的增加, 以加速一个自旋系统达到热平衡的时间: 他指出, 在自由空间内, 一个核磁子在室温 10 MHz 下的弛豫时间达 5×10^{21} s.

5.5 测量与退相干

5.5.1 测量的量子描述

从定义上, 测量是退相干的一个来源. 毕竟测量过程是一个量子系统与某个特殊的环境——探测器相互作用的过程. 这个过程会擦除系统密度矩阵中的相干性, 导致量子态约化或者说塌缩, 也就是向某个被测的可观测量的本征态投影. 在 1.1 节中我们在量子力学公设中引入了波函数的塌缩. "塌缩" 这个词本身是有迷惑性的, 因为它暗含了瞬时测量的意思. 这种说法适合于描述比如电离辐射产生的光子打到闪烁计数器上的行为, 但事实上, 自然界没有, 量子力学中也没有规定测量过程必须是瞬时的. 实验上实现的量子比特测量过程覆盖整个范围, 从瞬时的塌缩 ("强" 测量, 或者说 "投影" 测量) 到持续测量过程 ("弱连续测量", Braginsky, Khalili, 1992) 都有. 对系统做探测导致的退相干效应 ("反作用") 依赖于量子态测量的特性. 系统自身的退相干是测量的一个必要但不充分条件. 对于一个理想的 (也就是量子极限的) 探测器, 探测器引入的退相干只来源于测量.

不同于前面讨论的环境退相干 (比如强耦合区域的自旋浴), 探测器的状态同时也必然受到被测系统的影响——否则它就称不上是个探测器了——并且能以某种方式确定系统的状态. 因此, 我们在前面对退相干的处理要做一些修正.[①]

让我们先考虑一个强测量的情况. 我们之前已经讲过一个例子, 用一个简单的 Lindblad 算符式 (1.63) 来表示对一个二能级量子系统的 "哪个态" 测量, 并推出了演化方程式 (1.67). 其中量子态退化到投影算符之和 $\rho_0 |0\rangle \langle 0| + \rho_1 |1\rangle \langle 1|$ 的比率 γ(纯退相位率) 可以任意选择. 当然, 这只是一个模型 (Chapman et al., 1975), 是否可用于某特定情况以后再看. 一般来说, 我们不能在测量过程中排除系统的弛豫和激发, 如果我们使用退相干时间来作为测量时间 τ_m 的近似, 从式 (5.113) 可以得出, 测量一个量子比特会对系统引入以下的噪声反应 (探测器反作用):

$$\frac{1}{2} S_{f,s}(\Omega) \sin^2 \theta + S_{f,s}(0) \cos^2 \theta \approx \frac{\hbar^2}{\tau_m} \tag{5.155}$$

---

① 测量理论的一个详细阐述由 Braginsky, Khalili(1992) 给出, 也可参考 Kholevo(1982), Namiki et al.(1997), Gardiner, Zoller(2004), 第 2 章, Clerk et al.(2010) 的文章以及其中的引用.

如果我们试图将测量时间缩短到零, 这个噪声会变得无穷大. 除非 $\theta = 0$, 否则探测器的反作用总会有一个横向分量, 这个分量会导致量子态在量子比特能级间发生跃迁并瓦解我们即将测量的态. 举例来说, 设想我们打算确定一个相位量子比特的态 (图 2.4), 这等价于测量其能量, 误差要求 $\Delta E < \hbar\omega_{01}$, 也就是能级差. 因此, 从一般性的角度考虑 (Landau, Lifshitz, 2003, 第 44 章), 测量的时间 τ_m 不可能短于约 $1/\omega_{01}$. 但是, 一定存在探测器以外的其他退相干来源, 其退相干率为某个值 Γ_e, 因此测量时间必须要满足 $\tau_m \ll 1/\Gamma_e$, 也就是不能测得太慢, 或者说探测器与系统之间的耦合不能太弱.

更确切地说, 为了读出一个相位量子比特, 我们可以增加偏置电流 $I(t)$ 使得态 $|1\rangle$ 会快速隧穿到连续统中, 并产生一个耗散的电压脉冲. 或者, 如果势阱中有第三个能级, 我们可以施加一个频率为 ω_{12}(或 ω_{02}) 的射频脉冲, 从而引入一个 Rabi 跃迁, 将态从 $|1\rangle$(或者 $|0\rangle$) 转移到 $|2\rangle$, 同样地, 隧穿后输出一个电压脉冲. 两种情况下, 偏置电流的脉冲都必须在 τ_m 尺度上, 而 $I(t)$ 的傅里叶变换将在频率直到 $1/\tau_m$ 的范围内有非零值. 因此, 等效哈密顿量式 (2.68) 会包含除纵向 σ_z 分量以外的横向 $\sigma_{x,y}$ 分量, 而横向分量会导致测量过程中量子态发生变化. 由此导致的"不准确", 或者说"近似"测量 (与"精确"测量相对应, 也就是理想的投影测量) 导致量子态测量只能以某个概率给出正确的结果, 量子态的制备与测量必须重复多次. 实现单发测量, 也就是量子态以接近 1 的概率一次给出正确结果的测量, 是一个不简单的问题, 不过目前已经在几种量子比特上解决了. [1]

5.5.2 量子非破坏 (QND) 测量

在上面关于测量的简单模型式 (5.155) 中, 危险的探测器反作用来源于横向项, 它能导致量子比特发生能级间跃迁. 这是因为量子态测量实际上是测量可观测量 σ_z(在能量基下); 纵向噪声正比于 σ_z, 与可观测量是对易的, 因此不会改变量子态. 更一般地来讲, 如果被测的可观测量 A 与总的哈密顿量 $H = H_S + H_D + H_I$(这里 H_S, H_D, H_I 分别对应于系统、探测器及二者相互作用的哈密顿量), 并且不显式地依赖于时间, 则它的海森伯运动方程,

$$i\hbar\dot{A} = [A, H] = 0 \tag{5.156}$$

---

[1] 例如, 2DEG 量子点中的电子自旋 (Hanson et al., 2005); 相位 (Cooper et al., 2004), 电荷 (Astafiev et al., 2004) 和磁通量子比特 (Lupascu et al., 2006); transmon(Mallet et al., 2009). 综述见相关文献 (Johansson et al., 2006b).

显示它会在测量中和测量后保持不变. 因此, 对其测量总会给出相同的结果: 系统的态不会受到测量的 "破坏". 从另一个角度来看, $[A, H] = 0$ 确保了厄米算符 A 和总哈密顿量拥有共同的完备本征态集 (Landau, Lifshitz, 2003, 第 4 章和第 11 章), $\{|a_j\rangle\}, A|a_j\rangle = a_j|a_j\rangle$, 而投影测量——根据投影法则——在初态坍缩到其中某个本征态 (概率为 $p_j = \langle a_j|\rho|a_j\rangle$) 之后, 将一直返回对 A 的同一个测量值 a_j, 并使得系统停留在同一个状态 $|a_j\rangle$. 约束条件

$$[A, H_S + H_I] = 0 \tag{5.157}$$

被称为强量子非破坏 (QND) 条件 (我们去掉了 H_D, 因为按照探测器哈密顿量的最初定义, 很显然 $[A, H_D] = 0$). 事实上, 这是一个充分但非必要条件: 如果 U_m 是描述测量过程中可观测量 A 的演化算符, 则 (Braginsky, Khalili, 1992, 4.4* 节)

$$[U_m^\dagger A U_m - A]|\Psi_{D,0}\rangle = 0 \tag{5.158}$$

是 QND 测量的充分必要条件. 这里 $|\Psi_{D,0}\rangle$ 是测量之前探测器的状态. 理论上, 式 (5.158) 可以通过选择一个特殊的 $|\Psi_{D,0}\rangle$ 来满足, 哪怕 $[U_m^\dagger A U_m - A] \neq 0$[①] . Braginsky, Khalili(1992) 指出, 实现一个弱 QND 条件式 (5.158) 将允许一些有意思的事情发生, 例如, 利用同一个探测器与系统相同的耦合来实现不同非对易可观测量的 QND 测量; 不过在当时, 对探测器量子态的工程调控要求让这种情况难以实现. 现在量子态的设计和操控手段则让我们可以重新审视这种可能性. 这里我们将只考虑强 QND 条件式 (5.157), 除非我们故意选择一个奇怪的例子, 否则暗示了 $[A, H_S] = 0$ 和 $[A, H_I] = 0$ 这两个条件各自独立成立. 前一个条件意味着只有无扰系统的运动积分可以被 QND 测量, 从而限定了可以用这种方式从系统中获得的信息. (我们已经默许丢掉了除探测器以外的所有其他退相干源.) 第二个条件限制了探测器与系统之间可能的相互作用类型; 表示为式 (5.109) 的话, 意味着 A 和 B 必须对易.

QND 测量的一个显然的候选可观测量就是能量, 而量子比特态的读出通常可以约化为一个能量测量. 考虑一个量子比特与谐振腔在色散区耦合 (大失谐 δ), 其哈密顿量为式 (4.69),

$$H = \underbrace{-\frac{\hbar\Omega}{2}\sigma_z}_{H_S} + \underbrace{\hbar\omega\left(a^\dagger a + \frac{1}{2}\right)}_{H_D} + \underbrace{\frac{\hbar g^2}{\delta}\sigma_z\left(a^\dagger a + \frac{1}{2}\right)}_{H_I} \tag{5.159}$$

(加上 $|g/\delta| \ll 1$ 的高阶修正项). 相互作用项既可以看成腔对量子比特能量的重整化 (ac Stark 效应), 也可以看成对量子比特状态依赖的腔频率移动. 我们将采用后者作为测量

[①] 这些对某些特定投影成立, 但对算符自身不成立的方程, 在量子场论中被称为弱方程 (Dirac, 2001), 不要与弱测量混淆, 我们将在后面讨论.

手段, 此时谐振腔及其环境扮演了探测器的角色. 由于 $[H_I, H_S] = 0$, 这种测量是一种 QND 测量.

从量子比特的角度来看式 (5.159), 我们看到 H_I 描述了探测器噪声. 测量谐振腔的频率无论如何都将导致偏离平均值的光子数涨落, $\delta \hat{n} = a^\dagger a - \langle a^\dagger a \rangle$, 由此而来的退相位项 $\hbar(g^2/\delta)\sigma_z \delta \hat{n}$——假设其噪声谱是平直的——导致的退相位率由下式给出:

$$\gamma = 2\left(\frac{g^2}{\delta}\right)^2 S_{\delta \hat{n}}(0) \tag{5.160}$$

在最好的情况下, 也就是谐振腔变成一个量子极限的探测器时, 所有的退相位只来源于测量: 退相位率和信息获取率相一致 (Clerk et al., 2010, 3.B 节).

5.5.3　弱的连续测量

如果我们不限制测量时间的话, 能量本征态的能量能够以任意精度进行测量 (Landau, Lifshitz, 2003, 第 44 章). 通过所谓弱的连续测量 (WCM) 可以实现这一点. 此时, 探测器的状态与被测系统弱耦合, 并受到连续的监测. 因此, 系统状态的信息不像强投影测量那样是瞬时获取的, 而是在一段时间内一点点获取的. 类似于强测量的情况, 系统的状态在测量后会投影到被测的可观测量某一本征态上, 这与测量公设是一致的. WCM 的优点是, 由于 (系统) 与探测器是弱耦合的, 因而反作用也可以最小化. 我们已经讲过 WCM 的一个例子了: 通过量子点接触探测器来探测量子点的电荷态 (3.1.4 小节和 3.1.5 小节). 在那里, 量子点的状态通过测量 QPC 的电导来确定, 也就是通过对许多受到量子点势散射的单电子事件求平均得到, 而每个电子只受到量子点状态的轻微影响并导致量子点逐渐退相位 (式 (3.56)), 同时贡献一丁点量子态依赖的平均 QPC 电流.

WCM 方案特别适合于固态的量子器件: 器件与控制和读出电路的空间近邻性使得其非常适合最小化被测系统与探测器之间的耦合强度, 从而保持系统的量子相干性[①]. 有一种 WCM 方案被证明特别有用, 那就是通过监测与量子比特耦合的谐振腔频率移动来测量量子比特状态 (Il'ichev et al., 2003; Izmalkov et al., 2004b; Blais et al., 2004; Lupascu et al., 2004; Wallraff et al., 2004). 先了解一下它的前身——阻抗测量技术 (IMT)(Il'ichev et al., 2003, 2004) 是有益的, 在 IMT 中, 一个磁通量子比特与一个高品质因数的 LC 电路 (储能电路) 通过电感耦合起来 (图 4.4), LC 电路的谐振频率显著低于量子比特的能级差 (典型的 ~ 50 MHz VS. 1 GHz, 在 cQED 中这意味着这个系统

[①] WCM 在文献中有详细讨论 (Braginsky, Khalili, 1992, 第 6 章和第 7 章; Makhlin et al., 2001, 第 5 章; Clerk et al., 2010, 第 3 章.

处于深度的色散区域. LC 电路的谐振频率 $\omega_T = c/\sqrt{LC}$ 取决于电路总的电感, 而这个电感包含了量子比特 (或多个量子比特) 的贡献. 正如我们在 2.5 节中讨论过的, 后者的电感包含了量子电感的贡献 (式 (2.142)、式 (2.143)), 其大小取决于量子比特状态. 因此, 测量 LC 电路的谐振频率就相当于测量量子比特状态. 在 IMT 中, LC 电路谐振频率通过监测其对频率接近 ω_T 的交流信号的响应来确定.

在经典极限下 (Greenberg et al., 2002), 储能电路中的电压满足

$$\ddot{V} + \frac{\omega_T}{Q}\dot{V} + \omega_T^2 V = -\frac{M\omega_T^2}{c^2}\dot{I}_q + \frac{1}{C}\dot{I}_{ac} \tag{5.161}$$

这里 $Q = \omega_T/\kappa$ 为储能电路的品质因数 (衰减率 κ), M 为储能电路与量子比特之间的互感, $I_q(t) = \left\langle \hat{I}_q \right\rangle$ 为量子比特环路电流算符的期望值 (在两态近似下, 为 $\hat{I}_q = I_p\sigma_z$, 其中 I_p 为磁通量子比特环路中的持续电流幅值), $I_{ac}(t) = I_b \cos \omega t, \omega \approx \omega_T$, 为谐波作用力小项. 量子比特环路中的超导电流可以通过求能量期望值对环路磁通 Φ 的偏微分直接从量子比特哈密顿量中得到

$$I_q(t) = c\left\langle \frac{\partial H_{qb}}{\partial \Phi} \right\rangle = c\frac{\partial E_\alpha}{\partial \Phi} \tag{5.162}$$

(我们在这里考虑的是持续电流量子比特, 因此计算 Φ 时可以忽略自感 L_q.) 最后一步我们假设了量子比特处于其能量本征态 $|\alpha\rangle$ (否则不可能做 WCM 测量). 由于环路中外磁通 $\Phi = MI_T/c$, 我们得到

$$\ddot{V} + \frac{\omega_T}{Q}\dot{V} + \omega_T^2 V = -k^2 L_q \omega_T^2 \frac{\partial^2 E_\alpha}{\partial \Phi^2} V + \frac{1}{C}\dot{I}_{ac} \tag{5.163}$$

这里的量子比特–储能电路之间的无量纲耦合系数 $k = M/\sqrt{LL_q}$. 储能电路谐振频率的平移量为

$$\Delta\omega_T = \omega_T \cdot k \sqrt{L_q \frac{\partial^2 E_\alpha}{\partial \Phi^2}}\bigg|_{\Phi=\Phi_{dc}} \tag{5.164}$$

这里 Φ_{dc} 为通过量子比特环路的直流磁通偏置; 两个物理态 (环路中顺时针和逆时针持续电流态) 在 $\Phi_{dc} = \Phi_0/2$, 即半个磁通量子时达到简并. 当外磁通足够靠近这个值时, 二阶微分有尖锐的谷 (基态) 或峰 (激发态), 其特征宽度取决于两个物理态之间的隧穿. 远离这个值 (半个磁通量子) 时, 这一项的贡献为零.

当驱动频率 $\omega \approx \omega_T$ 时, 式 (5.163) 的近似解可以利用拟设 $V(t) = V_T(t)\cos(\omega t + \chi(t))$ 得到, 这里 $V_T(t)$ 和 $\chi(t)$ 为时间的慢函数 (在 $1/\omega_T$ 尺度上看), 并求得稳态解. 通过测量储能电路的阻抗, 或者更确切地说, 驱动电流和响应电压之间的相位差 χ, 我们就测量了频率移动, 从而测量了量子比特状态. 对于小的 L_q 和驱动幅度 I_b, 这一结果为

(Greenberg et al., 2002; Il'ichev et al., 2004)

$$\tan\chi = k^2 Q L_q \left.\frac{\partial^2 E_\alpha}{\partial \Phi^2}\right|_{\Phi=\Phi_{\mathrm{dc}}} \tag{5.165}$$

与之一致的量子力学处理要从哈密顿量开始, 在非绝热基下可以写为

$$H = -\frac{1}{2}(\epsilon\sigma_z + \Delta\sigma_x) + \hbar\omega_T\left(a^\dagger a + \frac{1}{2}\right) - \sigma_z\left(\gamma\hat{I}_T + f(t)\right) + H_{\mathrm{dec}} \tag{5.166}$$

这里的系数 $\gamma = M I_p/c^2$ 描述了量子比特–储能电路耦合, $\hat{I}_T = c\sqrt{\hbar\omega_T/2L}(a+a^\dagger)$ 为储能电路中的电流算符, $f(t)$ 为小的 c-数交流驱动, 并且所有与量子比特和储能电路退相干相关的项都含入了 H_{dec}. 这个哈密顿量只有当量子比特足够远离简并点 $\epsilon = 0$(对应 $\Phi_{\mathrm{dc}} = \Phi_0/2$) 时与式 (5.159) 等价. 靠近简并点时, σ_z-耦合项与量子比特哈密顿量 (σ_x) 不再对易, 因此 IMT 在强条件式 (5.157) 下不再是 QND 测量. 不过, 对于一个足够小的驱动强度, 量子比特态之间的跃迁概率即便在 $\epsilon \ll \Delta$ 时也可以忽略不计, 因此式 (5.165) 的结果仍然成立 (Smirnov, 2003; Il'ichev et al., 2004).

5.5.4 探测器反作用与测量速率

为了得到连续测量过程中探测器反作用的一般关系式, 我们将测量限制在线性探测的情况, 也就是说, 我们将推导探测器与被测系统耦合的线性响应理论 (Braginsky, Khalili, 1992, 第 6 章; Averin, 2003; Clerk et al., 2010, 第 4 章). 我们记量子比特–探测器耦合项为

$$H_I = \lambda B \hat{f} \tag{5.167}$$

这里为了方便, 我们选择了无量纲的系统 (B) 和探测器 ($\hat{f}$) 算符并引入耦合强度 λ, 它必须要远小于系统和探测器能标 (否则线性响应近似将失效). 探测器将被建模成一个输入为 $\hat{f}$、输出为 $\hat{q}$ 的黑盒子. 可观测量 $\hat{q}$ 反映了探测器测量系统时的状态 (就像个探针), 当探测器与系统脱耦时, 我们总可以选择这个指针量的期望值为零. 于是, 在线性响应理论中, 利用式 (5.167) 我们将得到式 (1.38), 其形式如下:

$$q(t) = \lambda \int_{-\infty}^\infty \mathrm{d}t' \ll q(t)f(t') \gg^R \langle B(t')\rangle \tag{5.168}$$

这里探测器的输入/输出可观测量 $\hat{f}, \hat{q}$ 的延迟格林函数[1] 为

$$\ll q(t)f(t') \gg^R = \frac{1}{\mathrm{i}\hbar}\langle[q(t), f(t')]\rangle_0 \theta(t-t') \tag{5.169}$$

---

[1] 又称为广义极化率或探测器增益, $\chi_{qf}(t-t')$.

上式的平均值是对探测器的无扰态 (稳态) 求的, 因此它将仅依赖于差 $t-t'$. 我们也可以引入输出/输入格林函数 (逆增益),

$$\ll f(t)q(t') \gg^R = \frac{1}{i\hbar} \langle [f(t),q(t')] \rangle_0 \theta(t-t') \tag{5.170}$$

来将 $\hat{f}$ 的期望值与系统的可观测量 B 联系起来:

$$f(t) = \lambda \int_{-\infty}^{\infty} dt' \ll f(t)q(t') \gg^R \langle B(t') \rangle \tag{5.171}$$

如果我们取 $B = \sigma_z$, 也就是假设为弱的连续 QND 测量, 那么 $\hat{f}$ 在零频处的涨落谱密度 $S_{\hat{f},s}(0)$ 将由退相位率决定:

$$\gamma = 2\frac{\lambda^2}{\hbar^2} S_{\hat{f},s}(0) \tag{5.172}$$

为了将它与测量速率进行比较, 我们需要引入后者的定义. 沿用 Clerk et al.(2010) 的方法, 让我们先考虑探测器输出的积分

$$\hat{Q}(t) = \int_0^t dt' \hat{q}(t') \tag{5.173}$$

如果测量的时间远长于探测器的相关时间, 那么我们可以假设 $\hat{Q}(t)$ 的统计行为是高斯的, 对于量子比特状态 $|\alpha = 0,1\rangle$, $\hat{Q}(t)$ 的期望值为

$$\left\langle \hat{Q}(t) \right\rangle_{|0\rangle} = \lambda \ll qf \gg_{\omega=0}^R t; \quad \left\langle \hat{Q}(t) \right\rangle_{|1\rangle} = -\lambda \ll qf \gg_{\omega=0}^R t \tag{5.174}$$

而它的方差在一阶近似下与量子比特状态无关:

$$\left\langle \delta \hat{Q}^2 \right\rangle_{|0\rangle} = \left\langle \delta \hat{Q}^2 \right\rangle_{|1\rangle} = S_{\hat{q},s}(0)t \tag{5.175}$$

这里 $S_{\hat{q},s}(\omega)$ 为 $\hat{q}(t)$ 涨落的对称谱密度. 事实上, 式 (5.174) 和式 (5.175) 包含了 WCM 方法的精髓. 单个 "测量动作" (比如一个电子通过了量子点接触) 对探测器的作用与对被测系统的作用没什么区别, 量子比特 $|0\rangle$ 和 $|1\rangle$ 态对应的积分信号期望值随着时间线性地分开, 但是输出分布函数的宽度随测量时间只是根号增长. 这就使得只要你等待足够长的时间, 你总能够区分开两个态 (图 5.10). 因此, 我们可以定义测量速率为两个态测量期望值分布的归一化分离速率

$$\Gamma_m t = \frac{\left[\left(\left\langle \hat{Q}(t) \right\rangle_{|0\rangle} - \left\langle \hat{Q}(t) \right\rangle_{|1\rangle} \right)/2 \right]^2}{\left\langle \delta \hat{Q}^2 \right\rangle_{|0\rangle} + \left\langle \delta \hat{Q}^2 \right\rangle_{|1\rangle}} \tag{5.176}$$

于是

$$\Gamma_m = \frac{\lambda^2 (\ll qf \gg_{\omega=0}^R)^2}{2S_{\hat{q},s}(0)} \tag{5.177}$$

弱连续 QND 测量下的测量速率与反作用退相位率的比率, 正如我们想象的那样, 与量子比特–探测器耦合强度无关:

$$\frac{\Gamma_m}{\gamma} = \frac{\hbar^2 (\ll qf \gg_{\omega=0}^R)^2}{4 S_{\hat{q},s}(0) S_{\hat{f},s}(0)} \tag{5.178}$$

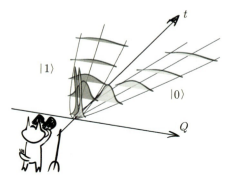

图5.10　弱连续测量(WCM)时间下探测器积分输出(式(5.173))的期望值概率分布
被测系统（量子比特）的两个不同状态对应平均值的分开程度随时间线性增加, 而分布宽度则只随 $\sqrt{t}$ 增加. 这使得我们最终总能分辨出量子比特的状态.

现在我们将使用一个普适的不等式 (Clerk et al., 2010, 4.3 节, 以及其中引用的文献)

$$S_{\hat{q},s}(0) S_{\hat{f},s}(0) - \left| S_{\hat{q}\hat{f},s}(0) \right|^2 \geqslant \frac{\hbar^2}{4} |\widetilde{\chi}_{\hat{q}\hat{p}}(\omega=0)|^2 \tag{5.179}$$

这里的交叉谱密度为

$$S_{\hat{q}\hat{f},s}(\omega) = \frac{1}{2} \int_{-\infty}^{\infty} \mathrm{d}t e^{\mathrm{i}\omega t} \left\langle \left\{ \hat{q}(t), \hat{f}(0) \right\} \right\rangle_0 \tag{5.180}$$

而交叉增益为

$$\widetilde{\chi}_{\hat{q}\hat{p}}(\omega) \equiv \ll qf \gg_\omega^R - (\ll fq \gg_\omega^R)^* \tag{5.181}$$

如果探测器有零的逆增益 (这是我们想要的, 也是可能的), 则式 (5.179) 变成

$$S_{\hat{q},s}(0) S_{\hat{f},s}(0) - \left| S_{\hat{q}\hat{f},s}(0) \right|^2 \geqslant \frac{\hbar^2}{4} |\ll qf \gg_{\omega=0}^R|^2 \tag{5.182}$$

代入式 (5.178) 中, 我们得到

$$\frac{\Gamma_m}{\gamma} \leqslant 1 - \frac{\left| S_{\hat{q}\hat{f},s}(0) \right|^2}{S_{\hat{q},s}(0) S_{\hat{f},s}(0)} \leqslant 1 \tag{5.183}$$

可以看到, 在最好的情况下, 测量速率可以跟反作用导致的退相干率相等. 由于不等式 (5.179) 归根结底是从量子力学不确定性关系而来的[①], 因此达到这个条件的话, 我们就有了一个量子极限的探测器了. 对于经典噪声, 施瓦茨 (Schwarz) 不等式只要求

$$S_q(0)S_f(0) - |S_{qf}(0)|^2 \geqslant 0 \tag{5.184}$$

而不是不等式 (5.179) 和式 (5.182) 所要求的那样.

*5.5.5 Rabi 谱仪

当一个量子比特受到一个共振驱动时就会出现 Rabi 振荡, 并最终以速率 $1/\tau \sim \max(\Gamma, \Gamma_\phi)$ 衰减. 在那之后, 如我们在 1.4.4 小节中所见的, 量子比特将随着驱动而运动. 不过, 只要驱动存在, 在其参数的稳态涨落中, 量子关联在特征时间尺度 $1/\omega_R$ 上仍是显著的. 这就提供了一个无限制观测量子关联的非常反直觉的方法——哪怕退相干时间有限甚至是很短, 并由此利用被测系统中的稳态噪声. 仔细来看的话, 噪声 Rabi 谱仪也不是那么地奇怪. 在没有涨落的情况下, 量子比特的 Bloch 矢量将随驱动而动 (式 (1.130)). 但是, 当量子比特受外部噪声影响而产生一个抖动时, Bloch 矢量在时间尺度 τ 上将是量子相干的, 偏离稳态路径 (也就是旋转坐标系下的稳定位置) 之后, 它又将通过衰减的 Rabi 振荡回到稳态. 量子比特可观测量 (例如 $\langle \sigma_z(t) \rangle$) 的行为因而可以看成是一系列重叠的、随机的、以 τ 为特征时间衰减的 Rabi 振荡轨迹. 这些振荡对期望值 $\langle \sigma_z \rangle$ 的影响最终平均为零, 但是自相关因子 $\langle \sigma_z(t)\sigma_z(0) \rangle$ 不会, 它会出现在量子比特的噪声谱密度中. 一个了解这种情况的正式但直接的方式是通过量子回归原理式 (5.48): 既然期望值 $\langle \sigma_i(t) \rangle$ $(i = x, y, z)$ 随共振驱动做 Rabi 振荡, 那稳态的相关因子 $\langle \sigma_i(t)\sigma_j(t) \rangle$ 也会如此.

在实验 (Il'ichev et al., 2003) 中, 一个铝的持续电流量子比特与一个铌的高品质因数的低频储能电路通过电感耦合起来, 并且施加了一个与量子比特共振的驱动 Ω(图 5.11). 实验测量了储能电路电压的稳态噪声谱随驱动功率的变化. 储能电路中激励的长寿命使得量子比特产生显著的电压涨落, 同时与储能电路只是弱耦合 (这使得——相比于共振驱动而言——我们可以忽略储能电路对量子比特的反作用). 这种情况可以用一个类似于式 (5.161) 的方程来描述:

$$\ddot{V} + \frac{\omega_T}{Q}\dot{V} + \omega_T^2 V = -\frac{M\omega_T^2}{c^2}I_p\langle \dot{\sigma}_z \rangle \tag{5.185}$$

[①] 见 Braginsky, Khalili, 1992; Clerk et al., 2010. 其中有讨论到达到量子极限探测的策略, 以及相关的参考文献.

这里的期望值 $\langle\sigma_z(t)\rangle$ 将做衰减的 Rabi 振荡, $\cos(\omega_R t)\mathrm{e}^{-|t|/\tau}$. 根据量子回归原理, 相关因子也会满足同样的方程. 相比于找出电压的相关因子 $K_V(t)$ 然后做傅里叶变换, 我们可以更方便地直接通过电压的傅里叶变换 $\widetilde{V}(\omega)$ 求得谱密度, 利用关系式 (5.12). 将式 (5.185) 在傅里叶表示下重写, 我们可以通过 $\widetilde{\sigma}_z(\omega)$ 来表示 $\widetilde{V}(\omega)$, 这样马上就得到了 $S_{V,\mathrm{Rabi}}(\omega)$ 的一个表达式 (这将是量子比特涨落导致的电压涨落部分):

$$S_{V,\mathrm{Rabi}}(\omega) = 2k^2\frac{\epsilon^2}{\hbar^2\Omega^2}\frac{L_q I_p^2}{c^2 C}\cdot\frac{\omega^2}{\tau}\cdot\left[\frac{\omega_R^2}{(\omega^2-\omega_R^2)^2+(\omega/\tau)^2}\right]$$
$$\cdot\left[\frac{\omega_T^2}{(\omega^2-\omega_T^2)^2+(\kappa\omega)^2}\right] \tag{5.186}$$

这里 k 是量子比特–储能电路的耦合因子 (式 (5.163)), $\hbar\Omega = \sqrt{\Delta^2+\epsilon^2}$ 为量子比特能级差, L_q 为自感, I_p 为磁通量子比特的持续电流大小, C 为储能电路的电容, $\kappa = \omega_T/Q$ 为储能电路的衰减率①. 式 (5.5.4) 中的第一个大方括号来源于量子比特噪声的谱密度, 而第二个显示了储能电路的滤波. 我们看到, 由于 Rabi 关联, 量子比特的涨落谱确实在 $\omega\approx\omega_R\ll\Omega$ 处增强了, 这就导致了当频率 $\omega_R\approx\omega_T$ 时储能电路中的噪声增强了. 通过改变驱动功率, 我们可以改变 Rabi 频率 ω_R, 并将其谱通过宽度为 ω_T/Q 的静态频率窗口转移到储能电路共振频率 ω_T 附近, 来扫描对量子比特噪声的 Rabi 贡献. 如果量子比特的衰减率超过了储能电路, $\kappa\tau\ll 1$, $S_{V,\mathrm{Rabi}}(\omega)$ 的峰值将发生在 $\omega=\omega_T$, 并且是量子比特 Rabi 频率的函数 (Il'ichev et al., 2003)

$$\frac{S_{V,\mathrm{Rabi}}^{\max}(w)}{S_0} = \frac{w^2 u^2}{(w^2-1)^2+u^2}\approx\frac{(u/2)^2}{(w-1)^2+(u/2)^2} \tag{5.187}$$

这里储能电路中的 Rabi 噪声归一化到了其峰值, $S_0 = \max_{\omega_R} S_{V,\mathrm{Rabi}}^{\max}$; $w = \omega_R/\omega_T$, $u = 1/(\omega_T\tau)$ 分别为约化的 Rabi 频率和量子比特衰减率.

实验上观测到了理论预言的 Rabi 关联 (Il'ichev et al., 2003)(图 5.11). 将实验数据匹配到理论曲线式 (5.187) 使得我们可以得到驱动 Rabi 振荡的寿命, $\tau_{\mathrm{Rabi}} = 2\tau\approx 2.5\ \mu\mathrm{s}$.

---

① 如果我们考虑由振荡电路反作用引起的额外量子比特阻尼, $1/\tau$ 必须替换为

$$\Gamma(\omega) = \frac{1}{\tau_0}+4k^2\frac{\epsilon^2}{\hbar^2\Omega^2}\frac{L_q I_p^2}{\hbar^2 c^2}\frac{\omega_T^2\kappa k_B T}{(\omega^2-\omega_R^2)^2+(\kappa\omega)^2}$$

它由一个由强共振驱动和温度为 T 的振荡电路引起的磁通作用到量子比特的 σ 算符的 Bloch 方程得到. 在我们考虑的极限下, 这一结果由量子朗之万方程得到 (Smirnov, 2003), 约化到式 (5.5.4), 其中 $1/\tau$ 趋于式 (1.43) 给出的 $\Gamma(\omega)$. 也要注意这一效应在简并点 $\epsilon = 0$ 消失, 因为与振荡电路耦合的量子比特电流的矩阵元为零.

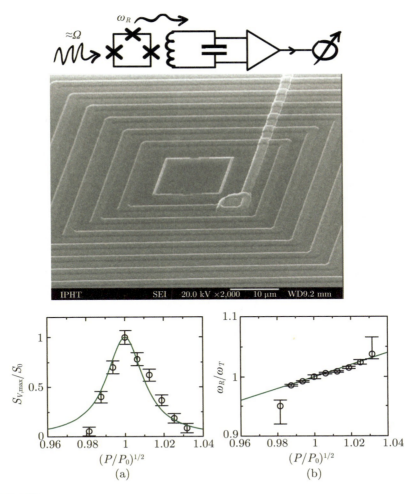

图5.11　Rabi 谱

（上图）实验装置示意图和器件的显微照片，铝的持续电流磁通量子比特被放置在一个铌的拾取线圈（储能电路的一部分）内（经Il'ichev et al.，2003，©2003 美国物理学会许可重印）. 一个与量子比特共振的高频信号被转换为（低得多的）量子比特 Rabi 频率处的噪声信号. 后者的频率很接近 LC储能电路的共振频率，因此它是储能电路中噪声增加的主要贡献者. 量子比特的环路电感为24 pH，小结对大结的临界电路比值为α=0.8，大结参数为 $I_c = 600$ nA，$C_J = 3.9$ fF. 量子比特频率测量值为 $\Omega/2\pi$ =868 MHz. 储能电路的共振频率为 $\omega_T/2\pi = 6.284$ MHz，品质因数为 $Q = 1850$. 估算的电路参数为 $L_T = 0.2$ μH，$C_T = 3$ nF，二者互感为 $M = 70$ pH. 系统名义温度为 10 mK，而放大器的噪声温度为 300 mK. （下图）实验数据（经 Il'ichev et al.，2003，©2003 美国物理学会许可重印）. （a）归一化的储能电路中噪声谱密度随归一化的高频信号强度的变化关系（圆点），以及理论曲线（式（5.189））. （b）数据点按照归一化 Rabi 频率重画.

*5.5.6　量子 Zeno 效应

在 5.3 节中我们看到, 在短的时间尺度上看, 量子相干性的衰减不是通常的指数行为, 而是高斯的: 当 $t \to 0$ 时, 系统的相干性损失也是趋于零的. 与这一现象高度相关的是量子 Zeno 悖论 (Braginsky, Khalili, 1992, 第 7 章; Namiki et al., 1997, 第 8 章). 其简单的方程推导如下: 假设有一个量子系统, 从某个可观测量的某一本征态 $|n\rangle$ 开始, 经历了一系列周期时长为 Δt 的自由演化, 演化哈密顿量为 H; 然后被这一可观测量的精确强投影测量干扰[1], 于是, 在连续监测极限下 ($\Delta t \to 0$), 系统停留在初始状态下的概率 p_{nn} 趋近于 1[2].

确实, 系统在时间 Δt 时刻的状态为

$$|\Psi(\Delta t)\rangle = \mathrm{e}^{\frac{\mathrm{i}}{\hbar}H\Delta t}|n\rangle = \left[1 - \frac{\mathrm{i}}{\hbar}H\Delta t - \frac{1}{2\hbar^2}H^2\Delta t^2 + \cdots\right]|n\rangle \tag{5.188}$$

而系统被测量之后投影回初始状态的概率为

$$p_{nn}(\Delta t) = |\langle n|\Psi(\Delta t)\rangle|^2 = \left|1 - \frac{\mathrm{i}}{\hbar}\Delta t\langle n|H|n\rangle - \frac{1}{2\hbar^2}\Delta t^2\langle n|H^2|n\rangle + \cdots\right|^2$$

$$= 1 - \frac{\Delta t^2}{\hbar^2}\left[\langle n|H^2|n\rangle - (\langle n|H|n\rangle)^2\right] + \cdots \equiv 1 - \frac{\Delta t^2(\delta E_n)^2}{\hbar^2} + \cdots \tag{5.189}$$

经过时间 $N\Delta t$ 后, 停留在初始状态的概率 $p_{nn}(N\Delta t) = p_{nn}(\Delta t)^n$, 于是在连续极限下[3]

$$p_{nn}(t) = \lim_{\Delta t \to 0}\left(1 - \frac{\Delta t^2(\delta E_n)^2}{\hbar^2}\right)^{\frac{t}{\Delta t}} = \lim_{\Delta t \to 0}\mathrm{e}^{-\frac{t\Delta t}{\hbar^2}(\delta E_n)^2} = 1 \tag{5.190}$$

---

[1] 更一般的情况——不精确测量, 见 Braginsky, Khalili, 1992, 第 7 章.

[2] 根据亚里士多德的引述, 埃利亚的齐诺 (公元前 5 世纪) 谈论过与这种情形最接近的事情: "如果所有东西在它占据一个相等的空间时都是静止的, 并且如果在运动中的东西在任何时候都占据着这个空间, 那么飞箭就是不动的."

[3] 这里值得注意的是, 在很长的时间内, 概率 $p_{nn}(t)$ 也不会随时间指数衰减, 而是时间的某个负幂指数. 这种由数学推理而来的反直觉结果是由于哈密顿量的谱受下面的限制 (Namiki et al., 1997, 附录 A.2 和其中的参考文献.)

第 6 章

应用与思考

众所周知, 龙并不存在 …… 但每一种龙都以一个完全不同的形式出现.

虚龙和空龙并不比负龙更无趣.

——史坦尼斯劳·莱姆 (Stanislaw Lem), 《概率之龙》, 根据波兰文翻译

6.1 量子超材料

6.1.1 传输线中的量子比特

现在我们终于可以讨论利用量子比特作为基本单元可以构成哪些结构, 以及这些结构的性质如何了. 比如说, 我们可以考虑这些结构的光学性质. 当波长远大于一个基本单元的尺寸或者这些基本单元之间的距离时, 这一结构将表现为具有某些奇怪性质的连续材料. 这种由人工单元构建的材料被称为超材料 (Saleh, Teich, 2007, 5.7

节), 并且能够演示诸如负折射率等奇异性质. 相比之下, 量子超材料 (Rakhmanov et al., 2008), 其构建单元是量子比特 (或更为复杂的人工原子), 在信号传输的特征时间内保持着量子相干性, 并且其量子态原则上还可以进行选择性的操控, 提供了更为广泛、更为有趣的行为特征. 这种器件可以称为扩展的量子相干系统. 我们的探索将从已经制备的结构、已经完成的实验、已经验证过的理论模型, 逐渐进入更为有趣的猜想、建议及开放问题的龙潭虎穴.

我们将从一个很安全、很基础的结构——包含一个人工原子 (量子比特) 的结构开始. 在 4.3 节中我们已经看到, 在一个谐振器中的量子比特的行为, 与一个腔中的原子是类似的. 通过将只能容纳一个模式的驻波电磁场的谐振腔替换成一个可以传输各种波的传输线, 我们又得到了其与自然原子和空间光场 (微波、X 射线等) 相互作用的简单类比. 接下来, 我们还可以对量子比特继续引入这些"原子"的性质, 诸如散射强度、透射和反射系数等. 在这之后, 我们又可以将更多的量子比特放入传输线中, 形成一个一维的"光学晶体". 这也是将电磁波引入处于低温恒温器中的一块基片上, 被一堆控制线和读出线围绕, 并且不太容易从外部接近的固态量子比特上的实际做法. 这只是对我们在 4.3.1 小节中 (图 4.11) 遇到的电路 QED 实验的一个小小变动, 在那里采用的是一个传输线谐振腔.

采用无限长传输线的拉格朗日量式 (4.70), 我们发现在没有损耗的情况下, 磁通变量——非常可预见的——满足波动方程

$$\ddot{\Phi}(x,t) - s^2 \frac{\partial^2}{\partial x^2} \Phi(x,t) = 0 \tag{6.1}$$

传输线中传导的电流和电压也是如此:

$$I(x,t) = \frac{c}{\widetilde{L}} \frac{\partial}{\partial x} \Phi(x,t); \quad V(x,t) = \frac{1}{c} \dot{\Phi}(x,t) \tag{6.2}$$

这里 $s = c/\sqrt{\widetilde{L}\widetilde{C}}$ 是传输线中电磁波的相速度, 而 $\widetilde{L}$ 和 $\widetilde{C}$ 分别是单位长度的电感和电容. 色散关系当然是 $\omega = sk$.

电流和电压的波动方程可以直接从电报方程得来:

$$\frac{\partial}{\partial x} V(x,t) = \frac{\widetilde{L}}{c^2} \frac{\partial}{\partial t} I(x,t);$$
$$\frac{\partial}{\partial x} I(x,t) = \widetilde{C} \frac{\partial}{\partial t} V(x,t) \tag{6.3}$$

这组方程表达了法拉第定律和电流守恒律 (要检验它们的有效性, 可以考虑传输线中的一个小片段, 或者仔细看方程式 (6.1)、式 (6.2)). 这些方程的优点是, 我们可以马上加入量子比特的效应. 沿着 Astafiev et al.(2010a) 的思路, 我们将考虑一个磁通量子比特

量子工程学: 量子相干结构的理论和设计
Quantum Engineering: Theory and Design of Quantum Coherent Structures

的情形, 它贡献了一个磁通 $\Phi_q = (M/c)\langle \hat{I}_q \rangle$ 到邻近的传输线片段上, 这里 M 为互感, $\hat{I}_q$ 为量子比特中持续电流对应的算符. 假设量子比特只有 $10~\mu m$ 跨度, 而传输线中电磁波的波长 λ 约 $1~cm$, 我们就可以把量子比特看成一个处于原点的点状散射体. 下面, 考虑传输线位于 $x=0$ 的一个单位片段 (图 6.1), 我们看到[①]

$$\begin{cases} V(+0,t) = V(-0,t) - \dfrac{M}{c}\dfrac{\partial}{\partial t}\langle \hat{I}_q(t) \rangle; \\ I(+0,t) = I(-0,t) \end{cases} \tag{6.4}$$

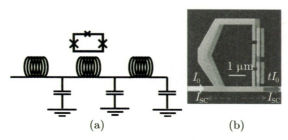

图6.1　一个磁通量子比特与一段传输线电感耦合: 集总电路图 (a) 和显微照片 (b)

(b) Astafiev et al., 2010a, 经AAAS许可重印.

对于一个从左边无穷远传过来的单频电流波, $I_0(x,t) = \mathrm{Re}\{I_0\exp[ikx-i\omega t]\}$, 我们可以通过如下形式引入传输/反射幅度 t, r:

$$I(x<0,t) = \mathrm{Re}\{I_0 e^{ikx-i\omega t} - r I_0 e^{-ikx-i\omega t}\}; \quad I(x>0,t) = \mathrm{Re}\{t I_0 e^{ikx-i\omega t}\} \tag{6.5}$$

我们感兴趣的是稳态解, 因此, 量子比特的电流会随着传输线中的电流一起振荡:

$$\langle \hat{I}_q(t) \rangle \equiv \mathrm{Re}\{\overline{I_{q,\omega}} e^{-i\omega t}\} = \{\mathrm{Re}~\overline{I_{q,\omega}}\}\cos\omega t + \{\mathrm{Im}~\overline{I_{q,\omega}}\}\sin\omega t \tag{6.6}$$

将上式以及式 (6.5) 代入电报方程式 (6.3) 中, 加上 $x=0$ 处的匹配条件式 (6.4), 我们得到

$$t + r = 1; \quad r = \frac{i\omega M \overline{I_{q,\omega}}}{2c^2 Z I_0} = -\frac{\omega M \mathrm{Im}~\overline{I_{q,\omega}}}{2c^2 Z I_0} + \frac{i\omega M \mathrm{Re}~\overline{I_{q,\omega}}}{2c^2 Z I_0} \tag{6.7}$$

这里 $Z = \sqrt{\widetilde{L}/c^2\widetilde{C}}$ 为传输线的特征阻抗.

$\langle \hat{I}_q(t) \rangle$ 的实部、虚部必须由量子比特的驱动动力学来决定. 考虑一个简单的情形, 量子比特处于其简并点. 于是在能量基下, 也就是 $|0\rangle(|1\rangle)$ 分别对应基态和激发态, 量子

---

① 当然, 如果我们使用传输线的集总模型并让每个小段的长度趋于零, 从 2.3 节的一般性公式能推出相同的结果. Zhou et al.(2008) 开发出电荷量子比特的理论, 其中传输线用一串耦合的 LC 电路来建模, 并且其中的电磁场采用量子力学方式处理.

比特电流算符 $\hat{I}_q = I_p \sigma_x$. 它的期望值为

$$\left\langle \hat{I}_q(t) \right\rangle = \mathrm{tr}\left[\rho(t) \cdot I_p \sigma_x\right] = I_p \mathcal{R}_x(t) \tag{6.8}$$

其中, $\mathcal{R}_x$ 是 Bloch 矢量的一个分量. 现在我们可以使用在 1.4.3 小节和 1.4.4 小节中导出 Rabi 振荡时用过的方法, 不过驱动场现在由量子比特所在位置的入射波电流 $I_0(0,t)$ 来扮演.

量子比特的哈密顿量变为

$$H = -\frac{\hbar\Delta}{2}\sigma_z - \frac{\hbar\eta}{2}\sigma_z\left(\mathrm{e}^{\mathrm{i}\omega t} + \mathrm{e}^{-\mathrm{i}\omega t}\right) \tag{6.9}$$

这里 $\hbar\eta = MI_pI_0/c^2$. 引入失谐量 $\delta = \omega - \Delta$ 和 Rabi 频率 $\omega_R = \sqrt{\eta^2 + \delta^2}$, 我们发现 Bloch 矢量从实验室坐标系到旋转坐标系 (相互作用表象) 的变换矩阵如下 (对比式 (1.116)):

$$W(t) = \begin{pmatrix} (\eta/\omega_R)\cos\omega t & -(\eta/\omega_R)\sin\omega t & \delta/\omega_R \\ \sin\omega t & \cos\omega t & 0 \\ -(\delta/\omega_R)\cos\omega t & (\delta/\omega_R)\sin\omega t & \eta/\omega_R \end{pmatrix}; \quad W^{-1}(t) = W^{\mathrm{T}}(t) \tag{6.10}$$

在旋转坐标系下, 旋波近似的 Bloch 方程由式 (1.124) 给出, 其中的弛豫率和退相位率分别为 Γ_1 和 Γ_2. 方程的稳态解 $\mathcal{R}_{\mathrm{stat}}$ 很快就可以得到

$$\mathcal{R}_{\mathrm{stat}} = \frac{1}{1 + (\eta^2/(\Gamma_1\Gamma_2)) + (\delta/\Gamma_2)^2} \begin{pmatrix} (\delta/\omega_R)((\omega_R/\Gamma_2)^2 + 1) \\ -\eta/\Gamma_2 \\ -\eta/\omega_R \end{pmatrix} \tag{6.11}$$

转换到实验室坐标系后

$$\mathcal{R}_{\mathrm{lab}}(t) = W^{\mathrm{T}}(t)\mathcal{R}_{\mathrm{stat}} \tag{6.12}$$

将 $\mathcal{R}_{\mathrm{lab}}(t)$ 的 x 分量代入式 (6.8) 中, 我们得到

$$\left\langle \hat{I}_q(t) \right\rangle = \frac{I_p\eta/\Gamma_2}{1 + (\eta^2/(\Gamma_1\Gamma_2)) + (\delta/\Gamma_2)^2}\left(\frac{\delta}{\Gamma_2}\cos\omega t - \sin\omega t\right) \tag{6.13}$$

对比式 (6.6), 并代入式 (6.7), 我们最终得到 (Astafiev et al., 2010a)

$$r = \frac{\Gamma_1}{2\Gamma_2}\frac{1 + \mathrm{i}(\delta/\Gamma_2)}{1 + (\delta/\Gamma_2)^2 + \eta^2/(\Gamma_1\Gamma_2)} \tag{6.14}$$

反射率最大的地方发生在共振情况下, 并且随着场幅值 I_0 下降 ($\eta \to 0$), 这个反射率趋近于 $r_0 = \Gamma_1/(2\Gamma_2)$. 如果没有纯的退相位, 也就是 $\Gamma_2 = \Gamma_1/2$, 这个极限就是 1: 一个趋于零的弱场会被全反射.

式 (6.14) 表明, 通过测量复反射率随场强的变化, 我们就能够确定量子比特的弛豫率和退相位率的关系. 我们也可以退回到式 (6.7), 并注意到 r 表达式中的比率 (ω/Z) 中的第二个方程可以很方便地重写为

$$\frac{\omega}{Z} = \frac{1}{\hbar}\left[\hbar\omega Z^{-1}\coth(\hbar\omega/(2k_BT))\right]_{T=0} = \frac{1}{\hbar}S_{I,s}(\omega) \tag{6.15}$$

也就是传输线中电流的零点涨落谱密度[①]. 如果我们再假设所有的量子比特弛豫都来源于与传输线的耦合, 则 (式 (5.34))

$$\frac{\omega}{Z} = \frac{1}{\hbar}S_{I,s}(\omega) = \frac{\hbar}{g^2}\Gamma_1 \tag{6.16}$$

这里的耦合系数 $g = MI_p/c$. 因此, 这种情况下我们得到反射波的电流幅度为 (Astafiev et al., 2010a)

$$I_{\mathrm{sc}} \equiv rI_0 = \overline{I_{q,\omega}}\frac{\mathrm{i}\hbar\Gamma_1}{2MI_p^2/c^2} \tag{6.17}$$

在 Astafiev et al.(2010a) 进行的一项实验中, 一个磁通量子比特被放置在一个一维的传输线中, 测到的反射幅值与式 (6.14) 符合得非常好 (图 6.2). 这一方程令人印象深刻的特

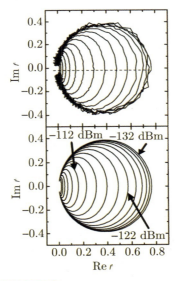

图6.2　传输线中量子比特的反射信号强度
（Astafiev et al., 2010a, 经AAAS许可重印.）实验数据（上图）与理论推导式（6.14）（下图）符合得很好. 不同的曲线对应不同的驱动功率, 从-132 dBm到-102 dBm, 变化步长2 dBm.（dBm, 有时候也写为dBmW, 是信号功率相对于毫瓦（mW）比值的缩写（以dB为单位）, 换句话说, 功率(mW)=10^{power(dBm)/10}.）

---

① 我们的理想传输线不包含任何有源元素, 这一事实不会导致涨落–耗散理论的这一结果失效. 所有的耗散和平衡发生在某个无穷远处, 电磁波从那里发出, 被散射后又回到那里. 这种情形又与点接触中的弹道输运类似.

点是, 我们在推导时假设量子比特只受入射波 $I_0(0,t)$ 驱动. 做一个想得到"自洽"解的幼稚尝试——将 $I_0(0,t)$ 替换成 $x=0$ 处的总电流 $I(0,t)=lI_0(0,t)$, 得到的结果却与实验观测数据大相径庭. 这种情况表明量子比特在这个实验中确实表现为一个点状的散射体: 要想被总电流驱动, 它就必须持续地与刚被它反射走的波相互作用, 而这个反射波——在没有其他散射体存在的情况下——再也不会回到量子比特处.

传输线中的量子比特还表现出其他"类原子"的性质, 比如说量子比特的非弹性散射, 也就是导致电磁波改变频率的散射 (其相对功率 $(1-|r|^2-|l|^2)$ 仍然满足). 一个在量子光学中已知的结果是, 反射光的能谱中除了包含入射频率对应的中心峰以外, 还会包含两个频率在 $\omega \pm \omega_R$ 的边带峰 (被称为共振荧光三线谱, 也叫莫洛 (Mollow) 三线谱, 见 Scully, Zubairy, 1997, 第 10 章). 它们产生的原因是受原子 Rabi 振荡引起的电偶极矩调制 (在我们这里是 $\langle \sigma_x \rangle$). 如果我们回顾一下 4.2.3 小节中量子 Rabi 振荡的处理, 这种效应就好理解了. 在那里我们看到, 由于量子比特和场之间的 Jaynes-Cummings 耦合项 $\hbar g(a\sigma_- + a^\dagger \sigma_+)$, 简并态 $|0,n+1\rangle$ 和 $|1,n\rangle$ 会由于 Stark 分裂而形成双能级的修饰态 $|n\pm\rangle$, 分裂的大小为 $\omega_R = 2g\sqrt{n+1}$(式 (4.59)、式 (4.61)). 场模式是驻波形式还是传播形式在这里不重要. 对于足够大的场幅值 $n \gg 1$, n 和 $n+1$ 对应的分裂实际上就是一样的, 现在有三个共振跃迁频率: ω($|n+1,-\rangle$ 和 $|n-\rangle$, 以及 $|n+1,+\rangle$ 和 $|n+\rangle$ 之间); $\omega + \omega_R$($|n+1,+\rangle$ 和 $|n-\rangle$ 之间); $\omega - \omega_R$($|n+1,-\rangle$ 和 $|n+\rangle$ 之间), 如图 6.3 所示. 中间的峰, 由于包含两组能级跃迁的贡献, 应该是两侧的边带峰高的两倍. 我们不再继

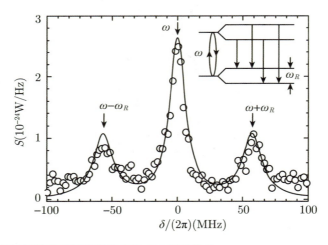

图6.3　传输线中量子比特的共振荧光谱（Mollow三重态）

（Astafiev et al., 2010a, 经AAAS许可重印.）实线为理论曲线（Scully, Zubairy, 1997, 第10章）. 边带峰的出现是由"原子"能级在强驱动下的Rabi振荡引起的分裂（插入图）.

续深究这一效应后面的理论——很显然最初是针对自由空间中的原子而发展的, 仅就 Astafiev et al.(2010a) 观测到的三线谱而言, 这个量子比特 "原子" 在传输线 "空间" 中的效应与理论预测在定量上是符合的.

现在让我们回想一下二能级 ("量子比特") 近似及其 Pauli 矩阵等, 这一近似只有当更高能级 (在介观器件——比如一个持续电流磁通量子比特中, 这通常都是存在的) 的跃迁由于系统的非线性而可以忽略时才有效. 不过我们也可以专门去研究它们. 举例来说, 利用最低的三个能级, 对应的跃迁频率分别为 $\omega_{01}, \omega_{21}, \omega_{20}$, 可以实现更多的 "人工原子" 效应, 比如量子放大 (Astafiev et al., 2010b) 或电磁感应透明 (Abdumalikov et al., 2010) 等. 对于后一种情况除了要施加一个频率为 $\omega \equiv \omega_p = \omega_{10} + \delta_p$ 的探测波, 还需要照射一束控制波, 频率为 $\omega_c = \omega_{21} + \delta_c$. 在旋波近似下 (假设失谐量和非谐性 $\omega_{21} - \omega_{10}$ 相对 ω_p, ω_c 都很小), 量子比特 (更准确地说是 "量子三态", 因为它包含了三个能级) 的哈密顿量为

$$H = -\hbar(\delta_p \zeta_{11} + (\delta_p + \delta_c)\zeta_{22}) - \frac{\hbar}{2}(\eta_p(\zeta_{01} + \zeta_{10}) + \eta_c(\zeta_{12} + \zeta_{21})) \tag{6.18}$$

这里 $\zeta_{ij} = |i\rangle\langle j|$ 是 "原子" 态的跃迁算符. 我们可以用一个自旋 1 的对象替代 Bloch 矢量来参数化量子三态, 不过这么做不值当. 在能量表象下求解量子比特密度矩阵的动力学方程来得更直接, 此时 Lindblad 项描述退相位 (退相位率为 $\gamma_{ij}, i \neq j$) 和弛豫 (弛豫率为 Γ_{21} 和 Γ_{10}); 受本征态波函数对称性的限制, $|0\rangle \leftrightarrow |2\rangle$ 之间的跃迁在简并点是禁止的 (Astafiev et al., 2010b; Abdumalikov et al., 2010). 在弱探测驱动极限, $\eta_p \ll \gamma_{10}$, 并且在零温下, 探测信号的透过幅度为 (Abdumalikov et al., 2010)

$$\ell = 1 - \frac{\Gamma_{10}}{2(\gamma_{10} - \mathrm{i}\delta_p) + \eta_c^2[2(\gamma_{20} - \mathrm{i}\delta_p - \mathrm{i}\delta_c)]^{-1}} \tag{6.19}$$

并且在 (01)-通道纯退相位为零 $(2\gamma_{10} = \Gamma_{10})$, 同时处于精确的共振情况下, 它会从零控制 $\eta_c = 0$ 下的 0 变成 $\eta_c \to \infty$ 时的 1, 透射系数 $\mathcal{T} = |r|^2$, 于是可以得出

$$\mathcal{T} = \left(\frac{\eta_c^2}{2\Gamma_{10}\gamma_{20} + \eta_c^2}\right)^2 \tag{6.20}$$

这一效应的物理原因在于, "相干捕获" "原子" 到 $|2\rangle$ 态的强控制场抽空了下面两个能态的占有数 (Scully, Zubairy, 1997, 7.3 节). Abdumalikov et al.(2010) 观测到的透射系数 $\mathcal{T}$ 从 100% 变到了 4%. 这一高的开关效率来源于量子比特与一维传输线中约束的电磁场之间的强耦合, 而且可以通过降低退相位和量子比特态的非辐射弛豫, 以及传输线上的信号泄露来进一步提升.

6.1.2　经典电磁波沿传输线中的多量子比特链传输

既然单个量子比特在电磁波散射上表现得确实像一个自由空间中的原子, 那么期望一个空间周期性的多量子比特结构能够演示透明 (在合适的范围内) 材料的性质, 就合乎逻辑了.

前面我们已经提到, 利用人工单元来构建 (广义上的) 光学材料——超材料, 现在正处于活跃的发展中, 并且已经写入了教科书 (比如, Saleh, Teich, 2007, 5.7 节), 这些人工单元具有原子在光学系统中的某些性质. 采用量子比特作为其中的人工单元, 不是因为它们是人工的, 也不是因为其量子性 (自然原子在常规光学材料中也是量子的), 而是因为量子比特的量子态可独立操控和测量的特性, 以及整个结构的量子相干可控性. 而这正是我们所期待的在量子超材料中找到一些奇异的量子特性之所在[①].

现在变一下, 考虑一根由两个块超导体构成的传输线 (图 6.4(a)) 中的一组周期排列的超导电荷量子比特. 我们可以适当简化分析, 采用 Rakhmanov et al.(2008) 的方法而非从等效的集总电路模型拉格朗日量开始, 直接用超导小岛的相位 ϕ_n 和电磁场的矢量势 $\boldsymbol{A}$ 写出系统能量:

$$E = \sum_n \left\{ \frac{E_J}{2\omega_J^2} \left[\left(\frac{2\pi D \dot{A}_{zn}}{\Phi_0} + \dot{\varphi}_n \right)^2 + \left(\frac{2\pi D \dot{A}_{zn}}{\Phi_0} - \dot{\varphi}_n \right)^2 \right] + \frac{Dl}{8\pi} \left(\frac{A_{z,n+1} - A_{z,n}}{l} \right)^2 \right.$$

$$\left. - E_J \left[\cos \left(\frac{2\pi D A_{zn}}{\Phi_0} + \varphi_n \right) + \cos \left(\frac{2\pi D A_{zn}}{\Phi_0} - \varphi_n \right) \right] \right\} \tag{6.21}$$

超导库间隙中的磁场 $\boldsymbol{H} = H\boldsymbol{e}_y = \boldsymbol{\nabla} \times \boldsymbol{A}$, 我们可以选择 $\boldsymbol{A} = A_z(x)\boldsymbol{e}_z$. 既然我们考虑的问题中波长 $\lambda \gg l, D$(单元尺寸), 那么我们可以假设在一个单元内矢量势近似是常数, $A_z(x) \approx A_{zn}$. 在式 (6.21) 中, 我们还考虑了超导相位在存在磁矢势时应附加一个规范项 $\alpha_n = 2\pi D A_{zn}/\Phi_0$. 为了简化问题, 我们再假设所有的量子比特都是相同的, 包含两个约瑟夫森结, 临界电流为 I_c, 电容为 C, 并且 $\omega_J^2 = eI_c/(\hbar C)$, $E_J = I_c\Phi_0/(2\pi c)$.

引入无量纲的能量、时间和矢量势, 分别为 $\varepsilon = E/E_J, \tau = \omega_J t$, 以及 α_n, 我们将式 (6.21) 重写为

$$E = \sum_n \left[\left(\frac{\partial \varphi_n}{\partial \tau} \right)^2 + \left(\frac{\partial \alpha_n}{\partial \tau} \right)^2 - 2\cos\alpha_n \cos\varphi_n + \beta^2 (\alpha_{n+1} - \alpha_n)^2 \right] \tag{6.22}$$

其中

$$\beta^2 = \left[(\Phi_0/(2\pi))^2/(8\pi l D E_J) \right] \tag{6.23}$$

[①] 这也是目前我们只能依赖理论的地方, 并且理论还没有发展完备.

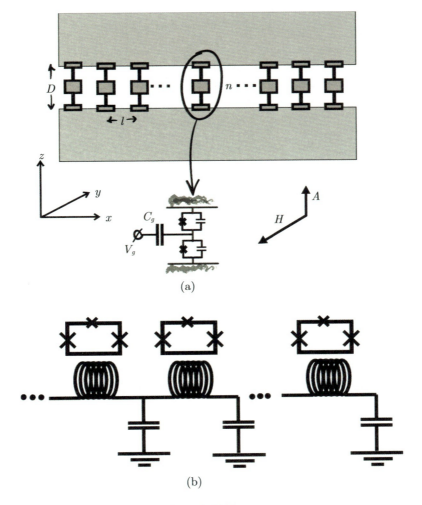

图6.4 基于电荷量子比特和磁通量子比特的量子超材料

(a) 电荷量子比特（Rakhmanov et al., 2008）；(b) 磁通量子比特（Zagoskin et al., 2009）.

表示系统电磁场能和约瑟夫森能的比值. 我们考虑一个经典场, 因此系统的 (无量纲) 哈密顿量可以简单地将式 (6.22) 中第 n 个量子比特的电荷能项替换为算符 $-(\partial_{\varphi_n})^2$, 得到

$$H = \sum_n \left[H_n + \left(\frac{\partial \alpha_n}{\partial \tau} \right)^2 + \beta^2 (\alpha_{n+1} - \alpha_n)^2 \right] \qquad (6.24)$$

式中

$$H_n = -\left(\frac{\partial}{\partial \varphi_n} \right)^2 - 2\cos\alpha_n \cos\varphi_n \rightarrow -\left(\frac{\partial}{\partial \varphi_n} \right)^2 + \alpha_n^2 \cos\varphi_n \qquad (6.25)$$

为第 n 个量子比特在弱的经典电磁场极限 $\alpha_n \ll 1$ 下的哈密顿量. 在这一方案中, 量子

比特之间只通过电磁波来相互作用, 并且我们可以采用微扰论, 假定所有量子比特的初态是可分解的, 因此每个量子比特可以用一个单独的密度矩阵或者波函数 $|\Psi_n(\tau)\rangle$ 来表示. 于是, 我们可以对式 (6.24) 求 $|\Psi(\tau)\rangle = |\Psi_n(\tau)\rangle \otimes |\Psi_n(\tau)\rangle \otimes \cdots$ 下的期望值, 并改变它以找出场的运动方程 (Rakhmanov et al., 2008):

$$\frac{\partial^2 \alpha_n}{\partial \tau^2} - \beta^2 (\alpha_{n+1} - 2\alpha_n + \alpha_{n-1}) + \alpha_n \langle \Psi_n | \cos \varphi_n | \Psi_n \rangle = 0 \tag{6.26}$$

在连续极限下, n 替换成一个无量纲的连续变量 ξ, 并且二阶差分换成二阶微分, 这个方程就变成了一个波动方程, 其中 β 扮演了无量纲相速度的角色:

$$\frac{\partial^2 \alpha}{\partial \tau^2} - \beta^2 \frac{\partial^2 \alpha}{\partial \xi^2} + \alpha \langle \Psi(\xi) | \cos \varphi(\xi) | \Psi(\xi) \rangle = 0 \tag{6.27}$$

对于一个典型的带状线谐振腔中的电荷量子比特 (比如, Gambetta et al., 2006), 约瑟夫森能为 $\sim h \times 6\,\mathrm{GHz}$, 比量子比特退相干率 ($\sim 5\,\mathrm{MHz}$) 高出 3 个量级; 谐振腔的泄露率为 $\sim 0.5\,\mathrm{MHz}$. 假设单元尺寸 $D \sim l \sim 10\,\mu\mathrm{m}$, 我们得到 $\beta \sim 30$ (也就是说, 在一个振荡周期内波传播了 ~ 30 个单元). 因此, 我们在第一个近似中使用连续波方程并忽略退相干效应是合理的.

对于一串与传输线电感耦合的磁通量子比特 (图 6.4(b)), 直接采用标准的电路方法更为方便. 可以得到离散方程

$$\frac{\partial^2 \Phi_n}{\partial t^2} - \Omega^2 (\Phi_{n+1} - 2\Phi_n + \Phi_{n-1}) - \Omega^2 \langle \Psi_n | (\hat{\phi}_n - \hat{\phi}_{n-1}) | \Psi_n \rangle = 0 \tag{6.28}$$

以及连续的形式

$$\frac{\partial^2 \Phi}{\partial t^2} - s^2 \frac{\partial^2 \Phi}{\partial x^2} - s\Omega \langle \Psi(\xi) | \frac{\partial \hat{\varphi}}{\partial x} | \Psi(\xi) \rangle = 0 \tag{6.29}$$

分别对应式 (6.26) 和式 (6.27) 的有量纲形式. 这里 $\Phi_n \to \Phi(x)$ 为节点磁通, $\Omega = c/\sqrt{\Delta L \Delta C}$, 其中 $\Delta L, \Delta C$ 分别为传输线一个单元长度内的电感和电容, $s = l\Omega \equiv c/\sqrt{\tilde{L}\tilde{C}}$ 为相速度, 而 $\hat{\phi}_n$ 为比特引入的磁通算符, $\hat{\phi}_n = M \hat{I}_{q,n} \to \hat{\phi}(x)$ (Zagoskin et al., 2009).

这两种情况的区别 (无扰情况下, 式 (6.29) 的能谱是无能隙的, 不同于式 (6.27)) 不影响它们本质上的等价性. 在两种情况下, 一个经典的电磁波传播通过量子比特串时, 从电磁波的角度看这串量子比特就像一个连续的、由其 "局部量子态" $|\Psi(\xi)\rangle$ (或 $|\Psi(x)\rangle$) 表征的媒介, 而这个局部量子态可以事先设定. 这种情况, 某种意义上是经典的双缝或多缝实验的互补实验, 彼时一个量子粒子受到延展的经典对象散射, 而现在我们用一组延展的量子对象来散射经典的电磁波, 并且量子对象的性质是可控的 (包括其量子态).

我们回到式 (6.27) 的电荷量子比特超材料, Rakhmanov et al.(2008) 对此做过一些理论预言. 在海森伯表象下, 将 "局域" 的波函数对量子比特的基展开,

$$|\Psi(\xi,\tau)\rangle = C_0(\xi,\tau)|0\rangle_\xi e^{-i\epsilon_q\tau/2} + C_1(\xi,\tau)|1\rangle_\xi e^{i\epsilon_q\tau/2} \tag{6.30}$$

这里的 ϵ_q 为以 $\hbar\omega_J$ 为单位的能级差, 采用标准的含时微扰论 (Landau, Lifshitz, 2003, 第 40 章), 我们得到

$$i\frac{dC_j(\xi,\tau)}{d\tau} = \alpha^2(\xi,\tau)\sum_{k=0,1}V_{jk}(\xi,\tau)C_k(\xi,\tau) \tag{6.31}$$

这里 $V_{jk}(\xi,\tau) \equiv \langle j|\cos\varphi(\xi,\tau)|k\rangle$. 将幅度和波函数系数按照微扰论序列展开, $\alpha(\xi,\tau) = \alpha^0(\xi,\tau) + \alpha^1(\xi,\tau) + \cdots$, $C_k(\xi,\tau) = C_k^0(\xi) + C_k^1(\xi,\tau) + \cdots$, 我们得到

$$iC_0^1(\xi,\tau) = \int_0^\tau d\tau'(\alpha^0(\xi,\tau'))^2\left(V_{00}C_0^0(\xi) + V_{01}C_1^0(\xi)e^{-i\epsilon_q\tau'}\right);$$
$$iC_1^1(\xi,\tau) = \int_0^\tau d\tau'(\alpha^0(\xi,\tau'))^2\left(V_{11}C_1^0(\xi) + V_{10}^*C_0^0(\xi)e^{i\epsilon_q\tau'}\right) \tag{6.32}$$

因此, 对于无扰情况下的波我们得到

$$\frac{\partial^2\alpha^0}{\partial\tau^2} - \beta^2\frac{\partial^2\alpha^0}{\partial\xi^2} + V^0\alpha^0 = 0 \tag{6.33}$$

这一量子超材料的特性就隐藏在系数里:

$$V^0(\xi,\tau) = |C_0^0(\xi)|^2V_{00} + |C_1^0(\xi)|^2V_{11} + \left(C_0^0(\xi)C_1^{0*}(\xi)e^{i\epsilon_q\tau}V_{10} + H.c.\right) \tag{6.34}$$

这里 $H.c.$ 代表相应的厄米共轭项. 这个系数很显然依赖于系统的初态, 而这——至少理论上——是可以通过外部操控的. 对于下一阶, 我们发现

$$\frac{\partial^2\alpha^1}{\partial\tau^2} - \beta^2\frac{\partial^2\alpha^1}{\partial\xi^2} + V^0\alpha^1 + V^1\alpha^0 = 0 \tag{6.35}$$

这里 V^1 是式 (6.34) 中的 V^0 由于式 (6.32) 中 $C_{0,1}$ 随初始波的变化而引起的一阶修正.

如果所有的量子比特初始都在基态 (或激发态)[①] ($C_0^0 = 1, C_1^0 = 0$, 或者 $C_0^0 = 0, C_1^0 = 1$), 从式 (6.33) 可以得到以下色散关系:

$$k_{\text{ground}}(\omega) = \frac{1}{\beta}\sqrt{\omega^2 - V_{00}}; \quad k_{\text{excited}}(\omega) = \frac{1}{\beta}\sqrt{\omega^2 - V_{11}} \tag{6.36}$$

---

① 在第二种情况下, 我们期望量子比特产生激光, 因为它现在处在一个完全粒子数反转的状态. 不幸的是, 在激光区域不能用微扰论, 因为它只在场和量子比特波函数修正都很小的情况下适用. 尽管单量子比特系统的激光发射在实验上已实现 (Astafiev et al., 2007), 并且在理论上也有研究 (Hauss et al., 2008a, b; Ashhab et al., 2009; Andre et al., 2009a, b), 但尚未在一个量子相干的多量子比特结构中实现.

这多少有点太寻常了, 尽管已经显示了如何通过调节其组成单元 (量子比特) 的量子态来调节折射率. 这个能谱是有能隙的: 对于足够低的频率, 式 (6.36) 会导出虚的波矢, 此时波无法传播, 而是在介质中消掉了. 更有意思的是当量子比特初始在叠加态, $C_0^0 = C_1^0 = 1/\sqrt{2}$. 由于相干的量子拍 ($\zeta$ 为某个无关紧要的相位)

$$V^0(\tau) = \frac{1}{4}[V_{00} + V_{11} + 2|V_{01}|\cos(\epsilon_p \tau + \zeta)] \tag{6.37}$$

而

$$k(\omega, \tau) \approx \sqrt{\omega^2 - \frac{V_{00} + V_{11} + 2|V_{01}|\cos(\epsilon_p \tau + \zeta)}{4\beta^2}} \tag{6.38}$$

因此, 如果入射波频率接近阈值 $\omega_c = \sqrt{V_{00} + V_{11}}/2\beta$, 这一超材料将在透明和反射状态之间来回变化, 频率为量子拍频 ϵ_p(同时也会在频率 ϵ_p 和 $\omega \pm \epsilon_p$ 上产生一个信号). 这样的系统如果实现了的话, 就可以得到一种可以处于不同折射率的叠加态的介质——"光学的薛定谔猫". 它到底长什么样确实是非常有趣的事, 哪怕只能在微波波段.

现在假设我们可以设法制备一个空间上周期调制的量子比特初态, 比如最简单的情况, 在长度 Λ 上交替的处于 $|A\rangle$ 和 $|B\rangle$. 这两种态可以是无扰的量子比特哈密顿量本征态或者其叠加态 (在下面的讨论中, 后者只有在量子拍频足够低, 也就是 $\epsilon_q^2 \ll V_{00}, V_{11}$ 时才有意义). 在相应的区域——我们可以等价地看成一维的量子光学晶体, 电磁波满足如下方程:

$$\frac{\partial^2 \alpha}{\partial \tau^2} - \beta^2 \frac{\partial^2 \alpha}{\partial \xi^2} + V_{AA}\alpha = 0 \quad \text{或} \quad \frac{\partial^2 \alpha}{\partial \tau^2} - \beta^2 \frac{\partial^2 \alpha}{\partial \xi^2} + V_{BB}\alpha = 0 \tag{6.39}$$

跟往常一样, 我们将寻找 Bloch 波形式的解, $\alpha(\xi, \tau) = u(\xi)\exp[ik\xi - i\omega\tau]$, 其中函数 $u(\xi)$ 以 2Λ 为周期, 而准动量 k 在第一布里渊区 $-\pi/\Lambda \leqslant k \leqslant \pi/\Lambda$(Saleh, Teich, 2007, 7.2 节). 但是, 方程式 (6.39) 在 A 区或 B 区的解都可以写成带常数系数的 $\exp[\pm ik\xi]$ 项之和. 利用 α 和 $\partial_\xi \alpha$ 的连续性, 以及 $u(\xi)$ 的周期性, 我们得到这些系数的一组线性方程, 其可解条件引出隐式的色散关系 $k(\omega)$(Rakhmanov et al., 2008):

$$\cos \kappa_A \Lambda \cos \kappa_B \Lambda - \frac{\kappa_A^2 + \kappa_B^2}{2\kappa_A \kappa_B} \sin \kappa_A \Lambda \sin \kappa_B \Lambda = \cos 2\kappa\Lambda;$$

$$\kappa_A^2 = \frac{\omega^2 - V_{AA}}{\beta^2}; \quad \kappa_B^2 = \frac{\omega^2 - V_{BB}}{\beta^2} \tag{6.40}$$

式 (6.40) 可以推出能谱 $\omega(k)$ 当 κ_A 和 κ_B 相差足够大 (也就是 $|V_{AA} - V_{BB}| > \sim \beta^2$, 根据式 (6.23), 这意味着一个单元中电磁场的能量必须远小于约瑟夫森能, 与我们应用微扰方法的条件是一致的) 时会出现能隙. 这种能谱的一个例子如图 6.5 所示: 将 $|A\rangle, |B\rangle$ 中之一选为量子比特本征态叠加态会产生一个带隙结构, 并且随着量子拍频 ϵ_q 而"呼吸".

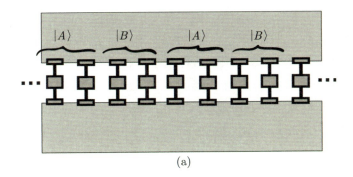

(a)

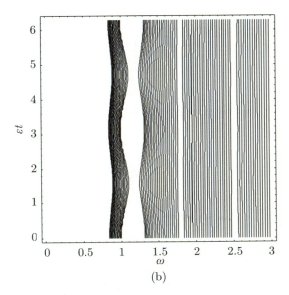

(b)

图6.5 量子光子晶体及其"呼吸"

(a) 量子光子晶体——一个量子比特周期排列的一维量子超材料. 这里$|A\rangle=|0\rangle$, $|B\rangle=(|0\rangle e^{-i\epsilon_q \tau}+|1\rangle e^{i\epsilon_q \tau})/\sqrt{2}$.

(b) 量子光子晶体中的"呼吸"（经Rakhmanov et al.，2008，©2008美国物理学会许可重印）：能隙结构由于量子比特态之间的量子拍而出现周期振荡，见式(6.40).

6.1.3 双手性超材料

最有意思的经典超材料大概就是左手材料 (LHM) 或者负折射率材料 (NIM) 了. 我们不去追求深入的细节，只要知道传统的介质中电磁波的电场、磁场和波矢方向满足右手定则，而左手材料中则满足左手定则. 因此，波矢和坡印亭 (Poynting) 矢量 $\boldsymbol{S}=\dfrac{c}{4\pi}\boldsymbol{E}\times\boldsymbol{B}$ 是反的：波的能量传播方向和相位传播方向相反. 同样地，群速度和相速度也相反. 这对应于一个负的折射率 (因为介质中的相速度为 $s = c/n$)[①] . 光在这种介质中的传播非常反直觉. 举例来说, 根据斯内尔 (Snell) 定律, 这意味着入射光和折射光将在界面法线的同一侧 (很容易看出, 这种左手材料的厚板可以用作透镜), 此外, 这种介质还具有反的多普勒 (Doppler) 和瓦维洛夫–切连科夫 (Vavilov-Cherenkov) 效应, 以及负的光压. 这种材料理论上的可能性最早由 Veselago(1964, 1968) 预言, 但一直等到 2000 年才首次实现 (Smith et al., 2000; Engheta, Ziokowski, 2006, Saleh, Teich, 2007, 5.7 节).

在一维的情况下, 左手性简单来说就是乘积 $kv_g(k)$, 其中群速度 $v_g(k) = \dfrac{\partial \omega}{\partial k}$, 为负值. 这可以通过图 6.6 的左手传输线 (LHTL) 来实现, 这在结合左手性和非线性上非常有用 (Kozyrev, van der Weide, 2008, 以及其中的参考文献). 下面我们先写出常规的 (右手) 传输线 (RHTL) 和 LHTL 的集总等效电路的拉格朗日方程:

$$\mathcal{L}_{\text{RHTL}} = \sum_n \left[\frac{C\dot{\Phi}_n^2}{2c^2} - \frac{(\Phi_n - \Phi_{n-1})^2}{2L} \right], \quad \ddot{\Phi}_n - \omega_0^2 (\Phi_{n+1} + \Phi_{n-1} - 2\Phi_n) = 0; \quad (6.41)$$

$$\mathcal{L}_{\text{LHTL}} = \sum_n \left[\frac{C(\dot{\Phi}_n - \dot{\Phi}_{n-1})^2}{2c^2} - \frac{\Phi_n^2}{2L} \right], \quad \Phi_n - \frac{1}{\omega_0^2}(\ddot{\Phi}_{n+1} + \ddot{\Phi}_{n-1} - 2\ddot{\Phi}_n) = 0 \quad (6.42)$$

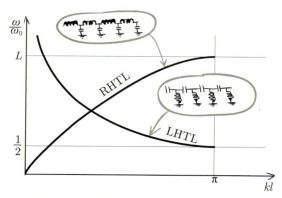

图6.6 右手传输线（RHTL）和左手传输线（LHTL）的色散关系式(6.43)示意图

---

① 左手性只能在介质同时具有负的介电常数 ϵ 和磁导率 μ 的情况下可以实现. 因此 LHM 的另外一个名字是双负超材料 (DNG). 根据 Veselago(1964, 1968) 指出的, ϵ 和 μ 仅当二者都依赖于频率时可以同时为负. 这可以直接推出, 一个 (几乎) 单色波的周期平均能量密度 (Landau et al., 1984, 第 80 章)

$$\overline{W}_\omega = \frac{\partial(\omega\epsilon)}{\partial\omega}\overline{|E_\omega|^2} + \frac{\partial\omega\mu}{\partial\omega}\overline{|H_\omega|^2}$$

要求必须为非负.

这里 $\omega_0^2 = c^2/(LC)$. 将 $\Phi_n(t) = F\exp[ikln - i\omega t]$ 代入式 (6.41) 和式 (6.42) 中, l 为单位片段的长度, 我们得到如下色散关系 $(-\pi \leqslant kl \leqslant \pi)$:

$$\omega_{\mathrm{RHTL}}(k) = 2\omega_0\left|\sin\left(\frac{kl}{2}\right)\right|; \quad \omega_{\mathrm{LHTL}}(k) = \frac{\omega_0}{2\left|\sin\left(\dfrac{kl}{2}\right)\right|} \tag{6.43}$$

并且在 LHTL 中 $kv_g(k)$ 确实是负值.

在更一般的情况下——每个分支上各包含了一个电容和一个电感的并联, 色散关系为

$$\omega^2(k) = \frac{2L_x^{-1}(1 - \cos kl) + L_y^{-1}}{2(C_x/c^2)(1 - \cos kl) + C_y/c^2} \tag{6.44}$$

当 $L_y^{-1}, C_x \to 0$ 或 $L_x^{-1}, C_y \to 0$ 时, 上式分别约化到式 (6.43) 中的形式. 一根传输线到底是左手的还是右手的, 取决于其参数: 从式 (6.44) 得出

$$\mathrm{sgn}\left[k\frac{\partial\omega}{\partial k}\right] = \mathrm{sgn}(L_x^{-1}C_y - L_y^{-1}C_x) \tag{6.45}$$

因此, 如果我们引入可调的电容或电感, 比如约瑟夫森结 (式 (2.27)), 这种传输线就可以在右手性和左手性之间切换. 将式 (6.45) 重写一下:

$$(\mathrm{RHTL}): \frac{L_x^{-1}}{L_y^{-1}} > \frac{C_x}{C_y}; \quad (\mathrm{LHTL}): \frac{L_x^{-1}}{L_y^{-1}} < \frac{C_x}{C_y} \tag{6.46}$$

我们看到, 右-左转换可以通过增加 L_x^{-1} 或降低 L_y^{-1} 来实现 (比如通过改变约瑟夫森结上的偏置电流): $L_x^{-1} \to L_x^{-1} + \delta L_x^{-1}$; $L_y^{-1} \to L_y^{-1} + \delta L_y^{-1}$. 在这种双手性超材料中, 一个具有如下波矢 k_c:

$$2(1 - \cos k_c l)\delta L_x^{-1} = -\delta L_y^{-1} \tag{6.47}$$

且频率为 $\omega_c = \omega(k_c)$ 的波既可以向左又可以向右传播[1]. 进一步地, 我们回想一下一个量子比特可以处于不同等效电感 (或电容) 的叠加态 (2.5 节), 于是我们有可能制造出一个双手性的量子超材料 (Zagoskin, Saveliev, 2010), 它处在左手态和右手态的叠加态上. 在这种介质中, 电磁波会如何传播仍然是一个开放且很有趣的问题.

---

① 注意到式 (6.47) 只有当两个电感同时改变时才有一个非平凡解.

6.2 量子计算尺

6.2.1 绝热量子计算

基于量子比特或量子比特对的连续幺正变换 (量子门) 的"标准"量子计算的最主要问题是需要让系统保持足够长的量子相干时间以完成计算, 或者实现某种量子纠错方案 (Le Bellac, 2006, 7.4 节). 第二种情况要求大量额外的量子比特和操作, 而这又将导致系统的退相干时间变短. 这些问题很可能不是基础的, 但仍然是极为艰难的. 这些困难促使人们去寻找要求不那么高的量子计算方案. 绝热量子计算 (AQC) 就是其中之一 (Farhi et al., 2000, 2001).

这一方案的思想如下. 假设我们知道如何将问题的解编码到某个哈密顿 H_0 的基态 $|\Psi_0\rangle$, 并且我们可以构造一个物理系统, 它具有这样的哈密顿量. 尽管大家都知道这是难以企及的事, 但至少在原理上, 加上一些注意事项, 是可以做任意的量子算法的 (Aharonov et al., 2004; Mizel et al., 2007). 于是, 只要我们可以将系统弄到它的基态, 问题就解决了. 简单地将系统冷却下去是不行的, 因为任何足够复杂的问题, 对应的 H_0 一定有大量的亚稳极小值, 系统远在到达接近第一激发态能量的温度之前就会冻结 (玻璃行为, Santoro et al., 2002; Das, Chakrabarti, 2008). 但是, 如果我们对系统施加一个强的扰动 H_1(显然, $[H_0, H_1] \neq 0$), 而 $H_0 + H_1$ 的基态 $|\Psi_{0+1}\rangle$ 很容易实现 (例如, 一个处于很强磁场的相互作用静态自旋系统), 等系统弛豫到基态 $|\Psi_{0+1}\rangle$ 之后, 再非常缓慢地去掉这个扰动 (在外界没有其他扰动的情况下). 于是, 在 1.4.5 小节中介绍的绝热理论下, 系统最终将处于我们想要的末态 $|\Psi_0\rangle$.

AQC 相对"标准"的, 或者说"电路模型"的量子计算而言有一些"内在"的优势. 首先, 量子系统的基态自然地不受退相干影响, 它无处可弛豫, 而且也不会被激发, 只要系统温度足够低:

$$k_B T \ll \min_{\lambda \in [0,1]} [E_1(\lambda) - E_0(\lambda)] \tag{6.48}$$

也就是系统温度远低于绝热哈密顿量基态和第一激发态的最小能级间距

$$H(\lambda) = H_0 + \lambda H_1, \quad 0 \leqslant \lambda(t) \leqslant 1 \tag{6.49}$$

(式 (6.48) 的条件必须对系统中其他噪声来源的等效噪声温度同样成立.) 要求 $\lambda(t)$ "慢

变"以避免系统从基态激发的条件在 1.4.5 小节中的式 (1.144)、式 (1.154) 已经详细讨论过. 退相位也完全无所谓, 因为它只影响态的不同能量本征态组分之间的相对相位, 而在这里系统只有一个组分, 那就是哈密顿量的基态. 这与电路模型量子计算中要求系统处于哈密顿量本征态脆弱的叠加态形成了鲜明对比. 尽管量子纠错方案理论上让这种方式成为可能, 但开销非常大, 需要很多额外的量子比特和操作 (Le Bellac, 2006, 7.4 节)[①].

其次, 我们不再需要在量子比特和量子比特之间施加精准的、同步的幺正操作 (量子门). 这意味着没有那些最终导致退相干的控制信号, 也不需要复杂的控制电路——它们作为额外的噪声源, 会让保持系统处于量子相干态越发困难: 噪声, 以及增加的额外器件单元让整个器件变得更大, 更难冷却, 更难保持低温.

当然, 这里也是有代价的. 首先是通用性: 一个绝热量子计算机实际上是将问题的解编码到了硬件上 (量子比特–量子比特耦合), 如果要解另一个问题, 就必须调整其至重建系统硬件. 这并不奇怪, AQC 是一个模拟的而非 "数字" 电路量子计算. 模拟计算机 (Jackson, 1960; Blum, 1969; Dewdney, 1984) 只是模拟, 而不是去计算最终结果. 因此, 它可以做得很快, 并且只用到很少的资源. 最简单的例子是计算尺; 更复杂的设备被用于反飞行物枪炮瞄准, 计算大坝底下渗流, 等等. 远在数字计算机能做任何相当的计算之前, 它们就存在了[②]. 事实上, 罗伯特 · 胡克 (Robert Hooke) 曾经用一个模拟计算机验证了平方反比定律导致天体的运动轨迹大致是椭圆的[③]. 另一个问题是精度: 不像数字计算机, 模拟计算机的精度受其硬件限制, 而不能随意地控制. 话说回来, 一个不那么准确的结果好歹比没有结果强. 既然从硬件的角度来看当前量子计算的水平更接近 19 世纪 80 年代的经典计算水平, 而不是 20 世纪 90 年代的, 在没有预知会发明奔腾处理器之前忽略计算尺显然是不明智的.

---

① 当然, 这只是一个理想的图像. 一个真实的绝热量子计算机永远是一个开放系统, 会与宇宙的其他部分发生相互作用, 并且满足一个非幺正的密度矩阵主方程, 而不是一个幺正的波函数薛定谔方程. 因此, 采用隔离系统哈密顿量 $H(\lambda)$ 的瞬时本征态作为首选的基 (正如我们在 1.4.5 小节中所做的) 最终不再是一个好的近似. 也就是说, 退相位不再是可忽略的. 经过了某个临界时间 τ_c 后——取决于系统的细节——演化将变得非绝热. 换句话说, AQC 存在某些非一般性的最佳运行速度 (Sarandy, Lidar, 2005a, b). 我们将假设 τ_c 足够大, 并且将后面的讨论限制在 $t < \tau_c$ 以内.

② Dewdney(1984) 给出的一个例子是意大利面模拟计算机, 采用刚好 $N+1$ 个算符来对 N 个数进行排序 (这比任何已知的数字排序算法都好). 前 N 个操作包含从袋中取走一份意大利面, 做标记, 并剪断到由数字列表中对应条目给出的长度. 第 $N+1$ 步操作则是把它们抓在手里并朝向一个平面, 然后让重力来做剩下的事情: 意大利面片段 (以及列表中的数字) 将根据它们的尺寸被排序.

③ 经过与 Henry Hunt 在 1681 年 1 月共同完成的一系列实验之后 (Jardine, 2003, 第 8 章).

6.2.2 绝热算法

在很多情况下, 哈密顿量 H_0 的形式由要解决的问题直接决定. 举个例子, 求解最大割问题[①]. 这个问题如下: 我们先对一个包含 N 个节点的图的每个边赋予一定的权重, 一个 "割" 将这个图分成了两个集合, 而回报则是穿过割线的所有边 (也就是两个集合之间的所有连线) 的权重之和. "最大割" 就是拥有最大回报的割线. 我们很容易说服自己存在至少一个最大割: 如果其中一个集合 ("A") 为空而另一个集合 ("B") 包含整个图, 则回报为零; 通过对所有连向 A 的边的权重求和, 向 A 中增加一个节点将增加 (或减小) 回报; 不断向 A 中增加节点, 最终当所有节点都属于 A 之后, 回报又将变成零. 因此, 除非所有可能的割都是零权重 (平凡情况), 否则至少存在一个最大割. 不过, 对于给定图求最大割是一个很难的问题: 这是一个 NP-完全问题[②]. 因此也是一个考验量子计算的好问题. 每个割可以通过一个 N 维矢量 $\boldsymbol{s} = (s_1, s_2, \cdots)^{\mathrm{T}}$ 来表示, 其中如果第 j 个节点属于 A 则 $s_j = 0$, 而如果属于 B 则 $s_j = 1$. 于是回报函数为

$$P(\boldsymbol{s}) = \sum_{j,k=1}^{N} w_{jk}(1 - s_k) + \sum_{j=1}^{N} w_j s_j \tag{6.50}$$

这里 w_{jk} 为边的权重; 上式中的第二项打破了集合 A 和 B 之间的对称性. 对于如下 N 个耦合的量子比特哈密顿量:

$$H = -\frac{1}{2} \sum_{j} \left[\epsilon_j \sigma_z^j + \Delta_j \sigma_x^j \right] + \sum_{j<k} J_{jk} \sigma_z^j \sigma_z^k \tag{6.51}$$

如果我们选择 $J_{jk} = w_{jk}/2, \epsilon_j = w_j, \Delta_j/J_{jk} \ll 1$, 这个哈密顿量的基态与式 (6.50) 中的回报函数是相同的. 最终问题的解将编码到基态波函数 $|0\rangle = |s_1 s_2 \cdots s_N\rangle$ 中. 我们已经发现式 (6.51) 中的所有参数, 包括耦合, 都可以通过外部磁通来调节. 实现式 (6.51) 哈密顿量的一个直接办法是一组限制在一个平面内的磁通量子比特通过电感耦合起来, 相互之间只有少数近邻或次近邻耦合, 不过这主要是个技术问题. 在最小的非平凡最大割问题 ($N=3$)(图 6.7) 中, 这些限制不重要. 这一问题已经被当成一个测试案例进行了尝试 (Grajcar et al., 2005; Izmalkov et al., 2006; van der Ploeg et al., 2006), 选择 $J_{12} = J_{23} = J_{13} = 300$ mK, $\Delta_1 = \Delta_2 = \Delta_3 = 96$ mK, 从初始的极化态向偏置 $\epsilon_1 = 0.315$ K, $\epsilon_2 = 0.252$ K 和 $\epsilon_3 = 0.525$ K 绝热演化, 将使得系统进入基态

[①] 这是 Steffen et al.(2003) 用过的一个例子, 用三个基于核磁共振的量子比特来演示一个 AQC (关于量子计算的一个简要介绍见 Le Bellac, 2006, 6.1 节).

[②] 轻率地讲, 一个 NP-完全问题在那些解可以在多项式时间 (作为输入尺度的函数) 内被验证的问题中是最难的.

$|0\rangle = |\uparrow_1\downarrow_2\uparrow_3\rangle$），这个基态编码了这个最大割问题的解（式 (6.51) 当 $\Delta_j = 0$ 时的基态能对应的回报函数）。一个局部极小值，$|\downarrow_1\uparrow_2\uparrow_3\rangle$ 拥有近似的能量，如果我们像经典退火那样做的话，系统可能就陷在其中。实验显示，为了运行一个 AQC 算法，系统需要更低的等效温度或更大的基态–激发态能级差。

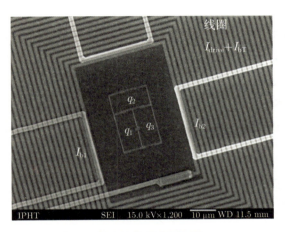

图6.7　最大割问题（$N=3$）的绝热量子算法的物理实现电路

（经van der Ploeg et al.，2006，©2007 IEEE，许可重印。）铝的持续电流量子比特被放置在铌的拾取线圈中；偏置磁通f_{ψ}，$j=1$，2，3（以Φ_0为单位）分别由对应的Π形偏置线中的电流产生。量子比特通过共享的约瑟夫森结和（更小的）互感实现反铁磁耦合。通过阻抗测量技术（IMT）可以确定量子比特的量子态。电路参数，$J_{12}=J_{23}=J_{13}=610$ mK，$\Delta_1=\Delta_2=\Delta_3=70$ mK，量子比特的等效温度则通过IMT数据的拟合得到，$T_{\mathrm{eff}}=70$ mK（标称混合室温度为$T=10$ mK）。这个等效温度必须要进一步降低才能够真正用于AQC的演示。

AQC 天然地适合于解决图的优化问题。另一个重要的、研究很活跃的例子是旅行商问题 (TSP, Johnson, McGeoch, 1997)。这个问题正规的表述是：必须在一个图上找出穿过所有节点并最终回到起始点的最短路径。其回报函数很显然就是总的路径长度。有不同的描述旅行商问题的绝热哈密顿量，不过通常它被映射为一个伊辛 (Ising) 自旋系统，其中的势能项表示路径长度 (Martonak et al., 2004)；这样的系统原则上同样可以用一组量子比特来实现。

如果哈密顿量 H_0 的形式不是那么好猜，我们又该怎么办呢？一个寻找任意标准的（也就是电路模型的）量子算法哈密顿量 H_0 的简洁方法是所谓基态量子计算 (GSQC, Mizel et al., 2001)，它的流程如下：我们知道任意的量子算法可以约化为一系列的单量子比特幺正旋转和两量子比特 CNOT 门 (Le Bellac, 2006, 5.3 节)。因此，只要考虑单量子比特和两量子比特的情形就够了。首先从单量子比特情况开始，我们可以在上面进行 M 个门操作 $U_1,\cdots,U_M$，这里 U_j 是一个 2×2 的幺正矩阵。我们将用 $2(M+1)$ 个包含单个电子的量子点 (比如 2DEG 量子点) 来对此进行建模，第 $m+1$ 列的上 (下) 量子点

表示量子算法中第 m 步中处于 $|0\rangle$ ($|1\rangle$) 态的量子比特. 我们记 $c_{m,0(1)}^{\dagger}$ 为对应量子点上电子的产生算符, 则任意波函数可以写为

$$|\Psi\rangle = \sum_{m=0}^{M} \sum_{j=0}^{1} A_{mj} c_{mj}^{\dagger} |\text{vac}\rangle \tag{6.52}$$

这里 $|\text{vac}\rangle$ 为 Fock 空间中的真空态 (以区别于量子比特的 $|0\rangle$ 态). 为了方便, 这里引入一对 "矢量算符", $C_m^{\dagger} = (c_{m0}^{\dagger}, c_{m1}^{\dagger})$, $C_m = [C_m^{\dagger}]^{\dagger}$. 可以直接检验, 算符 $P_m = C_m^{\dagger} C_m$ 将态 $|\Psi\rangle$ 投影到了第 m 列上的态 (所以, 如果对于这个 m, 系数 A_{m0}, A_{m1} 为零的话, $P_m |\Psi\rangle = |\text{vac}\rangle$). 类似地, 算符 $T_{m,m-1} = C_m^{\dagger} C_{m-1}$ 将电子从第 $m-1$ 列转换到第 m 列.

将单个量子比特初始化到某个态 $|\psi_0\rangle$ 之后, 再将算符 $U_j, j = 1, \cdots, M$ 连续地作用到上面, 我们得到

$$
\begin{aligned}
&|\psi_1\rangle = U_1 |\psi_0\rangle, \quad |\psi_2\rangle = U_2 |\psi_1\rangle, \quad \cdots, \\
&|\psi_M\rangle \equiv |0\rangle \langle 0|\psi_M\rangle + |1\rangle \langle 1|\psi_M\rangle = U_M |\psi_{M-1}\rangle
\end{aligned}
\tag{6.53}
$$

因此, 如果我们能找到一个满足如下方程的波函数:

$$
\begin{aligned}
&P_m |\Psi\rangle = U_m T_{m,m-1} P_{m-1} |\Psi\rangle \quad (m = 1, \cdots, M); \\
&P_0 |\Psi\rangle = \left[A_{00} c_{00}^{\dagger} + A_{01} c_{01}^{\dagger} \right] |\text{vac}\rangle
\end{aligned}
\tag{6.54}
$$

我们已经对式 (6.53) 中的时间演化做了建模, 并可以通过将系统态投影到这个模型中的最后一列来找到想要的量子比特末态:

$$P_M |\Psi\rangle = A_{M0} c_{M0}^{\dagger} |\text{vac}\rangle + A_{M1} c_{M1}^{\dagger} |\text{vac}\rangle = \mathcal{C} \left\{ \langle 0|\psi_M\rangle c_{M0}^{\dagger} |\text{vac}\rangle + \langle 1|\psi_M\rangle c_{M1}^{\dagger} |\text{vac}\rangle \right\} \tag{6.55}$$

在方程式 (6.54) 中, 列数 m 表示施加在单量子比特上的量子门的序号. 归一化常数 $\mathcal{C}$ 表明了电子态扩散到了 $2(M+1)$ 个量子点上这一事实. 整个方案很好地展示了 "用空间换时间" 的策略, 这在 AQC 中很常见, 在下棋或兵法中也是如此.

可以很容易地检验, 满足式 (6.54) 的波函数 $|\Psi\rangle$ 就是以下哈密顿量的基态 (Mizel et al., 2001):

$$H_0 = E \sum_{j=1}^{M} \left[P_{j-1} + P_j - C_j^{\dagger} U_j C_{j-1} - C_{j-1}^{\dagger} U_j^{\dagger} C_j \right] \tag{6.56}$$

实际上, 这个哈密顿量有两个基态: 一个对应量子比特初态为 $|\psi_0\rangle = |0\rangle$(也就是 $A_{00} \neq 0, A_{01} = 0$), 而另一个则对应量子比特初态为 $|\psi_0\rangle = |1\rangle$($A_{00} = 0, A_{01} \neq 0$); 这一简并可以通过在 H_0 上加一个小项 (比如 $-\epsilon c_{00}^{\dagger} c_{00}$) 来去除, 这样系统会更倾向于其中某

个态. 上面的哈密顿量直接用电子的产生–湮灭算符来表示如下:

$$H_0 = \sum_{m=0}^{M} \sum_{j=0}^{1} \epsilon_{mj} c_{mj}^{\dagger} c_{mj} + \sum_{(mj,m'j')} \left(\Delta_{mj,m'j'} c_{mj}^{\dagger} c_{m'j'} + H.c. \right) \tag{6.57}$$

这里 $H.c.$ 表示厄米共轭项, 第二个求和项只展开到最近邻. 由此看来, 采用比如 2DEG 量子点来实现 H_0 并不是不可能的, 我们所需控制的只有每个点的势能 ϵ, 以及邻近点的隧穿矩阵元 Δ. (这种实现方式的实用性是另外一个问题!) 举例来说, 一个相位门

$$U_\theta = \begin{pmatrix} \exp(\mathrm{i}\theta) & 0 \\ 0 & 1 \end{pmatrix} \tag{6.58}$$

是一个一步操作 ($M = 1$), 可以选择如下参数来实现:

$$\epsilon_{00} = \epsilon_{11} = \epsilon_{01} = \epsilon_{10} = E$$
$$\Delta_{00,10} = E\mathrm{e}^{\mathrm{i}\theta}; \quad \Delta_{01,11} = E; \quad \Delta_{00,11} = \Delta_{01,10} = 0 \tag{6.59}$$

调节隧穿矩阵元的幅值是很直接的, 而调节其相位则需要, 比如利用磁场或静电 Aharonov-Bohm 效应, 以使电子在量子点之间隧穿的过程中引入适当的相移.

下面我们再考虑一个通用的两量子比特门 CNOT. (CNOT 门和单量子比特旋转门组合可以实现任意两个量子比特之间态的交换, 因此我们只需要在最近邻量子比特之间执行 CNOT 门就行了.) 这同样是一个一步操作, 需要 $2 \times 2 \times 2$ 个量子点 (图 6.8). 相应的哈密顿量为

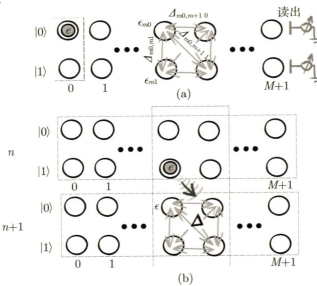

图6.8　基态量子计算（GSQC）

(a) 在单个量子比特上进行M次幺正操作表示为2(M+1)个单电子阱量子点. 量子点势和隧穿矩阵元是可控的. (b) GSQC中的两量子比特门. "量子比特n+1"的隧穿矩阵元和点势取决于"量子比特n"中的 |1⟩–量子点上是否有电子.

257

6　第6章
应用与思考

$$H_{\mathrm{CNOT}} = \left(c_{10}^{(1)\dagger} C_1^{(2)\dagger} - c_{00}^{(1)\dagger} C_0^{(2)\dagger} \right) \left(C_1^{(2)} c_{10}^{(1)} - C_0^{(2)} c_{00}^{(1)} \right)$$

$$+ \left(c_{11}^{(1)\dagger} C_1^{(2)\dagger} - c_{01}^{(1)\dagger} C_0^{(2)\dagger} \sigma_x \right) \left(C_1^{(2)} c_{11}^{(1)} - \sigma_x C_0^{(2)} c_{01}^{(1)} \right)$$

$$+ C_0^{(1)\dagger} C_0^{(1)} C_1^{(2)\dagger} C_1^{(2)} + C_1^{(1)\dagger} C_1^{(1)} C_0^{(2)\dagger} C_0^{(2)} \tag{6.60}$$

这里的上标表示量子比特对应的行数. 我们要是仔细看 H_{CNOT} 的结构, 就会发现其中的物理性质: 一个量子比特的态——也就是一行量子点上的电荷——(比如通过静电) 影响另一个量子比特的演化, 即另一行量子点之间的隧穿.

现在我们看到, 任意一个对于"标准"量子计算而言可解的问题都可以编码到一个包含 N 个电子的 $2N(M+1)$ 个量子点 (这里 N 为量子比特数, 而 M 则是算法的步数) 构成的系统的基态 $|\Psi\rangle$, 它通过其空间结构来模拟量子算法时间上的结构 (正因为如此, 它被称为"通用历史态"). 系统的哈密顿量是一系列"单比特旋转"式 (6.57) 和"CNOT 门"的乘积式 (6.60). 最终的解包含在系数 $\{A_{Mj}^n\}_{j=0,1}^{n=1,\cdots,N}$ 中, 通过测量最后一列量子点的量子态就能得到[①]. Mizel et al.(2007) 表明一个 GSQC 哈密顿量的基态可以通过绝热量子演化得到, 而基态与第一激发态的最小能级差在这种演化中不差于 $O(1/N^4 M^2)$, 其中 N 为量子比特数, M 为算法步数. 因此, 一个电路模型的量子计算机可以——至少在理论上——用一个 AQC 有效地模拟[②].

6.2.3　近似绝热量子计算

随着系统尺度的增加, 一个绝热量子计算机基态和第一激发态的最小能级差是如何变化的, 是一个非常重要的问题: 它影响着式 (6.49) 中的控制参数 $\lambda(t)$ 能变化多快, 也就影响着 AQC 的计算速度[③]. 最小能级差的标度, 以及它与 AQC 速度的关系是一个

---

① 还剩下一个小问题: 由于每个量子比特的代表行中, 每 $M+1$ 列中只有一个电子, 没有电子的概率为 $\sim M/(M+1)$. 不过, 这可以通过降低这一列的势能并将电子吸引过来, 以轻松解决这个问题.

② 准确来说, Mizel et al.(2007) 的证明并非针对式 (6.49) 所示的"正则 AQC"形式, 而是对如下形式的哈密顿量有效:

$$H = H_0 + \lambda(t) H_1 + \lambda^2(t) H_2$$

这里 $[H_1, H_2] \neq 0$.

③ 要在危险的 λ 值 $\left($ 也就是在能级差很小, 且平均 $\dfrac{\mathrm{d}\lambda}{\mathrm{d}t} = 1/\tau$ ——计算时间的倒数的情况下 $\right)$ 得到 $\dfrac{\mathrm{d}\lambda}{\mathrm{d}t}$ 的允许最大值, 就如同用你的车在湿滑的道路上安全转弯的速度来估算行程时间一样. 当然, 对于 AQC 我们并不知道转弯的地方在哪里.

持续的并且存在严重争议 (Cao, Elgart, 2010; Mizel, 2010, 以及其中的参考文献) 的研究课题. 比较确定的是, $H(\lambda)$ 的能谱 (也就包括了最小能级差) 是与希望实现的特定量子算法密切相关的, 并且导致能级差过小的控制参数值无法事先预知 (图 6.9).

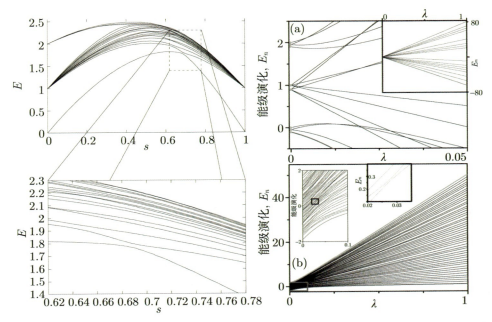

图6.9　绝热能级演化的例子
（左图）3–SAT问题的16384个能级中最低的18个能级（经Znidaric，2005，©2005美国物理学会许可重印）；绝热参数 s 通过 $H(s) = sH_{\text{3-SAT}} + (1-s)H_{\text{perturbation}}$ 引入.（右图）经Zagoskin et al.，2007，©2007美国物理学会许可重印. (a) $|00\rangle \rightarrow |00\rangle$ 的CNOT门模拟, 由哈密顿量式(6.60)描述. 由于对称问题, 某些能级出现交叉. (b) 一个哈密顿量模型的能级演化（随机矩阵理论的高斯幺正系综（GUE），见Stöckmann,1999）.

因此, 我们不再试图去问怎么保持在基态, 而是关注当我们偏离基态多远时仍能够获得有用的结果. 这可能不会对所有的算法都管用, 但对于优化问题, 比如 TSP 问题, 显然是有意义的. 在 TSP 问题中, 路径的长度可以直接从解态对应的能量得到, 因此第一激发态会给出优化解的最佳近似. 如果在调节微扰的过程中我们试图保持系统不要激发到远离基态太远的其他态, 我们将能够得到 TSP 问题的一个近似解. 直观上看, 这种近似绝热量的计算 (AAQC) 方法在求解近似解时会比常规的量子退火算法更有优势, 除非系统一开始就在基态, 或者偏离基态不远.

为了评估 AAQC 的效率, 让我们考虑引起激发态占据的机理: 噪声 (包括热涨落) 和 Landau-Zener 隧穿. 噪声和热涨落原则上可以降到零. 因此我们将首先考虑 Landau-Zener 隧穿, 这种效应是不可能在有限速度的绝热演化中消除掉的. 在任何能级免交叉的地方, 我们可以先忽略其他免交叉的存在, 并采用 1.4.6 小节中的二能级近似来处理. 于是态交换的概率可以由式 (1.167) 给出:

$$P_{\mathrm{LZ}} = \mathrm{e}^{-\frac{\pi \Delta^2}{2\hbar v}}$$

这里 Δ 是能级交叉间距的最小值, $v = \mathrm{d}\epsilon/\mathrm{d}t$ (假设 $v =$ 常数), 而 $\epsilon(e)$ 为非绝热态之间的能级差. 我们可以用一个启发式的简单图像来估计 Landau-Zener 效应带来的影响. 我们把哈密顿量式 (6.49) 看成一系列的路径, 而系统——用一个点表示——可以在上面移动, 如图 6.10 所示. 假设系统一开始在哈密顿量本征态 $n(\lambda)$ 上, 当移动到第一个免交叉位置 (态 $n\pm1$) 时, 有 $1 - P_{\mathrm{LZ}}$ 的概率留在原来的路径上 (也就是保持在 n 态), 而有 P_{LZ} 的概率跳到另一个上. 到当前所在路径的下一个免交叉点时, 会发生同样的事情

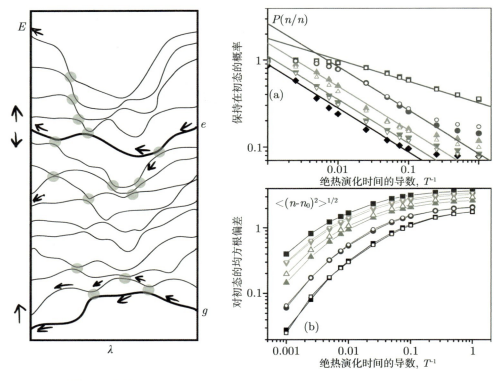

图6.10　近似绝热量子计算（AAQC）
（左图）在准绝热演化过程中, 系统可以通过一系列Landau-Zener跃迁（灰点）偏离初始的基态(g)或激发态(e), 过程类似于随机行走. （右图）随机矩阵理论的高斯幺正系综（GUE）哈密顿量停留在初态(a)的概率和偏离初态的平均概率(b)随演化时间倒数的变化.（经Zagoskin et al., 2007, ⓒ2007美国物理学会许可重印.）不同的标记符号对应于不同的初始能态.

(不过是另一个概率值 P_{LZ}), 等等. 因此, 系统状态的演化是一个可变间隔的、左右 (或者说上下) 跳动概率不对称的随机行走过程. 但是, 能级数每一步只能变 1(或者不变). 其结果是系统缓慢地、类似扩散地逐渐偏离其初始状态.

对于这种偏离, 可以做一个很粗略的估计. 每个能级的平均免交叉数量记为 N, $N \gg 1$, 当控制参数从 0 到 1 变化时, 系统有 $P(n, k = \lambda N)$ 的概率处于 $H(\lambda)$ 的第 n 个本征态, 而 Landau-Zener 跃迁的平均概率为 p. 同样我们假设 $n \gg 1$, 于是

$$P(n, k+1) = (1-p)P(n, k) + \frac{P}{2}[P(n-1, k) + P(n+1, k)] \tag{6.61}$$

也就是说, 经过一个免交叉点之后, 我们发现系统处于 $|n\rangle$ 态, 它要么一直停留在这个态, 要么是从邻近或高或低的态经过 Landau-Zener 跃迁过来的 (假设这两种情况跃迁的概率是相同的). 这基本上就是标准的随机行走方程 (Gardiner, 2003, 3.8.2 小节), 散布的确切表达式可以采用标准方法得到[①]:

$$\langle (n - n_0)^2 \rangle_{\lambda=1} = pk|_{\lambda=1} = pN \tag{6.62}$$

由于我们假设了 $n \gg 1$, 式 (6.62) 不适用于基态, 但至少偏移量随 Landau-Zener 跃迁概率和免交叉数量的增加而增大看起来是合理的. 将式 (6.62) 逐步应用到常数演化速率 $|\lambda| = t/T_A$, 便给出了 AAQC 的平均准确率为

$$\Delta n = \sqrt{\langle n^2 \rangle} \propto e^{\alpha T_A} \tag{6.63}$$

这里 T_A 为算法的运行时间, 而 α 是某个非普适的比率. 这个图像诚然过于简化, 但与 Zagoskin et al.(2007) 的数值模拟结果却依然定性地符合 (图 6.10). 式 (6.63) 暗示了一个诱人的可能性, 那就是 AAQC 的准确度将随着运行时间而指数增加 (或者反过来说, 对于一个要求准确率为 Δn 的 AAQC, 所需运行时间只以 $\ln(1/\Delta n)$ 增加). 式 (6.63) 或

---

① 为了得到这个结果, 我们引入一个特征函数 $G(s, k) = \langle \exp(ins) \rangle_k = \sum\limits_{n=-\infty}^{\infty} \exp(ins) P(n, k)$(所以 $P(n, k) = \int_{-\pi}^{\pi} (\mathrm{d}s/(2\pi)) \exp(-ins) G(s, k)$). 于是, 迭代式 (6.61), 我们得到

$$G(s, k+1) = [p\cos s + (1-p)]^{k+1} e^{in_0 s}$$

这里 $|n_0\rangle$ 为系统开始做绝热演化的起始态. 而散布为

$$\langle (n - n_0)^2 \rangle_k = \sum_n (n - n_0)^2 P(n, k) = \int_{-\pi}^{\pi} \frac{\mathrm{d}s}{2\pi} [p\cos s + (1-p)]^{k+1} \sum_n (n - n_0)^2 e^{-i(n-n_0)s}$$

利用等式

$$\sum_n (n - n_0)^2 e^{-i(n-n_0)s} = -\frac{\mathrm{d}^2}{\mathrm{d}s^2} \sum_n e^{-i(n-n_0)s} = -\frac{\mathrm{d}^2}{\mathrm{d}s^2} \left(2\pi \sum_m \delta(s - 2\pi m) \right)$$

并做分部积分, 我们就得到了式 (6.62).

其改进版本是否适用于 AAQC, 如果适用那是哪一类算法, 在什么条件下, 这些都还是开放性问题①.

如果问题哈密顿量 H_0 包含任何对称性, 其能级出现交叉; 特别是如果基态穿过第一激发态, 绝热定理将变得无用 (或者准确地说它只能用于具有不同对称性的态分组上). 我们的 AAQC 按理同样应该失效. 令人意想不到的是, 在有噪声的情况下反而会变得更好. 首先, 当存在一个温度为

$$\min \Delta \ll k_B T \ll \langle \Delta \rangle \tag{6.64}$$

的玻色浴, 其中 Δ 为基态和激发态之间的能级差时, 热激活跃迁将使得系统在足够缓慢地经过免交叉区域时, 这些态的占有数趋于相等. 因此, 哪怕最小能隙为零, 系统也有 $\sim 1/2$ 的概率处于基态. 如果能隙不为零, 并且玻色浴是超欧姆的 ($s > 1$, 5.3.2 小节), 我们甚至可以将速度进一步增加到 $T_A \sim (\min \Delta)^{-4/(4-s)}$, 而不是绝热定理给出的 $T_A \sim (\min \Delta)^{-2}$. 经过免交叉点之后, 如果发生 Landau-Zener 跃迁, 与浴的耦合使得系统又能弛豫回基态, 这同样增加了 AQC 运行的成功率 (Amin et al., 2008). 其次, 噪声项会破坏 H_0 的对称性, 从而去除能级交叉. 确实存在一个最优的噪声水平, 可以人为地引入系统中去 (Wilson et al., 2010).

如果经过我们确信为绝热的演化, 系统最终走到了基态, 或者足够接近它, 此时庆祝仍然为时过早, 因为总是存在一定的概率系统是通过普通的退火达到的 (可能某种程度上借助了量子隧穿). 这显示出了另一个问题——怎么辨别一个被认为是 (近似的) 绝热量子计算机的设备真的是一个 (近似的) 绝热量子计算机? 建立一个合适的实验协议不是一个容易的问题②.

---

① 举例来说, 一个横场下的 Ising 自旋玻璃, 由爱德华兹–安德森 (Edwards-Anderson) 哈密顿量模型给出:

$$H = -\sum_{\langle ij \rangle} J_{ij} \sigma_z^i \sigma_z^j - h \sum_i \sigma_x^i$$

这里 $\langle ij \rangle$ 表示 D 维晶格中的最近邻项, 而 J_{ij} 是随机的. 式 (1.16) 中 $D > 2$ 的情形经常被用来代表一个 NP-完全问题. 量子退火理论对这种系统 (也就是, 横场 h 缓慢地降到零; 更一般地说, 就是关掉哈密顿量的动能项) 给出的结果是, 要达到基态附近 Δn 的范围, 所需要的退火时间是 $1/\Delta n$ 的指数, 与经典的退火是一样的: $T_A \sim \exp\left[(\Delta n)^{-1/\zeta}\right]$, 这里 ζ 为某个正参数. 量子退火在数值上仍然更快, 因为对于经典的情况 $\zeta_{cl} \leqslant 2$, 而在量子的情况下 $\zeta_{cl} < \zeta_{quant} \leqslant 6$. 量子退火的这种减速来源于基态大量的免交叉, 当 $h \to 0$ 时变得越来越密集, 可能只适用于 Ising 自旋玻璃问题 (Santoro et al., 2002).

② 这是最近尝试在 16 量子比特和 28 量子比特超导量子处理器中实现 AQC 和 AAQC 的实验没有结果的原因之一 (van Dam, 2007; Guizzo, 2010).

6.3　量子热机、制冷机和妖

6.3.1　量子热力学循环

很难想象有哪个理论物理学分支能比经典热力学从量子力学中去除得更干净, 包括其中的制冷、制热、准静态过程、理想循环和热机等. 然而, 量子热机 (QHE), 也就是工作主体是量子相干的热机很早就在激光中被引入了 (Scovil, Schulz-DuBois, 1959; Geusic et al., 1967). 从那时起它们就经常在理想实验中应用, 以帮助理清统计力学中一些微妙的问题, 比如涨落的作用和量子区域内麦克斯韦 (Maxwell) 妖的工作机制等[①]. 独立可调的, 同时具有相对较长退相干时间的宏观尺度量子比特的到来, 使得很多这类理想实验的实施变得可行. 这补齐了经典热力学、统计力学、信息论和量子计算形成的环链.

作为开始, 我们考虑一个教科书上的情况: 有两个热库, 温度分别为 T_c, T_h, 以及一个系统, 它可以周期地与两个热库中的一个达到热平衡 (Fermi, 1956). 对应到量子区域, 我们可以用三个谐振子来分别作为热库和工作体, 对应频率分别为 $\omega_c, \omega_h, \omega$, 并假设作为工作体的振子可以任意改变其频率 ω. 更具体一点, 设想它们都是超导 LC 谐振电路, 其中 "工作体" 包含了一个约瑟夫森结, 而这个结引起的非线性可以忽略不计 (Zagoskin et al., 2010). 通过偏置约瑟夫森结, 可以改变其等效电感, 从而允许我们控制频率 ω, 正如我们在 2.5.1 小节中看到的那样. 我们假设

$$\omega_h > \omega_c \tag{6.65}$$

(但并不一定要求 $T_h > T_c$.) 系统输入或输出的机械功取决于改变约瑟夫森结的偏置电流所需的能量, 这个能量是依赖于量子态的. 理论上, 电能可以无损地转化为机械功, 也可以无损地转化回来, 因此我们不必过多考虑这些.

下面让我们以如下的循环来运行可调振子 (图 6.11, 这里画的是平均光子数相对共振频率的图). (AB) 将它调到与冷库共振, $\omega = \omega_c$, 并允许它达到平衡. (BC) 以无穷慢的速度将频率增加至 $\omega = \omega_h$. 根据量子绝热定理, 在这个过程中, 能态占有数不会发生

[①] Geva, Kosloff, 1994; Scully et al., 2003; Kieu, 2004; Humphrey, Linke, 2005; Quan et al., 2007; Quan, 2009; Maruyama et al., 2009; Gemmer et al., 2009, 第 20 章.

改变 (当然, 此时我们忽略了系统的弛豫). 因此, 它相对热库而言是一个非平衡态. 现在 (CD) 我们允许它达到平衡, 然后 (D) 再缓慢地将频率降到 ω_c. 此时系统又变成非平衡态, 并重新与冷库取得平衡 (DA), 最终完成一个循环[①]. 外力 (也就是电流源, 它偏置约瑟夫森结从而改变共振频率) 对系统所做的功由 $ABCD$ 围成的面积给出:

$$R = -\int_A^B \langle n \rangle \,\mathrm{d}\omega + \int_C^D \langle n \rangle \,\mathrm{d}\omega = \pm A_{ABCD} \tag{6.66}$$

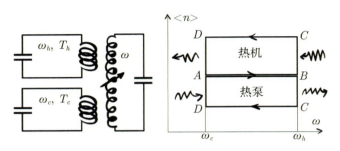

图6.11　量子热机/热泵的 LC 电路实现，以及理想的量子奥托(Otto)循环

如果这个过程是逆时针的, 则 R 为正, 我们的设备就是一个热机; 反之则 R 为负, 这个设备就变成一个热泵 (制冷机), 将能量从冷库转移到热库. 如果对比教科书中理想热机的热力学循环, 我们就能看到, 这里的频率 ω 类似于体积的倒数, 而 $\langle n \rangle \omega^2$ 则对应系统的压强. 循环 $ABCD$ 由两个绝热过程 (AB, CD) 和两个等容过程 (BC, DA) 组成, 并对应于奥托 (Otto) 循环, 也就是内燃机中的循环[②]. 因为包含了两个等容过程, 所以整个循环是不可逆的, 但这是可实现的最简单的量子循环了. 要找出其效率也很简单. 记频率为 $\omega_c(\omega_h)$ 的振子第 n 个本征态为 $|n, c(h)\rangle$, $Z_{c(h)}$ 为对应的配分函数, 我们可以写出工作体在 A, B, C, D 四个点的密度矩阵:

$$
\begin{aligned}
\rho_A &= Z_c^{-1} \sum_n \mathrm{e}^{-\frac{\hbar \omega_c}{k_B T_c}} |n,c\rangle \langle n,c| \\
\rho_B &= Z_c^{-1} \sum_n \mathrm{e}^{-\frac{\hbar \omega_c}{k_B T_c}} |n,h\rangle \langle n,h| \\
\rho_C &= Z_h^{-1} \sum_n \mathrm{e}^{-\frac{\hbar \omega_h}{k_B T_h}} |n,h\rangle \langle n,h| \\
\rho_D &= Z_c^{-1} \sum_n \mathrm{e}^{-\frac{\hbar \omega_h}{k_B T_h}} |n,c\rangle \langle n,h|
\end{aligned}
\tag{6.67}
$$

---

① 我们隐含地假设了热库、冷库和工作体振子是无限尖锐且共振的, 否则热交换要持续到失谐量超过线宽为止. 不过这种修正可以做到任意小.

② 详细的关于不同经典热动力学循环的量子对应, 包括量子卡诺循环等的综述, 可参见 Quan et al., 2007 和 Quan, 2009.

由此可以直接得到系统在每个点上对应的能量表达式, 以及系统所做的功或者获取的能量:

$$R_1 = E_A - E_B = -\frac{\hbar(\omega_h - \omega_c)}{2} \coth \frac{\hbar\omega_c}{2k_B T_c}$$

$$R_2 = E_C - E_D = \frac{\hbar(\omega_h - \omega_c)}{2} \coth \frac{\hbar\omega_h}{2k_B T_h}$$

$$R = R_1 + R_2 = \frac{\hbar(\omega_h - \omega_c)}{2} F\left(\frac{\hbar\omega_c}{2k_B T_c}, \frac{\hbar\omega_h}{2k_B T_h}\right) \tag{6.68}$$

$$Q_1 = E_C - E_B = \frac{\hbar\omega_h}{2} F\left(\frac{\hbar\omega_c}{2k_B T_c}, \frac{\hbar\omega_h}{2k_B T_h}\right)$$

$$Q_2 = E_A - E_D = -\frac{\hbar\omega_c}{2} F\left(\frac{\hbar\omega_c}{2k_B T_c}, \frac{\hbar\omega_h}{2k_B T_h}\right)$$

这里

$$F(x, y) = \frac{\sinh(x - y)}{\sinh x \sinh y} \tag{6.69}$$

如我们所预料的, $R_1 R_2 < 0$, 而 $Q_1 Q_2 > 0$. 循环的方向由以下参数决定:

$$\lambda = \frac{\hbar\omega_c}{k_B T_c} - \frac{\hbar\omega_h}{k_B T_h} \tag{6.70}$$

当 $\lambda > 0$ 时, 净做功 $R = R_1 + R_2 > 0$, 因此该系统作为一个热机工作, 效率为

$$\eta = \frac{R}{Q_1} = 1 - \frac{\omega_c}{\omega_h} \tag{6.71}$$

选择 $\omega_c/\omega_h < T_c/T_h$, 也就是 $\lambda < 0$ 时, 这个效率貌似可以违背卡诺不等式:

$$\eta \leqslant \eta_C = 1 - \frac{T_c}{T_h} \tag{6.72}$$

但此时我们的热机其实已变成了一个制冷机, 效率为

$$\zeta = \frac{-Q_2}{R} = \frac{\omega_c}{\omega_h - \omega_c} \tag{6.73}$$

热力学第二定律可不是那么容易破坏的, 或者说不可能破坏. 我们可以通过热力学第二定律的其他形式——克劳修斯 (Clausius) 不等式来检查,

$$C \equiv \Delta S - \Delta Q/T \geqslant 0 \tag{6.74}$$

在循环的非绝热环节, 这个式子依然是成立的. 这里 ΔS 是工作体熵的变化, 而 ΔQ 为输入的热. 采用平衡态下量子振子熵的标准表达式 (Landau, Lifshitz, 1980, 第 5 章), 工作体在绝热压缩过程中的熵为

$$S_{AB} = -\ln\left(2\sinh\frac{\hbar\omega_c}{2k_B T_c}\right) + \frac{\hbar\omega_c}{2k_B T_c} \coth \frac{\hbar\omega_c}{2k_B T_c} \tag{6.75}$$

对于压缩过程 CD, 我们将 ω_c/T_c 替换成 ω_h/T_h 就行. 这里, 利用式 (6.69) 和如下不等式:

$$\ln(\sinh x/\sinh y) \leqslant (x-y)\coth y \quad (x,y>0) \tag{6.76}$$

我们发现的确

$$C_{BC} = S_{CD} - S_{AB} - \frac{Q_2}{k_B T_h} \geqslant 0; \quad C_{DA} = S_{AB} - S_{CD} - \frac{Q_1}{k_B T_c} \geqslant 0 \tag{6.77}$$

在现有的实验技术条件下, 完全可以构造这样一个 Otto 热机. 利用它来发电可能一点都不划算, 但它作为一种冷却一个量子系统 (比如说一个绝热量子计算机或者一个纳米机械振子) 的方式则可能是有用的. 这种制冷机的制冷极限受限于条件 $\lambda=0$, 也就是[①]

$$T_c = \frac{\omega_c}{\omega_h} T_h \tag{6.78}$$

而其制冷效率 ζ 是不依赖温度的. 但随着温差的逐渐降低, 根据式 (6.69) 每次循环从冷库中抽取的热 Q_2 会逐渐降到 0. 由于有限的操作速度——在我们的例子中对应于 AB 和 CD 的绝热环节, 通常会损失掉一些制冷效率. 这种损失源于振子态的参量压缩 (Zagoskin et al., 2010)——我们在 4.4.6 小节中讨论过. 如果把冷库、热库和工作体全都换成量子比特, 结果会怎样? 事实上, 没什么变化. 比如, 可以很直观地看出来, 方程式 (6.70)、式 (6.71)、式 (6.73) 都不会发生变化, 只是把 ω_c 和 ω_h 换成量子比特的能级间距 Ω_c 和 Ω_h(Quan et al., 2007). 我们可以选择一种最容易实验实现的量子比特、线性/非线性谐振腔组合形式, 但最终结果不会变.

6.3.2　西西弗斯 (Sisyphus) 效应：量子比特器件中的冷却和放大

"冷""热"谐振子之间的一个量子 Otto 循环可以通过在工作体上施加一个正弦驱动来近似. 显然, 这将降低循环的效率, 因为速度可变的"绝热"阶段变成一个不可逆过程, 以及等容阶段的有效停留时间变得更短 (如果不考虑谐振子和工作体的有限带宽的话, 当 $\omega=\omega_{c,h}$ 时, 这个有效停留时间会缩小到零). 这种方式的优势在于简单, 使得 Grajcar et al.(2008b) 能够实现他们的实验 (图 6.12). 实验步骤我们现在应该已经比较熟悉了：一个用铝制备的持续电流磁通量子比特放在一个铌的拾取线圈内, 铌拾取线圈作为一个高 Q 的 LC 谐振电路的一部分, 与量子比特形成电感耦合. 量子比特被一个频率接近其能级差 Δ 的高频信号 $\hbar\Omega$ 驱动. LC 谐振频率 ≈ 20 MHz, 与量子比特

---

① 式 (6.78) 事实上对任何形式基于共振跃迁的制冷都成立 (Grajcar et al., 2008a).

频率 $\Delta/h \geqslant 3.5$ GHz 之间的大失谐, 保证二者之间没有直接的能量交换 (见 5.5.5 小节中的 Rabi 实验). 随着量子比特工作点选取相对于量子比特与高频驱动共振点的变化, 这两个信号的相互作用将使得谐振电路中的低频电流或衰减或放大. 量子比特的温度 $T_q < 100$ mK, 通过调控量子比特, LC 谐振电路的等效温度 (初始 ≈ 4.2 K) 可以降低约

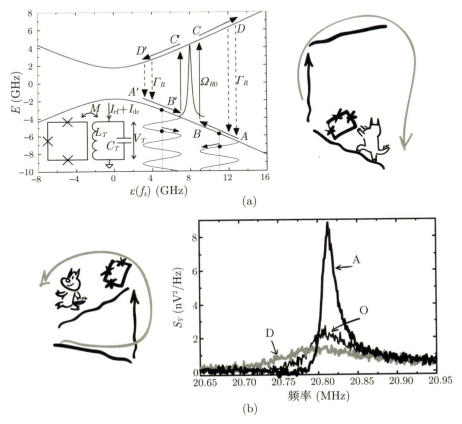

图6.12 磁通量子比特耦合到一个储能电路的西西弗斯制冷和信号放大

（经*Nature Physics*, Grajcar et al., 2008b, ©2008Macmillan出版社许可修改.）共振驱动的磁通量子比特类似于一个工作介质, 而LC谐振电路则类似于机械功的输出源和冷/热库, 具体取决于量子比特工作点的选取和储能电路中的低频信号幅度. 环境则等价于其他热库. (a) 制冷/制热循环. 磁通量子比特的能级 ($|0\rangle$, $|1\rangle$) 受储能电路中的低频 (正弦) 共振信号驱动到高频信号的近共振点 (由谐振曲线上的变化来判断). 在近共振状态下, 初态为$|0\rangle$ 的量子比特被高频信号激发到$|1\rangle$并受储能电路中的信号驱动保持直到它弛豫到基态. 循环$ABCD$对应于图6.11中的Otto制冷循环. 在 "绝热膨胀" 阶段 (AB) 和 "压缩" 阶段 (CD) 过程中, 储能电路冷却下来, 牺牲其能量来增加量子比特的能量. 传递的能量等于光子在共振时从高频源吸收的能量, 与量子比特弛豫到基态时损失给环境的能量之间的差. 循环$A'B'C'D'$为Otto循环的反过程. 每个循环, 储能电路获得量子比特损失到环境的能量和共振场增益之间的能量差. (b) 在LC储能电路失谐 (O)、阻尼 (D) 和放大 (A) 区域的电压涨落谱密度.

8% 或提高约 36%. 由于量子比特的工作点保持不变, 电流的缓慢变化将使得谐振电路的振荡偏离与高频驱动的共振, 因此整个过程的效率急剧下降 (随着量子比特在共振点附近停留时间的缩短). 显然, 当沿着 CD 或者 $C'D'$ 的弛豫率接近谐振电路的驱动频率时, 效率达到最佳, 否则, 要么量子比特经历很多循环也无法从谐振电路获取能量或向其中传输能量 (如果 $\Gamma \ll \omega_T$), 或者循环路径的等效面积以及每个循环传输的能量太小 (如果 $\Gamma \gg \omega_T$).

需要注意的是, 不同于 "真正" 的 Otto 循环——如前所述, 在这里工作体 (量子比特) 和 "冷/热库" (LC 谐振电路) 之间的能量转换是可逆的. (另外一个微小的不同之处是, 这里的弛豫过程不是一个共振过程.) 所以, 更准确地说这是一个衰减和放大的过程, 而不是制冷和制热.

一个量化的分析可以从以下的哈密顿量快速地得到:

$$H = -\left[\frac{1}{2}\epsilon + \hbar\Omega_0 \cos\Omega t\right]\sigma_z - \frac{\Delta}{2}\sigma_x + \hbar\omega_T a^\dagger a + g\sigma_z(a^\dagger + a) \tag{6.79}$$

方括号中的项代表量子比特的直流偏置和高频驱动, 此外 LC 谐振电路中的电路在这里是量子化的. 转换到量子比特的本征基上, 并采用 RWA 和 Schrieffer-Wolff 变换, 我们最终得到 (Grajcar et al., 2008b, "方法" 一节)

$$H = -\left[\frac{E}{2} - g\sin\zeta(a^\dagger + a) + \frac{g^2}{E}\cos^2\zeta(a^\dagger + a)^2\right]\tilde{\sigma}_z \\ + \hbar\Omega_0 \cos\Omega t \cos\zeta\tilde{\sigma}_x + \hbar\omega_T a^\dagger a \tag{6.80}$$

这里 $E = \sqrt{\epsilon^2 + \Delta^2}$ 为量子比特能级差, 而 $\zeta = \epsilon/\Delta$. 将这个哈密顿量代入含标准 Lindblad 项的量子比特和谐振电路主方程 (1.3.2 小节) 中, 可以得到与实验数据定量吻合的结果 (也就是谐振电路中的电压幅值, 图 6.12, 右下).

上面整个方案让人回想到所谓的西西弗斯 (Sisyphus) 制冷 (Wineland et al., 1992), 在这种制冷方案中原子被迫损失能量到激光场中. 在我们这个情况中, 制冷区域 Sisyphus(谐振电路) 持续地推着石头 (量子比特) 上山 (沿着 AB 和 CD), 而大石则不断地下降 (DA)[①]. 对于其反效应, $A'B'$ 到 $C'D'$, 我们没有合适的神话人物来比喻, 可以大胆地称为 "印第安纳·琼斯 (Indiana Jones) 制热". 后面这个过程实际上是激光发射的 "前身". 既然我们有了操控量子比特态的能力, 那么在量子比特系统中实现粒子数反转和激光发射只是意料之中的事. 实际上, 在电荷量子比特与谐振腔耦合的系统中已经看到了激光发射现象 (Astafiev et al., 2007). 不同于大量振子与腔场同时相互作用,

① 利用基于量子比特的制冷机来对介观器件进行局部制冷, 已经吸引了很多理论学家的注意 (Hauss et al., 2008a, b; You et al., 2008; Jaehne et al., 2008; Wang et al., 2009; Macovei, 2010; Linden et al., 2010), 不过实验上尚未完全发挥出其潜力.

这里只有一个"单原子"被反复激发以泵浦电磁场. 这是微激光器特有的情况 (Orszag, 1999, 11.1 节); 一个真正的量子比特激光器需要一个量子超材料来作为工作介质——到目前为止还没人做出来[①].

*6.3.3 量子的麦克斯韦 (Maxwell) 妖

到目前为止, 我们考虑的量子热机只包含一个量子对象——一个量子比特或者可调振子. 如果加入更多的量子对象, 我们应该可以预期能产生除了只是增加每循环总输出功以外更有意思的东西, 而这个预期是非常正确的. 我们将通过仅增加一个量子比特——"妖量子比特"——到我们的量子 Otto 循环中, 来看看会发生什么. 之所以这么叫是因为这个新增的量子比特将在其中 (Quan et al., 2006, 2007) 扮演 "Maxwell 妖" 的作用 (Leff, Rex, 1990, 2002; Maruyama et al., 2009)——这是一个著名的看起来违背了热力学第二定律的假设.

首先, 我们来看一下在量子情况下热力学第二定律是如何可能被打破的. 将"工作体"量子比特与一个温度为 T_W 的热库 (图 6.13(a)) 永久地接触, 经过足够长时间后最终将达到热平衡, 量子比特的态变成

$$\rho_W^0 = n_{0W} |0_W\rangle\langle 0_W| + n_{1W} |1_W\rangle\langle 1_W| \tag{6.81}$$

这里 n_{jW} 为工作比特态 $|j\rangle$ 在平衡状态下的占有数. 现在如果我们测量量子比特状态并发现其在激发态上 (概率为 n_{1W}), 我们可以对其进行翻转并输入能量为能级差 Δ 的功, 也就是在谐振腔内激发一个额外的光子 (我们总能使得达到热平衡的时间, 也就是热化时间 τ_T 足够长, 以确保测量和翻转过程中热库的影响可以忽略不计). 反之, 如果测量结果为基态, 我们就什么都不做, 再等待 τ_T 时间, 之后重新这个循环. 平均来看, 每个循环将从温度为 T_W 的单一热库提取 $n_{1W}\Delta$ 的功——这显然违背了开尔文 (Kelvin) 勋爵的热力学第二定律表述: "如果一个转换的唯一最终结果是从一个始终处于同一温度的热源提取热量并转化为功, 这是不可能的." (Fermi, 1956, 卷Ⅲ, 第 7 章). 这一"破坏规则"的实验可以通过一个妖量子比特分两步实现. 第一步, 在妖量子比特上施加一个 CNOT 操作, 工作量子比特作为控制量子比特. 这是一个幺正操作, 因此不存在不可逆性或者耗散. 第二步, 如果妖量子比特翻转了, 说明工作量子比特处于激发态且能做功, 于是将妖量子比特翻回去能用于触发从工作量子比特中提取功. 由于来回翻转妖量

---

① 单量子比特和少量子比特激光的理论分析见 Hauss et al., 2008a, b; Ashhab et al., 2009; Andre et al., 2009a, b.

子比特会使其处于相同的能量状态, 从热源中抽取的能量确实将完全转化为功.

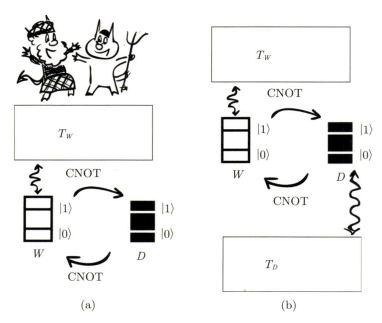

图6.13　妖协助下的量子Otto循环

(a) 利用Maxwell妖量子比特（D）我们可以读出工作量子比特（W）与浴取得平衡后的状态, 采用D为目标比特的CNOT门. 施加另一个W为目标比特的CNOT门, 我们可以仅当工作量子比特处于激发态时发生翻转. 重复这个过程, 我们看起来可以无偿地从单一的浴中提取出功, 因为CNOT门是等熵过程.(b) 为了使整个过程循环起来, 经过每个CNOT-CNOT操作之后, 我们必须将妖量子比特恢复到其初始状态, 也就是说, 要将它与另一个热库接触（并取得平衡）. 把这个考虑进去之后我们看到, 即便有量子Maxwell妖的帮助, 我们也无法违反热力学第二定律.

我们需要的是两个耦合可开关的量子比特, 使得我们可以实现 CNOT 操作, 即

$$H = -\frac{\Delta_W}{2}\sigma_z^W - \frac{\Delta_D}{2}\sigma_z^D + \frac{g_1}{4}(1+\sigma_z^W)\sigma_x^D + \frac{g_2}{4}(1+\sigma_z^D)\sigma_x^W \tag{6.82}$$

工作量子比特作为控制比特而妖量子比特作为目标比特的 CNOT 门可以通过将耦合 g_1 打开时间 $\tau_{1\text{CNOT}}$ 以使得 $g_1\tau_{1\text{CNOT}} = \pi/2$; 类似地, 妖量子比特作为控制比特的 CNOT 门要求打开耦合 g_2. 我们已经见过各种不同的量子比特耦合方案, 实现式 (6.82) 看起来是可行的, 现在我们离实现第二类永动机只有一步之遥了.

当然, 这太好了, 不可能是真的. 一个量子的 Maxwell 妖不会比经典的更能打破热力学第二定律, 其原因也是一样的. 正如 Landauer(1961) 指出的, 妖没有破坏 Kelvin 的假定, 因为它的内存在提取功的过程中被擦除掉了 (在我们的情况中, 妖量子比特的量子态将取决于每个 CNOT-CNOT 循环), 并且热转换为功并不是唯一的输出. 擦除

妖的内存的过程——也就是将其变成某个"标准"态, 通常是某个温度下的热态——很显然是不可逆的, 如果把这个过程考虑进去, 那么第二定律仍然成立. 这就是著名的 Landauer 擦除原理[1]. 顺便说一句, 获取信息是可逆的 (Bennett, 1982), 所以这个 (获取信息的) 过程不能用于打败 Maxwell 妖 (Maruyama et al., 2009, 以及其中的引用文献).

为了搞清楚这是怎么回事, 让我们更仔细地看看图 6.13(a) 中的循环 (Quan et al., 2006, 2007). "工作体"量子比特仍然与热库保持永久接触; 但我们同样需要为妖提供一个温度为 T_D 的热库 (图 6.13(b)), 以擦除妖的内存. 为简便起见, 我们可以假设两个量子比特的热化时间是相同的, 将二者解耦并等待时间 τ_T. 现在两个量子比特都处于热平衡态, 量子热机的态密度矩阵为

$$
\begin{aligned}
\rho(A) &= (n_{0W} |0_W\rangle\langle 0_W| + n_{1W} |1_W\rangle\langle 1_W|)(n_{0D} |0_D\rangle\langle 0_D| + n_{1D} |1_D\rangle\langle 1_D|) \\
&\equiv \sum_{i,j=0,1} P_{ij} |i_W j_D\rangle\langle i_W j_D|
\end{aligned} \tag{6.83}
$$

接下来, 我们对妖量子比特施加一个 CNOT 操作, 只有当工作量子比特处于激发态时妖量子比特才会翻转. 这使得密度矩阵变为

$$
\begin{aligned}
\rho(B) &= P_{11} |1_W 0_D\rangle\langle 1_W 0_D| + P_{10} |1_W 1_D\rangle\langle 1_W 1_D| \\
&+ P_{01} |0_W 1_D\rangle\langle 0_W 1_D| + P_{00} |0_W 0_D\rangle\langle 0_W 0_D|
\end{aligned} \tag{6.84}
$$

到目前为止工作量子比特的状态一直是不变的: 其约化密度矩阵为

$$
\rho_W(B) \equiv \mathrm{tr}_D \rho(B) = \rho_W(A) \equiv \mathrm{tr}_D \rho(A) \tag{6.85}
$$

但妖的态, $\rho_D = \mathrm{tr}_W \rho$, 已经变了: 妖获取了关于工作量子比特的信息. 妖的熵, $S_D = \mathrm{tr}[\rho_D \ln \rho_D]$, 也相应地发生改变. 我们热机的内能也因为妖做的功而发生了改变:

$$
W_D = \mathrm{tr}[H\rho(B)] - \mathrm{tr}[H\rho(A)] = \Delta_D(n_{1D} - P_{10} - P_{01}) \tag{6.86}
$$

值得注意的是, 这种情报获取是可逆的, 与 Bennett(1982) 完全一致: 热机的熵保持不变,

$$
\begin{aligned}
S(B) &= -k_B \mathrm{tr}[\rho(B) \ln \rho(B)] = -k_B \sum_{ij} P_{ij} \ln P_{ij} \\
&= -k_B(n_{0W} \ln n_{0W} + n_{1W} \ln n_{1W}) - k_B(n_{0D} \ln n_{0D} + n_{1D} \ln n_{1D}) = S(A)
\end{aligned} \tag{6.87}
$$

---

[1] 这跟电导公式的那个 Landauer 是同一个人.

妖的熵减正好等于妖和工作量子比特的交叉熵, $S_M \equiv S_W + S_D - S$.

现在我们用妖从工作体中获取的信息来让它 (工作体) 做功, 这次要对工作量子比特施加一个 CNOT 门, 妖量子比特作为控制比特. 这一操作不会改变妖的态. 工作量子比特所做的功为

$$W_W = \text{tr}[H\rho(B)] - \text{tr}[H\rho(C)] = \Delta_W (n_{1W} - P_{11} - P_{01}) \tag{6.88}$$

操作之后工作量子比特的密度矩阵为

$$\rho_W(C) = n_{0D} |1\rangle\langle 1| + n_{1D} |0\rangle\langle 0| \tag{6.89}$$

显然它的熵与最初妖的熵相等:

$$S_W(C) = S_D(A) \tag{6.90}$$

在这个阶段, 热机的总熵和妖的熵没有改变 (前者是因为 CNOT 门是幺正操作, 后者是因为 CNOT 操作不改变妖的态):

$$S(C) = S(B) = S(A); \quad S_D(C) = S_D(B) \tag{6.91}$$

最后, 工作量子比特和妖量子比特脱耦, 并各自与对应的热库达到平衡态. 这个过程是一个不可逆过程. 热机吸收的热量为

$$Q = \text{tr}[H\rho(A)] - \text{tr}[H\rho(C)] = \Delta_W (P_{10} - P_{01}) \tag{6.92}$$

而妖释放出的热量为

$$Q_D = \text{tr}[H\rho_D(C)] - \text{tr}[H\rho_D(A)] = \Delta_D (P_{10} + P_{01} - n_{1D}) \tag{6.93}$$

整个循环所做的功为

$$W = W_W - W_D = Q - Q_D = \Delta_W (P_{10} - P_{01}) - \Delta_D (P_{10} - P_{11}) \tag{6.94}$$

将 P_{ij} 展开为平衡态的占有数, 我们得到功为正的条件 (也就是我们这个巧妙的量子装置实际作为热机工作的条件):

$$\frac{T_W}{T_D} \geqslant \frac{\Delta_D}{\Delta_W} \tag{6.95}$$

其效率为

$$\eta = \frac{W}{Q} = 1 - \frac{\Delta_D}{\Delta_W} \frac{P_{11} - P_{10}}{P_{10} - P_{00}} \leqslant 1 - \frac{\Delta_D}{\Delta_W} \tag{6.96}$$

后面不等式中等号取得的条件是当妖的热库温度为绝对零度, 和妖每次都被带到基态; 即便这样, 这个有妖帮忙的量子 Otto 循环也只能达到简单的量子 Otto 循环效率, 式 (6.71). 如果我们采用其他以妖为控制比特的操作替换 CNOT 门来从工作量子比特提取功, 热机的效率会变得更低 (Quan et al., 2007).

6.4　结语

　　以上讨论的例子只是在固态量子比特系统, 包括超导的、2DEG 的或其他各种途径中提出并测试过的很小一部分. 我期待, 在不久的将来在我们讨论过的这三个领域——量子超材料、绝热量子计算和量子制冷——之中会有新的结果. 不过, 只有时间能够告诉我们哪些超出纯理论研究的特定应用会适合于量子比特器件. 可以确定的是, 这样的应用一定会被发现; 并且不管出于何种目的, 多量子比特器件的研发将使得我们可以测试量子力学的极限, 比以往更好地理解量子–经典转换的本质.

附 录

量子门

量子门是施加在一个或一组特定数量量子比特的态上的幺正操作. 采用最多的为单量子比特门和两量子比特门, 因为通过单量子比特门（也就是对单量子比特态做任意的幺正操作）和某些两量子比特门（比如 CNOT 门）可以组合成任意通用的门, 也就是允许我们实现任意的量子算法（Le Bellac, 2006, 5.3 节）. 下面我们列举一下 $\{|00\rangle, |01\rangle, |10\rangle, |11\rangle\}$ 基下最常用的两量子比特门.

当第一个量子比特（控制比特）处于 $|1\rangle$ 时, CNOT（"控制-非"）门翻转第二个量子比特（目标比特）, 否则什么都不做:

$$
\mathrm{CNOT} = \begin{pmatrix} 1 & 0 & 0 & 0 \\ 0 & 1 & 0 & 0 \\ 0 & 0 & 0 & 1 \\ 0 & 0 & 1 & 0 \end{pmatrix} \tag{F.1}
$$

一个 CNOT 门的推广形式是 CU（"控制-U"）门, 不同于翻转第二个量子比特, 它会

施加一个幺正操作 U:

$$CU = \begin{pmatrix} 1 & 0 & 0 & 0 \\ 0 & 1 & 0 & 0 \\ 0 & 0 & U_{11} & U_{12} \\ 0 & 0 & U_{21} & U_{22} \end{pmatrix} \tag{F.2}$$

控制-Z 门（$U = \sigma_z$）和 CROT 门（$U = -\mathrm{i}\sigma_y$）就是这种门的两个例子.

SWAP 门将两个量子比特态进行交换:

$$SWAP = \begin{pmatrix} 1 & 0 & 0 & 0 \\ 0 & 0 & 1 & 0 \\ 0 & 1 & 0 & 0 \\ 0 & 0 & 0 & 1 \end{pmatrix} \tag{F.3}$$

这种门对于在只有最近邻耦合的量子电路（比如 GSQC 方法）上实现量子算法格外有用. 我们可以引入 $\sqrt{\mathrm{SWAP}}$, 这样 $\mathrm{SWAP} = \left(\sqrt{\mathrm{SWAP}}\right)^2$:

$$\sqrt{\mathrm{SWAP}} = \frac{1}{1+\mathrm{i}} \begin{pmatrix} 1+\mathrm{i} & 0 & 0 & 0 \\ 0 & 1 & \mathrm{i} & 0 \\ 0 & \mathrm{i} & 1 & 0 \\ 0 & 0 & 0 & 1+\mathrm{i} \end{pmatrix} \tag{F.4}$$

类似地,

$$\mathrm{iSWAP} = \begin{pmatrix} \mathrm{i} & 0 & 0 & 0 \\ 0 & 0 & \mathrm{i} & 0 \\ 0 & \mathrm{i} & 0 & 0 \\ 0 & 0 & 0 & \mathrm{i} \end{pmatrix} \tag{F.5}$$

$$\sqrt{\mathrm{iSWAP}} = \frac{1}{\sqrt{2}} \begin{pmatrix} 1+\mathrm{i} & 0 & 0 & 0 \\ 0 & 1 & \mathrm{i} & 0 \\ 0 & \mathrm{i} & 1 & 0 \\ 0 & 0 & 0 & 1+\mathrm{i} \end{pmatrix} \tag{F.6}$$

参考文献

Abdalla，M. S. and Colegrave，P. K.（1993）. *Phys . Rev . A*，48，1526.

Abdumalikov，A. A.，Astafiev，O.，Nakamura，Y.，Pashkin，Yu. A. and Tsai，J.-S.（2008）.*Phys . Rev . B*，78，180502（R）.

Abdumalikov，Jr.，A. A.，Astafiev，O.，Zagoskin，A. M.，Pashkin，Yu. A.，Nakamura，Y. and Tsai，J. S.（2010）. *Phys . Rev . Lett .*，104，193601.

Abraham，R. J.，Fisher，J. and Loftus，P.（1988）. *Introduction to NMR Spectroscopy*，2nd edn. John Wiley and Sons.

Abramowitz，M. and Stegun，I. A.（eds）.（1964）. *Handbook of Mathematical Functions*. National Bureau of Standards.

Agarwal，G. S. and Kumar，S. A.（1991）. *Phys . Rev . Lett .*，67，3665.

Agraït，N.，Levy Yeyati，A. and van Ruitenbeek，J. M.（2003）. Quantum properties of atomic-sized conductors. *Physics Reports*，377，81.

Aguado, R. and Kouwenhoven, L. P. (2000). *Phys. Rev. Lett.*, 84, 1986.

Aharonov, D., van Dam, W., Kempe, J., Landau, Z., Lloyd, S. and Regev, O. (2004). *Adiabatic Quantum Computation is Equivalent to Standard Quantum Computation*. quant-ph/0405098.

Aharonov, Y. and Bohm, D. (1959). *Phys. Rev.*, 115, 485.

Allman, M. S., Altomare, F., Whittaker, J. D., Cicak, K., Li, D., Sirois, A., Strong, J., Teufel, J. D. and Simmonds, R. W. (2010). *Phys. Rev. Lett.*, 104, 177004.

Amin, M. H. S. (2009). *Phys. Rev. Lett.*, 102, 220401.

Amin, M. H. S., Love, P. J. and Truncik, C. J. S. (2008). *Phys. Rev. Lett.*, 100, 060503.

André, S., Brosco, V., Marthaler, M., Shnirman, A. and Schön, G. (2009a). *Phys. Scr.*, T137, 014016.

André, S., Brosco, V., Shnirman, A. and Schön, G. (2009b). *Phys. Rev. A*, 79, 053848.

Andreev, A. F. (1964). *Sov. Phys. JETP*, 19, 1228.

Aristotle (2008). *Physics*. Oxford University Press.

Ashhab, S., Johansson, J. R., Zagoskin, A. M. and Nori, F. (2009). *New J. Phys.*, 11, 023030.

Astafiev, O., Pashkin, Y. A., Yamamoto, T., Nakamura, Y. and Tsai, J. S. (2004). *Phys. Rev. B*, 69, 180507.

Astafiev, O., Inomata, K., Niskanen, A. O., Yamamoto, T., Pashkin, Yu. A., Nakamura, Y. and Tsai, J. S. (2007). *Nature*, 449, 588.

Astafiev, O., Zagoskin, A. M., Abdumalikov, A. A., Pashkin, Yu. A., Yamamoto, T., Inomata, K., Nakamura, Y. and Tsai, J. S. (2010a). *Science*, 327, 840.

Astafiev, O. V., Abdumalikov, Jr., A. A., Zagoskin, A. M., Pashkin, Yu. A., Nakamura, Y. and Tsai, J. S. (2010b). *Phys. Rev. Lett.*, 104, 183603.

Averbukh, I., Sherman, B. and Kurizki, G. (1994). *Phys. Rev. A*, 50, 5301.

Averin, D. V. (2003). Linear quantum measurements. In *Quantum Noise in Mesoscopic Systems*, ed. Yu. Nazarov. Kluwer Academic Publishers pp. 205-228.

Averin, D. V. and Bruder, C. (2003). *Phys. Rev. Lett.*, 91, 057003.

Averin, D. V. and Likharev, K. K. (1991). *Mesoscopic Phenomena in Solids*, eds B. L. Altshuler, P. A. Lee and R. A. Webb. North-Holland p. 167.

Averin, D. V. and Sukhorukov, E. V. (2005). *Phys. Rev. Lett.*, 95, 126803.

Balescu, R. (1975). *Equilibrium and Nonequilibrium Statistical Mechanics*. John Wiley & Sons.

Bardeen, J. and Johnson, J. L. (1972). *Phys. Rev. B*, 5, 72.

Barone, A. and Paterno, G. (1982). *Physics and Applications of the Josephson Effect*. Wiley-VCH.

Barzykin, V. and Zagoskin, A. M. (1999). *Superlattices and Microstructures*, 25, 797.

Beenakker, C. and Schönenberger, C. (2003). *Physics Today*, May, 37.

Bender, C. M. and Orszag, S. A. (1999). *Advanced Mathematical Methods for Scientists and Engineers I: Asymptotic Methods and Perturbation Theory*. Springer.

Bennett, C. H. (1982). *Int. J. Theor. Phys.*, 21, 905.

Berkley, A. J., Xu, H., Ramos, R. C., Gubrud, M. A., Strauch, F. W., Johnson, P. R., Anderson, J. R., Dragt, A. J., Lobb, C. J. and Wellstood, F. C. (2003). *Science*, 300, 1548.

Bertaina, S., Gambarelli, S., Mitra, T., Tsukerblat, B., Müller, A. and Barbara, B. (2008). *Nature*, 453, 203.

Bladh, K., Gunnarson, D., Johansson, G., Käck, A., Wendin, G., Aassime, A., Taskalov, M. and Delsing, P. (2002). *Phys. Scr.*, T102, 167.

Blais, A., Maassen van den Brink, A. and Zagoskin, A. M. (2003). *Phys. Rev. Lett.*, 90, 127901.

Blais, A., Huang, R.-S., Wallraff, A., Girvin, S. M. and Schoelkopf, R. J. (2004). *Phys. Rev. B*, 69, 062320.

Blais, A., Gambetta, J., Wallraff, A., Schuster, D. I., Girvin, S. M., Devoret, M. H. and Schoelkopf, R. J. (2007). *Phys. Rev. A*, 75, 032329.

Blum, J. J. (1969). *Introduction to Analog Computation*. Harcourt.

Blum, K. (2010). *Density Matrix Theory and Applications*. 2nd edn. Springer US.

Bochkov, G. N. and Kuzovlev, Yu. E. (1983). *Uspekhi Fizicheskih Nauk*, 141, 151.

Bohr, N. (1935). *Phys. Rev.*, 48, 696-702.

Bolotovskii, B. M. (1985). *Oliver Heaviside*. Nauka (in Russian).

Bourassa, J., Gambetta, J. M., Abdumalikov, A. A., Astafiev, O., Nakamura, Y. and Blais, A. (2009). *Phys. Rev. A*, 80, 032109.

Braginsky, V. B. and Khalili, F. Ya. (1992). *Quantum Measurement*. Cambridge: Cambridge University Press.

Buckingham, M. J. (1983). *Noise in Electronic Devices and Systems*. Ellis Horwood Ltd. (John Wiley and Sons).

Burkard, G. (2005). Theory of solid state quantum information processing. In *Handbook of Theoretical and Computational Nanotechnology*, vol. 2, eds M. Rieth and W. Schommers. American Scientific Publishers.

Büttiker, M. (1986). *Phys. Rev. Lett.*, 57, 1761.

Büttiker, M. (1990). *Phys. Rev. Lett.*, 65, 2901.

Byrd, M. S. and Lidar, D. A. (2002). *Quantum Information Processing*, 1, 19.

Caldeira, A. O. and Leggett, A. J. (1983). *Ann. Phys.*, 149, 374.

Cao, Z. and Elgart, A. (2010). Adiabatic quantum computation: Enthusiast and Sceptic's perspectives. arXiv:1004.5409v1.

Carruthers, P. and Nieto, M. M. (1968). Phase and angle variables in quantum mechanics. *Rev. Mod. Phys.*, 40, 411.

Casey, H. C. and Panish, M. B. (1978). *Heterojunction*. Academic Press p. 191.

Castellanos-Beltran, M. A., Irwin, K. D., Hilton, G. C., Vale, L. R. and Lehnert, K. W. (2008). *Nature Physics*, 4, 928.

Caves, C. M. (1982). *Phys. Rev. D*, 26, 1817.

Chaize, J. (2001). *Quantum Leap: Tools for Managing Companies in the New Economy*. Palgrave Macmillan.

Chapman, G., Cleese, J., Idle, E., Gilliam, T., Jones, T. and Palin, M. (1975). *Monty Python and the Holy Grail*.

Clerk, A. A., Girvin, S. M. and Stone, A. D. (2003). *Physical Review B*, 67, 165324.

Clerk, A. A., Devoret, M. H., Girvin, S. M., Marquardt, F. and Schoelkopf, R. J. (2010). Introduction to quantum noise, measurement, and amplification. *Rev. Mod. Phys.*, 82, 1155, (including online notes).

Cooper, K. B., Steffen, M., McDermott, R., Simmonds, R. W., Oh, S., Hite, D. A., Pappas, D. P. and Martinis, J. M. (2004). *Phys. Rev. Lett.*, 93, 180401.

Cottet, A., Vion, D., Aassime, A., Joyez, P., Esteve, D. and Devoret, M. H. (2002). *Physica C*, 367, 197.

Courant, R. and Hilbert, D. (1989). *Methods of Mathematical Physics*, vol. 2. Wiley-VCH.

Das, A. and Chakrabarti, B. K. (2008). Colloquium: Quantum annealing and analog quantum computation. *Rev. Mod. Phys.*, 80, 1061.

Deutsch, D. (1985). *Proceedings of the Royal Society of London; Series A, Mathematical and Physical Sciences*, 400(1818), 97.

Devoret, Michel H. (1997). Quantum fluctuations in electrical circuits. In *Les Houches Session LXIII*, 1995, eds S. Reynaud, E. Giacobino and J. Zinn-Justin. Elsevier Science B. V.

Devoret, M. H. and Martinis, J. M. (2004). Implementing Qubits with superconducting integrated circuits. *Quantum Information Processing*, 3, 163.

Devoret, M. H., Wallraff, A. and Martinis, J. M. (2004). *Superconducting Qubits: A Short Review*, unpublished: cond-mat/0411174.

Dewdney, A. K. (1984). *Scientific American*, 250, 19.

DiCarlo, L., Lynch, H. J., Johnson, A. C., Childress, L. I., Crockett, K., Marcus, C. M., Hanson, M. P. and Gossard, A. C. (2004). *Phys. Rev. Lett.*, 92, 226801.

Dirac, P. A. M. (2001). *Lectures on Quantum Mechanics*. Dover Publications.

DiVincenzo, D. P. (2000). The Physical Implementation of Quantum Computation. *arXiv: quant-ph/0002077*. unpublished: quant-ph/0002077.

DiVincenzo, D. P. and Loss, D. (1998). *Superlatt. & Microstruct.*, 23, 419.

Dodonov, V. V. (2002). "Nonclassical" states in quantum optics: a "squeezed" review of the first 75 years. *J. Opt. B-Quantum and Semiclassical Optics*, 4, R1.

Dutta, P. and Horn, P. M. (1981). Low-frequency fluctuations in solids: $1/f$ noise. *Rev. Mod. Phys.*, 53, 497.

Duty, T., Johansson, G., Bladh, K., Gunnarsson, D., Wilson, C. and Delsing, P. (2005). *Phys. Rev. Lett.*, 95, 206807.

Dykman, M. I. (1978). *Sov. Phys. Solid State*, 20, 1306.

Ekert, A. and Josza, R. (1996). Shor's factoring algorithm. *Rev. Mod. Phys.*, 68, 733.

Elzerman, J. M., Hanson, R., Greidanus, J. S., Willems van Beveren, L. H., De Franceschi, S., Vandersypen, L. M. K., Tarucha, S. and Kouwenhoven, L. P. (2003). *Phys. Rev. B*, 67, 161308.

Elzerman, J. M., Hanson, R., van Beveren, L. H. W., Witkamp, B., Vandersypen, L. M. K. and Kouwenhoven, L. P. (2004). *Nature* 430, 431.

Engheta, N. and Ziolkowski, R. W. (eds). (2006). *Electromagnetic Metamaterials: Physics and Engineering Explorations*. Wiley-IEEE Press.

Farhi, E., Goldstone, J., Gutmann, S. and Sipser, M. (2000). *Quantum Computation by Adiabatic Evolution*. quant-ph/0001106.

Farhi, E., Goldstone, J., Gutmann, S., Laplan, J., Lundgren, A. and Preda, D. (2001). *Science*, 292, 472.

Fermi, Enrico (1956). *Thermodynamics*. Dover Publications.

Feynman, R. (1985). Quantum mechanical computers. *Optics News*, Feb., 11.

Feynman, R. (1996). *Feynman Lectures on Computation*. Addison-Wesley.

Feynman, R. P. and Hibbs, A. R. (1965). *Quantum Mechanics and Path Integrals*. McGraw-Hill Companies.

Feynman, R. P. and Vernon, F. L. (1963). *Ann. Phys.*, 24(1), 118.

Fink, J. M., Goeppl, M., Baur, M., Bianchetti, R., Leek, P. J., Blais, A. and Wallraff, A. (2008). *Nature*, 454, 315.

Fisher, D. S. and Lee, P. A. (1981). *Phys. Rev. B*, 23, 6851.

Friedman, J. R., Patel, V., Chen, W., Tolpygo, S. K. and Lukens, J. E. (2000). *Nature*, 406, 43.

Furusaki, A. (1999). *Superlattices and Microstructures*, 25, 809.

Gambetta, J., Blais, A., Schuster, D. I., Wallraff, A., Frunzio, L., Majer, J., Devoret, M. H., Girvin, S. M. and Schoelkopf, R. J. (2006). *Phys. Rev. A*, 74, 042318.

Gamelin, T. W. (2001). *Complex Analysis*. Springer.

Garanin, D. A. and Schilling, R. (2002). *Phys. Rev. B*, 66, 174438.

Gardiner, C. W. (2003). *Handbook of Stochastic Methods*, 3rd edn. Springer.

Gardiner, C. W. and Zoller, P. (2004). *Quantum Noise*, 3rd edn. Springer.

Gatteschi, D., Sessoli, R. and Villain, J. (2006). Molecular Nanomagnets. *Mesoscopic Physics and Nanotechnology*. Oxford University Press.

Gavish, U., Yurke, B. and Imry, Y. (2000). *Phys. Rev. B*, 62, (R) 10637.

Gemmer, J., Michel, M. and Mahler, G. (2009). *Quantum Thermodynamics: Emergence of Thermodynamic Behavior Within Composite Quantum Systems*, 2nd edn. Lecture Notes in Physics. Springer.

Geusic, J. E., Schulz-DuBois, E. O. and Scovil, H. E. D. (1967). *Phys. Rev.*, 156, 343.

Geva, E. and Kosloff, R. (1994). *Phys. Rev. E*, 49, 3903.

Glauber, R. J. (1963). *Phys. Rev. E*, 10, 277.

Glazman, L. I., Lesovik, G. B., Khmelnitskii, D. E. and Shekhter, R. I. (1988). *JETP Lett.*, 48, 238.

Goldstein, H. (1980). *Classical Mechanics*. Addison-Wesley.

Gradshteyn, L. S. and Ryzhik, I. M. (2000). *Table of Integrals, Series and Products*. Academic Press.

Graham, R. (1987). *J. Mod. Opt.*, 34, 873.

Grajcar, M., Izmalkov, A., Il'ichev, E., Wagner, Th., Oukhanski, N., Hübner, U., May, T., Zhilyaev, I., Hoenig, H. E., Greenberg, Ya. S., Shnyrkov, V. I., Born, D., Krech, W., Meyer, H.-G., Maassen van den Brink, A. and Amin, M. H. S. (2004). *Phys. Rev. B*, 69, 060501(R).

Grajcar, M., Izmalkov, A. and Il'ichev, E. (2005). *Phys. Rev. B*, 71, 144501.

Grajcar, M., Izmalkov, A., van der Ploeg, S. H. W., Linzen, S., Plecenik, T., Wagner, Th., Hubner, U., Il'ichev, E., Meyer, H.-G., Smirnov, A. Yu., Love, P. J., Maassen van den Brink, A., Amin, M. H. S., Uchaikin, S. and Zagoskin, A. M. (2006). *Phys. Rev. Lett.*, 96, 047006.

Grajcar, M., Asshab, S., Johansson, J. R. and Nori, F. (2008a). *Phys. Rev. B*, 78, 035406.

Grajcar, M., van der Ploeg, S. H. W., Izmalkov, A., Il'ichev, E., Meyer, H.-G., Fedorov, A., Shnirman, A. and Schön, G. (2008b). *Nature Physics*, 4, 612.

Greenberg, Ya. S., Izmalkov, A., Grajcar, M., Il'ichev, E., Krech, W., Meyer, H.-G., Amin, M. H. S. and Maassen van den Brink, A. (2002). *Phys. Rev. B*, 66, 214525.

Grover, L. K. (1997). *Phys. Rev. Lett.*, 78, 325.

Grover, L. K. (2001). From Schrödinger's equation to quantum search algorithm. *American Journal of Physics*, 69, 769.

Guizzo, E. (2010). *IEEE Spectrum*, January.

Gutmann, H., Wilhelm, F. K., Kaminsky, W. M. and Lloyd, S. (2005). *Phys. Rev. A*, 71, 020302.

Hahn, E. L. (1950). *Phys. Rev.*, 80, 580.

Hanson, R., van Beveren, L. H. W., Vink, I. T., Elzerman, J. M., Naber, W. J. M., Koppens, F. H. L., Kouwenhoven, L. P. and Vandersypen, L. M. K. (2005). *Phys. Rev. Lett.*, 94, 196802.

Hanson, R., Kouwenhoven, L. P., Petta, J. R., Tarucha, S. and Vandersypen, L. M. K. (2007). Spins in few-electron quantum dots. *Rev. Mod. Phys.*, 79, 1217.

Harris, R., Berkley, A. J., Johnson, M. W., Bunyk, P., Govorkov, S., Thom, M. C., Uchaikin, S., Wilson, A. B., Chung, J., Holtham, E., Biamonte, J. D., Smirnov, A. Yu., Amin, M. H. and Maassen van den Brink, A. (2007). *Phys. Rev. Lett.*, 98, 177001.

Hauss, J., Fedorov, A., André, S., Brosco, V., Hutter, C., Kothari, R., Yeshwant, S., Shnirman, A. and Schön, G. (2008a). *New J. Phys.*, 10, 095018.

Hauss, J., Fedorov, A., Hutter, C., Shnirman, A. and Schön, G. (2008b). *Phys. Rev. Lett.*, 100, 037003.

Hayashi, T., Fujisawa, T., Cheong, H. D., Jeong, Y. H. and Hirayama, Y. (2003). *Phys. Rev. Lett.*, 91, 226804.

Heida, J. P., van Wees, B. J., Klapwijk, T. M. and Borghs, G. (1998). *Phys. Rev. B*, 57, R5618.

Hiyamizu, S. (1990). *Semiconductors and Semimetals*, 30, 53.

Hofheinz, M., Weig, E. M., Ansmann, M., Bialczak, R. C., Lucero, E., Neeley, M., O'Connell, A. D., Wang, H., Martinis, J. M. and Cleland, A. N. (2008). *Nature*, 454, 310.

Hofheinz, M., Wang, H. M., Ansmann, A., Bialczak, R. C., Lucero, E., Neeley, M., O'Connell, A. D., Sank, D., Wenner, J., Martinis, J. M. and Cleland, A. N. (2009). *Nature*, 459, 546.

Hood, C. J., Lynn, T. W., Doherty, A. C., Parkins, A. S. and Kimble, H. J. (2000). *Science*, 287, 1447.

Hooge, F. N. (1969). *Phys. Lett. A*, 29, 139.

Horodecki, R., Horodecki, P., Horodecki, M. and Horodecki, K. (2009). Quantum entanglement. *Rev. Mod. Phys.*, 81, 865.

Houck, A. A., Schuster, D. I., Gambetta, J. M., Schreier, J. A., Johnson, B. R., Chow, J. M., Frunzio, L., Majer, J., Devoret, M. H., Girvin, S. M. and Schoelkopf, R. J. (2007). *Nature*, 449, 328.

Houck, A. A., Schreier, J. A., Johnson, B. R., Chow, J. M., Koch, J., Gambetta, J. M.,

Schuster, D. I., Frunzio, L., Devoret, M. H., Girvin, S. M. and Schoelkopf, R. J. (2008). *Phys. Rev. Lett.*, 101, 080502.

Houck, A. A., Koch, J., Devoret, M. H., Girvin, S. M. and Schoelkopf, R. J. (2009). *Quantum Information Processing*, 8, 105.

Humphrey, T. E. and Linke, H. (2005). *Physica E*, 29, 390.

Il'ichev, E., Oukhanski, N., Izmalkov, A., Wagner, Th., Grajcar, M., Meyer, H.-G., Smirnov, A. Yu., Maassen van den Brink, A., Amin, M. H. S. and Zagoskin, A. M. (2003). *Phys. Rev. Lett.*, 91, 097906.

Il'ichev, E., Oukhanski, N., Wagner, Th., Meyer, H.-G., Smirnov, A. Yu., Grajcar, M., Izmalkov, A., Born, D., Krech, W. and Zagoskin, A. (2004). *Low Temperature Physics*, 30, 620.

Imry, Y. (2002). *Introduction to Mesoscopic Physics*. Oxford University Press.

Ishii, G. (1970). *Progr. Theor. Phys.*, 44, 1525.

Ithier, G., Collin, E., Joyez, P., Meeson, P. J., Vion, D., Esteve, D., Chiarello, F., Shnirman, A., Makhlin, Y., Schriefl, J. and Schön, G. (2005). *Phys. Rev. B*, 72, 134519.

Izmalkov, A., Grajcar, M., Il'Ichev, E., Oukhanski, N., Wagner, T., Meyer, H. G., Krech, W., Amin, M. H. S., Maassen van den Brink, A. and Zagoskin, A. M. (2004a). *Europhys. Lett.*, 65, 844.

Izmalkov, A., Grajcar, M., Il'ichev, E., Wagner, Th., Meyer, H.-G., Smirnov, A. Yu., Amin, M. H. S., Maassen van den Brink, A. and Zagoskin, A. M. (2004b). *Phys. Rev. Lett.*, 93, 037003.

Izmalkov, A., Grajcar, M., van der Ploeg, S. H. W., Hübner, U., Il'ichev, E., Meyer, H.-G. and Zagoskin, A. M. (2006). *Europhys. Lett.*, 76, 533.

Jackson, A. S. (1960). *Analog Computation*. New York: McGraw-Hill.

Jaehne, K., Hammerer, K. and Wallquist, M. (2008). *New J. Phys.*, 10, 095019.

Janszky, J. and Adam, P. (1992). *Phys. Rev. A*, 46, 6091.

Jardine, L. (2003). *The Curious Life of Robert Hooke: The Man who Measured London*. HarperCollins.

Johansson, G., Tornberg, L., Shumeiko, V. S. and Wendin, G. (2006a). *J. Phys.: Condens. Matter*, 18, S901.

Johansson, G., Tornberg, L., Shumeiko, V. S. and Wendin, G. (2006b). *J. Phys.: Condens. Matter*, 18, S901.

Johansson, J., Saito, S., Meno, T., Nakano, H., Ueda, M., Semba, K. and Takayanagi, H. (2006c). *Phys. Rev. Lett.*, 96, 127006.

Johnson, D. S. and McGeoch, L. A. (1997). In *Local Search in Combinatorial Optimization*, pp.

215-310, eds E. H. L. Aarts and J. K. Lenstra. J. Wiley and Sons, London.

Johnson, J. B. (1925). *Phys. Rev.*, 26, 71.

Johnson, J. B. (1927). *Nature*, 119, 50.

Johnson, J. B. (1928). *Phys. Rev.*, 32, 97.

Joyez, P., Lafarge, P., Filipe, A., Esteve, D. and Devoret, M. H. (1994). *Phys. Rev. Lett.*, 72, 2458.

Kafanov, S., Brenning, H., Duty, T. and Delsing, P. (2008). *Phys. Rev. B*, 78, 125411.

Ketterson, J. B. and Song, S. N. (1999). *Superconductivity*. Cambridge University Press.

Khlus, V. A. (1987). *Sov. Phys. JETP*, 66, 1243.

Kholevo, A. S. (1982). *Probabilistic and Statistical Aspects of Quantum Theory*. North-Holland Publishing Company.

Kieu, T. D. (2004). *Phys. Rev. Lett.*, 93, 140403.

Kiss, T., Janszky, J. and Adam, P. (1994). *Phys. Rev. A*, 49, 4935.

Kittel, C. (1987). *Quantum Theory of Solids*, 2nd edn. Wiley.

Kittel, C. (2004). *Introduction to Solid State Physics*, 8th edn. John Wiley and Sons.

Kleinert, H. (2006). *Path Integrals in Quantum Mechanics, Statistics, Polymer Physics, and Financial Markets*, 4th edn. World Scientific.

Klich, I. (2003). In *Quantum Noise in Mesoscopic Physics*, p. 397, ed. Yu. V. Nazarov. NATO Science Series. Kluwer Academic Publishers.

Klimontovich, Yu. L. (1986). *Statistical Physics*. New York: Harwood.

Kline, J. S., Wang, H., Oh, S., Martinis, J. M. and Pappas, D. P. (2009). *Supercond. Sci. Tech.*, 22, 015004.

Koch, J., Yu, T. M., Gambetta, J., Houck, A. A., Schuster, D. I., Majer, J., Blais, A., Devoret, M. H., Girvin, S. M. and Schoelkopf, R. J. (2007). *Phys. Rev. A*, 76, 042319.

Kogan, Sh. M. (1985). *Uspekhi Fizicheskikh Nauk*, 145, 285.

Kozyrev, A. B. and van der Weide, D. W. (2008). *J. Phys. D: Appl. Phys.*, 41, 173001.

Kulik, I. O. (1970). *Sov. Phys. JETP*, 30, 944.

Kulik, I. O. and Omelyanchuk, A. N. (1977). *Fiz. Nizk. Temp.*, 3, 945.

Kumar, A., Laux, S. E. and Stern, F. (1990). *Phys. Rev. B*, 42, 5166.

Kuzmin, L. S. (1993). *IEEE Trans. Appl. Superconductivity*, 3, 1983.

Kuzmin, L. S. and Haviland, D. B. (1991). *Phys. Rev. Lett.*, 67, 2890.

Lambert, C. J. (1991). *J. Phys.: Cond. Matter*, 3, 6579.

Landau, L. D. (1932). *Phys. Z. Sowjetunion*, 2, 46.

Landau, L. D. and Lifshitz, E. M. (1976). *Mechanics*, 3rd edn. Butterworth-Heinemann.

Landau, L. D. and Lifshitz, E. M. (1980). *Statistical Physics Part I*, 3rd edn. Butterworth-

Heinemann.

Landau, L. D. and Lifshitz, E. M. (2003). *Quantum Mechanics (Non-relativistic Theory)*, 3rd edn. Butterworth-Heinemann.

Landau, L. D., Pitaevskii, L. P. and Lifshitz, E. M. (1984). *Electrodynamics of Continuous Media*, 2nd edn. Butterworth-Heinemann.

Landauer, R. (1957). *IBM J. Res. Dev.*, 1, 223.

Landauer, R. (1961). *IBM J. Res. Dev.*, 5, 183.

Lax, M. (1963). *Phys. Rev.*, 129, 2342.

Lax, M. (1968). *Phys. Rev.*, 172, 350.

Le Bellac, M. (2006). *A Short Introduction to Quantum Information and Quantum Computation*. Cambridge University Press.

Leff, H. S. and Rex, A. F. (eds). (1990). *Maxwell's Demon: Entropy, Information, Computing*. Adam Hilger.

Leff, H. S. and Rex, A. F. (eds). (2002). *Maxwell's Demon 2: Entropy, Information, Computing*. Taylor & Francis.

Leggett, A. J. (1980). Macroscopic quantum systems and the quantum theory of measurement. *Suppl. Prog. Theor. Phys.*, No. 69, 80.

Leggett, A. J. (2002a). *J. Phys.: Condens. Matter*, 14, R415-51.

Leggett, A. J. (2002b). *Science*, 296, 861.

Leggett, A. J., Chakravarty, A. T., Dorsey, M. P. A., Fisher, A. G. and Zwerger, W. (1987). Dynamics of the dissipative two-state system. *Rev. Mod. Phys.*, 59, 1.

Lesovik, G. B. (1989). *JETP Lett.*, 49, 594.

Levitov, L. S. and Lesovik, G. B. (1992). *JETP Lett.*, 55, 555.

Levitov, L. S. and Lesovik, G. B. (1993). *JETP Lett.*, 58, 230.

Levitov, L. S., Lee, H. and Lesovik, G. B. (1996). *J. Math. Phys.*, 37, 4845-66.

Likharev, K. K. (1986). *Dynamics of Josephson Junctions and Circuits*. CRC Press.

Likharev, K. K. and Zorin, A. B. (1985). *Journal of Low Temperature Physics*, 59, 347.

Lindblad, G. (1976). *Commun. Math. Phys.*, 48, 119.

Linden, N., Popescu, S. and Skrzypczyk, P. (2010). *Phys. Rev. Lett.*, 105, 130401.

Lupascu, A., Verwijs, C. J. M., Schouten, R. N., Harmans, C. J. P. M. and Mooij, J. E. (2004). *Phys. Rev. Lett.*, 93, 177006.

Lupascu, A., Driessen, E. F. C., Roschier, L., Harmans, C. J. P. M. and Mooij, J. E. (2006). *Phys. Rev. Lett.*, 96, 127003.

Maassen van den Brink, A. (2005). *Phys. Rev. B*, 71, 064503.

Maassen van den Brink, A. and Zagoskin, A. M. (2002). *Quantum Information Processing*, 1, 55.

Maassen van den Brink, A., Berkley, A. J. and Yalowsky, M. (2005). *New J. Phys.*, 7, 230.

Macovei, M. A. (2010). *Phys. Rev. A*, 81, 043411.

Majer, J. B., Butcher, J. R. and Mooij, J. E. (2002). *Appl. Phys. Lett.*, 80, 3638.

Majer, J. B., Paauw, F. G., ter Haar, A. C. J., Harmans, C. J. P. M. and Mooij, J. E. (2005). *Phys. Rev. Lett.*, 94, 090501.

Majer, J., Chow, J. M., Gambetta, J. M., Koch, J., Johnson, B. R., Schreier, J. A., Frunzio, L., Schuster, D. I., Houck, A. A., Wallraff, A., Blais, A., Devoret, M. H., Girvin, S. M. and Schoelkopf, R. J. (2007). *Nature*, 449, 443.

Makhlin, Yu. and Shnirman, A. (2004). *Phys. Rev. Lett.*, 92, 178301.

Makhlin, Yu., Schön, G. and Shnirman, A. (1999). *Nature*, 398, 305.

Makhlin, Yu., Schön, G. and Shnirman, A. (2001). Quantum-state engineering with Josephson-junction devices. *Reviews of Modern Physics*, 73, 357.

Mallet, F., Ong, F. R., Palacios-Laloy, A., Nguyen, F., Bertet, P., Vion, D. and Esteve, D. (2009). *Nature Physics*, 5, 791.

Mandelbrot, B. B. (1982). *The Fractal Geometry of Nature*. W. H. Freeman & Co.

Mansoori, G. Ali. (2005). *Principles of Nanotechnology*. World Scientific.

Martinis, J. M., Nam, S., Aumentado, J. and Urbina, C. (2002). *Phys. Rev. Lett.*, 89, 117901.

Martinis, J. M., Nam, S., Aumentado, J., Lang, K. M. and Urbina, C. (2003). *Phys. Rev. B*, 67, 094510.

Martinis, J. M., Cooper, K. B., McDermott, R., Steffen, M., Ansmann, M., Osborn, K. D., Cicak, K., Oh, S., Pappas, D. P., Simmonds, R. W. and Yu, C. C. (2005). *Phys. Rev. Lett.*, 95, 210503.

Martoňák, R., Santoro, G. E. and Tosatti, E. (2004). *Phys. Rev. E*, 70, 057701.

Maruyama, K., Nori, F. and Vedral, V. (2009). The physics of Maxwell's demon and information. *Reviews of Modern Physics*, 81, 1.

Matveev, K. A., Gisselfält, M., Glazman, L. I., Jonson, M. and Shekhter, R. I. (1993). *Phys. Rev. Lett.*, 70, 2940.

Mayer, J. E. and Mayer, M. Goeppert. (1977). *Statistical Mechanics*, 2nd edn. John Wiley and Sons.

McDermott, R., Simmonds, R. W., Steffen, M., Cooper, K. B., Cicak, K., Osborn, K. D., Oh, Seongshik, Pappas, D. P. and Martinis, J. M. (2005). *Science*, 307, 1299.

Menand, L. (2010). *The Marketplace of Ideas: Reform and Resistance in the American University (Issues of Our Time)*. W. W. Norton & Co.

Messiah, A. (2003). *Quantum Mechanics*. Dover Publications.

Mizel, A. (2010). Fixed-gap adiabatic quantum computation. arXiv:1002.0846v2.

Mizel, A., Mitchell, M. W. and Cohen, M. L. (2001). *Phys. Rev. A*, 63, 040302(R).

Mizel, A., Lidar, D. A. and Mitchell, M. W. (2007). *Phys. Rev. Lett.*, 99, 070502.

Mooij, J. E., Orlando, T. P., Levitov, L., Tian, L., van der Wal, C. H. and Lloyd, S. (1999). *Science*, 285, 1036.

Nakamura, Y., Pashkin, Yu. A. and Tsai, J. S. (1999). *Nature*, 398, 786.

Namiki, M., Pascazio, S. and Nakazato, H. (1997). *Decoherence and Quantum Measurements*. World Scientific.

Neeley, M., Ansmann, M., Bialczak, R. C., Hofheinz, M., Katz, N., Lucero, E., O'Connell, A., Wang, H., Cleland, A. N. and Martinis, J. M. (2008). *Nature Physics*, 4, 523.

Nussenzveig, H. M. (1972). *Causality and dispersion relations*. Academic Press.

Nyquist, H. (1928). *Phys. Rev.*, 32, 110-13.

Oh, S., Cicak, K., Kline, J. S., Sillanpaa, M. A., Osborn, K. D., Whittaker, J. D., Simmonds, R. W. and Pappas, D. P. (2006). *Phys. Rev. B*, 74, 100502.

Olariu, S. and Popescu, I. I. (1985). The quantum effects of electromagnetic fluxes. *Rev. Mod. Phys.*, 57, 339.

Orlando, T. P., Mooij, J. E., Tian, L., van der Wal, Caspar H., Levitov, L. S. and Mazo, J. J., Lloyd, S. (1999). *Phys. Rev. B*, 60, 15398.

Orszag, M. (1999). *Quantum Optics*. Springer.

Paauw, F. G., Fedorov, A., Harmans, C. J. P. M. and Mooij, J. E. (2009). *Phys. Rev. Lett.*, 102, 090501.

Penrose, R. (2004). *The Road to Reality: A Complete Guide to the Laws of the Universe*. London: Jonathan Cape.

Percival, I. (2008). *Quantum State Diffusion*. Cambridge University Press.

Perelomov, A. (1986). *Generalized Coherent States and Their Applications*. Springer.

Petta, J. R., Johnson, A. C., Marcus, C. M., Hanson, M. P. and Gossard, A. C. (2004). *Phys. Rev. Lett.*, 93, 186802.

Petta, J. R., Johnson, A. C., Taylor, J. M., Laird, E. A., Yacoby, A., Lukin, M. D., Marcus, C. M., Hanson, M. P. and Gossard, A. C. (2005). *Science*, 309, 2180.

Pfannkuche, D., Blick, R. H., Haug, R. J., von Klitzing, K. and Eberl, K. (1998). *Superlatt. Microstruct.*, 23, 1255.

Pitaevskii, L. P. and Lifshitz, E. M. (1980). *Statistical Physics, Part 2: Theory of the Condensed State*, 3rd edn. Butterworth-Heinemann.

Pitaevskii, L. P. and Lifshitz, E. M. (1981). *Physical Kinetics*. Butterworth-Heinemann.

Price, P. J. (1998). *Am. J. Phys.*, 66, 1119.

Prokof'ev, N. V. and Stamp, P. C. E. (2000). Theory of the spin bath. *Rep. Prog. Phys.*, 63,

669.

Purcell，E. M.（1946）. *Phys. Rev.*，69，681.

Quan，H. T.（2009）. *Phys. Rev. E*，79，041129.

Quan，H. T.，Wang，Y. D.，Liu，Y.，Sun，C. P. and Nori，F.（2006）. *Phys. Rev. Lett.*，97，180402.

Quan，H. T.，Liu，Y.，Sun，C. P. and Nori，F.（2007）. *Phys. Rev. E*，76，031105.

Raimond，J.，Brune，M. and Haroche，S.（2001）. Manipulating quantum entanglement with atoms and photons in a cavity. *Rev. Mod. Phys.*，73，565.

Rakhmanov，A. L.，Zagoskin，A. M.，Savel'ev，S. and Nori，F.（2008）. *Phys. Rev. B*，77，144507.

Reimann，S. M. and Manninen，M.（2002）. Electronic structure of quantum dots. *Rev. Mod. Phys.*，74，1283.

Richtmyer，R. D.（1978）. *Principles of Advanced Mathematical Physics（Vol. 1）*. Springer-Verlag.

Rifkin，R. and Deaver，B. S.（1976）. *Phys. Rev. B*，13，3894.

Röpke，G.（1987）. *Statistische Mechanik für das Nichtgleichgewicht*. Wiley VCH Verlag.

Ryder，L.（1996）. *Quantum Field Theory*. Cambridge University Press.

Rytov，S. M.，Kravtsov，Yu. A. and Tatarskii，V. I.（1987）. *Principles of Statistical Radiophysics：Elements of Random Process Theory*，vol. 1. Springer.

Rytov，S. M.，Kravtsov，Yu. A. and Tatarskii，V. I.（1988）. *Principles of Statistical Radiophysics：Correlation Theory of Random Processes*，vol. 2. Springer.

Rytov，S. M.，Kravtsov，Yu. A. and Tatarskii，V. I.（1989）. *Principles of Statistical Radiophysics：Elements of Random Fields*，vol. 3. Springer.

Saleh，B. E. A. and Teich，M. C.（2007）. *Fundamentals of Photonics*，2nd edn. Wiley-Interscience.

Santoro，G. E.，Martonak，R.，Tosatti，E. and Car，R.（2002）. *Science*，295，2427.

Sarandy，M. S. and Lidar，D. A.（2005a）. *Phys. Rev. Lett.*，95，250503.

Sarandy，M. S. and Lidar，D. A.（2005b）. *Physical Review A*，71，012331.

Scappucci，G.，Gaspare，L.，Di，Giovine，E.，Notargiacomo，A.，Leoni，R. and Evangelisti，F.（2006）. *Phys. Rev. B*，74，035321.

Schleich，W. P.（2001）. *Quantum Optics in Phase Space*. Wiley-VCH.

Schmidt，V. V.（2002）. *The Physics of Superconductors*. Springer.

Schoelkopf，R. J.，Clerk，A. A.，Girvin，S. M.，Lehnert，K. W. and Devoret，M. H.（2003）. In *Quantum Noise in Mesoscopic Physics*，p. 175，ed. Y. V. Nazarov. Kluwer Academic Publishers.

Schoeller，H. and Schön，G.（1994）. *Phys. Rev. B*，50，18436.

Schönhammer，K.（2007）. *Phys. Rev. B*，75，205329.

Schottky, W. (1918). *Ann. d. Phys.* (*Leipzig*), 57, 541.

Schottky, W. (1926). *Phys. Rev.*, 28, 74.

Schreier, J. A., Houck, A. A., Koch, J., Schuster, D. I., Johnson, B. R., Chow, J. M., Gambetta, J. M., Majer, J., Frunzio, L., Devoret, M. H., Girvin, S. M. and Schoelkopf, R. J. (2008). *Phys. Rev. B*, 77, 180502.

Schrieffer, J. R. and Wolff, P. A. (1966). *Phys. Rev.*, 149, 491.

Schuster, D. I., Wallraff, A., Blais, A., Frunzio, L., Huang, R.-S., Majer, J., Girvin, S. M. and Schoelkopf, R. J. (2005). *Phys. Rev. Lett.*, 94, 123602.

Schuster, D. I., Houck, A. A., Schreier, J. A., Wallraff, A., Gambetta, J. M., Blais, A., Frunzio, L., Majer, J., Johnson, B., Devoret, M. H., Girvin, S. M. and Schoelkopf, R. J. (2007). *Nature*, 445, 515.

Schwinger, J. (1961). *J. Math. Phys.*, 2, 407.

Scovil, H. E. D. and Schulz-DuBois, E. O. (1959). *Phys. Rev. Lett.*, 2, 262.

Scully, M. O. and Zubairy, M. S. (1997). *Quantum Optics*. Cambridge University Press.

Scully, M. O., Zubairy, M. S., Agarwal, G. A. and Walther, H. (2003). *Science*, 299, 862.

Shapiro, B. (1983). *Phys. Rev. Lett.*, 50, 747.

Shaw, M. D., Schneiderman, J. F., Palmer, B., Delsing, P. and Echternach, P. M. (2007). *IEEE Trans. Appl. Supercond.*, 17, 109.

Shinkai, G., Hayashi, T., Ota, T. and Fujisawa, T. (2009). *Phys. Rev. Lett.*, 103, 056802.

Shnirman, A. and Schön, G. (2003). Dephasing and renormalization in quantum two-level systems. In *Quantum Noise in Mesoscopic Systems*, p. 357, ed. Yu. V. Nazarov. Kluwer Academic Publishers.

Shnirman, A., Schön, G. and Hermon, Z. (1997). *Phys. Rev. Lett.*, 79, 2371.

Shor, P. W. (1997). *SIAM J. Comput.*, 26, 1484.

Sillanpää, M. A., Lehtinen, T., Paila, A., Makhlin, Yu., Roschier, L. and Hakonen, P. J. (2005). *Phys. Rev. Lett.*, 95, 206806.

Simmonds, R. W., Lang, K. M., Hite, D. A., Nam, S., Pappas, D. P. and Martinis, J. M. (2004). *Phys. Rev. Lett.*, 93, 077003.

Simmonds, R. W., Allman, M. S., Altomare, F., Cicak, K., Osborn, K. D., Park, J. A., Sillanpaa, M., Sirois, A., Strong, J. A. and Whittaker, J. D. (2009). *Quantum Information Processing*, 8, 117.

Smirnov, A. Yu. (2003). *Phys. Rev. B*, 68(13), 134514.

Smirnov, D. F. and Troshin, A. S. (1987). New phenomena in quantum optics: photon antibunching, sub-Poisson photon statistics, and squeezed states. *Sov. Phys.-Uspekhi*, 30, 851.

Smith, C. G. (1996). Low-dimensional quantum devices. *Rep. Prog. Phys.*, 59, 235.

Smith, D. R., Padilla, W. J., Vier, D. C., Nemat-Nasser, S. C. and Schulz, S. (2000). *Phys. Rev. Lett.*, 84, 4184.

Stamp, P. C. E. (2008). *Nature*, 453, 168.

Steffen, M., van Dam, W., Hogg, T., Breyta, G. and Chuang, I. (2003). *Phys. Rev. Lett.*, 90, 067903.

Steffen, M., Ansmann, M., Bialczak, R. C., Katz, N., Lucero, E., McDermott, R., Neeley, M., Weig, E. M., Cleland, A. N. and Martinis, J. M. (2006). *Science*, 313, 1423.

Stöckmann, H.-J. (1999). *Quantum Chaos: An Introduction*. Cambridge University Press.

Stone, M. (ed.) (1992). *Quantum Hall Effect*. World Scientific.

Takayanagi, H., Hansen, J. B. and Nitta, J. (1995a). *Phys. Rev. Lett.*, 74, 166.

Takayanagi, H., Akazaki, T. and Nitta, J. (1995b). *Phys. Rev. Lett.*, 75, 3533.

Tan, Sze M. (2002). *Quantum Optics Toolbox: www.qo.phy.auckland.ac.nz/qotoolbox.html*.

Tatarskii, V. I. (1987). Example of the description of dissipative processes in terms of reversible dynamic equations and some comments on the fluctuation-dissipation theorem. *Sov. Phys.-Uspekhi*, 30, 134.

Teich, M. C. and Saleh, B. E. A. (1989). *Quantum Optics*, 1, 153.

Tinkham, M. (2004). *Introduction to Superconductivity*, 2nd edn. Dover.

Titulaer, U. M. (1975). *Phys. Rev. A*, 11, 2204.

Umezawa, H., Matsumoto, H. and Tachiki, M. (1982). *Thermo Field Dynamics and Condensed States*. North-Holland Publishing Company.

van Dam, W. (2007). *Nature Physics*, 3, 220.

van der Ploeg, S. H. W., Izmalkov, A., Grajcar, M., Huebner, U., Linzen, S., Uchaikin, S., Wagner, Th., Smirnov, A. Yu., Maassen van den Brink, A., Amin, M. H. S., Zagoskin, A. M., Il'ichev, E. and Meyer, H.-G. (2006). In: *Applied Superconductivity Conference* 2006. http://arxiv.org/abs/cond-mat/0702580, *IEEE Trans. Appl. Supercond.* 17, 113 (2007).

van der Ploeg, S. H. W., Izmalkov, A., Maassen van den Brink, A., Hübner, U., Grajcar, M., Il'ichev, E., Meyer, H.-G. and Zagoskin, A. M. (2007). *Phys. Rev. Lett.*, 98, 057004.

van der Wal, C. H., ter Haar, A. C. J., Wilhelm, F. K., Schouten, R. N., Harmans, C. J. P. M., Orlando, T. P., Lloyd, S. and Mooij, J. E. (2000). *Science*, 290(5492), 773.

van der Wiel, W. G., De Franceschi, S., Elzerman, J. M., Fujisawa, T., Tarucha, S. and Kouwenhoven, L. P. (2002). Electron transport through double quantum dots. *Rev. Mod. Phys.*, 75, 1.

van der Wiel, W. G., Nazarov, Yu. V., De Franceschi, S., Fujisawa, T., Elzerman, J. M., Huizeling, E. W. G. M., Tarucha, S. and Kouwenhoven, L. P. (2003). *Phys. Rev. B*, 67, 033307.

Van Der Ziel, A. (1986). *Noise in Solid State Devices and Circuits*. Wiley-Interscience.

van Ruitenbeek, J. M. (2003). Shot noise and channel composition of atomic-sized contacts. In *Quantum Noise in Mesoscopic Physics*, ed. Y. V. Nazarov. Kluwer Academic Publishers.

van Wees, B. J., van Houten, H., Beenakker, C. W. J., Williamson, J. G., Kouwenhoven, 12. P., van der Marel, D. and Foxon, C. T. (1988). *Phys. Rev. Lett.*, 60, 848.

Veselago, V. G. (1964). *Usp. Fiz. Nauk*, 92, 517.

Veselago, V. G. (1968). *Sov. Phys. Uspekhi*, 10, 509.

Viola, L. and Lloyd, S. (1998). *Phys. Rev. A*, 58, 2733.

Viola, L., Knill, E. and Lloyd, S. (1999a). *Phys. Rev. Lett.*, 82, 2417.

Viola, L., Lloyd, S. and Knill, E. (1999b). *Phys. Rev. Lett.*, 83, 4888.

Vion, D., Aassime, A., Cottet, A., Joyez, P., Pothier, H., Urbina, C., Esteve, D. and Devoret, 13. H. (2002). Manipulating the quantum state of an electrical circuit. *Science*, 296, 886.

Wallraff, A., Schuster, D. I., Blais, A., Frunzio, L., Huang, R.-S., Majer, J., Kumar, S., Girvin, S. M. and Schoelkopf, R. J. (2004). *Nature*, 431, 162.

Wallraff, A., Schuster, D. I., Blais, A., Frunzio, L., Majer, J., Devoret, M. H., Girvin, S. M. and Schoelkopf, R. J. (2005). *Phys. Rev. Lett.*, 95, 060501.

Walther, H., Varcoe, B. T. H., Englert, B.-G. and Becker, T. (2006). Cavity quantum electrodynamics. *Rep. Prog. Phys.*, 69, 1325.

Wang, Y-D., Li, Y., Xue, F., Bruder, C. and Semba, K. (2009). *Phys. Rev. B*, 80, 2009.

Weiss, U. (1999). *Quantum Dissipative Systems*, 2nd edn. World Scientific.

Weissman, M. B. (1988). $1/f$ noise and other slow, nonexponential kinetics in condensed matter. *Rev. Mod. Phys.*, 60, 537.

Wells, D. A. (1967). *Schaum's Outline of Theory and Problems of Lagrangian Dynamics*. NY: McGraw-Hill.

Wendin, G. and Shumeiko, V. S. (2005). Superconducting quantum circuits, qubits and computing. In: *Handbook of Theoretical and Computational Nanotechnology*, vol. 3, eds M. Rieth and W. Schommers. American Scientific Publishers.

Wharam, D. A., Pepper, M., Ahmed, H., Frost, J. E. F., Hasko, D. G., Peacock, D. C., Ritchie, D. A. and Jones, G. A. C. (1988). *J. Phys. C*, 21, L887.

White, R. M. (1983). *Quantum Theory of Magnetism*, 2nd edn. Springer.

Wigner, E. P. (1932). *Phys. Rev.*, 40, 749.

Wilson, R. D., Zagoskin, A. M. and Savel'ev, S. (2010) *Phys. Rev. A*, 82, 052328.

Wineland, D. J., Dalibard, J. and Cohen-Tannoudji, C. (1992). *J. Opt. Soc. Am. B*, 9, 32.

Wittig, C. (2005). *Journal of Physical Chemistry B*, 109, 8428.

Yamamoto, T., Pashkin, Yu. A., Astafiev, O., Nakamura, Y. and Tsai, J. S. (2003). *Nature*,

425，941.

Yang，C. N. (1962). Concept of off-diagonal long-range order and the quantum phases of liquid He and of superconductors. *Rev. Mod. Phys.*，34，694.

You，J. Q.，Liu，Y.-X. and Nori，F. (2008). *Phys. Rev. Lett.*，100，047001.

Zagoskin，A. M. (1990). *JETP Lett.*，52，435.

Zagoskin，A. M. (1998). *Quantum Theory of Many-Body Systems：Techniques and Applications.* Springer.

Zagoskin，A. M. and Saveliev，S. S. (2010). *Ambidextrous Quantum Metamaterials*，(to be published).

Zagoskin，A. M. and Shekhter，R. I. (1994). *Phys. Rev. B*，50，4909.

Zagoskin，A. M.，Ashhab，S.，Johansson，J. R. and Nori，F. (2006). *Phys. Rev. Lett.*，97，077001.

Zagoskin，A. M.，Savel'ev，S. and Nori，F. (2007). *Phys. Rev. Lett.*，98，120503.

Zagoskin，A. M.，Il'ichev，E.，McCutcheon，M. W.，Young，J. F. and Nori，F. (2008). *Phys. Rev. Lett.*，101，253602.

Zagoskin，A. M.，Rakhmanov，A. L.，Saveliev，S. and Nori，F. (2009). *Physica Status Solidi B*，246，955.

Zagoskin，A. M.，Savel'ev，S.，Nori，F. and Kusmartsev，F. V. (2010). *Squeezing as the Source of Inefficiency in Quantum Otto Cycle.* (to be published).

Zakosarenko，V.，Bondarenko，N.，van der Ploeg，S. H. W.，Izmalkov，A.，Linzen，S.，Kunert，J.，Grajcar，M.，Il'ichev，E. and Meyer，H.-G. (2007). *Appl. Phys. Lett.*，90，022501.

Zener，C. (1932). *Proc. Roy. Soc. A*，137，696.

Zhou，L.，Gong，Z. R.，Sun，C. P.，Liu，Y. and Nori，F. (2008). *Phys. Rev. Lett.*，101，100501.

Ziman，J. M. (1979). *Principles of the Theory of Solids*，2nd edn. Cambridge University Press.

Znidaric，M. (2005). *Phys. Rev. A*，71，062305.

Zubarev，D.，Morozov，V. and Röpke，G. (1996). *Statistical Mechanics of Nonequilibrium Processes 1. Basic Concepts，Kinetic Theory.* Wiley-VCH.

Zurek，W. H. (2003). Decoherence，einselection，and the quantum origins of the classical. *Rev. Mod. Phys.*，75，715.

量子科学出版工程

量子飞跃:从量子基础到量子信息科技/ 陈宇翔　潘建伟

量子物理若干基本问题 / 汪克林　曹则贤

量子计算:基于半导体量子点 / 王取泉　等

量子光学:从半经典到量子化 / (法)格林贝格　乔从丰　等

量子色动力学及其应用 / 何汉新

量子系统控制理论与方法 / 丛爽　匡森

量子机器学习 / 孙翼　王安民　张鹏飞

量子光场的衰减和扩散 / 范洪义　胡利云

编程宇宙:量子计算机科学家解读宇宙 / (美)劳埃德　张文卓

量子物理学.上册:从基础到对称性和微扰论 / (美)捷列文斯基　丁亦兵　等

量子物理学.下册:从时间相关动力学到多体物理和量子混沌 / (美)捷列文斯基　丁亦兵　等

世纪幽灵:走进量子纠缠(第2版) / 张天蓉

量子力学讲义 / (美)温伯格　张礼　等

量子导航定位系统 / 丛爽　王海涛　陈鼎

光子-强子相互作用 / (美)费曼　王群　等

基本过程理论 / (美)费曼　肖志广　等

量子力学算符排序与积分新论 / 范洪义　等

基于光子产生-湮灭机制的量子力学引论 / 范洪义　等

抚今追昔话量子 / 范洪义

果壳中的量子场论 / （美）徐一鸿(A. Zee)　张建东　等

量子信息简话：给所有人的新科技革命读本 / 袁岚峰

量子系统格林函数法的理论与应用 / 王怀玉

量子金融：不确定性市场原理、机制和算法 / 辛厚文　辛立志

量子计算原理与实践 / 曾蓓　鲁大为　冯冠儒

量子与心智：联系量子力学与意识的尝试 / （美）德巴罗斯　刘桑　等

量子控制系统设计 / 丛爽　双丰　吴热冰

量子状态的估计和滤波及其优化算法 / 丛爽　李克之

量子统计力学新论：算符正态分布、Wigner 分布和广义玻色分布 / 范洪义　吴泽

介观电路中的量子纠缠、热真空和热力学性质 / 范洪义　吴泽　范悦

量子场论导引 / 阮图南

幺正对称性和介子、重子波函数 / 阮图南

量子色动力学相变 / 张昭

量子物理的非微扰理论 / 汪克林　高先龙

不确定性决策的量子理论与算法 / 辛立志　辛厚文

量子理论一致性问题 / 汪克林